中國科技典籍選刊

第五輯

叢書主編：孫顯斌

島根大學圖書館藏本

崇禎曆書未刊與補遺彙編

【上】

[明]徐光啟　李天經等◇撰　李亮◇整理

湖南科學技術出版社

國家古籍整理出版專項經費資助項目

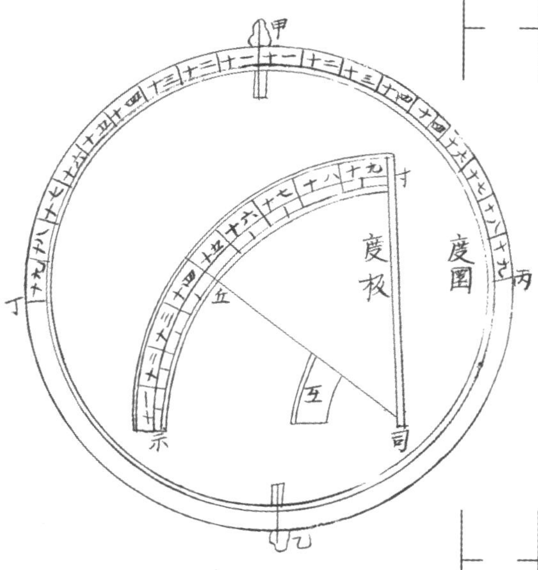

中國科技典籍選刊

中國科學院自然科學史研究所組織整理

《中國科技典籍選刊》總序

我國有浩繁的科學技術文獻，整理這些文獻是科技史研究不可或缺的基礎工作。竺可楨、李儼、錢寶琮、劉仙洲、錢臨照等我國科技史事業開拓者就是從解讀和整理科技文獻開始的。二十世紀五十年代，科技史研究在我國開始建制化，相關文獻整理工作有了突破性進展，涌現出許多作品，如胡道静的力作《夢溪筆談校證》。

改革開放以來，科技文獻的整理再次受到學術界和出版界的重視，這方面的出版物呈現系列化趨勢。巴蜀書社出版《中華文化要籍導讀叢書》（簡稱《導讀叢書》），如聞人軍的《考工記導讀》、傅維康的《黄帝内經導讀》、繆啓愉的《齊民要術導讀》、胡道静的《夢溪筆談導讀》及潘吉星的《天工開物導讀》。上海古籍出版社與科技史專家合作，爲一些科技文獻作注釋并譯成白話文，刊出《中國古代科技名著譯注叢書》（簡稱《譯注叢書》），包括程貞一和聞人軍的《周髀算經譯注》、聞人軍的《考工記譯注》、郭書春的《九章算術譯注》、繆啓愉的《東魯王氏農書譯注》、陸敬嚴和錢學英的《新儀象法要譯注》、潘吉星的《天工開物譯注》、李迪的《康熙幾暇格物編譯注》等。

二十世紀九十年代，中國科學院自然科學史研究所組織上百位專家選擇并整理中國古代主要科技文獻，編成共約四千萬字的《中國科學技術典籍通彙》（簡稱《通彙》）。它共影印五百四十一種書，分爲綜合、數學、天文、物理、化學、地學、生物、農學、醫學、技術、索引等共十一卷（五十册），分别由林文照、郭書春、薄樹人、戴念祖、郭正誼、唐錫仁、苟翠華、范楚玉、余瀛鰲、華覺明等科技史專家主編。編者爲每種古文獻都撰寫了『提要』，概述文獻的作者、主要内容與版本等方面。自一九九三年起，《通彙》由河南教育出版社（今大象出版社）陸續出版，受到國内外中國科技史研究者的歡迎。近些年來，國家立項支持《中華大典》數學典、天文典、理化典、生物典、農業典等類書性質的系列科技文獻整理工作。類書體例容易割裂原著的語境，這對史學研究來説多少有些遺憾。

總的來看，我國學者的工作以校勘、注釋、白話翻譯爲主，也研究文獻的作者、版本和科技内容。例如，潘吉星將《天工開物校注及研究》分爲上篇（研究）和下篇（校注），其中上篇包括時代背景，作者事跡，書的内容、刊行、版本、歷史地位和國際影響等方面。

《導讀叢書》、《譯注叢書》和《通彙》等爲讀者提供了便于利用的經典文獻校注本和研究成果，也爲科技史知識的傳播做出了重要貢獻。不過，可能由於整理目標與出版成本等方面的限制，這些整理成果不同程度地留下了文獻版本方面的缺憾。《導讀叢書》、《譯注叢書》和其他校注本基本上不提供保持原著全貌的高清影印本，并且録文時將繁體字改爲簡體字，改變版式，還存在截圖、拼圖、換圖中漢字等現象。《通彙》的編者們儘量選用文獻的善本，但《通彙》的影印質量尚需提高。

歐美學者在整理和研究科技文獻方面起步早於我國。他們整理的經典文獻爲科技史的各種專題與綜合研究奠定了堅實的基礎。有些科技文獻整理工作被列爲國家工程。例如，萊布尼茲（G. W. Leibniz）的手稿與論著的整理工作於一九〇七年在普魯士科學院與法國科學院聯合支持下展開，文獻内容包括數學、自然科學、技術、醫學、人文與社會科學，萊布尼茲所用語言有拉丁語、法語和其他語種。該項目因第一次世界大戰而失去法國科學院的支持，但在普魯士科學院支持下繼續實施。第二次世界大戰後，項目得到東德政府和西德政府的資助。迄今，這個跨世紀工程已經完成了五十五卷文獻的整理和出版，預計到二〇五五年全部結束。

二十世紀八十年代以來，國際合作促進了中文科技文獻的整理與研究。我國科技史專家與國外同行發揮各自的優勢，合作整理與研究《九章算術》、《黄帝内經素問》等文獻，并嘗試了新的方法。郭書春分别與法國科研中心林力娜（Karine Chemla）、美國紐約市立大學道本周（Joseph W. Dauben）和徐義保合作，先後校注成中法對照本《九章算術》（*Les Neuf Chapters*，二〇〇四）和中英對照本《九章算術》（*Nine Chapters on the Art of Mathematics*，二〇一四）。中科院自然科學史研究所與馬普學會科學史研究所的學者合作校注《遠西奇器圖説録最》，在提供高清影印本的同時，還刊出了相關研究專著《傳播與會通》。

按照傳統的説法，誰占有資料，誰就有學問，我國許多圖書館和檔案館都重『收藏』輕『服務』。在全球化與信息化的時代，國際科技史學者們越來越重視建設文獻平臺，整理、研究、出版與共享寶貴的科技文獻資源。德國馬普學會（Max Planck Gesellschaft）的科技史專家們提出『開放獲取』經典科技文獻整理計劃，以『文獻研究+原始文獻』的模式整理出版重要典籍。編者盡力選擇稀見的手稿和經典文獻的善本，向讀者提供展現原著面貌的複製本和帶有校注的印刷體轉録本，甚至還有與原著對應編排的英語譯文。同時，編者爲每種典籍撰寫導言或獨立的學術專著，包含原著的内容分析、作者生平、成書與境及參考文獻等。

任何文獻校注都有不足，甚至引起對某些内容解讀的争議。真正的史學研究者不會全盤輕信已有的校注本，而是要親自解讀原始文獻，希望看到完整的文獻原貌，并試圖發掘任何細節的學術價值。與國際同行的精品工作相比，我國的科技文獻整理與出版工作還可以精益求精，比如從所選版本截取局部圖文，甚至對所截取的内容加以『改善』，這種做法使文獻整理與研究的質量打了折扣。

實際上，科技文獻的整理和研究是一項難度較大的基礎工作，對整理者的學術功底要求較高。他們須在文字解讀方面下足够的功夫，并且準確地辨析文本的科學技術内涵，瞭解文獻形成的歷史與境。顯然，文獻整理與學術研究相互支撑，研究決定着整理的質量。隨着研究的深入，整理的質量自然不斷完善。整理跨文化的文獻，最好藉助國際合作的優勢。如果翻譯成英文，還須解決語言轉换的難題，找到合適的以英語爲母語的合作者。

在我國，科技文獻整理、研究與出版明顯滯後於其他歷史文獻，這與我國古代悠久燦爛的科技文明傳統不相稱。相對龐大的傳統科技遺産而言，已經系統整理的科技文獻不過是冰山一角。比如《通彙》中的絶大部分文獻尚無校勘與注釋的整理成果，以往的校注工作集中在幾十種文獻，并且没有配套影印高清晰的原著善本，有些整理工作存在重複或雷同的現象。近年來，國家新聞出版廣电總局加大支持古籍整理和出版的力度，鼓勵科技文獻的整理工作。學者和出版家應該通力合作，借鑒國際上的經驗，高質量地推進科技文獻的整理與出版工作。

鑒於學術研究與文化傳承的需要，中科院自然科學史研究所策劃整理中國古代的經典科技文獻，并與湖南科學技術出版社合作出版，向學界奉獻《中國科技典籍選刊》。非常榮幸這一工作得到圖書館界同仁的支持和肯定，他們的慷慨支持使我們倍受鼓舞。國家圖書館、上海圖書館、清華大學圖書館、北京大學圖書館、日本國立公文書館、早稻田大學圖書館、韓國首爾大學奎章閣圖書館等都對『選刊』工作給予了鼎力支持，尤其是國家圖書館陳紅彦主任、上海圖書館黄顯功主任、清華大學圖書館馮立昇先生和劉蔷女士以及北京大學圖書館李雲主任還慨允擔任本叢書學術委員會委員。我們有理由相信有科技史、古典文獻與圖書館學界的通力合作，《中國科技典籍選刊》一定能結出碩果。這項工作以科技史學術研究爲基礎，選擇存世善本進行高清影印和録文，加以標點、校勘和注釋，排版採用圖像與録文、校釋文字對照的方式，便於閱讀與研究。另外，在書前撰寫學術性導言，供研究者和讀者參考。受我們學識與客觀條件所限，《中國科技典籍選刊》還有諸多缺憾，甚至存在謬誤，敬請方家不吝賜教。

我們相信，隨着學術研究和文獻出版工作的不斷進步，一定會有更多高水平的科技文獻整理成果問世。

張柏春　孫顯斌

於中關村中國科學院基礎園區

二〇一四年十一月二十八日

目録

導　言……〇〇一

《夜測時法》校注……〇二一

《諸方晝夜晨昏論及其分表》校注……〇六三

《通率表》校注……一一五

《七政蒙求》校注……一四五

《日晷圖法》校注……二〇七

《天漢經緯表》校注……四五一

《交食表》校注……五〇七

《開方簡法》校注……五八七

後　記……六八五

導　言

一、《崇禎曆書》的進呈與出版

明末爲了進行曆法改革，徐光啓（一五六二—一六三三）和李天經（一五七九—一六五九）等人主持編撰了大型曆算叢書《崇禎曆書》，該書較爲全面地介紹了當時歐洲的天文學知識，是西學東漸最重要的成果之一。《崇禎曆書》的初稿大多由徐光啓編定和進呈，其後由李天經繼續主持編修。該書完成後，因爲各方對曆法的争論極爲激烈，被擱置十餘年，直至崇禎末年被採用。[一]入清後，該書又被數度易名和重編，順治二年（一六四五年）湯若望（Johann Adam Schall von Bell，一五九一—一六六六）將《崇禎曆書》加以增删、改編和重新挖刻，更名爲《西洋新法曆書》進呈于清廷。一六七三年，南懷仁（Ferdinand Verbiest，一六二三—一六八八），再度將其易名爲《新法曆書》。乾隆年間，該書被收入《四庫全書》後，爲了避諱，又被改名爲《新法算書》。以上幾次重編各有增删[二]，但因主體内容并没有大的改變，因此這一系列著作也常被圖書館誤編。[三]

《崇禎曆書》的成書歷史極爲複雜，其明刊本如今已無全本可核，且該書的五次進呈書目與現存各卷出入頗多，其刊印的次數和實際卷數，幾不可而知。據王重民等人研究，《崇禎曆書》今確無全本[四]，各家所藏明刊本皆已非常罕見，其各種殘本目前散見于世

〔一〕石雲里，崇禎改曆過程中的中西之争，《傳統文化與現代化》，一九九六年第三期：頁六四—七二。

〔二〕從現存《西洋新法曆書》初版的底稿可以看出，湯若望在修纂《西洋新法曆書》時，使用的應該是《崇禎曆書》的書板，僅重刻有修改的版面。南懷仁在重編《新法曆書》時，甚至衹改了封面的書題，封面底頁的版心仍爲『西洋新法曆書』，内容與版式也都完全相同。參見 Pingyi Chu，二〇〇七，『Archiving Knowledge: A Life History of the（Calendrical Treatises of the Chongzhen Reign Chongzhen lishu）』，Extr ê me—Orient，Extr ê me—Occident：頁一五九—一八四。

〔三〕祝平一，首爾大學奎章閣藏《崇禎曆書》及其相關史料研究，《奎章閣》，二〇〇九年第三十四期：頁二五〇—二六二。

〔四〕徐光啓撰，王重民輯校，《徐光啓集》，上海古籍出版社，一九八四年。

界各地。〔一〕《崇禎曆書》的刊刻卷數，據徐光啟後人所作《徐氏家譜》中『翰墨考』稱有一百二十六卷，而所收《文定公行述》又稱一百三十二卷。《明史·藝文志》和《疇人傳·徐光啟》所載則亦爲一百二十六卷。依據徐光啟和李天經先後五次進呈書目，《崇禎曆書》應有一百三十七卷，其中包括《恒星總圖》一摺和恒星屏障一架（見表一）。

表一　《崇禎曆書》五次進呈書目

進呈時間	書目	卷數
崇禎四年正月二十八日第一次進呈	《曆書總目》一卷 《日躔曆指》一卷 《測天約説》二卷 《大測》二卷 《日躔表》二卷 《割圓八線表》六卷 《黄道升度表》七卷 《黄赤道距度表》一卷 《通率表》二卷	二十四
崇禎四年八月初一日第二次進呈	《測量全義》十卷 《恒星曆指》三卷 《恒星曆表》四卷 《恒星總圖》一摺 《恒星圖像》一卷 《揆日解訂訛》一卷 《比例規解》一卷	二十一
崇禎五年四月初四日第三次進呈	《月離曆指》四卷 《月離曆表》六卷 《交食曆指》四卷 《交食曆表》二卷 《南北高弧表》一十二卷 《諸方半晝分表》一卷 《諸方晨昏分表》一卷	三十
崇禎七年七月十九日第四次進呈	《五緯總論》一卷 《日躔增》一卷 《五星圖》一卷 《日躔表》一卷 《火、木、土二百恒年表》并 《周歲時刻表》三卷 《交食曆指》三卷 《交食諸表用法》二卷 《交食表》四卷 《黄平象限表》七卷 《木土加減表》二卷 《交食簡法表》二卷 《方根表》二卷 恒星屏障一架	三十

〔一〕如韓國首爾大學奎章閣圖書館、法國國家圖書館、英國牛津大學圖書館、美國哥倫比亞大學圖書館、中國國家圖書館、中國科學院國家科學圖書館、北京故宮博物院、臺灣『中央研究院』傅斯年圖書館等。

續表

進呈時間	書目	卷數
崇禎七年十二月初三日第五次進呈	《五緯曆指》八卷 《五緯用法》一卷 《日躔考》二卷 《夜中測時》一卷 《交食蒙求》一卷 《古今交食考》一卷 《恒星出没表》二卷 《高弧表》五卷 《五緯諸表》九卷 《甲戌、乙亥日躔細行》二卷	三十二

據潘鼐統計，這五次進呈書目的著作尚有十二種二十六卷并無刻本〔一〕，種類占書目中的百分之二十六，卷數占百分之十九。〔二〕這些内容在隨後刊印出版過程中或被改編合并至其他著作中，或因不同原因被删減和捨棄。

二、《崇禎曆書》的日本抄本

《崇禎曆書》目前除了存有不同版本的刊本外，其抄本也歷經輾轉，于十八世紀中期傳入日本，并有多個藏本存世。目前已知有日本天理大學、東北大學、島根大學、東京天文臺等處所藏抄本。這些抄本的共同特點是皆源自朱𣈶校訂一百二十卷本《崇禎曆書》。

朱𣈶字素臣，號苼菴，又號天水生，蘇州人。曾參與校訂《西廂記演劇》（一六八八），是明末清初劇作家，還曾對《崇禎曆書》進行過補遺和校對工作。〔三〕崇禎三年（一六三〇）以降，訪舉中書朱廷樞、朱廷瑞、朱廷福等三人參與北京曆局工作，有研究推測朱𣈶或與朱廷樞等人同族，借曆局工作之便，得以抄校《崇禎曆書》（見圖一）。〔四〕

朱𣈶校訂一百二十卷本《崇禎曆書》，比較完整的有天理大學藏本和島根大學藏本，另外東北大學、東京天文臺和北京大學亦有殘本。〔五〕其中，與天理大學《崇禎曆書》抄本一同抄録的還有《崇禎類書》，據其序言記載：

日本寬保延享之頃（一七四一——一七四七），東武有德大君有命清士商舶人求曆數精微之

〔一〕包括《通率表》二卷、《揆日解訂訛》一卷、《諸方半晝分表》一卷、《諸方晨昏分表》一卷、《日躔增》一卷、《五星圖》一卷、《黄平象限表》七卷、《方根表》二卷、《夜中測時》一卷、《交食蒙求》一卷、《高弧表》共卷、《甲戌、乙亥日躔細行》二卷等。

〔二〕徐光啓編；潘鼐彙編：《崇禎曆書：附西洋新法曆書增刊十種》，上海古籍出版社，二〇〇九年。

〔三〕鄭誠，薄珏天文學著作新證，《中國科技史雜志》，二〇一五年第二期：頁一四二—一五七。

〔四〕馮錦榮，明末西方日晷的製作及其相關典籍在中國的流播——以丁先生（Christopher Clavius 一五三八—一六一二）《晷表圖説》（Gnomonices，一五八一）爲中心，《中外關係史：新史料與新問題》，科學出版社，二〇〇四年：頁三六〇—三六一。

〔五〕其中島根本爲新舊兩種抄本拼合而成，即島根本是在搜集舊本的基礎上，輯全的一套《崇禎曆書》，不過《明題疏》有缺，《八線表》則以《割圓八線互求法》代替。另外舊本以外，抄寫的品質有好有壞，大體較天理大學及東北大學爲差。島根本的缺漏之處跟天理本有重合之處，一些校語也明顯相同。兩者應該有所關聯，但似乎并不是直接的抄自對方。東北大學本則與天理本内容最爲接近，文中一些錯誤亦相同。

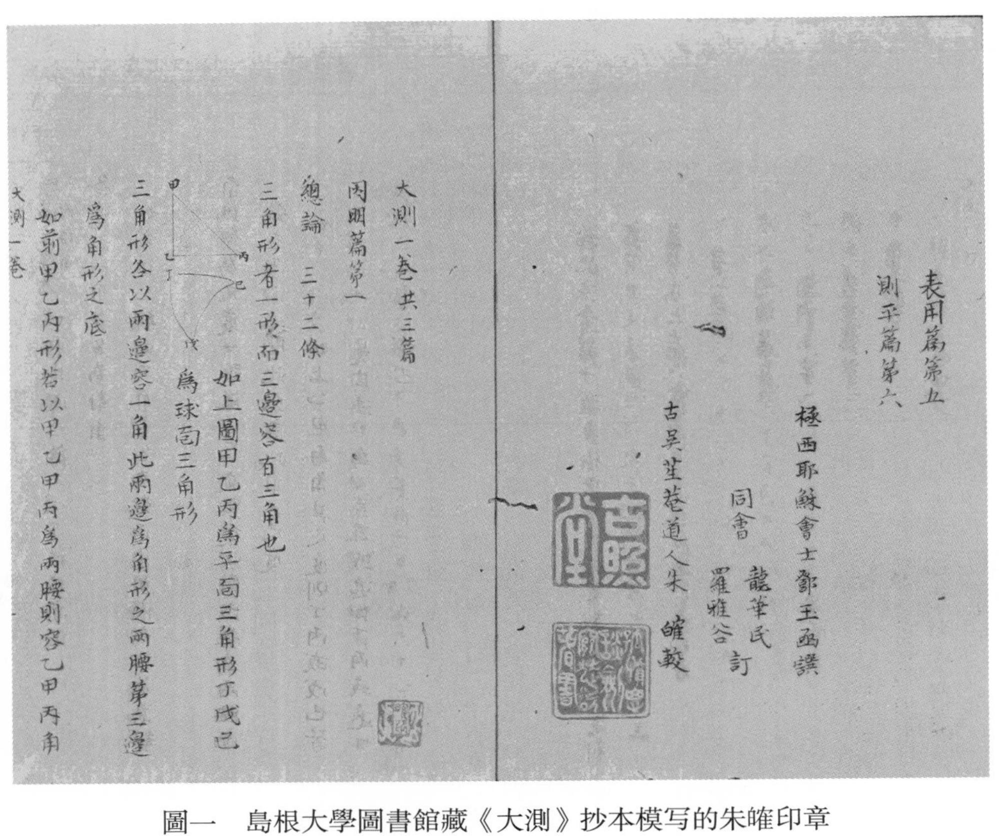
表用篇第五
測平篇第六
極西耶穌會士鄧玉函譔
同會 龍華民 羅雅谷 訂
古吳茧菴道人朱 皠 較

大測一卷 共三篇
因明篇第一
總論 三十二條
三角形者一形而三邊容三角也
如上圖甲乙丙爲平面三角形丁戊己爲球面三角形
三角形各以兩邊容一角 此兩邊爲角形之兩腰第三邊爲角形之底
如前甲乙丙形若以甲乙甲丙爲兩腰則容乙甲丙角
大測一卷

圖一　島根大學圖書館藏《大測》抄本模写的朱皠印章

書、天文器儀之機巧。于是後年之商船獻《崇禎曆書》及《儀象志》、《八線互求法》等之寫本，又以《曆算全書》、《八線表》、《奇器圖説》、《泰西水法》、歐羅巴厘瑪竇之書等運艘之。是皆近世渡海之書。所謂遠西、泰西、西洋之名，皆紅毛和蘭之稱，歐羅巴其總名也。和蘭固機巧最勝之國，遠鏡時針之類天文測驗之器物亦精巧奇絶，是所以天文曆數亦他邦之不及也。故西洋曆法則古今之秀法，雖郭太史有所不知之。其推步之算術、術差、重差，其理彌明，其數益密。雖然和蘭立數之法非和漢之例，如度分秒微，亦咸以六十爲收拾之限，而不用百分之常例，且諸表多端，有上下前後而見者違，查表有順逆左右，而讀者勞心力，故取算者不免必謬加減乘除，而不疑其和否也。又推算之條目，諸名異而名術奇也，雖識達之人，有不惑者鮮矣。于是山路先生父子稽校十餘年，漸通其意，以推里差、算交食，知其密倍于他曆也，而後欲歸之古法，以百分立諸數，惜哉罹病，父子不竟其功而没焉。如平日所考訂之曆術、解異域文字翻譯之類、萬國地理之書等無不盡傳之。不肖聚其諸傳，以爲參考之佐，又作西洋推步考之書，較之五十年來交食實測志，欲使後天學士知曆算殊密矣。編集凡一百一十五卷，號之曰《崇禎類書》，以備于後世改曆之公事云爾。

天明二年（一七八二）壬寅二月春分日

多多良保佑謹序[一]

[一]《崇禎類書序》，日本天理大學圖書館藏户板保佑抄本。

由此可知，天理本《崇禎曆書》或爲江户時代天文家、和算家户板保佑（一七〇八—一七八四）〔一〕組織抄寫，并且他還將其他西洋推步考之書和山路主住〔二〕父子多年實測記載彙集編著成《崇禎類書》。另外，該序中還提到所得《崇禎曆書》爲商舶而來。

日本在德川幕府時期實行了全面的鎖國政策，于一六一二年發佈了禁止天主教的命令，一六三三年至一六四一年間多次禁令日本船和日本人航渡海外，衹許中國與荷蘭的商船在長崎進行有限的貿易，中國的商船也被稱爲唐船，這些商船經常與中國江南地區進行貿易往來，并攜帶大批中國書籍至日本出售，日本人稱其爲『唐船持渡書』。據《商舶載來書目》記載，當時購入《崇禎曆書》的記録就有數次。〔三〕由于一百二十卷本《崇禎曆書》的校訂者朱㫤爲蘇州人，他在康熙年間將《崇禎曆書》加以補充和校訂，隨著當時中國文獻典籍東傳日本，該書得以傳入日本并被廣泛傳抄。當時日本的很多天文方家都藏有此書，如東北大學藏《曆書目録・涉川家藏書》就列有涉川家族藏有該書的書目。

另據天理本《崇禎曆書總目》記載：

以上共書目一百二十卷，前廿卷乃治曆疏揭，後百卷皆係曆法全書。已經六次繕寫進呈御覽，是皆奉命修曆以來所著之成書也。先是，閣學徐光啟、冏卿李之藻于崇禎二年奉旨修政曆法。譯未幾，更冏卿、鄧遠臣相繼奄逝，而督修者以爲向後緒業甚長，乃華民又有本等道業，非其一力可竟，懼無以報上命。遂複以雅谷、若望等二人上請，因欽奉俞旨，召取入部，擇西國書，取其要者，譯以中華文義。不意徐學士緣閣務啟繁，再薦大參李天經督修。第此書翻測推算，未免集思成益，故其係訪舉某士所較訂，某士所修潤，咸用附刊篇首，不敢蔽厥善也。然歷來諸疏所進之書，爲百二十餘卷，今付剞劂，止百卷者，蓋進上之書一主敬慎，寬行大幅，勢所不免。今茲廣諸同好，須以適觀爲宜，且有欲便于施用之法，不得不約其卷帙，非別有所異也。至于遠人八載苦心，寓内不乏深明斯道者，敢以俟而質之。

崇禎丙子歲（崇禎九年，一六三六）暮春之初遠西會士羅雅谷、湯若望謹識

康熙庚戌歲（康熙九年，一六七〇）壯月既望古吴茞庵道人朱㫤較訂〔四〕

可見，如果朱㫤『已經六次繕寫進呈御覽』的記載可靠，《崇禎曆書》除了《治曆緣起》所載的五次進呈之外，應當還有第六次進呈，

〔一〕户板保佑又名多多良保佑，仙台藩士、江户時期和算家，享保十六年（一七三一）成爲藩天文生，寶曆三年（一七五三）赴京都協助土禦門家的安倍泰邦進行改曆，其在京都期間，學關流算術于山路主住。

〔二〕山路主住（一七〇四—一七七三），日本江户時代中期和算家、天文學者。

〔三〕如享保十二丁未（一七二七）年一部十套，寶曆九己卯（一七五九）年一部十套，寶曆十庚辰（一七六〇）年一部十套百本。

〔四〕《崇禎曆書總目》，天理大學圖書館藏。

而崇禎九年（一六三六）刊印的《曆引》和《渾天儀説》等書則是在此次進呈之列。當然朱𬀩抄本中另有數種，如《日晷圖法》、《開方簡法》和《天漢經緯表》，以及《清題疏》等數種的確不屬于《崇禎曆書》的内容，衹因這些著作與《崇禎曆書》關係緊密，所以被一并抄録。

朱𬀩校訂的一百二十卷本《崇禎曆書》抄本，共收録著作三十八種，整套書具體書目如下〔一〕：

1.《明題疏》十四卷（第一至十四册）
2.《清奏疏》六卷（第十五至二十一册）
3.《曆引》（第二十二册）
4.《幾何要法》四卷（第二十三至二十六册）
5.《學曆小辯》（第二十七册）
6.《籌算》（第二十八册）
7.《比例規解》（第二十九册）
8.《開方簡法》（第三十册）
9.《通率表》（第三十一册）
10.《西曆目録》（第三十二册）
11.《簡平儀論》（第三十三册）
12.《日晷圖法》四卷（第三十四至三十七册）
13.《月離曆指》四卷（第三十八至四十一册）
14.《交食曆指》七卷（第四十二至四十八册）
15.《古今交食考》（第四十九册）
16.《交食蒙求》二卷（第五十至五十一册）
17.《遠鏡説》（第五十二册）
18.《交食表》十卷（第五十三至六十二册）

〔一〕天理圖書館編，《天理圖書館稀書目録》（自然科學——天文學），奈良縣：天理圖書館，一九四〇年：頁二一五—二一七。

19.《諸方晝夜晨昏論及其分表》一卷（第六十三册）
20.《七政蒙求》（第六十四册）
21.《日躔曆指》（第六十五册）
22.《日躔表》二卷（第六十六至六十七册）
23.《月離表》六卷（第六十八至七十三册）
24.《黄赤道距度表》（第七十四册）
25.《恒星曆指》三卷（第七十五至七十七册）
26.《恒星經緯圖》一卷（第七十八册）
27.《恒星經緯表》二卷（第七十九至八十册）
28.《恒星出没表》二卷（第八十一至八十二册）
29.《天漢經緯表》（第八十三册）
30.《夜測時法》（第八十四册）
31.《五緯曆指》九卷（第八十五至九十三册）
32.《五緯表説》（第九十四册）
33.《五緯表》十卷（第九十五至百四册）
34.《測天約説》二卷（第百五至百六册）
35.《大測》二卷（第百七至百八册）
36.《八線表》二卷（第百九至百十册）
37.《渾天儀説》五卷（第百十一至百十五册）
38.《測量全義》十卷（第百十六至百二十五册）

這三十八種著作中，有《明題疏》《清奏疏》《開方簡法》《通率表》《西曆目録》《簡平儀論》《日晷圖法》《交食蒙求》《諸方晝夜晨昏論及其分表》《七政蒙求》《天漢經緯表》《夜測時法》《五緯表説》共十三種書名不見于《崇禎曆書》和《西洋新法曆書》當中。這些著作分爲以下情况：

首先，是書名有所調整者。如《明題疏》十四卷即爲《治曆緣起》明刊本和清刊本的合抄本，收録奏疏的時間自崇禎二年四月二十九日至崇禎十七年正月初二日。《清奏疏》六卷分爲『熙朝章奏』和『熙朝定案』兩部分，内容分别源自《湯若望奏疏》和《熙朝定案》，包括『順治元年五月十一日起，順治十七年二月初一日止，奏疏移文共一百一件』和『康熙十年十一月十四日起，康熙十三年正月二十九日止，奏疏移文共十件』。《西曆目録》和《交食蒙求》實則分别爲《西洋新法曆書》中湯若望所撰《曆法西傳》和《測食》。《五緯表説》題有『古吴薄珏子珏甫宣述』以及『廣陽劉獻廷君賢校訂』，其内容对应爲《崇禎曆書》之《五緯表卷首》。

其次，内容確實不屬《崇禎曆書》和《西洋新法曆書》者，如《開方簡法》《簡平儀論》《日晷圖法》《天漢經緯表》數種。雖然在朱㬀抄本《崇禎曆書》的『崇禎曆書目次』中提及有『《開方簡法》，羅氏著』（即羅雅谷），且第四次進呈書目中有類似書目《方根表》二卷，但該書實爲朱㬀補遺，文中記有『愚按《曆書總目》載者，《開方簡法》卷帙殘闕。原書不復可得，因爲竊取遺意，推衍補入』[一]，因此其内容或與原書不同。

《簡平儀論》題有『泰西耶穌會士鄧玉函撰』和『後學茬菴道人朱㬀校』。除有圖式兩張（『簡平儀上盤式』『簡平儀下盤式』）略有不同外，正文内容則與《天學初函》熊三拔《簡平儀説》相同。

《日晷圖法》題有『泰西耶穌會士湯如望校』和『後學茬菴道人朱㬀補』[二]。該書中除了柱晷[三]、圓中晷，并附有『星晷』和『月晷』兩節外，其餘部分基本與另一著作《日月星晷式》中的《日晷圖法》相同，其主要内容亦出自『泰西龐迪我口譯，嘉定孫元化筆授』的《日晷圖法》。[四]

《天漢經緯表》題有『檇李陳藎謨，獻可氏定』和『後學朱㬀，素臣氏校』，實爲明末學者陳藎謨（？—一六七九）著作，起因是『作尋尺星圖，依測定《經緯表》點志，獨河漢無落筆處，爰草此表』[五]。

第三，可能爲《崇禎曆書》所未刊著作，如《通率表》《諸方晝夜晨昏論及其分表》《七政蒙求》[六]和《夜測時法》數種，在徐光啟和李天經的歷次進呈書目中可查得相同或相近的書名。

《通率表》爲目前僅知的有關《崇禎曆書》『會通部』的著作。面對中西方在天文度量方式上的基本差異，徐光啟在崇禎四年

[一]天理大學圖書館藏《開方簡法》。
[二]北京大學藏本無此題名。
[三]『柱晷』節内容源自熊三拔的《表度説》。
[四]許潔，明清時期西式天文測時儀器的傳入及其影響，中國科學技術大學博士論文，二〇〇六年，頁二一二—二一七。
[五]天理大學圖書館藏《天漢經緯表》。
[六]據梅文鼎《勿庵曆算書目》『《（崇禎）曆書》有《交食蒙求》《七政蒙求》二目，今刻本并皆逸去』。

（一六三一）進呈了《通率表》〔一〕，提供兩種體系的轉換方法。〔二〕據該書序言『通率表者，以日度又名實度；天度又名平度，相通相求之表也。日度三百六十五度二十四分二十五秒百分秒微，天度三百六十度六十分秒微，相通之法』〔三〕。

《諸方晝夜晨昏論及其分表》除了討論晝夜長短不一的原因，還給出了北極出地自十八度至四十二度的不同節氣之『日出刻分』『日入刻分』『晝長短刻分』『夜長短刻分』和『朦朧影刻分』，其内容可能源于進呈書目中的《諸方半晝分表》一卷和《諸方晨昏分表》一卷。

進呈書目中《交食蒙求》《七政蒙求》或與該書相對應，其内容爲日月和五星的推算細草及程式，用于協助日月和五星經緯度位置的推算。

《夜測時法》署名有『远西耶穌会士羅雅谷撰，龍華民、湯若望仝訂』〔四〕，不同抄本的封面題名則略有不同，有《夜中測時》（島根大學藏本）、《測夜時法》（北京大學藏本）、《夜測時法》（天理大學、東北大學和東京天文臺藏本）數種。其中，天理本或爲户板保佑組織抄寫，且有『天理圖書館，昭和卅五年十二月十日』〔五〕印；島根本題有『昭和廿七年八月壹日』〔六〕，寄贈者氏名爲『松江圖書館』；東北大學本有『名取三郎寄贈』印；東京天文臺本有『東京大學圖書』印；北大本爲李盛鐸木犀軒藏書，其中與《測夜時法》一并抄寫的《晝夜晨昏論》注有『右天保五年〔七〕甲午六月執筆，同月十三日摹寫成，長澤保謹書』。〔八〕（圖二至圖六）

此外，朱暀校訂抄本中，還有數卷的内容與《崇禎曆書》刊本相應著作有所差異。如《交食表》，《崇禎曆書》有《交食表》九卷，朱暀校訂本則多出一卷《交食表》卷十。其内容與交食算表無關，卻記載了『萬曆丙申八月朔日食新法』『崇禎壬申三月望月食』『康熙十五年丙辰五月朔日食』等交食推算假令，或爲朱暀補充，爲我們瞭解《崇禎曆書》交食實際推算的過程提供了難得資料。

朱暀校訂本的《月離表》共有六卷，比刊本的四卷亦多出兩卷，其卷數與進呈書目《月離曆表》六卷相符。增補内容包括『太陽日差度分表』『太陰日差度分表』『周歲各日平行表』等（見圖七至圖八）。而《月離表》卷六前則有序，知爲朱暀補遺之作，記有：

〔一〕《通率表》在《崇禎曆書》中未正式刊刻，在日本現存有多件康熙年間朱暀補遺的抄本，如天理大學圖書館、東北大學圖書館、島根大學圖書館等。

〔二〕李亮，皇帝的星圖：崇禎改曆與《赤道南北兩總星圖》的繪製，《科學文化評論》，二〇一九年第一期：頁四四—六二。

〔三〕天理大學圖書館藏《通率表》。

〔四〕天理大學圖書館藏《夜測時法》。

〔五〕日本昭和三十五年为一九六〇年。

〔六〕日本昭和二十七年为一九五二年。

〔七〕日本天保五年为一八三四年。

〔八〕李亮，日本抄本《崇禎曆書·測夜時法》探賾，《中國科技史雜志》，二〇一九年第二期：頁一七一—一八四。

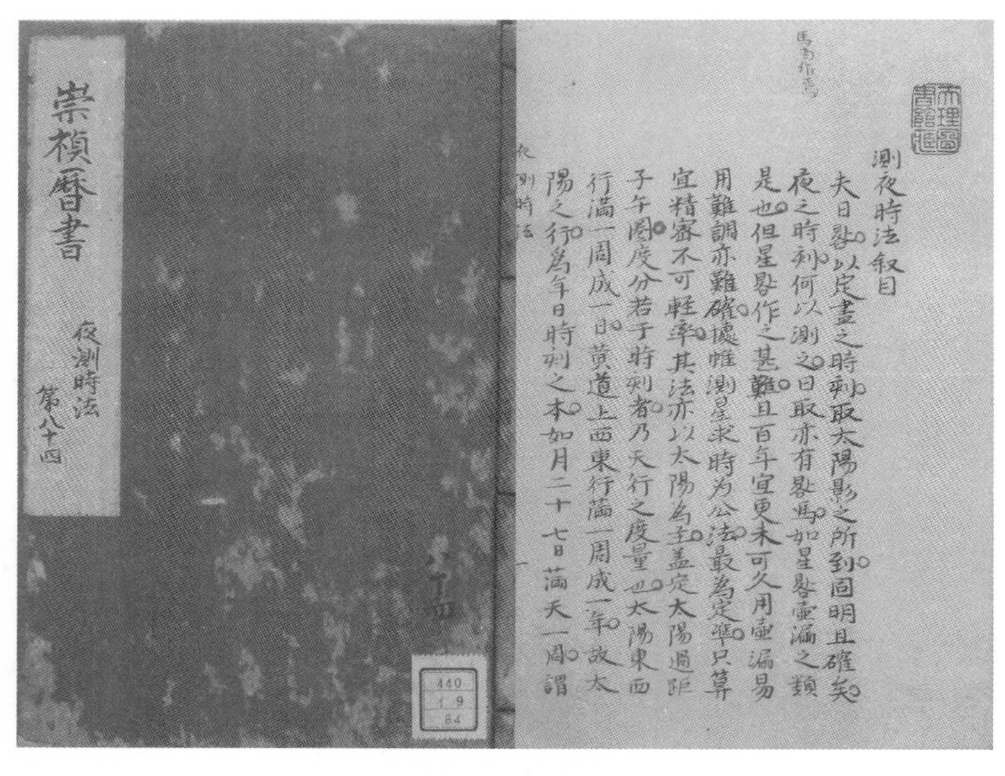

崇禎曆書

夜測時法

第八十四

測夜時法叙目

夫日晷以定晝之時刻取太陽影之所到固明且確矣

夜之時刻何以測之曰取亦有晷焉如星晷壺漏之類

是也但星晷作之甚難且百年宜更未可久用壺漏易

用難調亦難確據惟測星求時為公法最為定準只算

宜精審不可輕率其法亦以太陽為主蓋定太陽過距

子午圈度分若干時刻者乃天行之度量也太陽東西

行滿一周成一日黃道上西東行滿一周成一年故太

陽之行為年日時刻之本如月二十七日滿天一周謂

夜測時法

圖二　天理大學《夜測時法》抄本

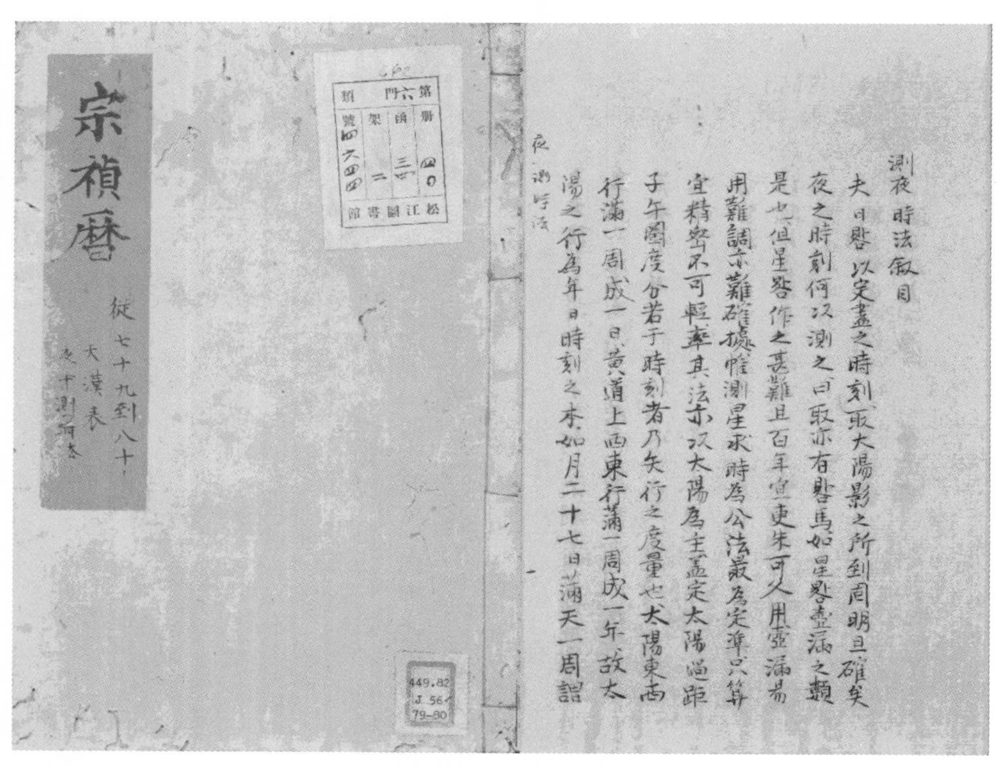

崇禎曆

從七十九到八十

大漢表

夜測時法

測夜時法叙目

夫日晷以定晝之時刻取太陽影之所到周明且確矣

夜之時刻何以測之曰取亦有晷焉如星晷壺漏之類

是也但星晷作之甚難且百年宜更未可久用壺漏易

用難調亦難確據惟測星求時為公法最為定準只算

宜精審不可輕率其法亦以太陽為主蓋定太陽過距

子午圈度分若干時刻者乃天行之度量也太陽東西

行滿一周成一日黃道上西東行滿一周成一年故太

陽之行為年日時刻之本如月二十七日滿天一周謂

夜測時法

圖三　島根大學《夜測時法》抄本

泉漁曆書　測夜時法

測夜時法叙目

夫日晷以定晝之時刻取太陽影之所到固明且確矣夜之時刻何以測之曰取亦有晷焉如星晷壺漏之類是也但星晷作之甚難且百年宜更求可久用壺漏易用難調亦難確據惟測星求時為公法最為定準只算宜精密不可輕率其法亦以太陽為主蓋定太陽過距子午圈度分若干時刻有乃天行之度量也太陽東西行滿一周成一日黃道上西東行滿一周成一年故太陽之行為年日時刻之本如月二十七日滿天一周謂

圖四　北京大學《夜測時法》抄本

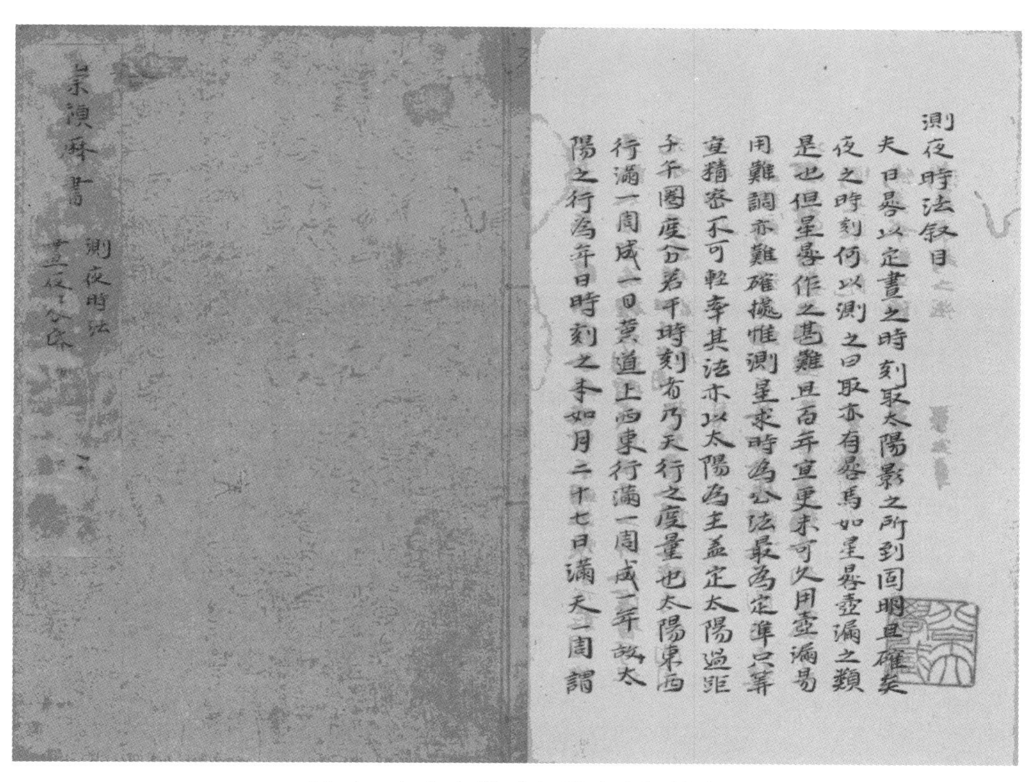
泉漁曆書　測夜時法

測夜時法叙目

夫日晷以定晝之時刻取太陽影之所到固明且確矣夜之時刻何以測之曰取亦有晷焉如星晷壺漏之類是也但星晷作之甚難且百年宜更求可久用壺漏易用難調亦難確據惟測星求時為公法最為定準只算宜精密不可輕率其法亦以太陽為主蓋定太陽過距子午圈度分若干時刻有乃天行之度量也太陽東西行滿一周成一日黃道上西東行滿一周成一年故太陽之行為年日時刻之本如月二十七日滿天一周謂

圖五　東北大學《夜測時法》抄本

圖六　東京天文臺《夜測時法》抄本

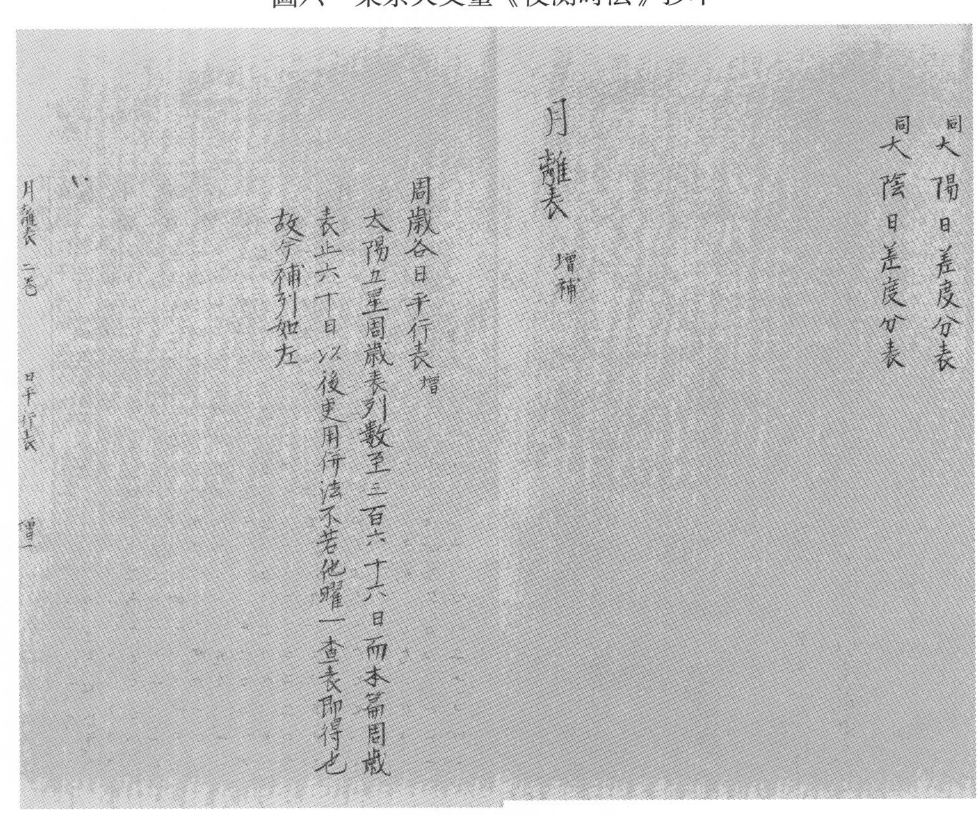

同 太陽日差度分表
同 太陰日差度分表
月離表 增補
周歲各日平行表 增
太陽五星周歲表列數至三百六十六日而本篇周歲
表止六十日以後更用併法不若他曜一查表即得也
故今補列如左
月離表 二卷
日平行表
增一

圖七　島根大學《月離表》“周歲各日平行表”

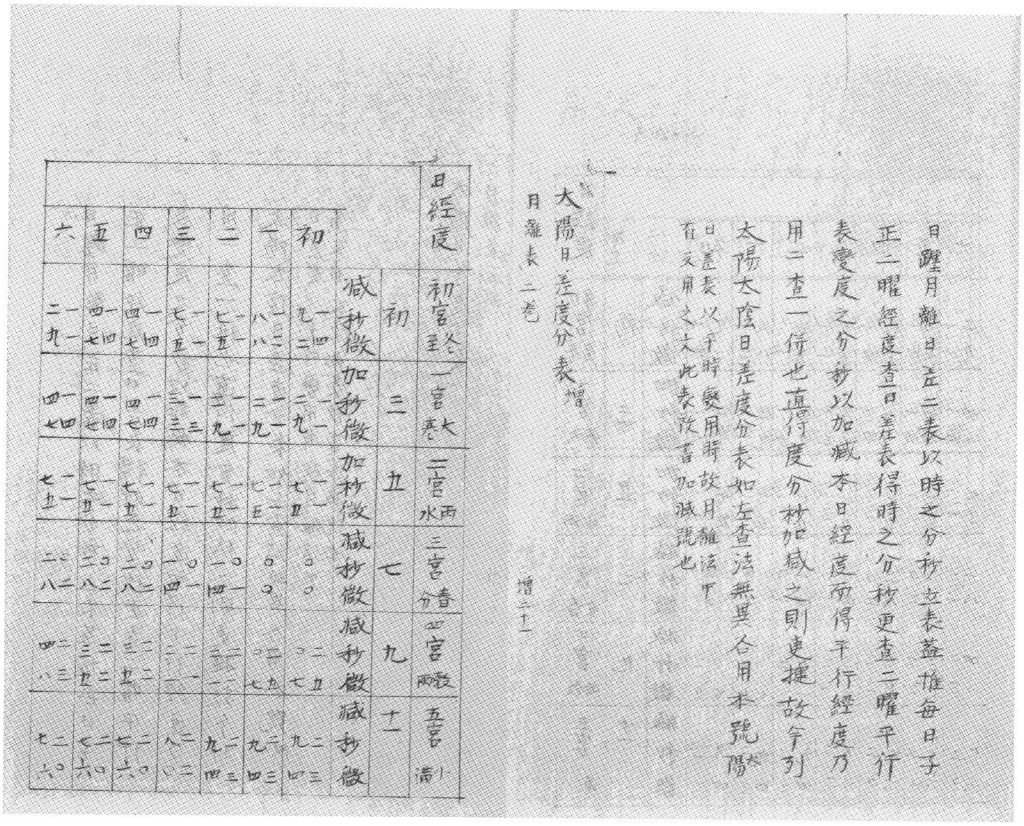

圖八　島根大學《月離表》"太陽日差度分表"

此爲太陰細行變時表葉。法以二十七日三十刻（或七小時二刻）一十二分五秒，全周三百六十歸除之，得七刻〇四分一一七秒〇〇微五十〇纖，爲每一度平行率。遞加之，至滿一周成表，再以七刻〇四分一十七秒〇〇微五十纖六十歸除之，得一分四十九秒一十七微〇〇纖五十芒，爲每一分平行率。遞加之，至滿一度成表，分下爲秒。秒下爲微，微下爲纖，于本率直行，次第對準横行，即得所求。凡算日月交食，欲以太陰細行變時，此表尤爲簡潔。原刻雖有目無書，而遺意頗可竊取。余不嫌貂續，因爲推衍補入焉。龍集柔兆攝提格且月下澣八日茎菴道人識于春草閒房。〔一〕

三、《崇禎曆書》與仙臺藩天文家

朱暐校訂《崇禎曆書》的日本抄本與江户時期仙臺藩天文學者的一系列工作有著緊密聯繫。以户板保佑、藤廣則（一七四八—一八〇七）、小圃仲達（一七四六—一八〇六）和名取春仲（一七五九—一八三四）爲代表的仙台藩的天文學家們正是《崇禎曆書》在江户時期的重要研習者和傳抄者（圖九）。

〔一〕天理大學圖書館藏《月離表》，卷六。

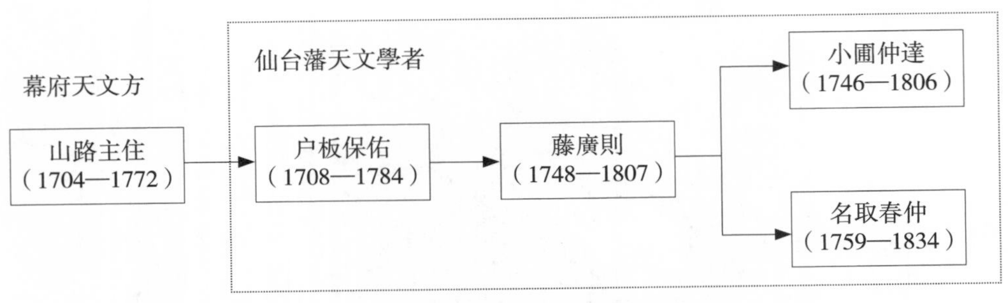

圖九　仙台藩天文學者與《崇禎曆書》抄本的傳播

日本曾長期沿用中國唐代的《宣明曆》，直到貞享元年（一六八四）由涉川春海（一六三九—一七一五）以中國的《授時曆》和《大統曆》爲基礎撰成《貞享曆》，成爲第一部日本人自己創立的曆法。《貞享曆》施行後，西川正休（一六九三—一七五六）指出其中不完備之處，建議吸納西方天文學成果嘗試再次改曆。由于陰陽道土御門安倍泰邦等人的阻撓，一七五五年新頒佈的《寶曆曆》與《貞享曆》并無多少本質差異，這次改曆活動實際上更多地是政治妥協的産物。户板保佑則是參與這次改曆的仙台藩天文學者。

户板保佑自幼從其父學習算術，二十一歲時成爲仙台藩士遠藤盛俊（一六七二—一七三四）的弟子，此後作爲遠藤盛俊的繼承人，成爲仙台藩天文家。户板保佑早年曾撰《仙台實測志》，實測了發生在仙台的四十次月食（一七二九—一七八〇）和十八次日食（一七三〇—一七七六）。寶曆三年（一七五三），户板保佑赴京都協助安倍泰邦進行改曆。在此期間，他還跟隨山路主住（一七〇四—一七七二）學習關流算術以及西洋曆算。寶曆改曆之後，户板保佑返回仙台，通過與山路主住和山路之徽父子書信往來，繼續學習西方天文曆算，并且在《崇禎曆書》和梅文鼎《曆算全書》等著作的基礎上，完成了日本的第一部西曆，然而該曆未被採納。

據天理本《崇禎曆書·曆引》，其題記有『此書舊號《西曆入門》，于京都山路先生所傳葉』[一]。此外，户板保佑還在『山路先生父子稽校十餘年』的《崇禎曆書》《儀象志》和《八線互求法》等寫本的基礎上，『又作西洋推步考之書，較之五十年來交食實測志，欲使後天學士知曆算殊密矣，編集凡一百一十五卷，號之曰《崇禎類書》，以備于後世改曆之公事云爾』[二]。

户板保佑培養有衆多門生[三]，其中在《崇禎曆書》傳承過程中起到重要作用的有藤廣則。藤廣則姓藤原，名爲蒼海，十七歲時從户板保佑學習天文曆算，他的門生小圃仲達和名取春仲等人也都跟隨其學習西洋曆算。

東京天文臺有小圃仲達《崇禎曆書》抄本多種（原爲東京大學藏書），這些抄本皆鈐有『小圃誼印』

[一]《崇禎曆書·曆引》，天理大學圖書館藏，户板保佑抄本。
[二]《崇禎類書·序》，天理大學圖書館藏，户板保佑抄本。
[三] 其弟子船山輔之（一七三八—一八〇四）和青田依定（一七三六—一七九〇）成爲了幕府天文方的曆官。

和『仲達』等印[一]，主要抄寫于寬政五年至十一年（一七九三—一七九九）。其中，《交食表》題有『寬政五年歲次癸丑二月，依藩君之命自藤蒼海[二]所受之書也』，落款爲『蒼海門人水沢小圃誼謹受之』（圖十）。另外，《崇禎交食曆術》[三]和《日躔表》，分别題有『寬政六年（一七九四）五月從蒼海先生所賜之書也』『寬政七年（一七九五）歲次己卯五月，從蒼海先生受之』。

此外，位于仙台的日本東北大學也藏有名取春仲《崇禎曆書》抄本[四]，這些抄本與其他衆多圖書一起由名取春仲的後人名取三郎于大正七年（一九一八）寄贈當時的日本東北帝國大學（圖十一）。名取春仲，名權右衛門，號春仲，字敬純，出身于岩出山釀酒業的商人家庭，寬政八年（一七九六）左右，隨藤廣則學習西方曆算。

名取春仲不但擁有《崇禎曆書》抄本，他還基于該書進行了大量的推算，保留有不少詳載推算過程的細草。細草是明清時期，用于實現曆法推算程式化的一種運算操作方式。[五] 對此，梅文鼎有言：『《崇禎曆書》之有《細草》，以便入算，亦尤《授時曆》之有《通軌》也』[六]。日本東北大學圖書館藏有寬政九年（一七九七）至十年（一七九八）署名爲『敬純』的《氣朔草》和《交食草》等著作，另有文化元年（一八〇四）的《土星細草》，以及天保五年（一八三四）的《日躔細草》等[七]，這些都是名取春仲在學習和研究《崇禎曆書》過程中完成的。

四、《崇禎曆書》在江户時期的使用

仙台藩幾代天文學者不僅學習和大量傳抄《崇禎曆書》，他們還以梅文鼎的《曆算全書》等著作作爲補充，因地制宜地進行了某些改進。如日本東北大學藏有户板保佑于安永二年（一七七三）完成的《崇禎曆法細草月食術》抄本，就含有『推安永二年癸巳八月十四日辛丑望月食』的細草。其中，户板保佑還注有『又山路先生傳云：日本里差當加八十分』[八]。也就是説，當時已經考慮到日本與中國在地理經度上的不同，并據此對推算結果進行了適當的修正。另外，書中在介紹太陽引數時，還記有『山路先生傳云：今年癸巳當減

〔一〕包括《日躔表》、《日躔曆指》、《五緯表》、《交食表》、《七星蒙求》（又名《七政蒙求》）、《崇禎交食曆術》、《夜測時法》等。
〔二〕藤蒼海，即藤廣則。
〔三〕天理本和東北大學本等其他抄本書名題爲『《交食表》卷十』。
〔四〕現存三十七册，收入東北大學『名取文庫』的『林集書九二〇』。
〔五〕李亮，從《細草》和『算式』看明清曆算的程式化，中國科技史雜志，二〇一六年第四期：頁三四—四八。
〔六〕梅文鼎撰，高峰校注，《勿庵曆算書目》，湖南科學技術出版社，二〇一四年：頁五八。
〔七〕《日躔細草》題名有『名取春仲推步』。
〔八〕户板保佑，《崇禎曆法細草月食術》，日本東北大學圖書館藏，安永二年抄本，林集書八三七。

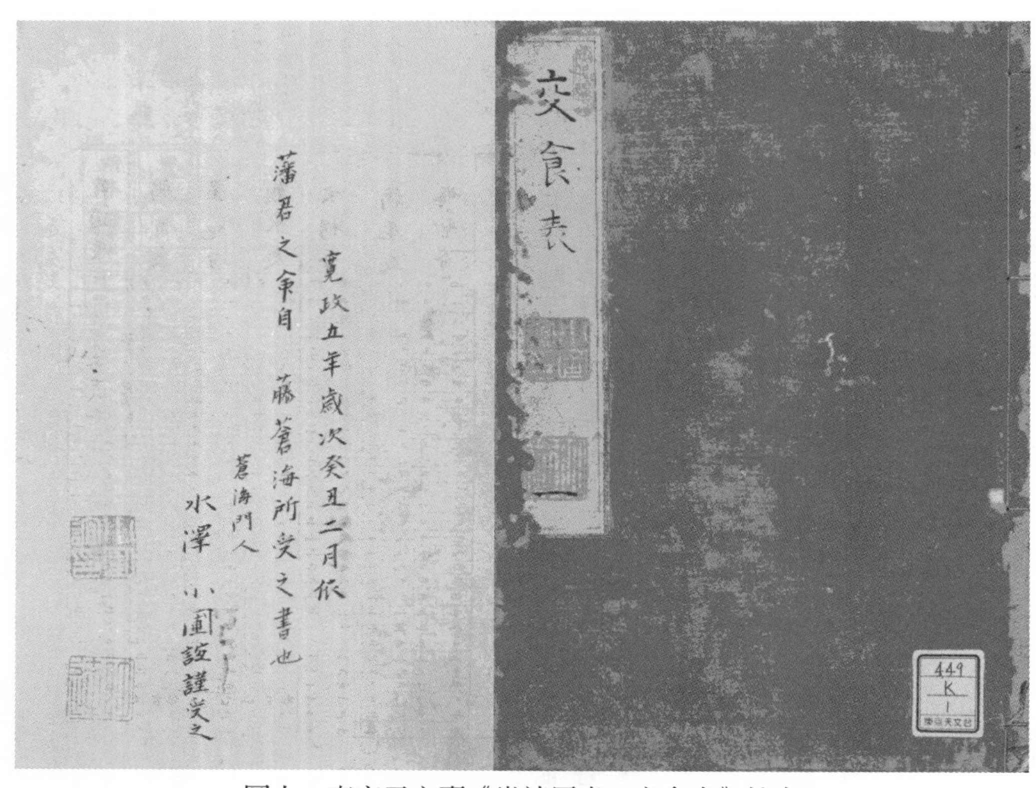

圖十　東京天文臺《崇禎曆書・交食表》抄本

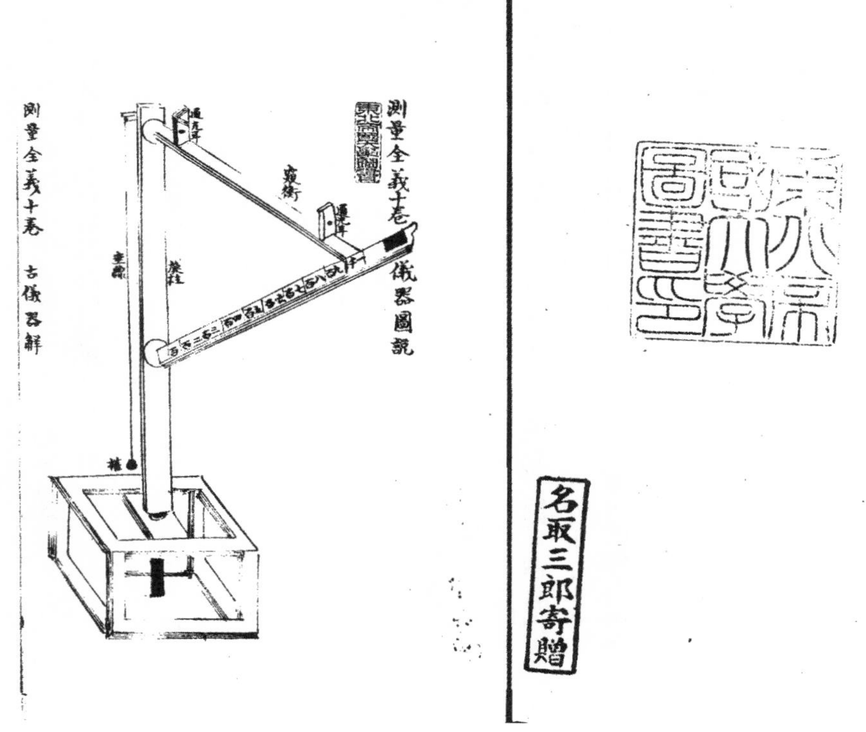

圖十一　日本東北大學圖書館《崇禎曆書・測量全義》抄本

五十二分一十〇秒』，還指出《崇禎曆書》與《曆算全書》在具體推算步驟上的一些不同，如注有『《曆算全書》不用三率，直求，故引數餘分滿三十分進一度』。〔一〕

另一抄本《崇禎諸表合算法》〔二〕中，户板保佑則以『安永二年癸巳已板行曆閏三月』和『安永二年癸巳三月朔日日食』的推算爲例，介紹了如何運用《崇禎曆書》平行表和均數表進行計算。

東京天文臺藏小圃仲達抄本中，亦有不少紅筆和墨筆批語，反映了《崇禎曆書》在當時的使用情況。如《交食表》有不少紅筆批語，標注有對應的日本年號，以方便實際推算時查詢（圖十二）。另外，在《崇禎交食曆術》中，小圃仲達不但在『萬曆丙申八月朔日食新法』和『康熙十五年丙辰推五月朔日食』兩處算例分別標注對應的日本日期『日本慶長元年丙申』和『日本延寶四年丙辰』，他還創立了一套標記日躔盈縮和月離遲疾的運算子號，如『×』『⊕』『⊖』『〇〇』『▷』『●』等，可以通過這些符號表示天體運動修正值的加減（圖十三），這在同類著作中是不多見的。

此外，除了前文介紹名取春仲基于《崇禎曆書》推算的細草之外，他還有《崇禎曆法則解》（一八〇〇）等著作〔三〕，這些都反映了當時仙台藩學者對《崇禎曆書》的深入學習和研究。

延享年間（一七四四—一七四六），幕府曾命西川正修（一六九三—一七五六）依據《崇禎曆書》以及清朝的《時憲曆》等進行改曆，但未能成功。雖然，户板保佑等仙台藩學者也曾在寶曆年間參與《寶曆曆》的改革，并且試圖採用西法，但依然未獲成功。寬政七年，幕府任命麻田剛立（一七三四—一七九九）的學生高橋至時（一七六四—一八〇四）和間重富（一七五六—一八一六）參與改曆。在研究《崇禎曆書》《曆象考成》等天文學著作後，他們還掌握了《曆象考成後編》中所載的天文學知識，并在這些曆算著作的基礎上，于寬政九年完成了《寬政曆》。與《曆象考成後編》相似，寬政曆雖然採用了開普勒的『橢圓軌道』天體運行理論，但該理論祇被用于日、月運動的計算，而没有運用于行星運動。爲此，高橋至時又開始研究和翻譯拉朗德〔四〕的天文學著作《拉朗德曆書》〔五〕。高橋至時去世後，其遺志由長子高橋景保（一七八五—一八二九）、次子涉川景佑（一七八七—一八五六）繼承，最終完成《新巧曆書》（一八三六）。天保十二年（一八四一），涉川景佑受命爲改曆御用，次年十月他開始主持改曆，新曆于弘化元年（一八四四）開始實施，

〔一〕户板保佑，《崇禎曆法細草月食術》，日本東北大學圖書館藏，安永二年抄本，林集書八三七。
〔二〕户板保佑，《崇禎諸表合算法》，日本東北大學圖書館藏，安永二年抄本，林集書八四〇。
〔三〕名取春仲，《崇禎曆法則解》，日本東北大學圖書館藏，林集書八三八。
〔四〕拉朗德（一七三二—一八〇七），法國天文學家、數學家、科學史家。
〔五〕法國天文學家拉朗德的著作《天文學》的荷蘭語譯本。

圖十二　東京天文臺《崇禎曆書·交食表》抄本批語

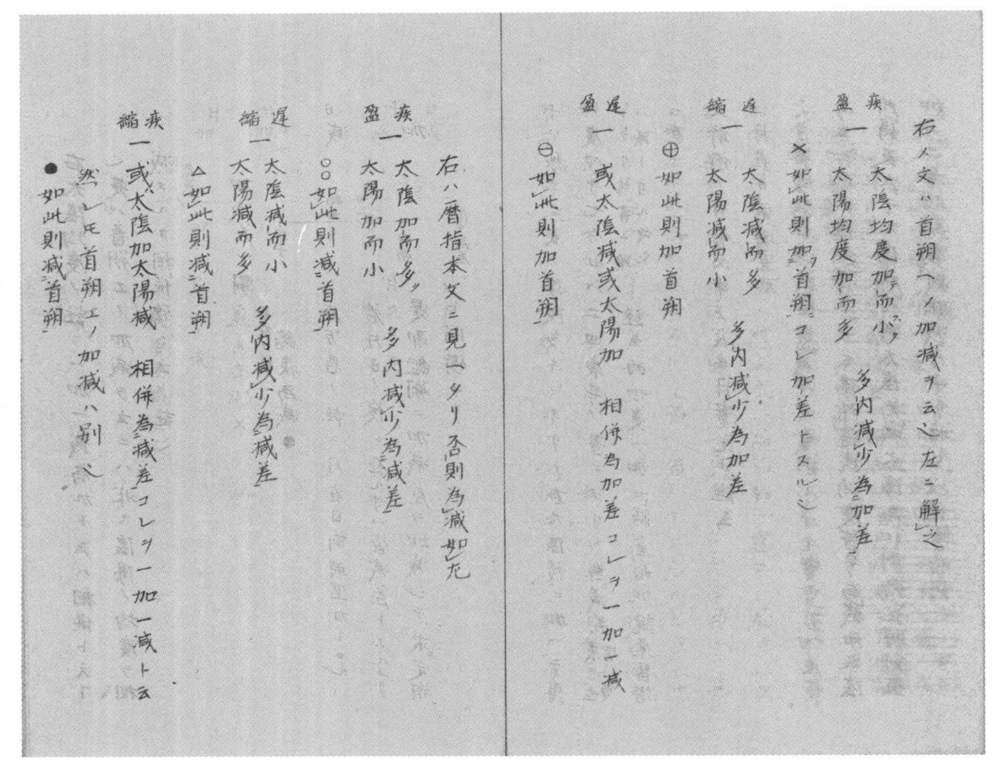
右ハ文ハ首朔ヘノ加減ヲ云之左ニ解之
疾盈　一　太陰均度加而小ヲ
一　太陽均度加而多　多内減少為加差
×如此則加ヲ首朔ニコレ加差トスルヘシ
遅縮　一　太陰減而多
一　太陽減而小　多内減少為加差
⊕如此則加首朔
遅盈　一　或太陰減或太陽加　相併為加差コレヲ一加一減
⊖如此則加首朔
右ハ曆指本文ニ見ヘタリ否則為減如左
疾盈　一　太陰加而多ヲ
太陽加而小　多内減少為減差
○○如此則減首朔
遅縮　一　太陰減而小
太陽減而多　多内減少為減差
△如此則減首朔
疾縮　一　或太陰加太陽減　相併為減差コレヲ一加一減トス
然レモ首朔ヘノ加減ハ別ニ
●如此則減首朔

圖十三　東京天文臺《崇禎交食曆術》抄本

是爲《天保曆》〔一〕。

由于在寬政年間（一七八九—一八〇〇）的改曆中，仙台藩天文學者未能深入參與幕府改曆活動，天保改曆則是以高橋至時家族爲中心，完全由幕府來主導進行。因此，當進入文化和文政時期，仙台藩天文學者的主要工作轉向子弟門生的教育，并逐漸淡出了歷史舞臺。

寬政年間，爲了改曆的需要，麻田剛立、高橋至時、間重富等人曾重新研讀《崇禎曆書》。其中，涉川景佑還曾長期以高橋至時的『手澤《崇禎曆書·曆引》』作爲講義，給門生講授天文。爲了方便使用，其門人還將該書于安政二年（一八五五）以和刻活字出版，因此該書在日本流傳極廣。此外，涉川景佑認爲『初學非圖以解之，則多難明者』，于是在《曆引》的基礎上循序編輯，抄出崇禎以降各家所著籍圖，編輯了《曆引圖編》以幫助讀者學習和理解《曆引》的內容。《曆引圖編》作爲《曆引》的圖注，其來源寬泛，不但包括《崇禎曆書》其他各卷內容，如《曆指》《測量全義》《大測》和《測食》等部分，還包括了《天問略》《渾蓋通憲圖説》《管窺輯要》《數理精蘊》《遠鏡説》《曆象考成》，以及梅文鼎的《曆學疑問》和《曆算全書》等。〔二〕至此，《崇禎曆書》的部分內容與其他曆算著作一同被吸納後編入《曆引圖編》等書，成爲初學者的入門教材。

五、整理説明

前文已提及，已知的五部朱𣆶補遺抄本《崇禎曆書》中，僅天理大學圖書館和島根大學圖書館藏本比較完整。相比而言，天理本字迹較爲工整，錯誤亦較少。島根本則是在搜集舊本的基礎上，輯全的一套《崇禎曆書》，但是《明題疏》有缺，《八線表》以《割圓八線互求法》替代。另外，島根的舊本以外，抄寫的品質有好有壞，大體較天理本爲差（見圖十四）。〔三〕不過，這套輯出來的本子重新經過統一的切書、題簽，以及校訂，應該是古代某位學者作爲閱讀研究的收藏使用。并且，雖然島根本的缺漏之處跟天理本有重合之處，一些校語也明顯相同，兩者應該有所關聯，但亦有不少抄写错誤并不一致，所以應當不是直接抄録自對方。

因朱𣆶補遺抄本《崇禎曆書》卷帙浩繁，且大多卷數的內容與刊本一致。故本次整理，根據文獻的稀缺性及其學術價值，選取其中的未刊四種（《夜測時法》《諸方晝夜晨昏論及分表》《通率表》《七政蒙求》），補遺四種（《日晷圖法》《開方簡法》《天漢經緯表》《交食表卷十》）進行整理（見表二）。其中，以島根本作爲底本〔四〕，參照天理本、東北本和北大本〔五〕進行校對。

〔一〕天保曆以《新巧曆書》和《西曆新書》等作爲依據編修，是江户時代最後一部曆法。

〔二〕李天經，羅雅谷撰；李亮校注，《曆引三種》，湖南科學技術出版社，二〇一六年：頁一一—一二。

〔三〕其中的舊本，即寫有書根的幾册，抄寫年代比較早，紙也與其他抄本略有不同。

〔四〕天理大學圖書館提供了朱𣆶補遺抄本《崇禎曆書》的掃描件，但因出版授權難以獲取，故此次整理採用內容相對較全的島根本爲底本。

〔五〕北京大學僅存《夜測時法》《諸方晝夜晨昏論及分表》《日晷圖法》《大測》和《測量全義》五種。

表二　本書整理各卷的館藏情況

	天理	島根	北大	東京天文臺	東北
《夜測時法》一卷	√	√	√	√	√
《諸方晝夜晨昏論及分表》一卷	√	√	√		√
《通率表》一卷	√	√			√
《七政蒙求》一卷	√	√		√	√
《日晷圖法》四卷	√	√	√		
《開方簡法》一卷	√	√			√
《天漢經緯表》一卷	√	√			
《交食表卷十》一卷	√	√		√	√

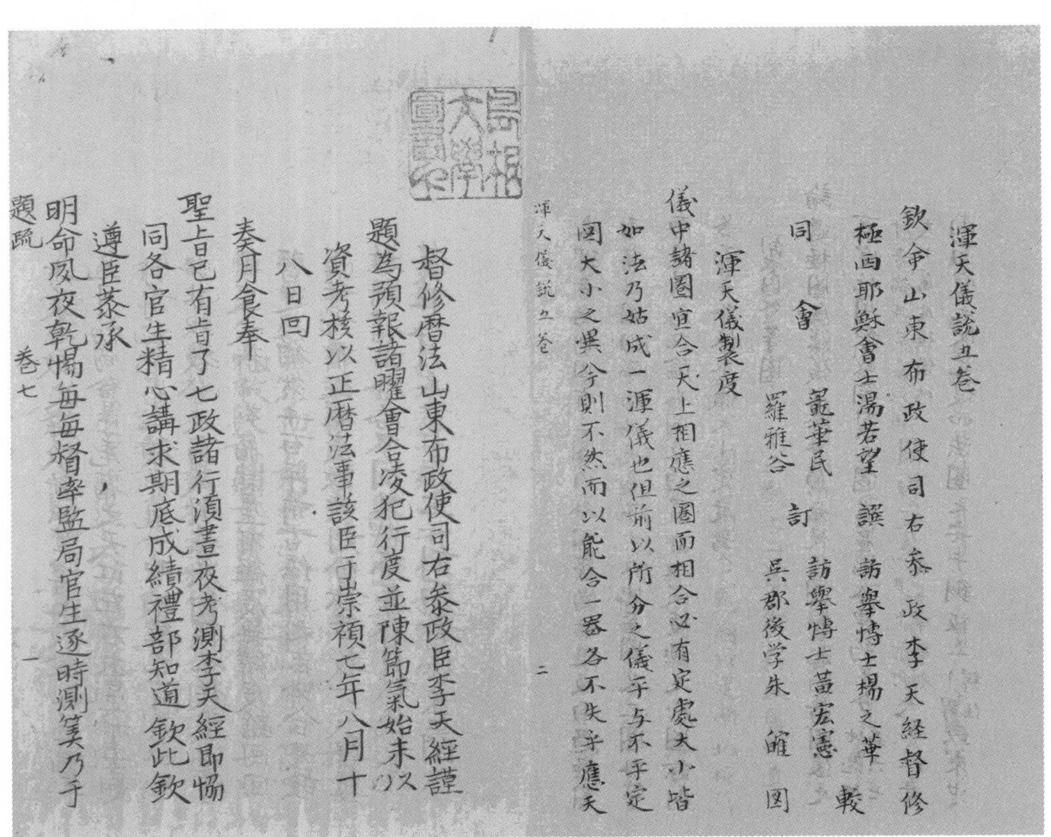

渾天儀説五卷
欽命山東布政使司右参政李天經督修
極西耶穌會士湯若望譔　訪舉博士楊之華　較
同　會　羅雅谷　訂　訪舉博士黃宏憲
兵部後学朱翟　圖
渾天儀製度
儀中諸圈宜合天上相應之圈而相合必有定處大小皆
如法乃姑成一渾儀也但前以所分之儀平与不平定
圈大小之異今則不然而以能合一器各不失乎應天
渾天儀説五卷　二

督修曆法山東布政使司右參政臣李天經謹
題為預報諸曜會合凌犯行度並陳節氣始末以
資考核以正曆法事該臣于崇禎七年八月十
八日回
奏月食奉
聖旨已有旨了七政諸行須晝夜考測李天經即協
同各官生精心講求期底成績禮部知道欽此欽
遵臣恭承
明命夙夜乾惕每每督率監局官生逐時測算乃于
題疏　卷七　一

圖十四　島根大學抄本笔迹的不同

《夜測時法》校注

之太陰并五緯亦有本年然皆不明不順未可取用惟准諸太陽者為確若測時或用恒星五緯太陰皆可但先求月星本時距子午圈若干度次變為太陽之時乃值所用之時也

古人測時之法多端各有本論今但譯夜中測時三種以驗交食時刻一測星一星晷一壺漏各列其法于左

測星求時說　第一章
測星求時一法　第二章
測星求時二法　第三章
測星求時三法　第四章
測星求時四法　第五章
測星用表　第六章
求太陽赤道度變時　第七章
變時用法　第八章
星晷說　第九章
水漏新法　第十章

《測夜時法》叙目

夫日晷以定晝之時刻，取太陽影之所到，固明且確矣。夜之時刻何以測之？曰：取亦有晷焉，如星晷、壺漏之類是也。但星晷作之甚難，且百年宜更，未可久用；壺漏易用難調，亦難確據，惟測星求時爲公法，最爲定準，只算宜精密不可輕率。其法亦以太陽爲主，蓋定太陽過距子午圈度分若于[1]時刻者，乃天行之度量也。太陽東西行滿一周成一日，黄道上西東行滿一周成一年，故太陽之行爲年日時刻之本。如月二十七日滿天一周，謂

1“于”當作“干”。

之太陰年，五緯亦有本年。然皆不明不順，未可取用，惟準諸太陽者爲確。若測時，或用恒星、五緯、大陰[1]皆可，但先求月星本時，距子午圈若干度。次變爲太陽之時，乃值所用之時也。

古人測時之法多端，各有本論，今但譯夜中測時三種，以驗交食時刻。一測星、一星晷、一壺漏，各列其法于左。

測星求時説　　第一章

測星求時一法　　第二章

測星求時二法　　第三章

1"大陰"當作"太陰"。

測星求時三法 第四章
測星求時四法 第五章
測星用表 第六章
求太陽赤道度變時 第七章
變時用法 第八章
星晷説 第九章
水漏新法 第十章

夜測時法 二

測星求時三法 第四章
測星求時四法 第五章
測星用表 第六章
求太陽赤道度變時 第七章
變時用法 第八章
星晷説 第九章
水漏新法 第十章

《崇禎曆書》法器部　測夜時法

欽差太子太保禮部尚書兼文淵閣大學士徐光啟

欽命山東布政使司右參政李天經　督修

遠西耶穌會士　羅雅谷撰

龍華民、湯若望　仝訂

訪舉博士　程廷瑞

訪舉博士　李次虨　閱

訪舉中書　朱廷樞　較

測星求時説

測星求時之法有四，其三皆用求星時或星離距子午圈若于[1]度分。其一以星時通求太陽之時，所用時。凡測星先

[1]"于"當作"干"。

宜定某星，所測之星。赤道經緯度，或向南，或向北，及本日時，先畧算時爲查太陽躔度。并太陽赤道上經度，先求太陽躔度分，次用正球升度表求赤道上度分，用三率法。又用測地平高儀，如象限、三尺儀等，以測星之高度，又具[1]八線表依法細測細算，不容稍謬焉。

1 天理本“具”作“其”。

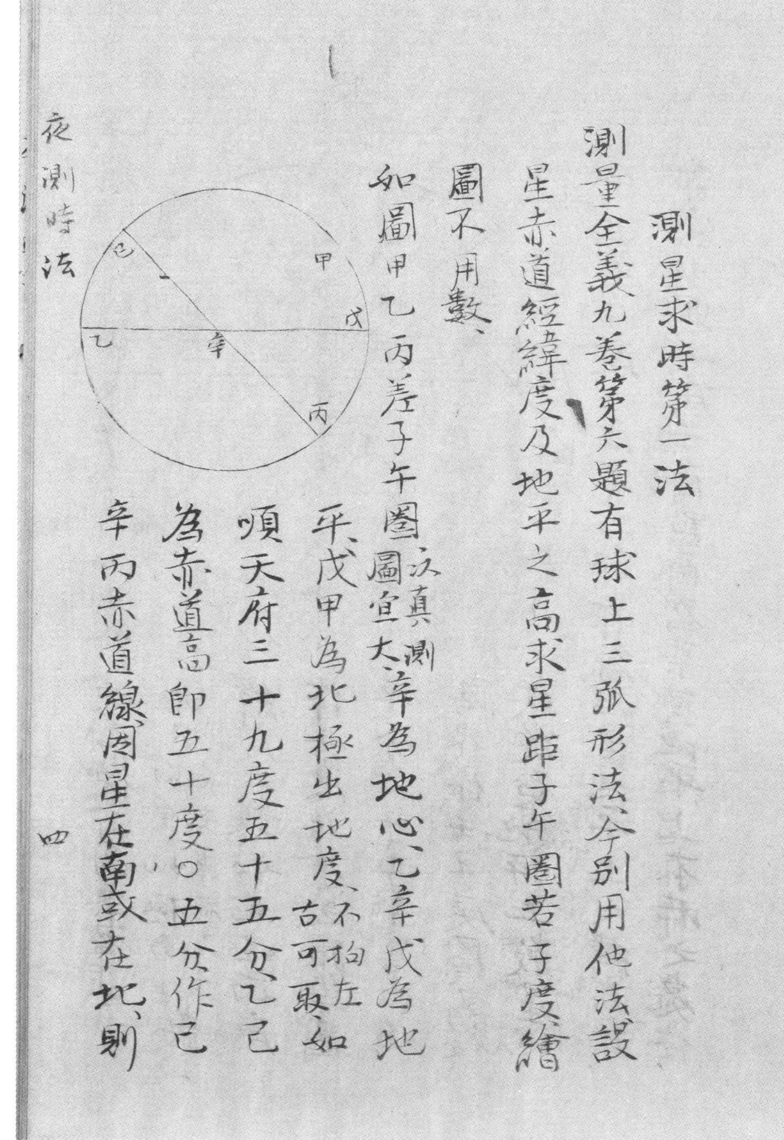
夜測時法

測星求時第一法

測量全義九卷第六題有球上三弧形法，今别用他法，設星赤道經緯度及地平之高，求星距子午圈若干度，繪圖不用數。

如圖甲乙丙爲子午圈，以真測圖宜大。辛爲地心，乙辛戊爲地平，戊甲爲北極出地度，不拘左右可取。如順天府三十九度五十五分，乙己爲赤道高，即五十度〇五分，作己辛丙赤道線，因星在南，或在北，則

四

測星求時第一法

《測量全義》九卷第六題有球上三弧形法，今别用他法，設星赤道經緯度及地平之高，求星距子午圈若干度，繪圖不用數。

如圖甲乙丙爲子午圈，以真測圖宜大。辛爲地心，乙辛戊爲地平，戊甲爲北極出地度，不拘左右可取。如順天府三十九度五十五分，乙己爲赤道高，即五十度〇五分，作己辛丙赤道線，因星在南，或在北，則

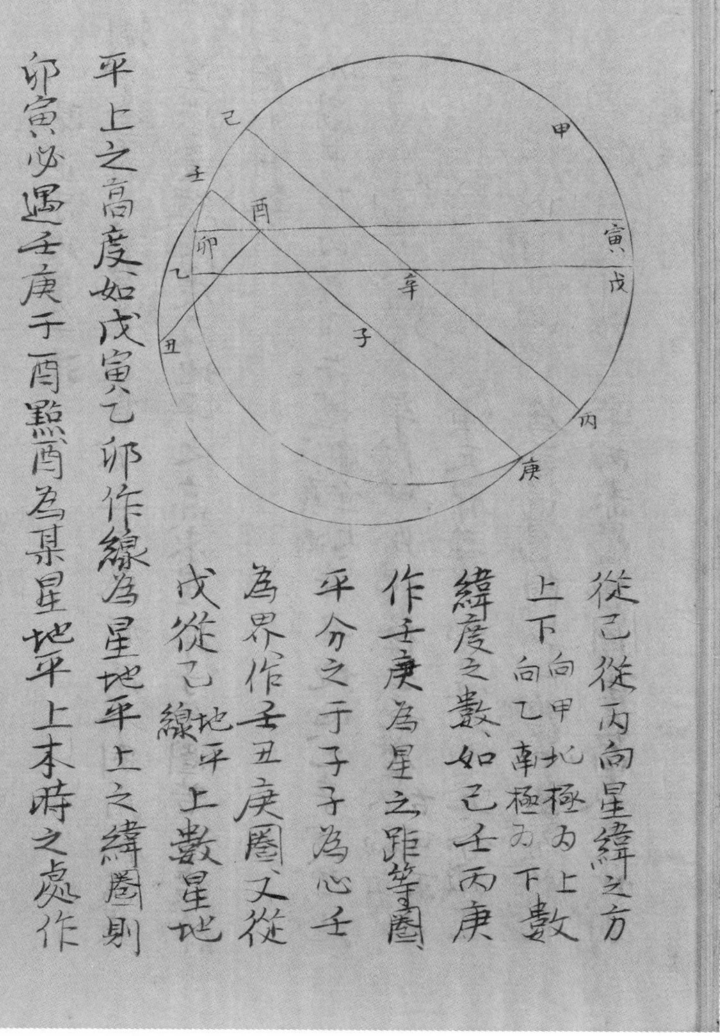

從己、從丙向星緯之方上下，向甲北極爲上；向乙南極爲下。數緯度之數，如己壬、丙庚作壬庚爲星之距，等圈平分之于子，子爲心，壬爲界，作壬丑庚圈，又從戊、從乙，地平綫。上數星地平上之高度，如戊寅，乙卯作綫爲星地平上之緯圈，則卯寅必遇壬庚于酉點，酉爲其星地平上本時之處。作

西丑，爲壬庚垂線，此線定丑壬弧，是爲星未到午，或過午圈時度分之弧，甲乙丙爲子午圈，庚丑壬爲星所行之圈，兩圈相遇于壬，則凡星在壬，必在午圈上，壬丑爲星距，壬午點若干有弧有度得時，有壬丑弧求其度，或用比例尺、用規矩分之。得度依法變時。三度四十五分爲一刻。十五度爲一小時，法見後。

一、假如用天狼星測其高得二十五度，圖上爲戊寅、己[1]卯也，星之緯度爲一十六度十分，向南即己壬、丙庚也，壬丑爲三十三度四十五分。因星在東，未到午線上，若在西，則已過变時得九刻。

又假如測畢宿大星，地平高四十七度四十分，其緯度爲

1“己”當作“乙”。

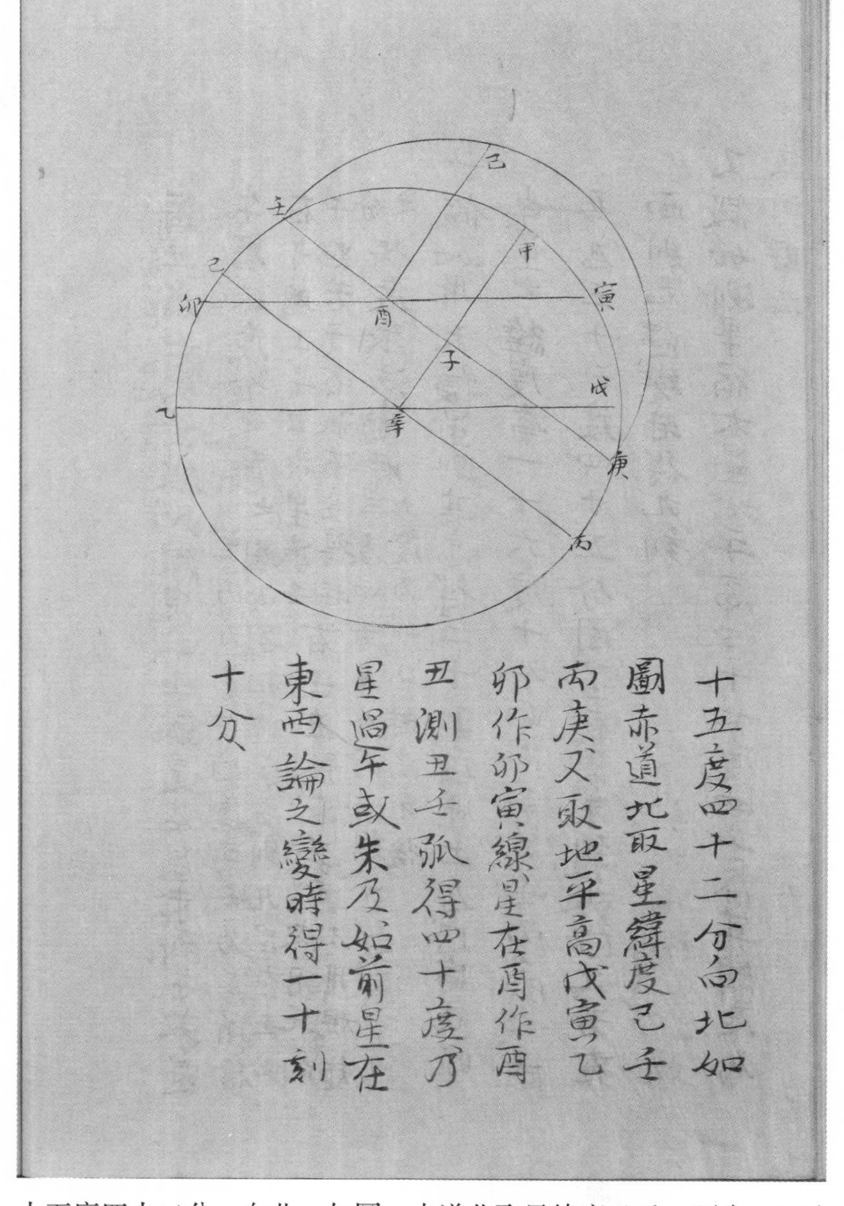

十五度四十二分向北如圖赤道北取星緯度己壬丙庚又取地平高戊寅乙卯作卯寅線星在酉作酉丑測丑壬弧得四十度乃星過午或未及如前星在東西論之變時得一十刻十分

十五度四十二分，向北。如圖，赤道北取星緯度己壬、丙庚，又取地平高戊寅、乙卯作卯寅線，星在酉作酉丑，測丑壬弧，得四十度，乃星過午或未及，如前星在東西論之，變時得一十刻十分。

測星求時二法　三章

前章用圖今用數如法排算以星之緯度與亦道高度相
加得總相減得較則以此總較兩數于八線表中各求
正弦並列并之得總數半之為甲數次于甲數内減去
較度之正弦較度乃星緯亦高兩數相減之較所餘為乙數
又次以測得本星地平上之高度而求其正弦與乙數或
相加或相減凡星在北用減在南用加所得數以全數乘之為實以
前得甲數為法除之得壬丑弧之餘弦查表得其度以
通時法求時乃得星距午〇日正時刻算式如左

夜測時法　六

1 天理本作“亦”，當作“赤”。

測星求時二法，三章

前章用圖，今用數如法排算，以星之緯度與赤道高度相加得總，相減得較，則以此總、較兩數于八線表中各求正弦并列，并之得總數，半之爲甲數，次于甲數内減去較度之正弦，較度乃星緯，赤[1]高兩數相減之較。所餘为乙數。

又次以測得本星地平上之高度，而求其正弦，與乙數或相加，或相減，凡星在北用減，在南用加。所得數以全數乘之爲實，以前得甲數爲法，除之得壬丑弧之餘弦。查表得其度，以通時法，求時乃得星距午〇日正時刻，算式如左式。如崇禎四年二月二十四日，在局測得畢宿大星地平上高弧爲四十七度四十分，用數如上法。

<table>
<tr><td></td><td>度</td><td>分</td><td colspan="3" rowspan="3"></td></tr>
<tr><td>赤高</td><td>五〇</td><td>〇五</td></tr>
<tr><td>星緯</td><td>一五</td><td>四二　北</td></tr>
<tr><td>總</td><td>六五</td><td>四七</td><td>正</td><td colspan="2">九一二〇〇</td></tr>
<tr><td>較</td><td>三四</td><td>二三</td><td>弦</td><td colspan="2">五六四七三</td></tr>
<tr><td colspan="3" rowspan="3"></td><td>總</td><td colspan="2">一四七六七三</td></tr>
<tr><td rowspan="2">半</td><td>甲</td><td>七三八三六五相減</td></tr>
<tr><td>乙</td><td>一七三六三</td></tr>
<tr><td colspan="3">星高正弦，用減</td><td colspan="3">七三九二四</td></tr>
<tr><td colspan="3"></td><td colspan="3">五六五六一</td></tr>
<tr><td colspan="3">以全數乘之</td><td colspan="3">一〇〇〇〇</td></tr>
<tr><td colspan="3">實</td><td colspan="3">五六五六一〇〇〇〇〇</td></tr>
<tr><td colspan="3">法</td><td colspan="3">七三八三六</td></tr>
<tr><td colspan="3"></td><td colspan="3">四八七五八</td></tr>
<tr><td colspan="3"></td><td colspan="3">四四五六四</td></tr>
<tr><td colspan="3"></td><td colspan="3">二六二四</td></tr>
<tr><td colspan="3"></td><td colspan="3">四〇八九二</td></tr>
<tr><td colspan="3"></td><td colspan="3">七一</td></tr>
<tr><td colspan="3">除得數</td><td colspan="3">七六六〇三</td></tr>
<tr><td colspan="6">查餘弦表得四十度</td></tr>
<tr><td colspan="6">變時爲十刻十分，與圖算合</td></tr>
</table>

又如測五帝座大星在東高十度，緯北十六度四十分。

<table>
<tr><td></td><td>度</td><td>分</td><td colspan="3" rowspan="3"></td></tr>
<tr><td>赤高</td><td>五○</td><td>○五</td></tr>
<tr><td>星緯</td><td>一六</td><td>四○</td></tr>
<tr><td>總</td><td>六六</td><td>四五</td><td rowspan="2">正弦</td><td colspan="2">九一八七九</td></tr>
<tr><td>較</td><td>三三</td><td>二五</td><td colspan="2">五五○七二</td></tr>
<tr><td colspan="3" rowspan="3">爲法除實</td><td>總</td><td colspan="2">四六九五一</td></tr>
<tr><td>半</td><td>甲</td><td>七三四七五相減</td></tr>
<tr><td></td><td>乙</td><td>八四○三[1]</td></tr>
<tr><td colspan="3">星高正弦，北減</td><td colspan="3">六四二七九</td></tr>
<tr><td colspan="3">加全數爲實</td><td colspan="3">四五八七六</td></tr>
<tr><td colspan="3">實</td><td colspan="3">四五八七六○○○○○○</td></tr>
<tr><td colspan="3">法</td><td colspan="3">七三四七五</td></tr>
<tr><td colspan="3"></td><td colspan="3">一七九一○</td></tr>
<tr><td colspan="3"></td><td colspan="3">三二一五○</td></tr>
<tr><td colspan="3"></td><td colspan="3">二七六○○</td></tr>
<tr><td colspan="3"></td><td colspan="3">五五五七五</td></tr>
<tr><td colspan="3">除得數</td><td colspan="3">六二四三七</td></tr>
<tr><td colspan="6">查餘弦得五十一度二十二分</td></tr>
<tr><td colspan="6">變時得十三刻二十二分，乃星未到午</td></tr>
</table>

1 天理本和東北本“八四○三”作“一八四○三”。

又如測天狼星在東高二十度，緯南爲十六度一十分。

	度	分			
赤高	五〇	〇五			
星緯	一六	一〇			
總	六六	一五	正弦		九一五三一
較	三三	五五			五五七九九
爲法除實			總		一四七三三〇
			半	甲	七三六六五　相減
				乙	一七八六六
星高正弦，南			三四二〇二		
			五二〇六八		
爲實			五二〇六八〇〇〇〇〇		
法			七三六六五		
			〇五〇二五		
			六〇五一〇		
			一五七八〇		
			一〇四七〇		
除得數			七〇六八二		
查表得餘弦爲四十五度一分半					
變時得三小時强，亦星未到午					

又如測心宿中星在西高十五度，緯南爲二十五度三十分。

	度	分			
赤高	五〇	〇五			
星緯	二五	三〇			
總	七五	三五	正		九六八五一
較	二四	三五	弦		四一六〇三
爲法除實			總		一三八四五三
			半	甲	六九二二六　相減
			較	乙	二七六二四
星高正弦，南加			二五八八		
			五三五〇六		
全乘爲實			五三五〇六〇〇〇〇〇〇		
甲爲法			六九二二六		
			五〇四七八		
			二〇一九八		
			六二[1]五二八		
			一二二四六		
			五三二三四		
除得數			七七二九一		
查餘弦得三十九度二十三分					
變時得十刻七分三十二秒					

1 天理本和東北本“二”作“三”。

測星求時三法，四章

設星緯度及地平高，用高弧表求之。

法以本方之表，因極出地之度用表，若無本極表，即于近極表用中比例分數。本緯之度，表中緯度不過二十四，若星緯在外者，用前法；若星緯度外有分者，用中比例細法。或南或北，囙[1]星緯表中度分橫行，求所測星高之度數，若度數表中所無者，則用近度，或前後兩數求細數。度數對直行上有時刻之數，若前度數，既用比例，此亦宜用。是爲某星距午正之數也。凡星在東爲未到午，在西則已過午。

假如測五帝座大星，前第二假如等。地平高四十度，求距午線若干，查本表，順天府四十度表，十七度緯北。星有十六度四十分，取十七近度用之。

1 古同"因"。

度行中遇四十度四十六分上，時行遇十三刻，半用細法，四十度四十六分比下數三十九度二十二分差一度二十四分爲一率，半刻乃七分半为二率，四十分为第三率，算得之數加于十三刻半。得十三刻十一分[1]强。若通爲度，得五十一度二十三分，與前算等，乃星未到午。

又假如，測畢宿大星，高度見前第一式。查表，用十六緯度，遇四十七度十分，非本數，星高四十七度四十分，差三十分。用三率法，得十刻十二分，强變度，得四十〇度六分，如上，表中遇四十七度一十分，差三十分，表上前後兩數差七十二分，用法得三分强，此三分以十一刻近時中減之，差數度多時少，得一刻十二分弱。前法若用太陽，亦能定時，但此爲測夜，故晝時不載。

1 天理本“十一分”作“十二分”。

測星求時四法，五章

以前三法任用一法算得所測星未及午或過午之時，今以星時求太陽之時。

法置太陽黄道所躔經度于正球升度，表内查赤道之經度另[1]記。又置星赤道經度，下有表。凡星在東，以其先測算，所得距午之度减星之赤道經度，所餘内再减太陽赤道經度，存者爲太陽過午正之度分變時；若星在西，則以先得距度加于星赤道經度，得數内亦减太陽經度，存者为太陽過午正之度變時。凡星度數少不足減太陽，則加天周三百六十。

1 天理本和東北本缺“另”字。

如前測畢宿大星時，太陽躔降婁宮五度四十分，查正球升度表，得赤經五度十二分，畢星赤道經度爲六十三度四十分，囙[1]在西，加先推得距度四十度，并得一百〇三度四十分，内減太陽經度五度十二分，餘九十八度二十八分，爲太陽距午正度分，變時爲六小時三十三分五十二秒，乃酉正二刻三分五十二秒。

又如前測五帝座時，太陽躔降婁七度四十六分，查正球升度表，得七度八分。星經度爲一百七十二度三十分，因星在東，減前推距度五十一度二十二分，存一百二

1 古同“因”。

十一度八分，内減太陽經七度八分，餘一百二[1]十四度，變時爲七小時三十六分，乃戌初二刻六分。

又如二法，測天狼時太陽在冬至二百七十度，黃赤道兩至兩分上無二。星經爲九十七度十七分，因在東，減前推距度四十五度一分卅秒，餘五十二度一十五分卅秒，加天周爲實，内減太陽經度二百七十度，存一百四十二度一十五分卅秒，變時得九小時廿八分有奇，乃亥初二刻弱。

系前法，星在西所得距度，恒加于星經度，若星在東，所得距度恒減于星經度。

1 天理本"二"作"一"，當作"一"。

測星用表，六章

恒星雖多，其小者難測，兹特舉[1]其可用者，餘有本表。

恒星大星	赤道經度	分	赤道緯度	分	向
婁宿距星	二三	三二	一八	四九	北
大陵大星	四一	〇四	三七[2]	二八	北
畢宿大星	六三	四〇	一五	四二	北
參宿左	八三	四八	一七[3]	四五[4]	北
五車西北	七二	〇八	四五	三二	北
天狼	九七	一七	一六	一〇	南
星宿大星	一百三七	二一	〇六	五七	南

1 天理本和東北本作“𢀜”，爲“舉”俗體字。

2 據《崇禎曆書·恒星經緯表》“三七”當作“三九”。

3 據《崇禎曆書·恒星經緯表》“一七”當作“〇七”。

4 據《崇禎曆書·恒星經緯表》“四五”當作“十七”。

軒轅大星	一百四七	二八[1]	一三	四七	北
五帝座	一百七二	三〇	一六	四〇	北
角宿大星	一百九六	二六	〇九	〇九	南
大角	二百〇九	三二	二一	一三	北
心宿中星	二百四一	四三	二五	三〇	南
織女	二百七四	三七	三八	二三	北
北落師門	三百三九	〇四	三一	三三	北
室宿距星	三百四一	三四	一三	一五	北

1 據《崇禎曆書·恒星經緯表》"二八"當作"〇八"。

求太陽赤道度變時表説，七章

日有二，其一爲太陽東西滿一周曰[1]九[2]界，元界或子午圈或地平圈等。名太陽月日；即民曆用日。其一太陽從赤道某度轉天一周回元界，如赤道上某度分，名爲赤道日。兩日之差爲太陽一日所行之度，約一度，今不論平日，用日。蓋其差算時甚微。兹所用之日爲太陽之日，其測度爲赤道上之度。一日十二大時，析爲二十四小時，計刻爲九十六刻，計分爲一千四百四十分，時刻之分。又一日三百六十度，一大時有三十度，一小時十五度，一刻計三度四十五分，又一度爲時之四分，若度

1 據天理本和東北本，“曰”當作“回”。
2 據天理本和東北本，“九”當作“元”。

之一分爲時之四秒，依此算度分時刻各相變，設表如：

度分	時分	分秒	度分	時分	分秒	度分	時分	分秒	度分	時分	分秒	度分	時分	分秒	度分	時分	分秒
一	〇	四	一六	一	四	三一	二	四	四六	三	四	七〇	四	四〇	二二〇	一四	四〇
二	〇	八	一七	一	八	三二	二	八	四七	三	八	八〇	五	二〇	二三〇	一五	二〇
三	〇	一二	一八	一	一二	三三	二	一二	四八	三	一二	九〇	六	〇	二四〇	一六	〇
四	〇	一六	一九	一	一六	三四	二	一六	四九	三	一六	百[1] 一〇〇	六	四〇	二五〇	一六	四〇
五	〇	二〇	二〇	一	二〇	三五	二	二〇	五〇	三	二〇	一一〇	六[2]	二〇	二六〇	一七	二〇
六	〇	二四	二一	一	二四	三六	二	二四	五一	三	二四	一二〇	八	〇	二七〇	一八	〇

1“百”當爲衍文。
2“六”當作“七”。

夜測時法

七	○	二八	二二	一	二八	三七	二	三八[1]	五二	三	二八	一三○	八	四○	二八○	一八	四○
八	○	三二	二三	一	二二[2]	三八	二	三二	五三	三	三二	一四○	九	二○	二九○	一九	二○
九	○	三六	二四	一	三六	三九	二	三六	五四	三	三六	一五○	一○	○	三○○	二○	○
一○	○	四○	二五	一	四○	四○	二	四○	五五	三	四○	一六○	一○	四○	三一○	二○	四○
一一	○	四四	二六	一	四四	四一	二	四四	五六	三	四四	一七○	一一	二○	三一○[3]	二一	二○
一二	○	四八	二七	一	四八	四二	二	四八	五七	三	四八	一八○	一二	○	三三○	二二	○
一三	○	五二	二八	一	五二	四三	二	五二	五八	三	五二	一九○	一二	四○	三四○	二二	四○
一四	○	五六	二九	一	五六	四四	二	五六	五九	三	五六	二○○	一三	二○	三五○	二三	二○
一五	一	○	三○	二	○	四五	三[4]	○	六○	四	○	二一○	一四	○	三六○	二四	○

1“三八”當作“二八”。
2“二二”當作“三二”。
3 天理本作“三二○”。
4 天理本作“二”。

以赤道度變時間用法，八章

表上每三横行成一界，上行爲赤道之度，二三爲時分，六十分爲一小時，即四刻。赤道度順數從一至六十遞至三百六十止，凡有赤道度數，欲變時，則於本行下時分行求之。若度外有分，則以度當分。如上求之所得爲分秒，若度分外有秒，則以度當秒，求之所得爲秒微。

假如有九十八度，欲變時，先于九十度下求之，得六時〇分，又于八度下求之，得〇時三十二分，并得六小時三十二分或二十六刻二分。

又假如一百一十九度五十六分二十四秒變時先求一
百一十度下得七小時二十分又求九度得〇時三十
六分又求五十六分即度行得三分四十四秒又求二十
四秒得一秒三十六微并得七小時五十九分四十五
秒三十六微

又假如一百一十九度五十六分二十四秒變時，先求一百一十度下得七小時二十分，又求九度得〇時三十六分，又求五十六分，即度行。得三分四十四秒，又求二十四秒得一秒三十六微，并得七小時五十九分四十五秒三十六微。

星晷説，九章

以星測時之儀非一，如舊製臺上簡儀及新法有天運儀、簡平儀等類，皆似宗動天之行，各有本用。今所製進呈御覽星晷，以徵交食時刻，尤爲簡明，而用實便也。

造法

以銅爲柱，或木柱亦可。長四五尺，立在高敞向北之處，上設斜面一，盤徑約一尺。其斜如赤道圈之面，向正北而直當赤道。若中心上下出一直線，必當天樞線兩端兩極也。盤有内有外，相函而旋，運盤之形爲平为圓。

内盤作多圈一分列十二宮次一分二十四節氣一列每
節氣為十五度一列周天三百六十度其字皆自左向
右書外盤列十二時時分八刻刻析百分或五分兩盤
相函内盤之外圈切外盤之内圈
又内盤面從心到大火宮六度與大梁宮六度相對作線
名兩星子午線于此線右邊冬至近處開一長縫縫于線為
平行其縫宜細約不及半分盤背對縫處剜開一槽長
如面縫廣約一寸右書帝星近大火宮左書勾陳大星柱北
有鋭表指盤面時刻定時
夜測時法
十五

内盤作多圈，一分列十二宫次，一分二十四節氣，一列每節氣爲十五度，一列周天三百六十度，其字皆自左向右書。外盤列十二時，時分八刻，刻析百分或五分，兩盤相函，内盤之外圈切外盤之内圈。

又内盤面從心到大火宫六度，與大梁宫六度相對作線，名兩星子午線，于此線右邊，冬至近處。開一長縫，縫于線爲平行，其縫宜細，約不及半分，盤背對縫處，剜開一槽，長如面縫，廣約一寸，右書帝星，近大火宫。左書勾陳大星[1]。柱北有鋭表，指盤面時刻定時。

1 天理本和東北本“星”作“皇”，有誤。

用法

轉運内外二盤，先查本日太陽應距某宫某度，則以内盤其[1]節氣之第幾度，移對外盤子正初線上，然後人立儀南，將二盤齊運，從縫内仰窺帝星、勾陳二星，上下左右轉移對照，見二星并在一縫之内，即于盤面看柱上鋭表所指外盤上時刻，乃本夜之時刻分數也。

上文日[2]于大火六度線作平行縫，此法乃百年之法，非公法，非永法也。蓋今時二星之線，引長割赤道大火六度近處，若越百年後必不合，蓋恒星之行非由赤道，而由黄道。今時近遠于極非一，則于赤道近遠亦然，近遠非

1 天理本和東北本“其”作“某”。
2 當作“曰”。

夜測時法

一者二星線割赤道亦非一又恒星曆指曰古今各星
赤道上經度非一則二星之線所得經度向後亦差遠
所謂内盤之縫該平行于大火大梁宮六度之線者何也
解曰若天上從二星作一大圈此圈必交赤道于二宮
六度之近處帝星向大梁勾陳大星向大火欲徵其實
法有三焉其一于恒星大球二以直線聯二星引長之
兩頭到黄赤兩道必見其線割兩道二宮六度之近處
其二待二星並在一天頂圈上求此時赤道在午之度
分其三以二星黄赤道經緯度于球上三角形求之其

十六

一者，二星線割赤道亦非一。又《恒星曆指》曰："古今各星赤道上經度非一，則二星之線所得經度，向後亦差遠。"

所謂内盤之縫，該平行于大火、大梁宮六度之線者，何也？解曰：若天上從二星作一大圈，此圈必交赤道于二宮六度之近處，帝星向大梁，勾陳大星向大火，欲徵其實法有三焉。其一，于恒星大球，二以直線聯二星，引長之兩頭到黄赤兩道，必見其線割兩道二宮六度之近處；其二，待二星并在一天頂圈上，求此時赤道在午之度分；其三，以二星黄赤道經緯度于球上三角形求之。其

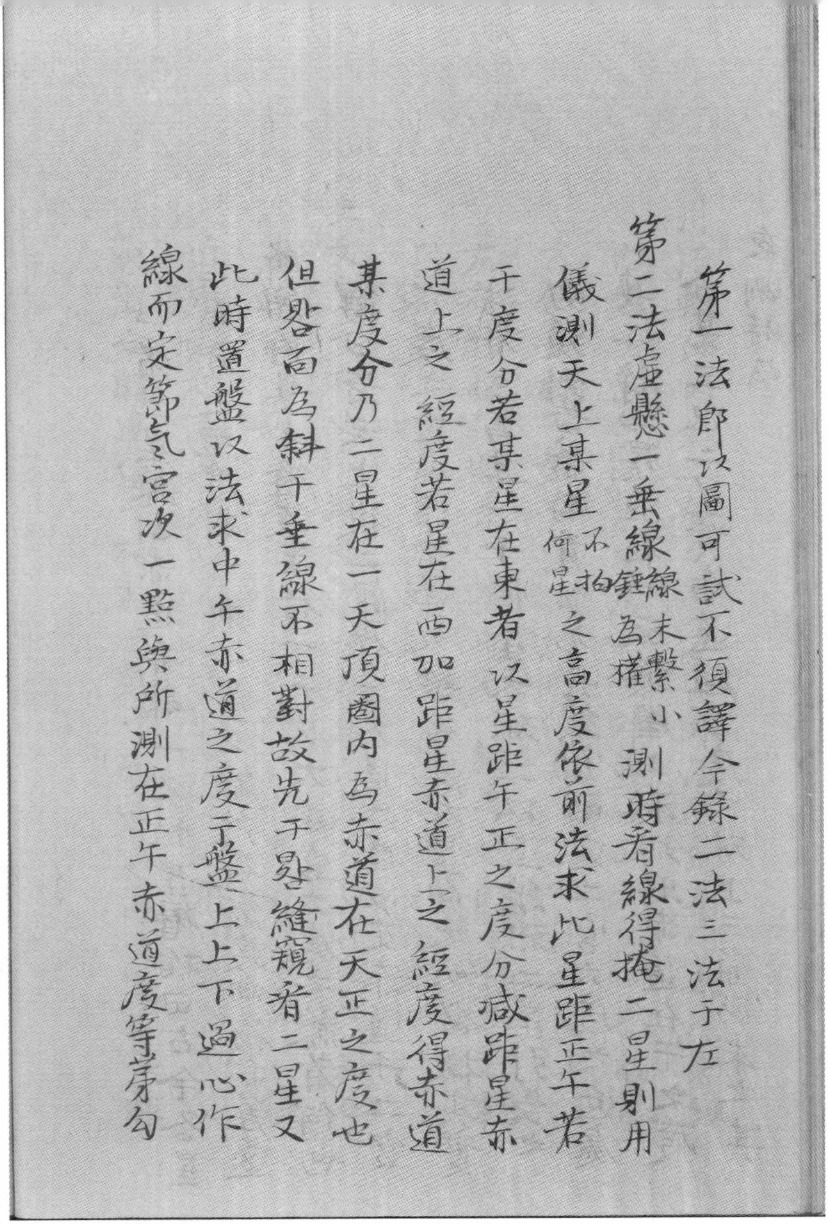

第一法即以圖可試，不須譯，今録二法、三法于左。

第二法：虚懸一垂線，線末繫小錘爲權，測時看線，得掩二星，則用儀測天上某星，不拘何星。之高度。依前法求此星距正午若干度分，若某星在東者，以星距午正之度分減距星赤道上之經度。若星在西，加距星赤道上之經度，得赤道某度分，乃二星在一天頂圈内，为赤道在天正之度也。但晷面爲斜干[1]垂線，不相對，故先于晷縫窺看二星，又此時置盤，以法求中午赤道之度于盤上，上下過心作線，而定節氣、宫次，一點與所測在正午赤道度等第，勾

1當作“于”。

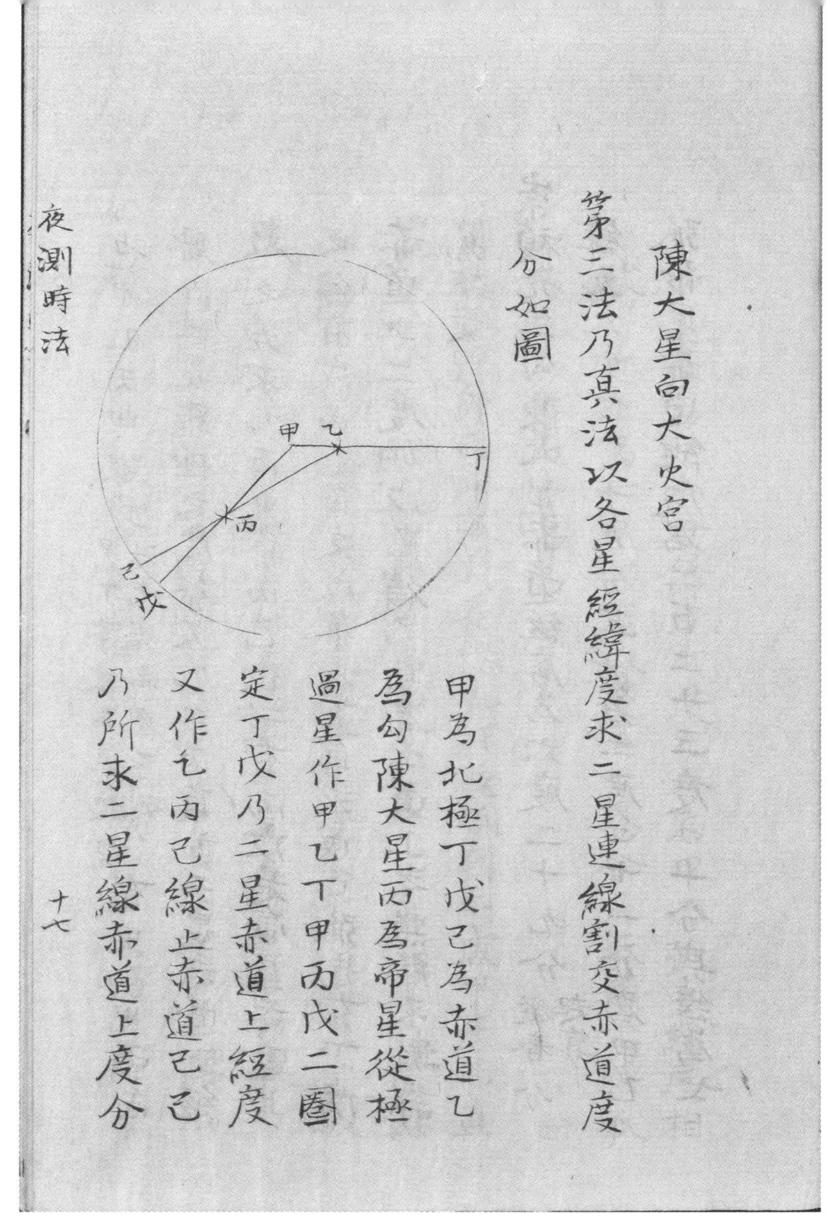
陳大星向大火宮
第三法乃真法以各星經緯度求二星連線割交赤道度
分如圖

甲為北極丁戊己為赤道乙
為勾陳大星丙為帝星從極
過星作甲乙丁甲丙戊二圈
定丁戊乃二星赤道上經度
又作乙丙己線止赤道己己
乃所求二星線赤道上度分

夜測時法　十七

陳大星向大火宫。

第三法乃真法：以各星經緯度求二星連線割交赤道度分。如圖，甲爲北極，丁戊己爲赤道，乙爲勾陳大星，丙爲帝星。從極過星作甲乙丁、甲丙戊二圈定丁戊，乃二星赤道上經度。又作乙丙己線，止赤道己，己乃所求二星線赤道上度分也。甲乙丙曲線形，甲丁等線为直線，視法也，實爲圈之弧。有甲乙、甲丙兩腰，即二星距極之度分。又乙甲丙角，即二星赤道上經數之差，求乙丙甲角。丙己戊形有丙戊，是帝星赤道上之緯有戊丙己角。又戊角爲直角，求戊己弧，先有丁戊赤道上二度加戊己，得己點爲赤道上之點所求數，詳見下文。

崇禎元年勾陳大星赤道經度爲六度二十九分，從春分起算。緯爲八十七度十九分，其餘爲二度四十一分，爲甲乙弧。帝星赤道經度爲二百二十三度〇一分，其緯爲七

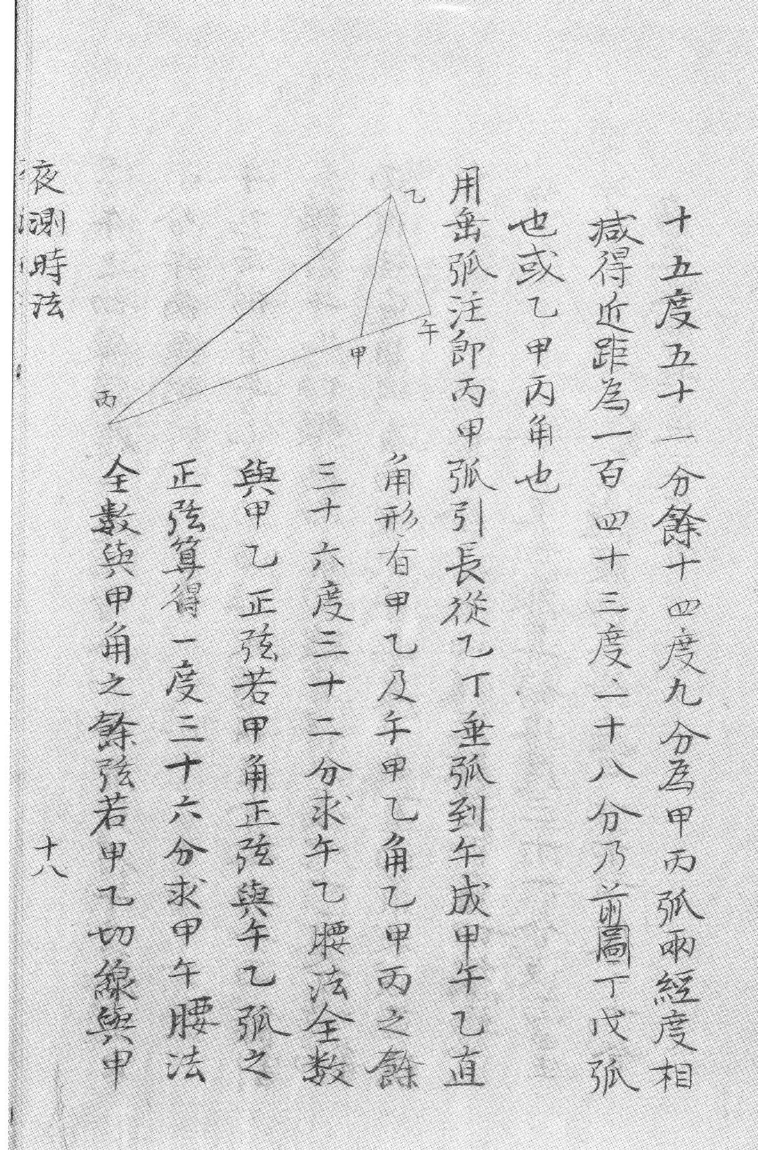

十五度五十一分，餘十四度九分爲甲丙弧。兩經度相減，得近距爲一百四十三度一十八分，乃前圖丁戊弧也，或乙甲丙角也。

用垂弧注，即丙甲弧引長，從乙丁垂弧到午成甲午乙直角形，有甲乙及午甲乙角，乙甲丙之餘三十六度三十二分，求午乙腰法全數與甲乙正弦。若甲角正弦與午乙弧之正弦算得一度三十六分，求甲午腰法全數與甲角之餘弦。若甲乙切線與甲午之切線算得二度七分八，加于甲丙，得十六度十六分，午丙弧也。

午乙丙形有午乙、午丙兩腰，求丙角法全數與午丙餘割線。若午乙切線與丙角切線，算得五度四十二分，午丙乙角。丙戊己直角形有丙戊七十五度有奇，有丙角，求戊己法全數與丙戊正弦。若丙角切線與戊己切線，算得五度三十一分，以丙星經度減之，得三[1]百一十七度三十分，爲大火宫七度三十分

1 當作“二”。

水漏新法

製水匱一具，或圓，或方，皆可。徑一尺或一尺五寸，深二尺五寸。上下大小等，匱身兩旁作兩柱，直上以匱深面爲度，上高二尺許，柱之巔横安一軸。其軸一頭出于柱外，以軸爲心，載一圓盤，盤鐫多圈。其一鐫三百六十天周之度；其一鐫子午等十二時之字；其一鐫每時爲初四刻、正四刻，共計九十六刻；其一鐫每刻爲十分，共計九百六十分。按中法，一刻百分，今以十當百，蓋盤小不便詳析，且亦無庸詳析也。軸頭出于盤外，設一鋭表指盤上之時分。兩柱之内，取軸徑折半之中穿一小輪，輪爲二面，周剜一槽，能容绳于其内。又以輕木作圓板，比匱徑小寸餘，板上立小柱，長尺半。柱板之中，皆剜小孔以安管外，以銅皮爲小管，密銲不滲，長以四尺爲度，徑約二三分，從中揉曲如懸绳，名吸水管，俗曰“過山龍”。兩頭皆平，一頭入柱孔，透過圓板安于匱内以吸水；一頭置向匱外以出水，其向外之管口，以小玉石爲嘴，鑽一小孔，如針入管[1]之内，以節水之出，使其滴溜不驟。又浮板小柱之上，設一釣[2]可以安绳，绳約長三尺，一頭

1 天理本和東北本“管”作“管口”。
2 天理本作“鈎”，當作“鈎”。

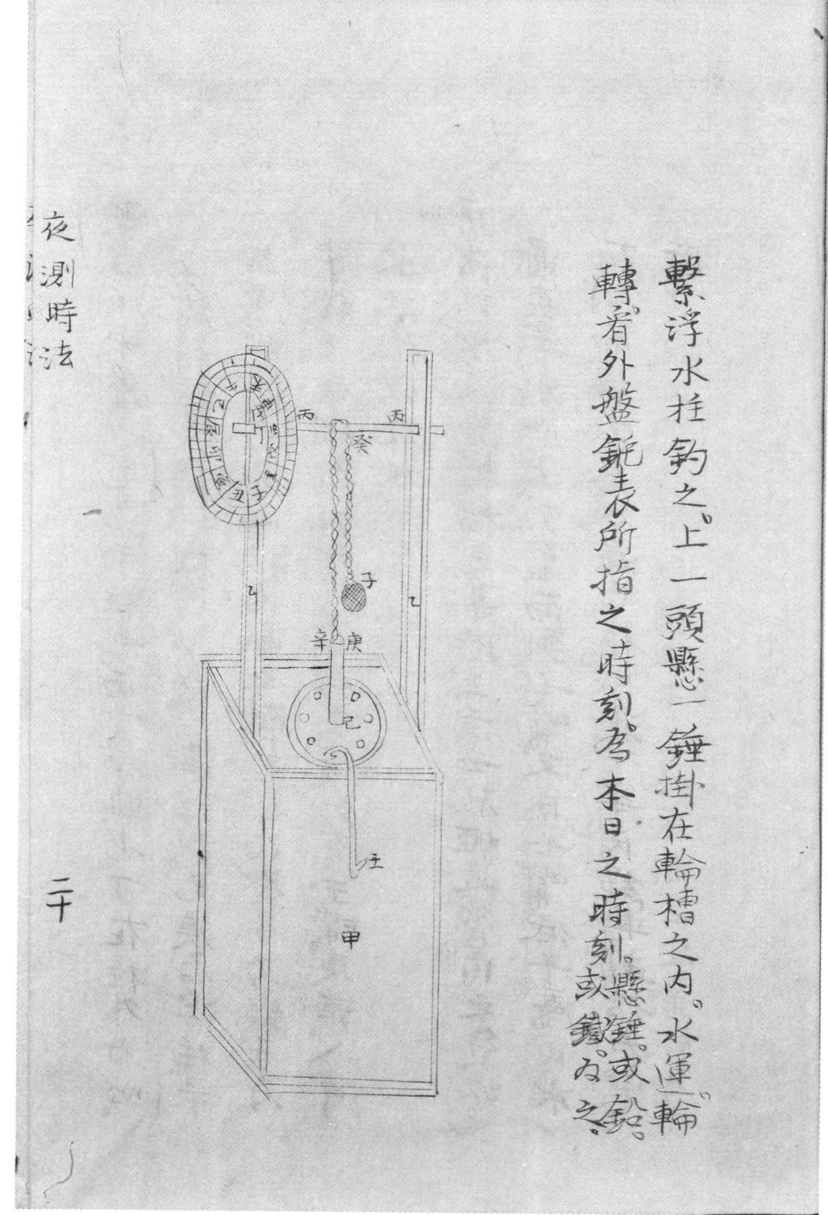

夜測時法
繫浮水柱鈞之上一頭懸一錘掛在輪槽之内水運輪
轉看外盤銳表所指之時刻為本日之時刻或懸錘或鉛或鐵為之
丙
癸
子
辛
庚
己
壬
甲
乙
二十

繫浮水柱鈞之上，一頭懸一錘，掛在輪槽之内，水運輪轉，看外盤鋭表所指之時刻，爲本日之時刻。懸錘或鉛或鐵爲之。

圖説

甲水匱也，乙乙兩柱也，丙丁横軸也，丁在柱外爲心，戊爲時刻之盤，丁戊爲指表，己爲浮板，己庚爲浮柱，辛爲安繩鈎[1]，癸爲兩柱内軸之轉輪，辛丙、癸子爲繩，子爲懸錘，壬辛庚爲吸水管，壬頭在匱外，有玉嘴，庚頭入浮水柱孔以吸水。

用法

以水滿匱，轉指表某時上，于壬孔咂吸管内之氣以通其塞，水必上吸管而到壬嘴，又因壬嘴低于匱内水面，必常漏不息，水漏己板必漸下，辛丙繩轉軸指表定時。

1 天理本作“鈎”，當作“鈎”。

調法。午正以指表置時盤之午上如前法。咂玉嘴。漏水。次日午正試看指表于時盤相合為準。若過則懸錘加重。若不及則懸錘減輕。又法若過則吸管署提起蓋管入水淺則漏遲。若不及則吸管署沉下蓋管入水深。則漏疾。依法試之。必調得其準也。

此儀器以水多寡。或匱滿不為遲疾蓋吸管浮板于水恒一耳。

夜測時法　二十一

調法

午正以指表置時盤之午上，如前法，咂玉嘴漏水，次日午正試看指表于時盤相合爲準。若過則懸錘加重，若不及則懸錘減輕。又法，若過則吸管署提起，蓋管入水淺，則漏遲；若不及，則吸管署沉下，蓋管入水深，則漏疾。依法試之，必調得其準也。此儀器以水多寡或匱滿不爲遲疾，蓋吸管浮板于水恒一耳。

《諸方晝夜晨昏論及其分表》校注

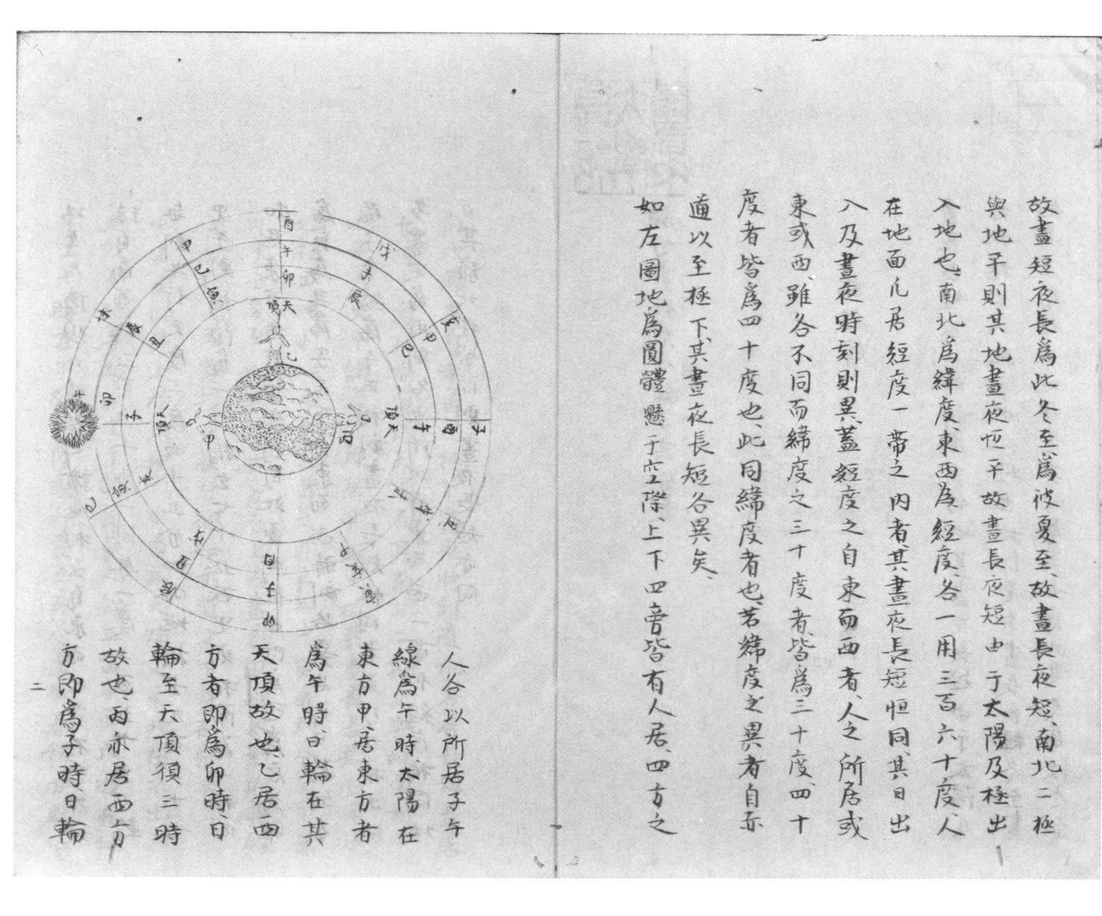

故晝短夜長爲此冬至爲彼夏至、故晝長夜短、南北二極
與地平則其地晝夜恒平故晝長夜短由于太陽及極出
入地也、南北爲緯度、東西爲經度、各一用三百六十度、人
在地面凡居經度一帶之內者、其晝夜長短恒同、其日出
入及晝夜時刻則異、蓋經度之自東而西者、人之所居或
東或西、雖各不同而緯度之三十度者、皆爲三十度、四十
度者皆爲四十度也、此同緯度者也、若緯度之異者自赤
道以至極下、其晝夜長短各異矣、
如左圖地爲圓體懸于空際、上下四旁皆有人居、四方之

人各以所居子午
線爲午時、太陽在
東方甲居東方者
爲午時、日輪在其
天頂故也、乙居西
方者即爲卯時、日
輪至天頂須三時
故也、丙亦居西方
方即爲子時日輪

二

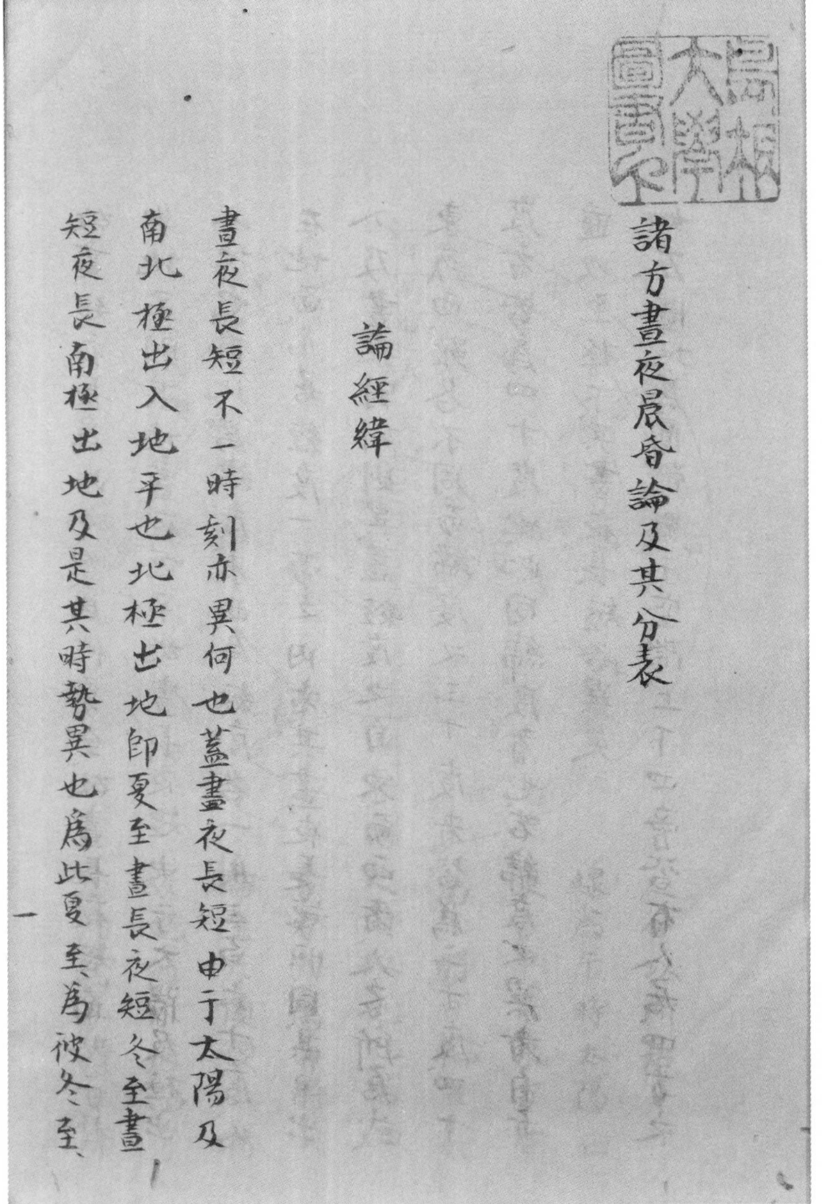

諸方晝夜晨昏論及其分表

論經緯

晝夜長短不一時刻亦異何也蓋晝夜長短由于太陽及南北極出入地平也北極出地即夏至晝長夜短冬至晝短夜長南極出地反是其時勢異也爲此夏至爲彼冬至

《諸方晝夜晨昏論及其分表》

論經緯

晝夜長短不一，時刻亦異，何也？蓋晝夜長短由于太陽及南北極出入地平也。北極出地即夏至晝長夜短、冬至晝短夜長；南極出地反是，其時勢異也。爲此夏至，爲彼冬至，故晝短夜長；爲此冬至，爲彼夏至，故晝長夜短。南北二極與地平，則其地晝夜恒平，故晝長夜短由于太陽及極出入地也。南北爲緯度，東西爲經度，各一用[1]三百六十度。人在地面凡居經度一帶之内者，其晝夜長短恒同，其日出入及晝夜時刻則異。蓋經度之自東而西者，人之所居或東、或西雖各不同，而緯度之三十度者皆爲三十度，四十度者皆爲四十度也，此同緯度者也。若緯度之異者，自赤道以至極下其晝夜長短各異矣。

如左圖，地爲圓體，懸于空際，上下四旁皆有人居。四方之

1“用”當作“周”，天理本和東北本作“周”。

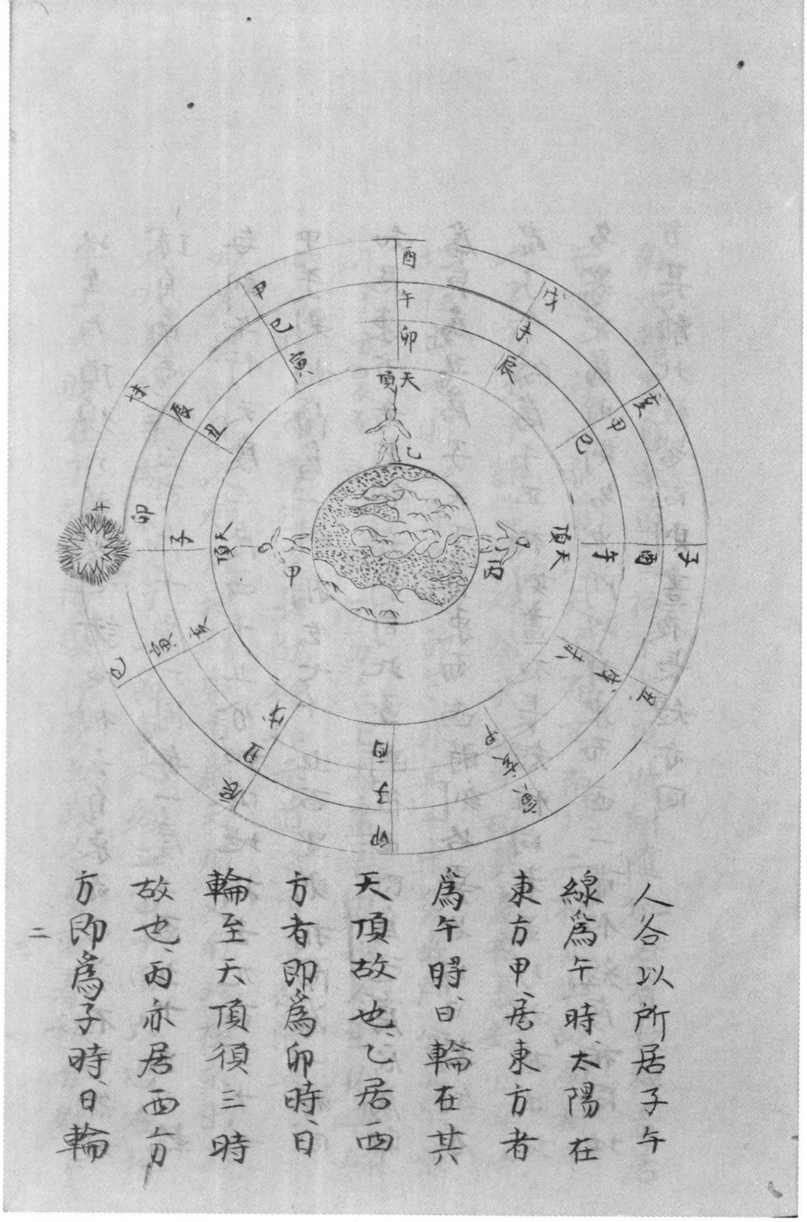
人各以所居子午
線為午時太陽在
東方甲居東方者
為午時日輪在其
天頂故也乙居西
方者即為卯時日
輪至天頂須三時
故也丙亦居西方
方即為子時日輪
二

人各以所居子午線爲午時，太陽在東方，甲居東方者，爲午時，日輪在其天頂故也；乙居西方者，即爲卯時，日輪至天頂須三時故也；丙亦居西方，方即爲子時，日輪

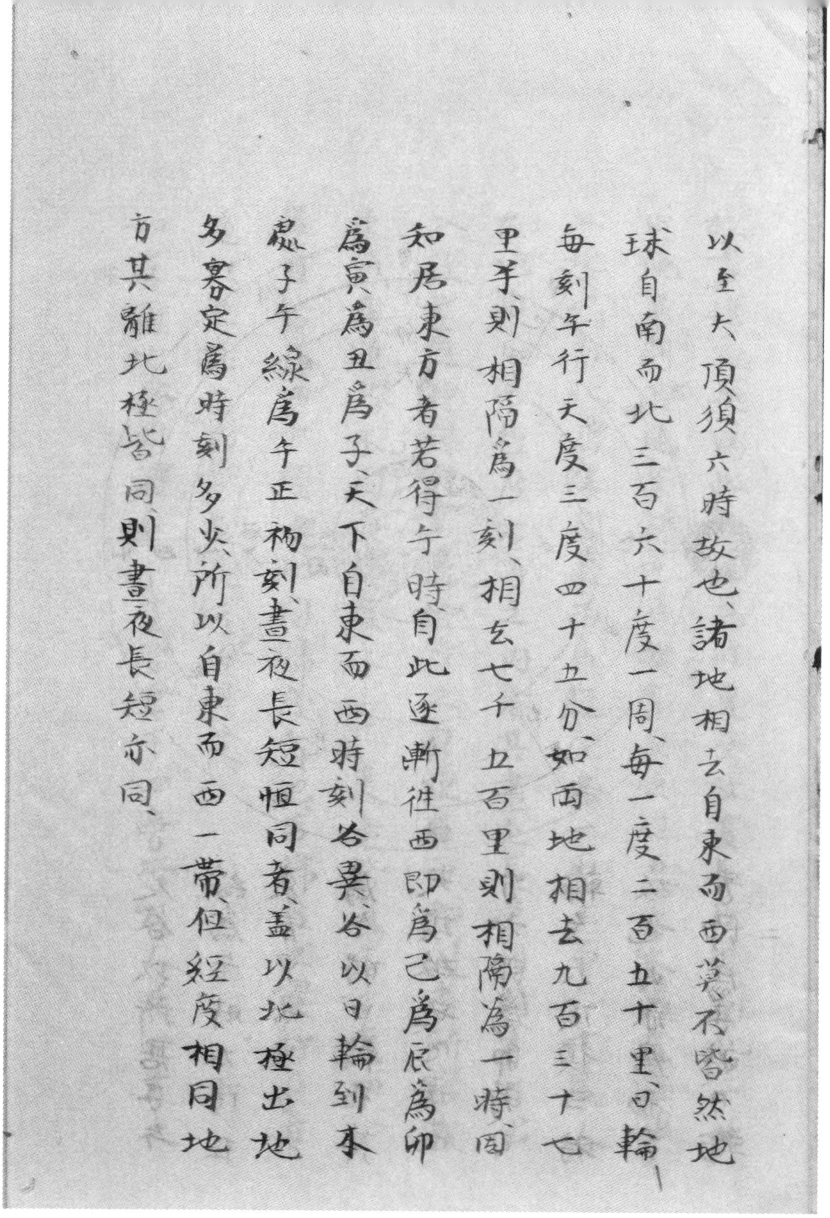

以至天頂須六時故也。諸地相去自東而西莫不皆然，地球自南而北三百六十度一周，每一度二百五十里。日輪每刻平行天度三度四十五分，如兩地相去九百三十七里半，則相隔爲一刻，相去七千五百里，則相隔爲一時。因知居东方者，若得午時，自此逐漸徃西即爲已、爲辰、爲卯、爲寅、爲丑、爲子。天下自東而西，時刻各異，各以日輪到本處子午線爲午正初刻，晝夜長短恒同者，蓋以北極出地多寡定爲時刻多少，所以自東而西一帶，但經度相同地方，其離北極皆同，則晝夜長短亦同。

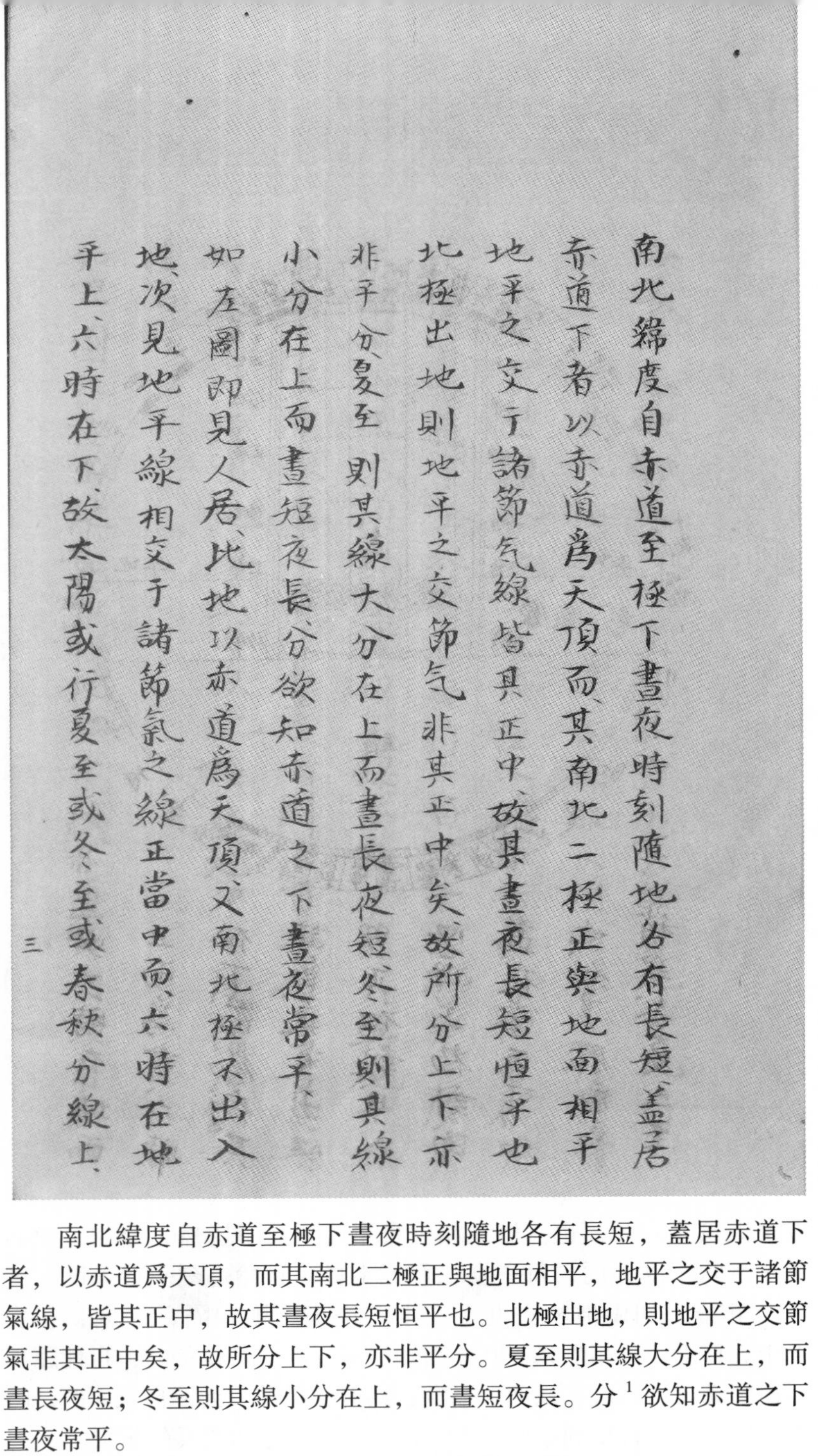

南北緯度自赤道至極下晝夜時刻隨地各有長短蓋居
赤道下者以赤道爲天頂而其南北二極正與地面相平
地平之交于諸節氣線皆其正中故其晝夜長短恒平也
北極出地則地平之交節氣非其正中矣故所分上下亦
非平分夏至則其線大分在上而晝長夜短冬至則其線
小分在上而晝短夜長分欲知赤道之下晝夜常平
如左圖即見人居此地以赤道爲天頂又南北極不出入
地次見地平線相交于諸節氣之線正當中而六時在地
平上六時在下故太陽或行夏至或冬至或春秋分線上
三

南北緯度自赤道至極下晝夜時刻隨地各有長短，蓋居赤道下者，以赤道爲天頂，而其南北二極正與地面相平，地平之交于諸節氣線，皆其正中，故其晝夜長短恒平也。北極出地，則地平之交節氣非其正中矣，故所分上下，亦非平分。夏至則其線大分在上，而晝長夜短；冬至則其線小分在上，而晝短夜長。分[1]欲知赤道之下晝夜常平。

如左圖，即見人居此地，以赤道爲天頂，又南北極不出入地，次見地平線相交于諸節氣之線正當中，而六時在地平上，六時在下，故太陽或行夏至，或冬至，或春秋分線上，

1“分”當作“今”，天理本和東北本作“今”。

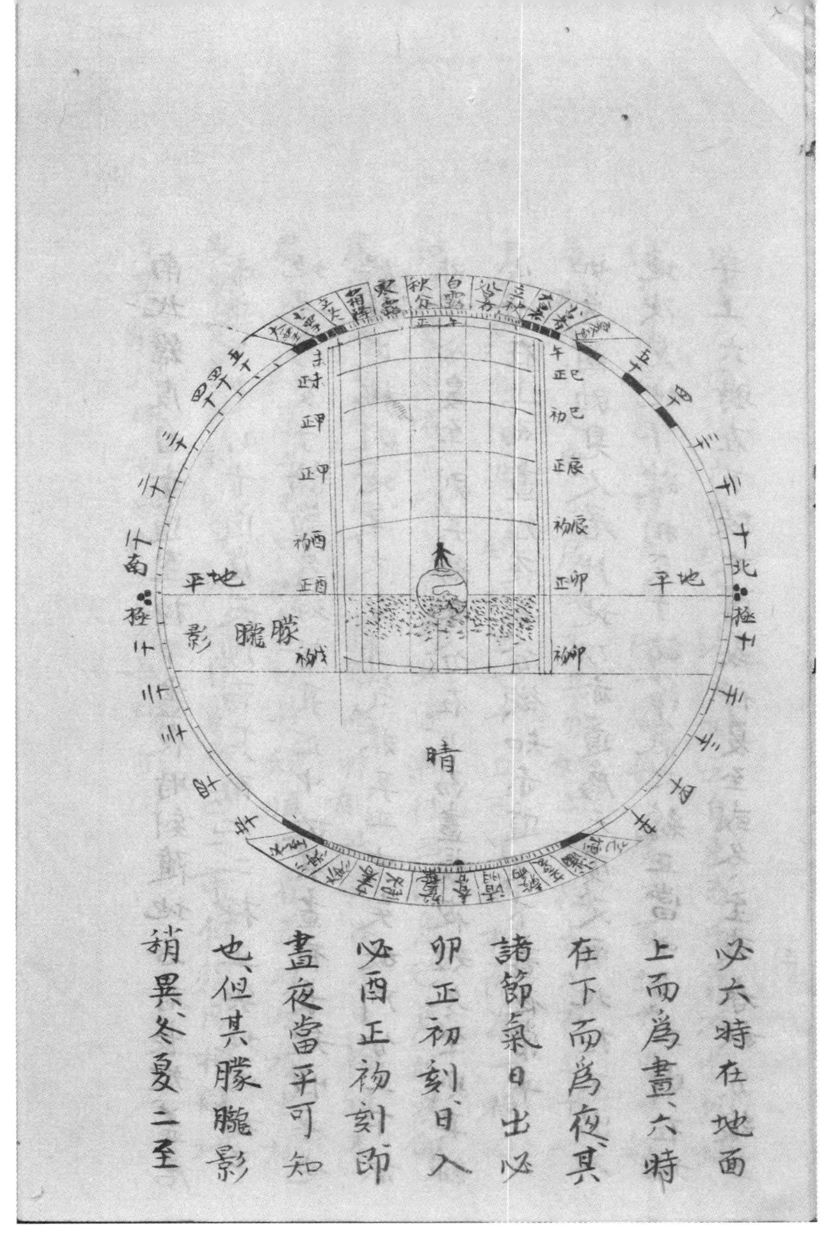

必六時在地面上而爲晝，六時在下而爲夜。其諸節氣日出必卯正初刻，日入必酉正初刻，即晝夜當[1]平可知也。但其朦朧影稍異，冬夏二至

1 天理本“當”作“常”。

略長于春秋分之時此有別論今不其詳自北道北行二
百五十里見北極出地一度赤道離天頂南亦一度若行
二千五百里即北極出地南極入地赤道離之頂南俱差
十度自赤道下至北極下每行二百五十里皆差一度其
赤道線偏在天頂南即諸節氣線赤偏于南不與地平線
相交于正中以爲平分故晝夜時刻各有長短焉晝夜長
短皆從北極出地而生今以北極出地四十度作法餘可
推焉
如左圖北極出地南極入地四十度赤道在天頂南亦四

四

略長于春秋分之時，此有別論，今不其詳。自北道北行二百五十里見北極出地一度，赤道離天頂南亦一度。若行二千五百里，即北極出地，南極入地，赤道離天頂南俱差十度。自赤道下至北極下，每行二百五十里皆差一度，其赤道線偏在天頂南，即諸節氣線亦偏于南，不與地平線相交于正中，以爲平分，故晝夜時刻各有長短焉。晝夜長短皆從北極出地而生，今以北極出地四十度作法，餘可推焉。

如左圖，北極出地，南極入地四十度，赤道在天頂南亦四

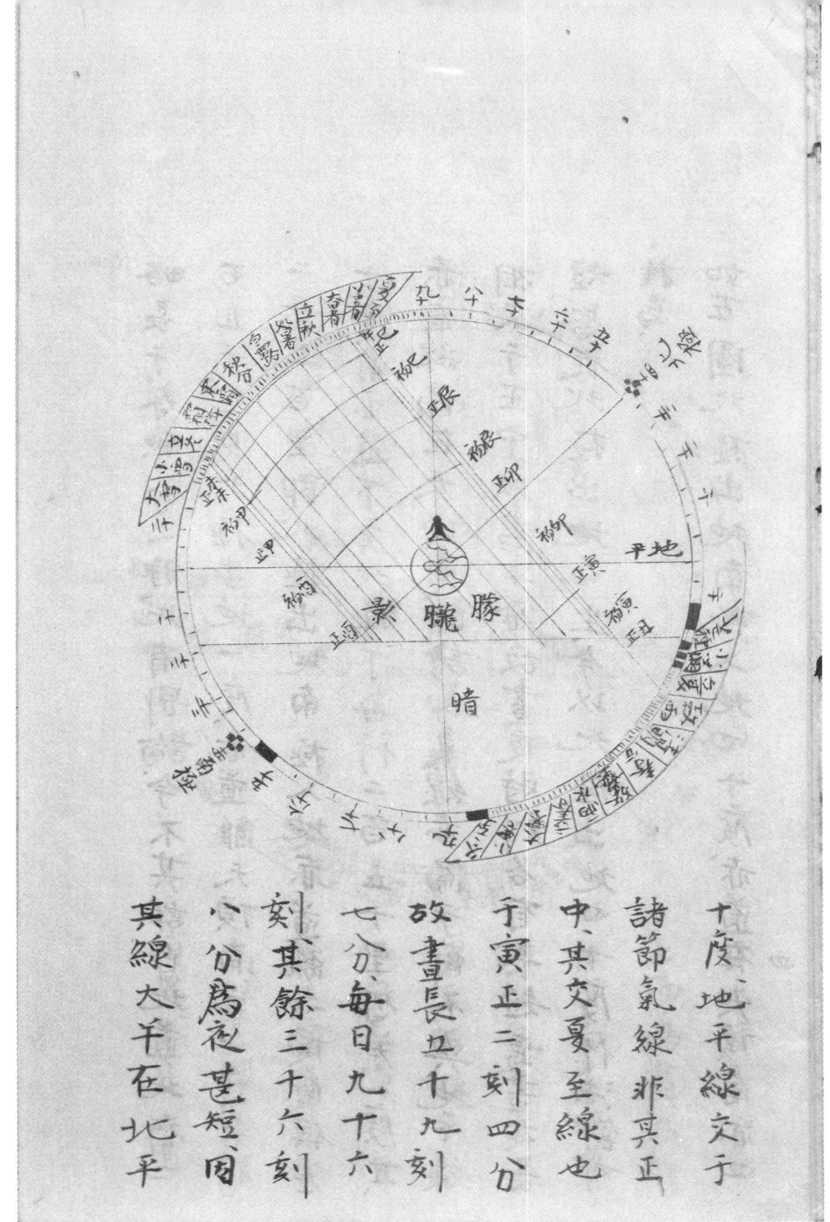

十度。地平線交于諸節氣線，非其正中，其交夏至線也，于寅正二刻四分，故晝長五十九刻七分。每日九十六刻，其餘三十六刻八分爲夜甚短。因其線大半在地平

上，故自春分經夏至至秋分皆爲晝長而夜短。地平線交冬至在辰初一刻十一分，故夜長五十九刻七分，其餘三十六刻八分爲晝甚短。因其線大半在地平下，故自秋分歷冬至至春分皆为夜長而晝短，可知晝夜晨[1]短由于南北二極出入地也。

如上圖，欲知順天府每節氣晝夜刻各几何，則視本日節氣在地平線上時刻，即晝在下時刻，即夜也。假如于夏至線視地平線交于寅正二刻以上得二十九刻十一分，是從日出至午正初刻數加一倍，即從午正初至日入得五

1 天理本“晨”作“長”，當作“長”。

十九刻七分爲晝刻分，所餘刻分即夜刻分也，諸節氣亦然。又欲知日出入時刻，即視地平線于本節氣相交某時刻，即得。欲知隨節氣朦朧影刻各几何，亦視本節氣自朦朧線以上至地平線皆黄昏昧爽刻分也。

凡晝夜長短時刻，由于南北極出入地與所居緯度之不同也。天頂近于赤道，則北極出地度數少，即晝夜長短亦少；天頂遠于赤道，則北極出地度分多，即晝夜長短亦多。故應天府北極出地三十二度半，順天府四十度强，即多七度半，其晝夜長短亦自不同。欲知所差几何，試观北極

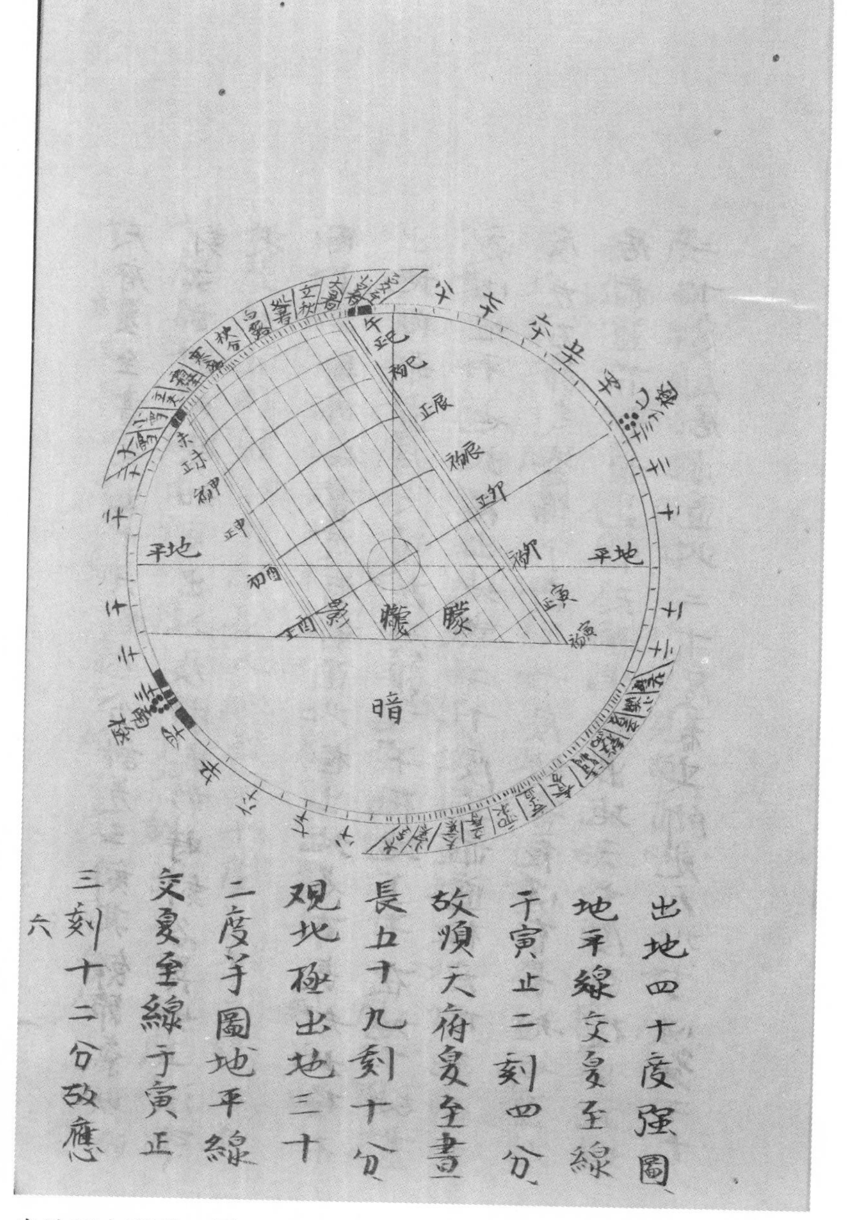

出地四十度强，圖地平線交夏至線于寅正二刻四分，故順天府夏至晝長五十九刻十[1]分，观北極出地三十二度半，圖地平線交夏至線于寅正三刻十二分，故應

1 天理本“十”作“七”。

天府夏至昼长五十六刻六分，計差三刻，其餘節氣以法對之亦然。又欲知日出入及朦朧影時刻各異，如上法可求。

因上三圖，即知晝夜時刻隨北極出地各有長短。北極不出地，因赤道爲天頂，左右節氣半在地上，半在地下，故晝夜必恒平也。北極出地或二十度，其赤道在天頂南二十度，左右節氣皆偏于南二十度，故晝夜必有長短也。蓋人居赤道下者，恒見半天。若北極出地二十度，南極必入地二十度，人居赤道北二十度者，其所見天北方必多二十

度而能見赤道下者之所不見南方必少二十度而不見
赤道下者之所得見人恒得見半天故也夏至節氣在赤
道北其二十度之分現在地面上故得晝長冬至在赤道
南其二十度之分隱在地面下故得晝短其北極出地三
十四十五十度者其理並同獨至出地六十七度半則不
同也試觀渾儀若北極出地十度夏至晝長二刻若出二
十度長五刻出三十度長八刻出四十度長十二刻出五
十度長十八刻出六十度長二十六刻出六十七度長四
十八刻其長四十八刻者夏至線不交地平而全見在地

七

度，而能見赤道下者之所不見南方，必少二十度，而不見赤道下者之所得見，人恒得見半天故也。夏至節氣在赤道北，其二十度之分，現在地面上，故得晝長。冬至在赤道南，其二十度之分，隱在地面下，故得晝短。其北極出地三十、四十、五十度者，其理并同。獨至出地六十七度半，則不同也。試觀渾儀，若北極出地十度，夏至晝長二刻，若出二十度長五刻、出三十度長八刻、出四十度長十二刻、出五十度長十八刻、出六十度長二十六刻、出六十七度長四十八刻，其長四十八刻者，夏至線不交地平而全見，在地平上，冬至全在地平下。故夏至日太陽行地面上，不入地平，晝長九十六刻無夜。冬至日太陽行地面下，不出地平，夜長九十六刻無晝。北極出地七十度，立夏節氣線、小滿、芒種、夏至、小暑、大暑皆在地平上，立冬節氣線、小雪、大雪、冬至、小寒、大寒皆在地平下。其北極出地七十度者，從小滿歷夏至，夏至歷大暑，凡六十日太陽斜行地上，不入地下，即六十日全爲晝無夜。小雪以後歷冬至，冬至歷大寒，凡六十日太陽斜行地下，不出地上，即六十日全爲夜無晝。若北極出地八十度，則夏十節氣皆在地平上，冬在下，

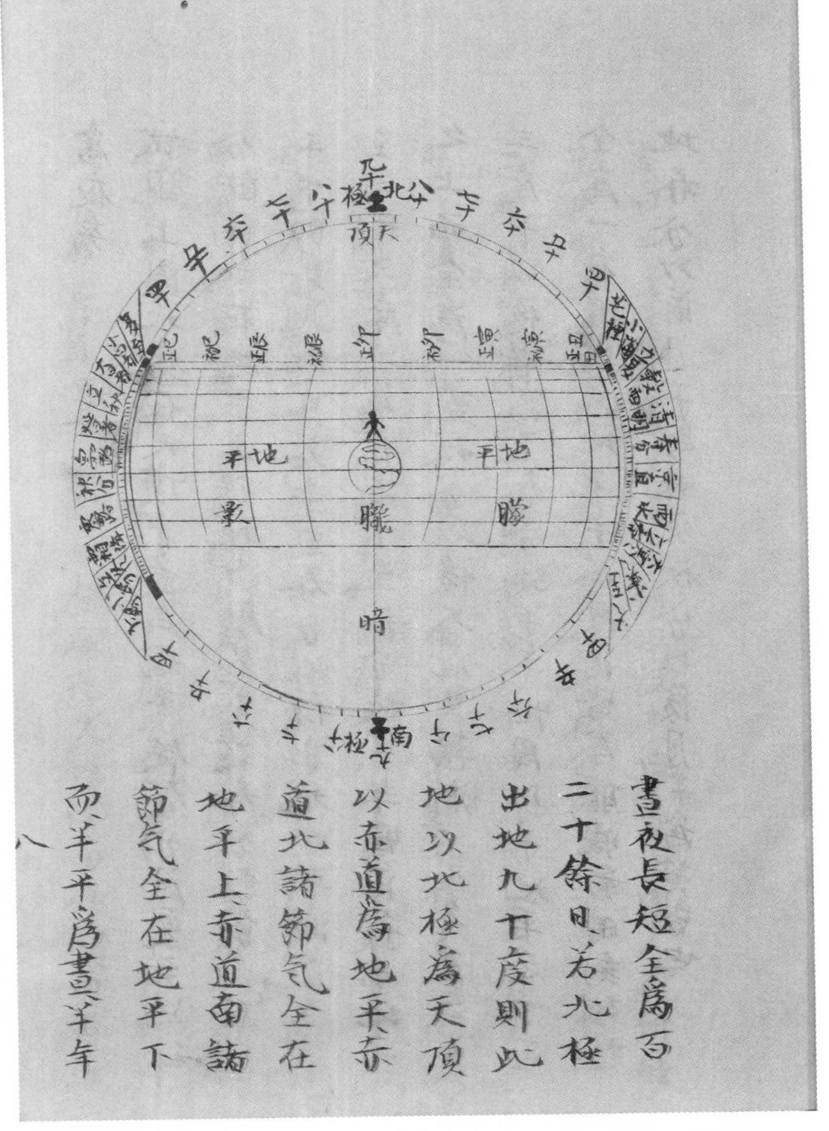

晝夜長短全爲百二十餘日。若北極出地九十度，則此地以北極爲天頂，以赤道爲地平，赤道北諸節氣全在地平上，赤道南諸節氣全在地平下，而半年爲晝，半年

爲夜矣、
試觀上圖北極在天頂赤道爲地平從春分歷夏至迄秋
分諸節气在地平上從秋分歷冬至迄春分諸節气在地
平下、即見此地日躔赤道春分以後出地日輪漸高至夏
至二十三度半、以後漸下至秋分故半年恒周行于地平
之上而全爲一晝秋分以後入地日輪漸下至冬至二十
三度半以後漸高至春分故半年恒周行于地平之下而
全爲一夜日出入地平十八度内皆爲朦朧影時刻故此
地春分以前月半爲昧爽秋分以後月半爲黄昏也、

爲夜矣。

試觀上圖，北極在天頂，赤道爲地平，從春分歷夏至迄秋分，諸節氣在地平上，從秋分歷冬至迄春分，諸節氣在地平下，即見此地日躔赤道，春分以後出地，日輪漸高至夏至二十三度半，以後漸下至秋分，故半年恒周行于地平之上，而全爲一晝。秋分以後，入地日輪漸下，至冬至二十三度半，以後漸高至春分，故半年恒周行于地平之下，而全爲一夜。日出入地平十八度内，皆爲朦朧影時刻，故此地春分以前月半爲昧爽，秋分以後月半爲黄昏也。

或曰:“一年半爲晝，半爲夜，何以證之？”曰:“吾西國人親所經歷。其愈近北極者，夏至日晝愈長夜愈短，夏至日有全十二時爲晝，有全三十日爲晝、全六十日爲晝、全六月爲晝，歷歷身涉不可疑也。依渾天儀論之，其理不得不然也，試于中國亦可見焉。中國本境自南十八度起至北四十二度止，人從最南北行，每二百五十里必更一度，所[1]北漸移，夏至日晝長夜短，而京師北土之夏至日長于廣東南土之夏至。廣州北極出地二十三度半，夏至日五十三刻十一分爲晝，餘四十二刻四分爲夜。又以江西校之南昌府，

1 天理本“所”作“漸”，當作“漸”。

北極出地二十九度，夏至日五十五刻七分爲晝，餘四十刻八分爲夜，視廣東晝夜長短差二刻。南京北極出地三十二度半，夏至日五十六刻六分爲晝，餘三十九刻九分爲夜，視廣東晝夜長短差三刻，視江西差一刻。山東濟南府北極出地三十七度，晝長五十八刻四分，餘爲夜，即晝長于廣東五刻，于江西三刻，于南京二刻；京師北極出地四十度，其晝夜長短所差愈多，從此可推自十八度以至四十一度各處不同。又推知自四十二度至九十度，晝夜漸長漸短，以至半年爲晝，半年爲夜，足徵矣。

晝夜長短、日出入時刻、矇朧影刻分，皆以北極出地多寡及所交節氣之日爲準，宜隨地隨氣立算，不可執一處以概地方也。故爲立表，如左表中，最上横書一行，首列北極出地，自十八度至四十二度。次爲諸節氣，本日從冬至至夏至。次得日出一行，此行横書作二行，一爲日出刻數，一爲日出分數。次日入一行，次晝夜長短、矇朧影，其行各横書作二行，一爲刻數，一爲分數。假如欲知順天府立冬或立春日日出入時刻、晝夜長短、矇朧影刻分，別視左各表而檢得四十度爲其本表，次檢取表中立冬本行及右日

出行相對得卯正三刻十三分其餘相對如是而得日入
申正四刻二分晝長短四十刻四分夜長短五十五刻十
一分朦朧影六刻七分其餘節氣亦然餘表視法亦然依
西曆每日九十六刻每時入刻算

出行，相對得卯正三刻十三分，其餘相對如是，而得日入申正四刻二分，晝長短四十刻四分，夜長短五十五刻十一分，朦朧影六刻七分，其餘節氣亦然。餘表視法亦然，依西曆每日九十六刻，每時入刻算。

北極出地 十八度	日出 刻分	日入 刻分	晝長短 刻分	夜長短 刻分	朦朧影 刻分
冬至 小寒　大雪	卯　正二　三 　　正二　〇	酉　初一　十二 　　初二　〇	四十二　九 四十四　〇	五十二　六 五十二　〇	五　一 四　十三
大寒　小雪 立春　立冬	卯　正一　十 　　正一　五	酉　初二　五 　　初二　十	四十四　十 四十五　五	五十一　五 五十　十	四　十二 四　十
雨水　霜降 驚蟄　寒露	卯　初四　十二 　　初四　六	酉　初三　三 　　初三　九	四十六　六 四十七　三	四十九　九 四十八　十二	四　九 四　八
春分　秋分	卯　初四　〇	酉　初四　〇	四十八　〇	四十八　〇	四　八
清明　白露 穀雨　處暑	卯　初三　九 　　初三　三	酉　初四　六 　　初四　十二	四十八　十二 四十九　九	四十七　三 四十六　六	四　十二 五　三
立夏　立秋 小滿　大暑	卯　初二　十 　　初二　五	酉　正一　五 　　正一　十	五十　十 五十一　五	四十五　五 四十四　十	五　十 五　十三
芒種　小暑 夏至	卯　初二　〇 　　初一　十二	酉　正二　〇 　　正二[1]　三	五十二　〇 五十二　六	四十四　〇 四十三　九	六　一 六　三

1 天理本和東北本“二”作“三”。

北極出地 十九度	日出 刻分	日入 刻分	晝長短 刻分	夜長短 刻分	矇朧影 刻分
冬至 小寒　大雪	卯　正二　六 　　正一　三	酉　初一　九 　　初一　十二	四十三　三 四十三　九	五十二　十二 五十二　六	五　一 四　十三
大寒　小雪 立春　立冬	卯　正一　十二 　　正一　六	酉　初二　三 　　初二　九	四十四　六 四十五　三	五十一　九 五十　十二	四　十二 四　十
雨水　霜降 驚蟄　寒露	卯　初四　十四 　　初四　七	酉　初三　一 　　初三　八	四十六　二 四十七　一	四十九　十三 四十八　十四	四　九 四　八
春分　秋分	卯　初四　〇	酉　初四　〇	四十八　〇	四十八　〇	四　九
清明　白露 穀雨　處暑	卯　初三　八 　　初三　一	酉　初四　七 　　初四　十四	四十八　十四 四十九　十三	四十七　一 四十六　二	四　十三 五　四
立夏　立秋 小滿　大暑	卯　初二　九 　　初二　十	酉　正一　六 　　正一　十二	五十　十二 五十一　九	四十五　三 四十四　六	五　十 六　〇
芒種　小暑 夏至	卯　初一　十九[1] 　　初一　九	酉　正二　三 　　正二　六	五十二　六 五十二　十二	四十三　九 四十三　三	六　二 六　四

1 天理本和東北本“十九”作“十二”。

北極出地 二十〇度	日出 刻分	日入 刻分	晝長短 刻分	夜長短 刻分	朦朧影 刻分
冬至 小寒　大雪	卯　正二　八 　　正二　九	酉　初一　七 　　初一　十	四十二　十四 四十三　五	五十三　一 五十二　十	五　一 四　十三
大寒　小雪 立春　立冬	卯　正一　十三 　　正一　八	酉　初二　二 　　初二　七	四十四　四 四十四　十四	五十一　十一 五十一　一	四　十二 四　十
雨水　霜降 驚蟄　寒露	卯　正一　一 　　初四　七	酉　初二　十四 　　初三　八	四十五　十三 四十七　一	五十　二 四十八　十四	四　九 四　八
春分　秋分	卯　初四　〇	酉　初四　〇	四十八　〇	四十八　〇	四　十
清明　白露 穀雨　處暑	卯　初三　八 　　初一[2]十四	酉　初四　七 　　正一　一	四十八　十四 五十　二	四十七　一 四十五　十三	四　十四 五　十四
立夏　立秋 小滿　大暑	卯　初二　二[2] 　　初二　二	酉　正一　八 　　正一　十三	五十一　一 五十一　十一	四十四　十四 四十四　四	五　十二 六[3]　二
芒種　小暑 夏至	卯　初一　十 　　初一　七	酉　正二　五 　　正二　八	五十二　十 五十三　一	四十三　五 四十二　十四	六　三 六　六

1 天理本和東北本“一”作“二”。

2 天理本和東北本“二”作“七”。

3 天理本和東北本“六”作“九”。

北極出地 二十一度	日出 刻分	日入 刻分	晝長短 刻分	夜長短 刻分	朦朧影 刻分
冬至 小寒　大雪	卯　正二　九 　　正二　七	酉　初一　六 　　初一　八	四十二　十三 四十三　一	五十三　三 五十二　十四	五　一 五　〇
大寒　小雪 立春　立冬	卯　正二　〇 　　正一　八	酉　初二　〇 　　初二　七	四十四　〇 四十四　十四	五十一　〇 五十一　一	四　十三 四　十
雨水　霜降 驚蟄　寒露	卯　正一　一 　　初四　七	酉　初二　十四 　　初三　八	四十五　十三 四十七　一	五十　二 四十八　十四	四　九 四　八
春分　秋分	卯　初四　〇	酉　初四　〇	四十八　〇	四十八　〇	四　十
清明　白露 穀雨　處暑	卯　初三　八 　　初二　十四	酉　初四　七 　　正一　一	四十八　十四 五十　二	四十七　一 四十五　十三	四　十四 五　四
立夏　立秋 小滿　大暑	卯　初二　七 　　初二　〇	酉　正一　八 　　正二　〇	五十一　一 五十一　〇	四十四　十四 四十四　〇	五　十 六　二
芒種　小暑 夏至	卯　初一　八 　　初一　六	酉　正二　七 　　正二　九	五十二　十四 五十三　三	四十三　一 四十二　十二	六　四 六　七

北極出地 二十二度	日出 刻分	日入 刻分	晝長短 刻分	夜長短 刻分	朦朧影 刻分
冬至 小寒　大雪	卯　正二　十二 　　正二　十	酉　初一　三 　　初一　五	四十二　六 四十二　十	五十三　九 五十三　五	五　二 五　一
大寒　小雪 立春　立冬	卯　正二　四 　　正一　十	酉　初一　十一 　　初二　五	四十三　七 四十四　十	五十二　八 五十一　五	四　十四 四　十一
雨水　霜降 驚蟄　寒露	卯　正一　二 　　初四　八	酉　初二　十三 　　初三　七	四十五　十一 四十六　十四	五十　四 四十九　一	四　十 四　十
春分　秋分	卯　初四　〇	酉　初四　〇	四十八　〇	四十八　〇	四　十二
清明　白露 穀雨　處暑	卯　初三　七 　　初二　十三	酉　初四　八 　　正一　二	四十九　一 五十　四	四十六　十四 四十五　十一	五　十二 五　七
立夏　立秋 小滿　大暑	卯　初二　五 　　初一　十一	酉　正一　十 　　正二　四	五十一　五 五十二　八	四十四　十 四十三　七	六　〇 六　三
芒種　小暑 夏至	卯　初一　五 　　初一　三	酉　正二　〇[1] 　　正二　十二	五十三　五 五十三　九	四十二　十 四十二　六	六　八 六　九

1 天理本和東北本“〇”作“十”。

北極出地 二十二度半	日出 刻分	日入 刻分	晝長短 刻分	夜長短 刻分	朦朧影 刻分
冬至 小寒　大雪	卯　正二　十三 正二　十	酉　初一　二 初一　五	四十二　四 四十二　十	五十三　十一 五十三　五	五　五 五　三
大寒　小雪 立春　立冬	卯　正二　六 正一　十一	酉　初一　九 初二　四	四十三　三 四十四　八	五十二　十二 五十一　七	五　〇 四　十二
雨水　霜降 驚蟄　寒露	卯　正一　三 初四　八	酉　初二　十二 初三　七	四十　九 四十六　十四	五十　六 四十九　一	四　十一 四　十一
春分　秋分	卯　初四　〇	酉　初四　〇	四十八　〇	四十八　〇	四　十四
清明　白露 穀雨　處暑	卯　初三　七 初二　十二	酉　初四　八 正一　三	四十九　一 五十　六	四十六　十四 四十五　九	九　二 五　七
立夏　立秋 小滿　大暑	卯　初二　四 初一　九	酉　正一　十一 正二　六	五十一　七 五十二　十二	四十四　八 四十三　三	六　〇 六　三
芒種　小暑 夏至	卯　初一　五 初一　二	酉　正二　十 正二　十三	五十三　五 五十三　十一	四十二　十 四十二　四	六　八 六　九

北極出地 二十三度	日出 刻分	日入 刻分	晝長短 刻分	夜長短 刻分	朦朧影 刻分
冬至 小寒　大雪	卯　正二　十三 正二　十一	酉　初一　二 初一　四	四十二　四 四十二　八	五十三　十一 五十三　七	五　七 五　五
大寒　小雪 立春　立冬	卯　正二　六 正一　十二	酉　初一　九 初二　三	四十三　三 四十四　六	五十二　十二 五十一　九[1]	五　二 四　十三
雨水　霜降 驚蟄　寒露	卯　正一　四 初四　九	酉　初二　十一 初三　六	四十五　七 四十六　十二	五十　八 四十九　三	四　十四 五　○
春分　秋分	卯　初四　○	酉　初四　○	四十八　○	四十八　○	五　○
清明　白露 穀雨　處暑	卯　初二[2]　六 初二　十一	酉　初四　九 正一　四	四十九　三 五十　八	四十六　十二 四十五　七	五　二 五　九
立夏　立秋 小滿　大暑	卯　初二　三 初一　九	酉　正一　十二 正二　六	五十一　九 五十二　十二	四十四　六 四十三　三	六　四 六　七
芒種　小暑 夏至	卯　初一　四 初一　二	酉　正二　十一 正二　十三	五十三　七 五十三　十一	四十二　八 四十二　四	六　十 六　十二

1 東北本“九”作“七”。天理本作“九”。

2 天理本和東北本“二”作“三”。

北極出地 二十三度半	日出 刻分	日入 刻分	晝長短 刻分	夜長短 刻分	朦朧影 刻分
冬至 小寒　大雪	卯　正二　十三 　　正二　十一	酉　初一　二 　　初一　四	四十二　四 四十二　八	五十三　十一 五十三　七	五　十一 五　十
大寒　小雪 立春　立冬	卯　正二　六 　　正一　十四	酉　初一　九 　　初二　一	四十三　三 四十四　二	五十二　十二 五十一　十三	五　八 五　六
雨水　霜降 驚蟄　寒露	卯　正一　五 　　初四　十	酉　初二　十 　　初三　五	四十五　五 四十六　十	五十　十 四十九　五	五　六 五　五
春分　秋分	卯　初四　〇	酉　初四　〇	四十八　〇	四十八　〇	五　五
清明　白露 穀雨　處暑	卯　初三　五 　　初二　十	酉　初四　十 　　正一　五	四十九　五 五十　十	四十六　十 四十五　五	五　五 五　八
立夏　立秋 小滿　大暑	卯　初二　一 　　初一　九	酉　正一　十四 　　正二　六	五十一　十三 五十二　十二	四十四　二 四十三　三	五　十二 五　十一
芒種　小暑 夏至	卯　初一　四 　　初一　二	酉　正二　十一 　　正二　十三	五十三　七 五十三　十一	四十二　八 四十二　四	六　〇 六　〇

北極出地 二十四度	日出 刻分	日入 刻分	晝長短 刻分	夜長短 刻分	矇朧影 刻分
冬至 小寒　大雪	卯　正三　〇 　　正二　十二	酉　初　　〇 　　初一　三	四十二　〇 四十二　六	五十　　〇 五十三　九	五　十 五　十一
大寒　小雪 立春　立冬	卯　正二　七 　　正一　十四	酉　初一　八 　　初二　一	四十三　一 四十四　二	五十二　十四 五十一　十三	五　九 五　五
雨水　霜降 驚蟄　寒露	卯　正一　四 　　初四　九	酉　初二　十一 　　初三　六	四十五　七 四十六　十一	五十　　八 四十九　五[1]	五　四 五　四
春分　秋分	卯　初四　〇	酉　初四　〇	四十八　〇	四十八　〇	五　一
清明　白露 穀雨　處暑	卯　初三　四 　　初二　九	酉　初四　十一 　　正一　六	四十九　七 五十　　十二	四十六　八 四十五　三	五　四 五　五
立夏　立秋 小滿　大暑	卯　初二　〇 　　初一　七	酉　正一　〇 　　正二　八	五十二　〇 五十三　一	四十四　〇 四十　十四	五　九 五　十
芒種　小暑 夏至	卯　初一　二 　　初　　〇	酉　正二　十三 　　正三　〇	五十三　十一[2] 五十三　〇	四十二　四 四十二　〇	六　〇 六　〇

1 天理本和東北本"五"作"三"。

2 天理本和東北本"十一"作"十二"。

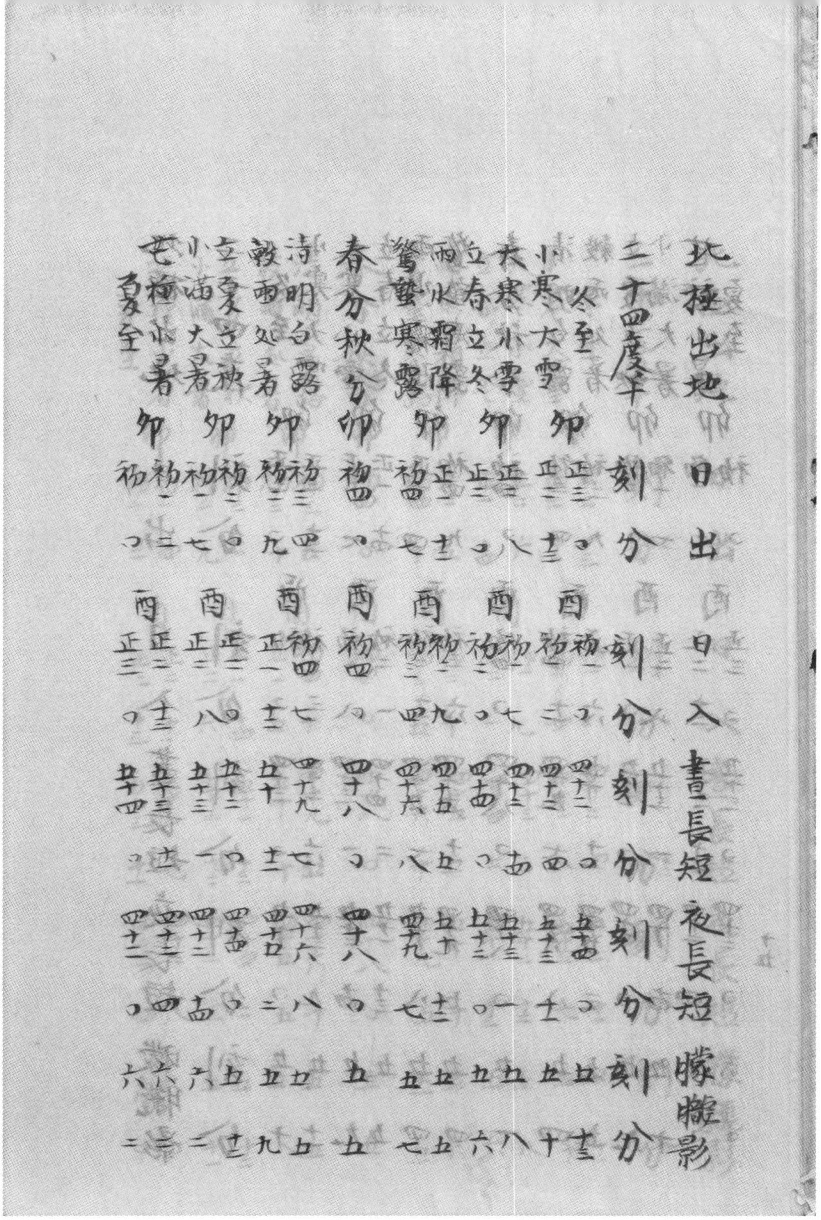

北極出地 二十四度半	日出 刻分	日入 刻分	晝長短 刻分	夜長短 刻分	朦朧影 刻分
冬至 小寒　大雪	卯　正三　〇 　　正二　十三	酉　初一　〇 　　初一　二	四十二　〇 四十二　四	五十四　〇 五十三　十一	五　十三 五　十
大寒　小雪 立春　立冬	卯　正二　八 　　正二　〇	酉　初一　七 　　初二　〇	四十二　十四 四十四　〇	五十三　一 五十二　〇	五　八 五　六
雨水　霜降 驚蟄　寒露	卯　正一　十二 　　初四　七	酉　初二　九 　　初三　四	四十五　五[1] 四十六　八	五十　十二 四十九　七	五　五 五　七
春分　秋分	卯　初四　〇	酉　初四　〇	四十八　〇	四十八　〇	五　五
清明　白露 穀雨　處暑	卯　初三　四 　　初二　九	酉　初四　七 　　正一　十二	四十九　七 五十　十二	四十六　八 四十五　二	五　五 五　九
立夏　立秋 小滿　大暑	卯　初二　〇 　　初一　七	酉　正二　〇 　　正二　八	五十二　〇 五十三　一	四十四　〇 四十二　十四	五　十二 六　二
芒種　小暑 夏至	卯　初一　二 　　初　〇	酉　正二　十三 　　正三　〇	五十三　十一 五十四　〇	四十二　四 四十二　〇	六　二 六　二

1 天理本和東北本“五”作“三”。

北極出地 二十五度	日出 刻分	日入 刻分	晝長短 刻分	夜長短 刻分	朦朧影 刻分
冬至 小寒　大雪	卯　正三　二 　　正三　〇	申　正四　十三 酉　初　　〇	四十一　十 四十二　〇	五十四　四 五十四　〇	五　十三 五　十
大寒　小雪 立春　立冬	卯　正二　九 　　正二　二	酉　初一　六 　　初一　十三	四十二　十二 四十三　十一	五十三　三 五十二　四	五　八 五　六
雨水　霜降 驚蟄　寒露	卯　正一　七 　　初四　十一	酉　初二　八 　　初三　四	四十五　一 四十六　八	五十　十四 四十九　七	五　五 五　七
春分　秋分	卯　初四　〇	酉　初四　〇	四十八　〇	四十八　〇	五　五
清明　白露 穀雨　處暑	卯　初三　四 　　初二　八	酉　初四　十一 　　正一　七	四十九　七 五十　十四	四十六　八 四十五　一	五　五 五　九
立夏　立秋 小滿　大暑	卯　初一　十三 　　初一　六	酉　正二　二 　　正二　九	五十二　四 五十三　三	四十三　十一 四十二　十二	五　十二 六　二
芒種　小暑 夏至	卯　初　〇 寅　正四　十三	酉　正三　〇 　　正三　二	五十四　〇 五十四　四	四十二　〇 四十一　十一	六　二 六　二

北極出地 二十六度	日出 刻分	日入 刻分	晝長短 刻分	夜長短 刻分	朦朧影 刻分
冬至 小寒　大雪	卯　正三　四 　　正三　二	申　正四　十一 　　正四　十三	四十一　七 四十一　十一	五十四 五十四　四	五　十四 五　十三
大寒　小雪 立春　立冬	卯　正二　十一 　　正二　三	酉　初一　四 　　初一　十二	四十三　八 四十三　九	五十三　六 五十二　七	五　九 五　七
雨水　霜降 驚蟄　寒露	卯　正一　八 　　初四　十二	酉　初二　七 　　初三　三	四十四　十四 四十六　六	五十一　一 四十九　九	五　七 五　六
春分　秋分	卯　初四　〇	酉　初四　〇	四十八　〇	四十八　〇	五　五
清明　白露 穀雨　處暑	卯　初三　三 　　初二　七	酉　初四　十二 　　正一　八	四十九　九 五十一　一	四十六　六 四十四　十四	五　六 五　十
立夏　立秋 小滿　大暑	卯　初一　十二 　　初一　四	酉　正二　三 　　正二　十一	五十二　六 五十三　七	四十三　九 四十二　八	五　十四 六　五
芒種　小暑 夏至	寅　正四　十三 　　正四　十一	酉　正三　二 　　正三　四	五十四　四 五十四　八	四十一　十一 四十一　七	六　五 六　六

北極出地 二十七度	日出 刻分	日入 刻分	晝長短 刻分	夜長短 刻分	朦朧影 刻分
冬至 小寒　大雪	卯　正三　七 　　正三　四	申　正四　八 　　正四　十一	四十一　一 四十一　七	五十四　十四 五十四　八	六　〇 五　十四
大寒　小雪 立春　立冬	卯　正二　十三 　　正二　五	酉　初一　二 　　初一　十	四十二　四 四十三　六	五十三　十一 五十二　九	五　十 五　八
雨水　霜降 驚蟄　寒露	卯　正一　九 　　初四　十二	酉　初二　六 　　初三　三	四十四　十二 四十六　六	五十一　三 四十九　九	五　八 五　六
春分　秋分	卯　初四　〇	酉　初四　〇	四十八　〇	四十八　〇	五　六
清明　白露 穀雨　處暑	卯　初三　三 　　初二　六	酉　初四　十二 　　正二　九	四十九　九 五十一　三	四十六　六 四十四　十二	五　八 五　十二
立夏　立秋 小滿　大暑	卯　初一　十 　　初一　二	酉　正二　五 　　正二　十三	五十二　九 五十三　十一	四十三　六 四十二　四	六　〇 六　四
芒種　小暑 夏至	寅　正四　十一 　　正四　八	酉　正三　四 　　正三　七	五十四　八 五十四　十四	四十一　七 四十一　一	六　六 六　七

北極出地 二十八度	日出 刻分	日入 刻分	晝長短 刻分	夜長短 刻分	朦朧影 刻分
冬至 小寒　大雪	卯　正三　九 　　正三　六	申　正四　六 　　正四　九	四十　　十二 四十一　三	五十五　三 五十四　十二	六　一 六　〇
大寒　小雪 立春　立冬	卯　正三　〇 　　正二　六	酉　初一　〇 　　初一　九	四十二　〇 四十三　四	五十四　〇 五十二　十一	五　十二 五　九
雨水　霜降 驚蟄　寒露	卯　正一　十 　　初四　十三	酉　初二　五 　　初三　二	四十四　十 四十六　四	五十一　五 四十九　十一	五　八 五　七
春分　秋分	卯　初四　〇	酉　初四　〇	四十八　〇	四十八　〇	五　八
清明　白露 穀雨　處暑	卯　初三　二 　　初二　五	酉　初四　十三 　　正一　十	四十九　十一 五十一　五	四十六　四 四十四　十	五　九 五　十四
立夏　立秋 小滿　大暑	卯　初一　九 　　初一　〇	酉　正二　六 　　正三　〇	五十二　十一 五十四　〇	四十三　四 四十二　〇	六　二 六　五
芒種　小暑 夏至	寅　正四　九 　　正四　六	酉　正三　六 　　正三　九	五十四　十二 五十五　三	四十一　三 四十　十二	六　六 六　八

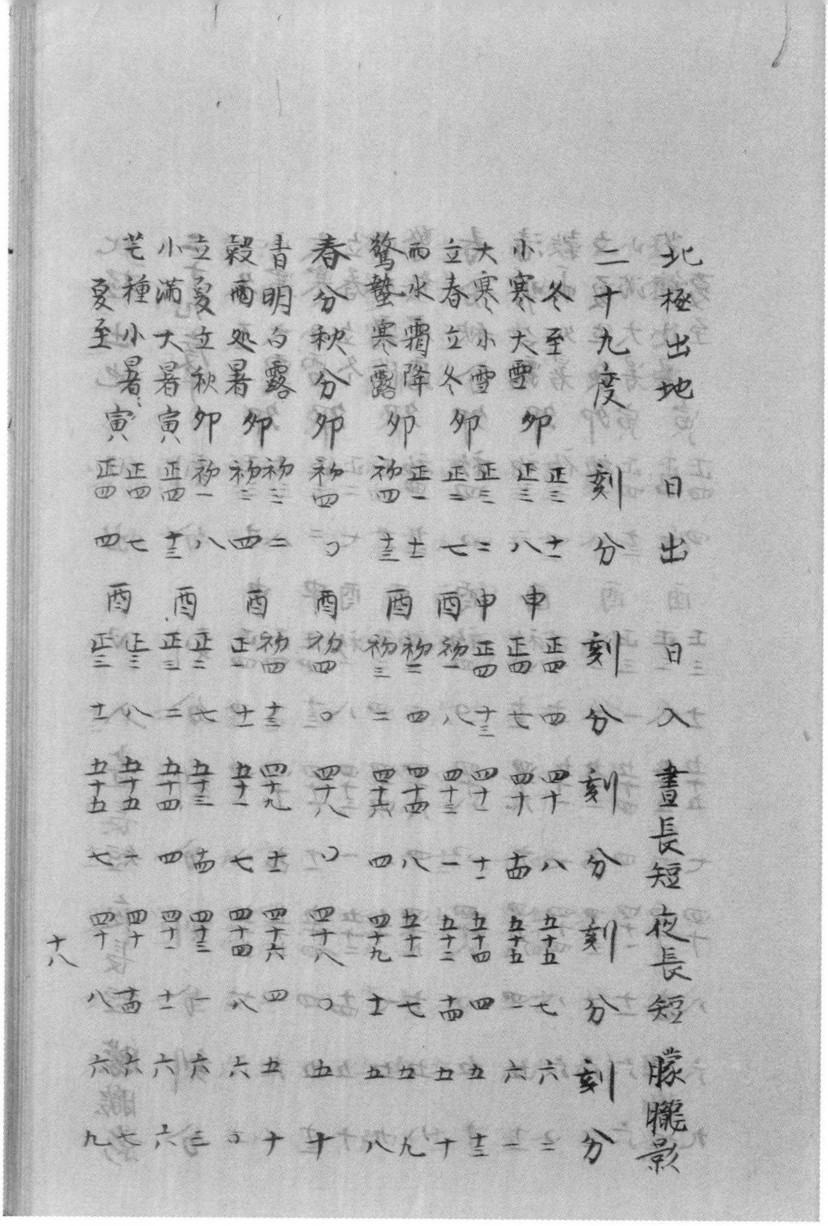

北極出地 二十九度	日出 刻分	日入 刻分	晝長短 刻分	夜長短 刻分	曚曨影 刻分
冬至 小寒　大雪	卯　正三　十一 　　正三　八	申　正四　四 　　正四　七	四十　八 四十　十四	五十五　七 五十五　一	六　二 六　一
大寒　小雪 立春　立冬	卯　正三　二 　　正二　七	申　正四　十三 酉　初一　八	四十一　十一 四十三　一	五十四　四 五十二　十四	五　十三 五　十
雨水　霜降 驚蟄　寒露	卯　正一　十一 　　初四　十三	酉　初二　四 　　初三　二	四十四　八 四十六　四	五十一　七 四十九　十一	五　九 五　八
春分　秋分	卯　初四　○	酉　初四　○	四十八　○	四十八　○	五　十
清明　白露 穀雨　處暑	卯　初三　二 　　初二　四	酉　初四　十三 　　正一　十一	四十九　十一 五十一　七	四十六　四 四十四　八	五　十 六　○
立夏　立秋 小滿　大暑	卯　初一　八 寅　正四　十三	酉　正二　七 　　正三　二	五十三　十四 五十四　四	四十三　一 四十一　十一	六　三 六　六
芒種　小暑 夏至	寅　正四　七 　　正四　四	酉　正三　八 　　正三　十一	五十五　一 五十五　七	四十　十四 四十　八	六　七 六　九

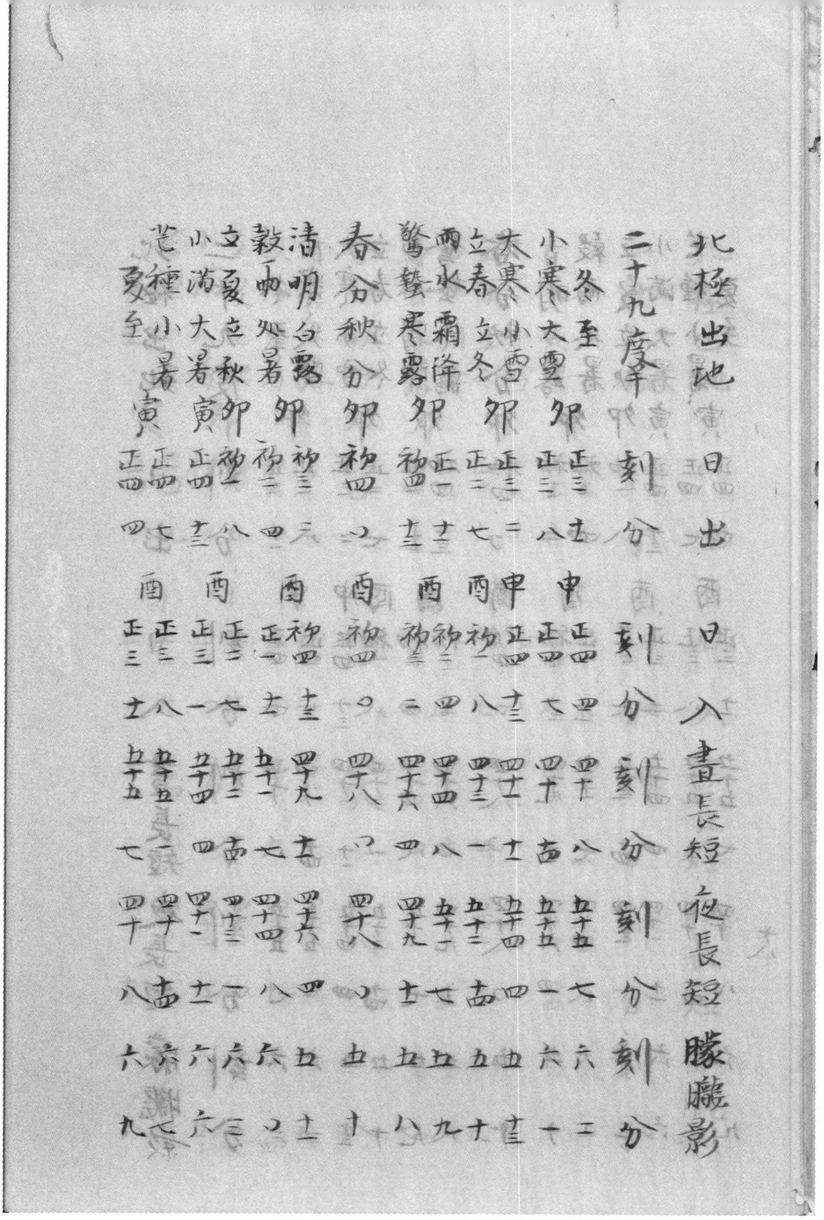

北極出地 二十九度半	日出 刻分	日入 刻分	晝長短 刻分	夜長短 刻分	朦朧影 刻分
冬至 小寒　大雪	卯　正三　十一 　　正三　八	申　正四　四 　　正四　七	四十　八 四十　十四	五十五　七 五十五　一	六　二 六　一
大寒　小雪 立春　立冬	卯　正三　二 　　正二　七	申　正四　十三 酉　初一　八	四十一　十一 四十三　一	五十四　四 五十二　十四	五　十三 五　十
雨水　霜降 驚蟄　寒露	卯　正一　十一 　　初四　十三	酉　初二　四 　　初三　二	四十四　八 四十六　四	五十一　七 四十九　十一	五　九 五　八
春分　秋分	卯　初四　〇	酉　初四　〇	四十八　〇	四十八　〇	五　十
清明　白露 穀雨　處暑	卯　初三　二 　　初二　四	酉　初四　十三 　　正一　十一	四十九　十一 五十一　七	四十六　四 四十四　八	五　十一 六　〇
立夏　立秋 小滿　大暑	卯　初一　八 寅　正四　十三	酉　正二　七 　　正三　一	五十二　十四 五十四　四	四十三　一 四十一　十一	六　三 六　六
芒種　小暑 夏至	寅　正四　七 　　正四　四	酉　正三　八 　　正三　十一	五十五　一 五十五　七	四十　十四 四十　八	六　七 六　九

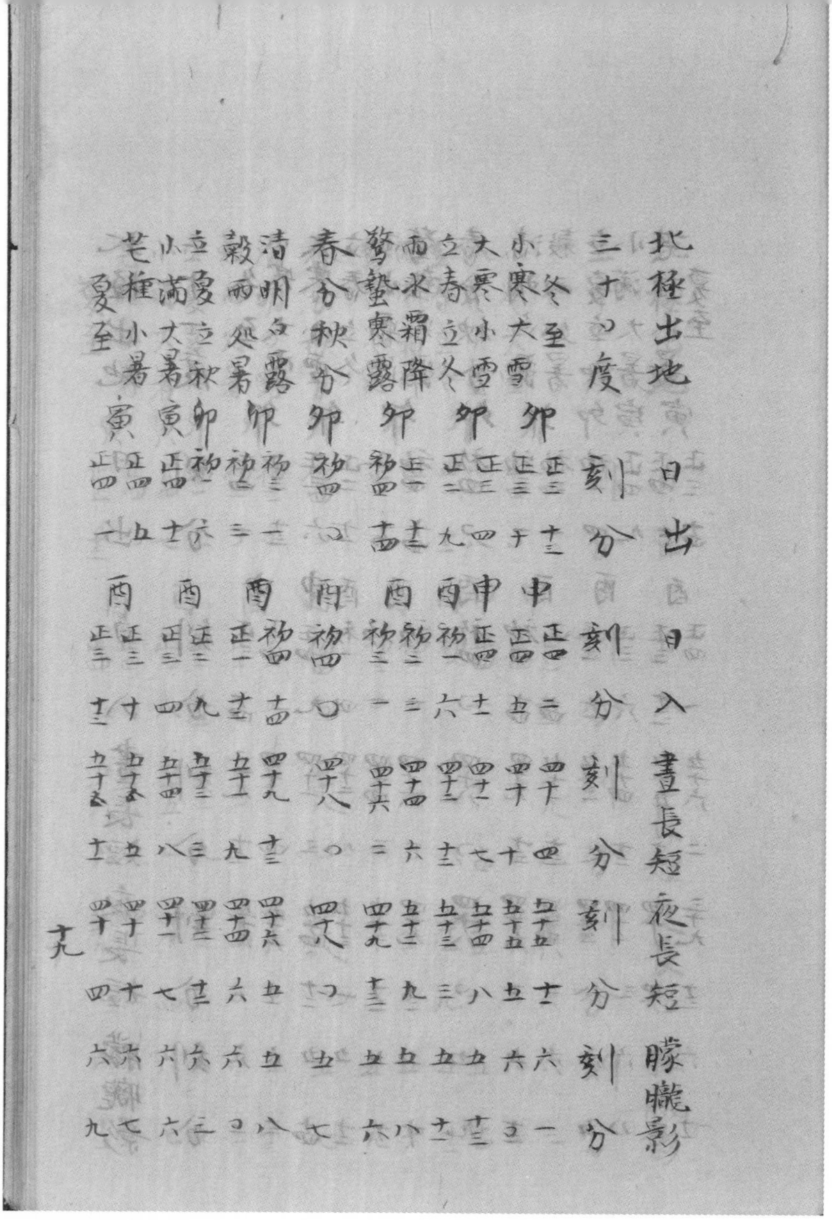

北極出地 三十〇度	日出 刻分	日入 刻分	晝長短 刻分	夜長短 刻分	朦朧影 刻分
冬至 小寒　大雪	卯　正三　十三 　　正三　十	申　正四　二 　　正四　五	四十　四 四十　十	五十五　十一 五十五　五	六　一 六　〇
大寒　小雪 立春　立冬	卯　正三　四 　　正二　九	申　正四　十一 酉　初一　六	四十一　七 四十二　十二	五十四　八 五十三　三	五　十三 五　十一
雨水　霜降 驚蟄　寒露	卯　正一　十二 　　初四　十四	酉　初二　三 　　初三　一	四十四　六 四十六　二	五十二　九 四十九　十三	五　八 五　六
春分　秋分	卯　初四　〇	酉　初四　〇	四十八　〇	四十八　〇	五　七
清明　白露 穀雨　處暑	卯　初三　一 　　初二　三	酉　初四　十四 　　正一　十二	四十九　十三 五十一　九	四十六　五 四十四　六	五　八 六　〇
立夏　立秋 小滿　大暑	卯　初一　六 寅　正四　十一	酉　正二　九 　　正三　四	五十三　三 五十四　八	四十二　十二 四十一　七	六　三 六　六
芒種　小暑 夏至	寅　正四　五 　　正四　一	酉　正三　十 　　正三　十三	五十五　五 五十五　十一	四十　十 四十　四	六　七 六　九

北極出地 三十一度	日出 刻分	日入 刻分	晝長短 刻分	夜長短 刻分	朦朧影 刻分
冬至 小寒　大雪	卯　正四　一 　　正三　十三	申　正三　十四 　　正四　二	三十九　十三 四十　　四	五十六　二 五十五　十一	六　三 六　三
大寒　小雪 立春　立冬	卯　正三　六 　　正二　十一	申　正四　九 酉　初一　四	四十一　三 四十二　八	五十四　十二 五十三　七	五　十四 五　十二
雨水　霜降 驚蟄　寒露	卯　正一　十四 　　初四　十四	酉　初二　一 　　初三　一	四十四　二 四十六　二	五十一　十三 四十九　十三	五　十 五　十
春分　秋分	卯　初四　○	酉　初四　○	四十八　○	四十八　○	五　九
清明　白露 穀雨　處暑	卯　初三　一 　　初二　一	酉　初四　十四 　　正一　十四	四十九　十三 五十一　十三	四十六　二 四十四　二	五　十二 六　一
立夏　立秋 小滿　大暑	卯　初二　四 寅　正四　九	酉　正二　十一 　　正三　六	五十三　七 五十四　十二	四十二　八 四十一　三	六　五 六　八
芒種　小暑 夏至	寅　正四　二 　　正三　十四	酉　正三　十三 　　正四　一	五十五　十一 五十六　二	四十　　四 三十九　十三	六　十一 六　十一

北極出地 三十二度	日出 刻分	日入 刻分	晝長短 刻分	夜長短 刻分	朦朧影 刻分
冬至 小寒　大雪	卯　正四　三 　　正四　〇	申　正三　十二 　　正四　〇	三十九　九 四十　〇	五十六　六 五十六　〇	六　三 六　三
大寒　小雪 立春　立冬	卯　正三　八 　　正二　十二	申　正四　七 酉　初一　三	四十　十四 四十二　六	五十五　一 五十三　九	五　十四 五　十二
雨水　霜降 驚蟄　寒露	卯　正二　〇 　　正一　〇	酉　初二　〇 　　初三　〇	四十四　〇 四十六　〇	五十二　〇 五十　〇	五　十 五　九
春分　秋分	卯　初四　〇	酉　初四　〇	四十八　〇	四十八　〇	五　七
清明　白露 穀雨　處暑	卯　初三　〇 　　初二　〇	酉　正一　〇 　　正二　〇	五十　〇 五十二　〇	四十六　〇 四十四　〇	五　十三 六　二
立夏　立秋 小滿　大暑	卯　初一　三 寅　正四　七	酉　正二　十二 　　正三　八	五十三　九 五十五　一	四十二　六 四十　十四	六　五 六　九
芒種　小暑 夏至	寅　正四　〇 　　正三　十二	酉　正四　〇 　　正四　三	五十六　〇 五十六　六	四十　〇 三十九　九	六　十一 六　十三

北極出地 三十二度半	日出 刻分	日入 刻分	晝長短 刻分	夜長短 刻分	朦朧影 刻分
冬至 小寒　大雪	卯　正四　三 　　正四　○	申　正三　十二 　　正四　○	三十九　九 四十　○	五十六　六 五十六　○	六　七 六　五
大寒　小雪 立春　立冬	卯　正三　八 　　正二　十三	申　正四　七 酉　初一　二	四十　十四 四十二　四	五十五　一 五十三　十一	五　十四 五　十四
雨水　霜降 驚蟄　寒露	卯　正二　○ 　　正一　○	酉　初二　○ 　　初三　○	四十四　○ 四十六　○	五十二　○ 五十　○	五　十三 五　十一
春分　秋分	卯　初四　○	酉　初四　○	四十八　○	四十八　○	五　十一
清明　白露 穀雨　處暑	卯　初三　○ 　　初二　○	酉　正一　○ 　　正二　○	五十　○ 五十二　○	四十六　○ 四十四　○	五　十五[1] 六　二
立夏　立秋 小滿　大暑	卯　初一　二 寅　正四　七	酉　正二　十三 　　正三　八	五十三　十一 五十五　一	四十二　四 四十　十四	六　五 六　九
芒種　小暑 夏至	寅　正四　○ 　　正三　十二	酉　正四　○ 　　正四　三	五十六　○ 五十六　六	四十　○ 三十九　九	六　十二 六　十三

1天理本和東北本“十五”作“十三”。

北極出地 三十三度	日出 刻分	日入 刻分	晝長短 刻分	夜長短 刻分	朦朧影 刻分
冬至 小寒　大雪	卯　正四　五 　　正四　二	申　正三　十 　　正三　十三	三十九　五 三十九　十一	五十六　十 五十六　四	六　七 六　五
大寒　小雪 立春　立冬	卯　正三　九 　　正二　十四	申　正四　六 酉　初一　一	四十　十一 四十二　二	五十五　四 五十三　十三	六　〇 五　十四
雨水　霜降 驚蟄　寒露	卯　正二　〇 　　正一　〇	酉　初二　〇 　　初三　〇	四十四　〇 四十六　〇	五十二　〇 五十　〇	五　十三 五　十一
春分　秋分	卯　初四　〇	酉　初四　〇	四十八　〇	四十八　〇	五　〇
清明　白露 穀雨　處暑	卯　初三　〇 　　初二　〇	酉　正一　〇 　　正二　〇	五十　〇 五十二　〇	四十六　〇 四十四　〇	六　〇 六　三
立夏　立秋 小滿　大暑	卯　初一　一 寅　正四　六	酉　正二　十四 　　正三　九	五十三　十三 五十五　四	四十二　二 四十　十一	六　六 六　七
芒種　小暑 夏至	寅　正三　十三 　　正三　十	酉　正四　二 　　正四　五	五十六　四 五十六　十	三十九　十一 三十九　五	六　十四 七　〇

北極出地 三十四度	日出 刻分	日入 刻分	晝長短 刻分	夜長短 刻分	朦朧影 刻分
冬至 小寒　大雪	卯　正四　八 　　正四　五	申　正三　七 　　正三　十	三十八　十四 三十九　五	五十七　一 五十六　十	六　七 六　六
大寒　小雪 立春　立冬	卯　正三　十一 　　正三　一	申　正四　三 　　正四　十四	四十　六 四十一　十三	五十五　九 五十四　二	六　一 六　〇
雨水　霜降 驚蟄　寒露	卯　正二　一 　　正一　一	酉　初一　十四 　　初二　十四	四十三　十三 四十五　十三	五十二　二 五十　二	五　十四 五　十二
春分　秋分	卯　初四　〇	酉　初四　〇	四十八　〇	四十八　〇	五　二
清明　白露 穀雨　處暑	卯　初二　十四 　　初一　十四	酉　正一　一 　　正二　一	五十　二 五十二　二	四十五　十三 四十三　十三	六　五 六　五
立夏　立秋 小滿　大暑	寅　正四　十四 　　正四　三	酉　正三　一 　　正三　十一	五十四　二 五十五　九	四十一　十三 四十　六	六　八 六　十二
芒種　小暑 夏至	寅　正三　十 　　正三　七	酉　正四　五 　　正四　八	五十六　十 五十七　一	三十九　五 三十八　十四	七　二 七　三

北極出地 三十五度	日出 刻分	日入 刻分	晝長短 刻分	夜長短 刻分	朦朧影 刻分
冬至 小寒　大雪	卯　正四　十一 　　正四　八	申　正三　四 　　正三　七	三十八　八 三十八　十四	五十七　七 五十七　一	六　七 六　七
大寒　小雪 立春　立冬	卯　正四　〇 　　正三　三	申　正四　〇 　　正四　十二	四十　〇 四十一　九	五十六　〇 五十四　六	六　三 六　〇
雨水　霜降 驚蟄　寒露	卯　正二　二 　　正一　一	酉　初一　十三 　　初二　十四	四十三　十一 四十五　十三	五十二　四 五十　二	五　十四 五　十三
春分　秋分	卯　初四　〇	酉　初四　〇	四十八　〇	四十八　〇	五　〇
清明　白露 穀雨　處暑	卯　初二　十四 　　初一　十三	酉　正一　一 　　正二　二	五十　二 五十二　四	四十五　十三 四十三　十一	六　十二 六　六
立夏　立秋 小滿　大暑	寅　正四　十二 　　正四　〇	酉　正三　三 　　正四　〇	五十四　六 五十六　〇	四十一　九 四十　〇	六　十 六　十四
芒種　小暑 夏至	寅　正三　七 　　正三　四	酉　正四　八 　　正四　十一	五十七　一 五十七　七	三十八　十四 三十八　八	七　五 七　六

北極出地 三十六度	日出 刻分	日入 刻分	晝長短 刻分	夜長短 刻分	朦朧影 刻分
冬至 小寒　大雪	卯　正四　十四 　　正四　十一	申　正三　一 　　正三　四	三十八　二 三十八　八	五十七　十三 五十七　七	六　八 六　六
大寒　小雪 立春　立冬	卯　正四　二 　　正三　四	申　正三　十三 　　正四　十二	三十九　十一 四十一　七	五十六　四 五十四　八	六　四 六　一
雨水　霜降 驚蟄　寒露	卯　正二　四 　　正一　二	酉　初一　十一 　　初二　十三	四十三　九 四十五　十一	五十二　六 五十　四	六　〇 六　〇
春分　秋分	卯　初四　〇	酉　初四　〇	四十八　〇	四十八　〇	六　〇
清明　白露 穀雨　處暑	卯　初二　十三 　　初一　十一	酉　正一　二 　　正二　四	五十　四 五十二　八	四十五　十一 四十三　九	六　四 六　七
立夏　立秋 小滿　大暑	寅　正四　十二 　　正三　十三	酉　正三　四 　　正四　二	五十四　八 五十六　四	四十一　七 三十九　十一	六　十一 七　二
芒種　小暑 夏至	寅　正三　四 　　正三　一	酉　正四　十一 　　正四　十四	五十七　七 五十七　十三	三十八　八 三十八　二	七　七 七　八

北極出地 三十七度	日出 刻分	日入 刻分	晝長短 刻分	夜長短 刻分	朦朧影 刻分
冬至 小寒　大雪	辰　初一　二 卯　正四　十三	申　正二　十三 正三　二	三十七　十一 三十八　四	五十八　四 五十七　十一	六　十 六　八
大寒　小雪 立春　立冬	卯　正四　四 正三　六	申　正三　十一 正四　九	三十九　七 四十一　三	五十六　八 五十四　十二	六　六 六　三
雨水　霜降 驚蟄　寒露	卯　正二　五 正一　三	酉　初一　十 初二　十三	四十三　五 四十五　九	五十二　十 五十　六	六　二 六　一
春分　秋分	卯　初四　〇	酉　初四　〇	四十八　〇	四十八　〇	六　一
清明　白露 穀雨　處暑	卯　初二　十二 初一　十	酉　正一　三 正二　五	五十　六 五十二　十	四十五　九 四十三　五	六　七 六　十一
立夏　立秋 小滿　大暑	寅　正四　九 正三　十一	酉　正三　六 正四　四	五十四　十二 五十六　八	四十一　三 三十九　七	六　十三 七　五
芒種　小暑 夏至	寅　正三　二 正二　十三	酉　正四　十三 戌　初一　二	五十七　十一 五十八　四	三十八　四 三十七　十一	七　八 七　九

北極出地 三十八度	日出 刻分	日入 刻分	晝長短 刻分	夜長短 刻分	朦朧影 刻分
冬至 小寒　大雪	辰　初一　四 　　初一　一	申　正二　十一 　　正二　十四	三十七　九 三十七　十二	五十八　六 五十八　二	六　十三 六　十一
大寒　小雪 立春　立冬	卯　正四　七 　　正三　八	申　正三　八 　　正四　七	三十九　一 四十　十四	五十六　十四 五十五　一	六　七 六　四
雨水　霜降 驚蟄　寒露	卯　正二　七 　　正一　四	酉　初一　八 　　初二　十一	四十三　一 四十五　七	五十二　十四 五十　八	六　一 六　一
春分　秋分	卯　初四　〇	酉　初四　〇	四十八　〇	四十八　〇	六　〇
清明　白露 穀雨　處暑	卯　初二　十一 　　初一　八	酉　正一　四 　　正二　七	五十　八 五十二　十四	四十五　七 四十三　一	六　四 六　九
立夏　立秋 小滿　大暑	寅　正四　七 　　正三　八	酉　正三　八 　　正四　七	五十五　一 五十六　十四	四十　十四 三十九　一	六　十二 七　七
芒種　小暑 夏至	寅　正二　十四 　　正二　十一	戌　初一　一 　　初一　四	五十八　二 五十八　六	三十七　十三 三十七　九	七　十一 七　十二

二十四

北極出地 三十九度	日出 刻分	日入 刻分	晝長短 刻分	夜長短 刻分	朦朧影 刻分
冬至 小寒　大雪	辰　初一　九 初一　五	申　正二　六 正二　十	三十六　十二 三十七　五	五十九　三 五十八　十	六　六 六　四
大寒　小雪 立春　立冬	卯　正四　十 正三　十一	申　正三　五 正四　四	三十八　十 四十　八	五十七　五 五十五　七	六　一 五　十一
雨水　霜降 驚蟄　寒露	卯　正二　七 正一　四	酉　初一　八 初二　十一	四十三　一 四十五　七	五十二　十四 五十　八	五　五 五　三
春分　秋分	卯　初四　〇	酉　初四　〇	四十八　〇	四十八　〇	五　八
清明　白露 穀雨　處暑	卯　初二　十一 初一　八	酉　正一　四 正二　七	五十　八 五十二　十四	四十五　七 四十三　一	六　五 六　十一
立夏　立秋 小滿　大暑	寅　正四　四 正三　五	酉　正三　十一 正四　十	五十五　七 五十七　五	四十　八 三十八　十	七　五 八　〇
芒種　小暑 夏至	寅　正二　十 正二　六	戌　初一　五 初一　九	五十八　十 五十九　三	三十七　五 三十六　十一[2]	八　十二[1] 八　六

1 天理本“十二”作“三十二”。東北本“十二”作“三”。

2 天理本和東北本“十一”作“十二”。

北極出地 四十〇度	日出 刻分	日入 刻分	晝長短 刻分	夜長短 刻分	朦朧影 刻分
冬至 小寒　大雪	辰　初一　十二 　　初一　七	申　正二　四 　　正二　八	三十六　八 三十七　一	五十九　七 五十八　十四	六　十二 六　十二
大寒　小雪 立春　立冬	卯　正四　十二 　　正三　十三	申　正三　三 　　正四　二	四十八　六 四十　四	五十七　九 五十五　十一	六　十 六　七
雨水　霜降 驚蟄　寒露	卯　正二　八 　　正一　五	酉　初一　六 　　初二　十	四十二　十二 四十五　五	五十三　三 五十　十	六　六 六　四
春分　秋分	卯　初四　〇	酉　初四　〇	四十八　〇	四十八　〇	六　五
清明　白露 穀雨　處暑	卯　初二　十 　　初一　六	酉　正一　五 　　正二　八	五十　十 五十三　三	四十五　五 四十二　十二	六　十 六　十四
立夏　立秋 小滿　大暑	寅　正四　二 　　正三　三	酉　正三　十三 　　正四　十二	五十五　十一 五十七　九	四十　四 三十八　六	七　五 八　〇
芒種　小暑 夏至	寅　正二　八 　　正二　四	戌　初一　七 　　初一　十一	五十八　十四 五十九　七	三十七　一 三十六　八	八　十一 八　十二

北極出地 四十一度	日出 刻分	日入 刻分	晝長短 刻分	夜長短 刻分	朦朧影 刻分
冬至 小寒　大雪	辰　初二　六 　　初二　〇	申　正一　九 　　正二　〇	三十五　三 三十六　〇	六十　十二 六十　〇	六　六 六　六
大寒　小雪 立春　立冬	辰　初二　二 卯　正三　十四	申　正二　十三 　　正四　一	三十七　十一 四十　二	五十八　四 四十五　十一	六　五 六　二
雨水　霜降 驚蟄　寒露	卯　正二　八 　　正一　五	酉　初一　七 　　初二　十	四十二　十四 四十五　五	五十三　一 五十　十	六　一 六　〇
春分　秋分	卯　初四　〇	酉　初四　〇	四十八　〇	四十八　〇	五　八
清明　白露 穀雨　處暑	卯　初二　十 　　初一　七	酉　正一　五 　　正二　八	五十　十 五十三　一	四十五　五 四十二　十四	六　十一 七　十四
立夏　立秋 小滿　大暑	寅　正四　一 　　正二　十三	酉　正三　十四 戌　初二　二	五十五　十三 五十八　四	四十　二 三十七　十一	七　九 七　十一
芒種　小暑 夏至	寅　正二　〇 　　正一　九	戌　初二　〇 　　初二　六	六十　〇 六十　十二	三十六　〇 三十五　三	八　十一 八　十四

1 天理本和東北本“五十四”作“三十四”。
2 天理本和東北本“五十五”作“三十五”。
3 天理本和東北本“五十七”作“三十七”。
4 天理本和東北本“五”作“三”。
5 天理本和東北本“五十六”作“五十五”。

北極出地 四十二度	日出 刻分	日入 刻分	晝長短 刻分	夜長短 刻分	朦朧影 刻分
冬至 小寒　大雪	辰　初二　八 　　初二　三	申　正一　七 　　正一　十二	五十四[1]　十四 五十五[2]　九	六十一　一 六十　　六	六　六 六　五
大寒　小雪 立春　立冬	辰　初一　四 卯　正四　〇	申　正二　十一 　　正四　〇	五十七[3]　七 四十　　〇	五十八　八 五十六　〇	六　五[4] 六　一
雨水　霜降 驚蟄　寒露	卯　正二　九 　　正一　六	酉　初一　六 　　初二　九	四十二　十二 四十五　三	五十三　三 五十　　十二	五　七 五　五
春分　秋分	卯　初四　〇	酉　初四　〇	四十八　〇	四十八　〇	五　十
清明　白露 穀雨　處暑	卯　初二　九 　　初一　六	酉　正一　六 　　正二　九	五十　　十二 五十三　三	四十五　三 四十二　十二	六　九 七　三
立夏　立秋 小滿　大暑	寅　正四　〇 　　正二　十一	酉　正四　〇 戌　初一　四	五十六[5]　〇 五十八　八	四十　　〇 三十七　七	七　十 七　十二
芒種　小暑 夏至	寅　正一　十二 　　正一　七	戌　初二　三 　　初二　八	六十　　六 六十一　一	五十五　九 五十四　十四	八　六 八　十二

《通率表》校注

為法而一亦得此數乃遍加至三百六十度成表再以一度數六十除之合于天度六十分得每天度之十分為一十六分九十〇秒九十三微七十五芒為十分數即以此數十除之為一分六十九秒〇九微三十七芒五十〇求為一分數乃遍加至六十分成表然後周天度分俱有立成通率如已筭得平度幾何簡表積數即得矣

周天凡例表 平度

一周 十二宮 三百六十度 二萬一千六百〇〇分 一百二十九萬六千〇〇〇秒
七千七百七十六萬〇〇〇微 四十六億六千五百六十〇萬〇〇〇〇纖 二千七百九十九億三千六百〇〇萬〇〇〇〇芒

一宮 三十度 一千八百〇〇分 一十萬〇八千〇〇〇秒 六百四十八萬〇〇〇〇微
三億八千八百八十〇萬〇〇〇〇纖 二百三十三億二千八百〇〇萬〇〇〇〇芒

一度 六十分 三千六百〇〇秒 二十一萬六千〇〇〇微 一千二百九十六萬〇〇〇〇纖
七萬七千七百六十〇萬〇〇〇〇芒

一分 六十秒 三千六百〇〇微 二十一萬六千〇〇〇纖 一千二百九十六萬〇〇〇〇芒

一秒 六十微 三千六百〇〇纖 二十一萬六千〇〇〇芒

一微 六十芒 三千六百〇〇芒

一芒 六十末

一末

《通率表》

後學朱𥇦素臣氏補遺

通率表者，以日度，又名實度。天度又名平度。相通相求之表也。日度三百六十五度二十四分二十五秒，百分秒微。天度三百六十度六十分秒微。相通之法，以相較五度二十四分二十五秒作十二歸除，每宫得三十〇度四十三分六十八秒七十五微，爲一宫數。即以此數三除之，得一十〇度一十四分五十六秒二十五微，爲十度數。即以此數十歸之，得一度〇一分四十五秒六十二微五十〇纖，爲一度數。或以日度爲實，天度爲法而一，亦得此數。乃遞加至三百六十度成表，再以一度數六十除之，合于天度六十分，得每天度之十分爲一十六分九十〇秒九十三微七十五芒，爲十分數。即以此數十除之，爲一分六十九秒〇九微三十七芒五十〇求[1]，爲一分數。乃遞加至六十分成表，然後周天度分俱有立成，通率如已筭得平度幾何，簡表積數即得矣。

1 天理本和東北本"求"作"末"。

周天凡例表，平度	
一周	十二宫　三百六十度　二萬一千六百〇〇分　一百二十九萬六千〇〇〇〇秒　七千七百七十六萬〇〇〇〇微　四十六億六千五百六十〇萬〇〇〇〇纖　二千七百九十九億二[1]千六百〇〇萬〇〇〇〇芒
一宫	三十度　一千八百〇〇分　一十萬〇八千〇〇〇秒　六百四十八萬〇〇〇〇微　三億八千八百八十〇萬〇〇〇〇纖　二百三十三億二千八百〇〇萬〇〇〇〇芒
一度	六十分　三千六百〇〇秒　二十一萬六千〇〇〇微　一千二百九十六萬〇〇〇〇纖　七萬七千七百六十〇萬〇〇〇〇芒
一分	六十秒　三千六百〇〇微　二十一萬六千〇〇〇纖　一千二百九十六萬〇〇〇〇芒
一秒	六十微　三千六百〇〇纖　二十一萬六千〇〇〇芒
一微	六十芒　三千六百〇〇芒
一芒	六十末
一末	

1 天理本“二”作“三”，當作“三”。

周天通率表			
天度	日度	天度	日度
	度分秒微纖		度分秒微纖
〇〇一	〇〇〇四六五 〇一一五二〇	〇〇二	〇〇〇九二〇 〇二二一五〇
〇〇三	〇〇〇三八五 〇三四六七〇	〇〇四	〇〇〇八五〇 〇四五二〇〇
〇〇五	〇〇〇二一五 〇五七八二〇	〇〇六	〇〇〇七七〇 〇六八二[1]五〇
〇〇七	〇〇一一三[2]五 〇七〇九七〇	〇〇八	〇〇一六〇〇 〇八一五〇〇
〇〇九	〇〇一四六五 〇九三〇二〇	〇一十	〇十[3]一五二〇 〇〇四六五〇
〇一一	〇一一〇六五 〇一六五七〇	〇一二	〇一一四五〇 〇二七七〇〇

1 天理本和東北本“二”作“三”。
2 天理本和東北本“三”作“二”。
3 天理本和東北本“十”作“一”。

遍率表

○一三	○一一九一五 ○三八三二○	○一四	○一二三七○ ○四○八五○
○一五	○一二八三五 ○五一四七○	○一六	○一二三○○ ○六三○○○
○一七	○一二七六五 ○七四五二○	○一八	○一二二二○ ○八六一五○
○一九	○一二六八五 ○九七六七○	○二十	○二二一五○ ○○九二○○
○二一	○二三五一五 ○一○八二○	○二二	○二三○七○ ○二二三五○
○二五[1]	○二三四三五 ○三三[2]九七○	○二四	○二三九○○ ○四四五○○
○二五	○二三四六五 ○五六○二○	○二六	○二三八二○ ○六七六五○
○二七	○二三[3]三八五 ○七九一七○	○二八	○二四七五○ ○八○七○○
○二九	○二四二一五 ○九二三一○	○三十	○三[4]四六七○ ○○三八五○

1 天理本和東北本“○二五”作“○二三”，當作“○二三”。

2、3、4 天理本和東北本“三”作“二”。

	度分秒微纖		度分秒微纖
〇三一	〇三四一三五 〇一五四七〇	〇三二	〇三四六〇〇 〇二六〇〇〇
〇三三	〇三四〇六五 〇三八五二〇	〇三四	〇三四五二〇 〇四九一五〇
〇三五	〇三五九八五 〇五〇六七〇	〇三六	〇三五四五〇 〇六二二〇〇
〇三七	〇三五八一五 〇七三八二〇	〇三八	〇三五三七〇 〇八五三五〇
〇三九	〇三五七三五 〇九六九七〇	〇四十	〇四五二〇〇 〇〇八五〇〇
〇四一	〇四五七六五 〇一九〇二[1]〇	〇四二	〇四六一二〇 〇二一六五〇
〇四三	〇四六六八五 〇三二一七〇	〇四四	〇四六〇五〇 〇四四七〇〇
〇四五	〇四六五一五 〇五五三二〇	〇四六	〇四六九七〇 〇六六八五〇

1 天理本和東北本"二"作"三"。

通率表

○四七	○四六四三五 ○七八四七○	○四八	○三六九○○ ○八九○○○
○四九	○四七三六五 ○九一五二○	○五十	○五七八二○ ○○二一五○
○五一	○五七二八五 ○一四六七○	○五二	○五七七五○ ○二五二○○
○五三	○五七一一五 ○三七八二○	○五四	○五七六七○ ○四八三五○
○五五	○五八○三五 ○五○九七○	○五六	○五八五○○ ○六一五○○
○五七	○五八○六五 ○七三○二○	○五八	○五八四二○ ○八四六五○
○五九	○五八九八五 ○九五一七○	○六十	○六八三五○ ○○七七○○
○六一	○六八八一五 ○一八三二○	○六二	○六九二七○ ○二○八五○
○六三	○六九七三五 ○三一四七○	○六四	○六九二○○ ○四三○○○

	度分秒微纖		度分秒微纖
〇六五	〇六九六六五 〇一四五二〇	〇六六	〇六九一二〇 〇六六一五〇
〇六七	〇六九五八五 〇七七六七〇	〇六八	〇六九〇五〇 〇八九二〇〇
〇六九	〇七〇四一五 〇〇〇八二〇	〇七十	〇七〇九七〇 〇一一三五〇
〇七一	〇七〇三三五 〇二三九七〇	〇七二	〇七〇八〇〇 〇三四五〇〇
〇七三	〇七〇三六五 〇四六〇二〇	〇七四	〇七〇七二〇 〇五七六五〇
〇七五	〇七〇二八五 〇六九一七〇	〇七六	〇七一六五〇 〇七〇七〇〇
〇七七	〇七一一一五 〇八二三二〇	〇七八	〇七一[1]五七〇 〇九三八〇[2]〇
〇七九	〇八一〇三五 〇〇五四七〇	〇八十	〇八一五〇〇 〇一六〇〇〇

1 天理本“二”作“一”。東北本作“二”。
2 天理本“〇”作“五”。

〇八一	〇八一九六五 〇二七五二〇	〇八二	〇九一四二〇 〇八九一五〇
〇八三	〇九二八八五 〇八〇五七〇	〇八四	〇八二三五〇 〇一二二〇〇
〇八五	〇八三[1]七一五 〇六三八二〇	〇八六	〇八二二七〇 〇七五三五〇
〇八七	〇八二六三五 〇八六九七〇	〇八八	〇三二一〇〇 〇九八五〇〇
〇八九	〇九二六六五 〇〇九〇二〇	〇九十	〇九三〇二〇 〇一一六五〇
〇九一	〇九三五八五 〇二二一七〇	〇九二	〇九三九五〇 〇三三七〇〇
〇九三	〇九三四一五 〇四五三二〇	〇九四	〇九三八七〇 〇五六八五〇
〇九五	〇九三三三五 〇六八四七〇	〇九六	〇九三八〇〇 〇七九〇〇〇
〇九七	〇九四二[2]六五 〇八一五二〇	〇九八	〇九四七二〇 〇九二一五〇

1 天理本和東北本“三”作“二”。
2 天理本和東北本“二”作“三”。

	百度分秒微纖		百度分秒微纖
〇九九	〇〇四一八五 一〇四六七〇	一百〇〇	〇〇四六五〇 一一五二[1]〇〇
一〇二[2]	〇〇四〇一五 一二七八二〇	一〇二	〇〇四五七〇 一三八三五〇
一〇三	〇〇四九三五[3] 一四九九七〇	一〇四	〇〇五四〇〇 一五一五〇〇
一〇五	〇〇五九六五 一六二〇二〇	一〇六	〇〇五三二〇 一七四六五〇
一〇七	〇〇五八八五 一八五一七〇	一〇八	〇〇五二五〇 一九七七〇〇
一〇九	〇一五七一五 一〇八三二〇	一一〇	〇一六一七〇 一一〇八五〇
一一一	〇一六六三五 一二一四七〇	一一二	〇一六一〇〇 一三三〇〇〇
一一三	〇一六五六五 一四四五二〇	一一四	〇一六〇二〇 一五六一五〇

1 東北本“二”作“一”。天理本作“二”。

2 天理本和東北本“一〇二”作“一〇一”，當作“一〇一”。

3 東北本“五”作“三”。天理本作“五”。

通率表

一一五	〇一六四八五 一六七六七〇	一一六	〇一六九五〇 一七八二〇〇
一一七	〇一七三一五 一八〇八二〇	一一八	〇一七八七〇 一九一三五〇
一一九	〇二七二三五 一〇三九七〇	一二〇	〇二七七〇〇 一一四五〇〇
一二一	〇二七二六五 一[1]六〇二〇	一二二	〇二七六二〇 一二[2]七六五〇
一二三	〇二七一八五 一四九一七〇	一二四	〇二八五五〇 一五〇七〇〇
一二五	〇二八〇一五 一六三三二〇	一二六	〇二八四七〇 一七三八五〇
一二七	〇二八九三五 一八四四七〇	一二八	〇二八四〇〇 一九六〇〇〇
一二九	〇三八八六五 一〇七五二〇	一三〇	〇三[3]八三二〇 一一九一五〇
一三一	〇三九七八五 一二〇五七〇	一三二	〇三九二五〇 一三二二〇〇

1 天理本和東北本"一"作"二"。
2 天理本和東北本"二"作"三"。
3 東北本"三"作"二"。天理本作"三"。

	百度分秒微纖		百度分秒微纖
一三三	〇三九六一五 一四三八二〇	一三四	〇三九一七〇 一五五三五〇
一三五	〇三九五三五 一六六九七〇	一三六	〇三九〇〇〇 一七八五〇〇
一三七	〇三九五六五 一八九〇二〇	一三八	〇四〇九二〇 一〇〇六五〇
一三九	〇四〇四八五 一一二一七〇	一四〇	〇四〇八五〇 一二三七〇〇
一四一	〇四〇三一五 一三五三二〇	一四二	〇四〇七七〇 一四六八五〇
一四三	〇四〇二三五 一五八四七〇	一四四	〇四〇七〇〇 一六九〇〇〇
一四五	〇四一一六五 一七一五二〇	一四六	〇四一六二〇 一八二一五〇
一四七	〇四一〇八五 一九四六七〇	一四八	〇五一五五〇 一〇五二〇〇

通率表

一四九	〇五一九一五 一一六八二〇	一五〇	〇五一四七〇 一二八三五〇
一五一	〇五一八三五 一三九九七〇	一五二	〇五二三〇〇 一四一五〇〇
一五三	〇五二八六五 一五二〇二〇	一五四	〇一二二二〇 一六四六五〇
一五五	〇一二七八五 一七五一七〇	一五六	〇五二一五〇 一八七七〇〇
一五七	〇五二[1]六一五 一九八三[2]二〇	一五八	〇六三〇七〇 一〇〇八五〇
一五九	〇六三五三五 一一[3]一四七〇	一六〇	〇六三〇〇〇 一二三〇〇〇
一六一	〇六三四六五 一二四五二〇	一六二	〇六三九二〇 一四五一五〇
一六三	〇六三三八五 一一七六七〇	一六四	〇六三八五〇 一六八二〇〇
一六五	〇六四二一五 一七〇[4]八二〇	一六六	〇六四七七〇 一八一三五〇

1 天理本和東北本“二”作“三”。
2 天理本和東北本“三”作“二”。
3 天理本和東北本“一”作“二”。
4 東北本“〇”作“一”。天理本字缺。

	百度分秒微纖		百度分秒微纖
一六七	〇六四一三五 一九三九七〇	一六八	〇七四六〇〇 一〇四五〇〇
一六九	〇七四一六五 一一六〇二〇	一七〇	〇七四五二〇 一二七六五〇
一七一	〇七四〇八五 一三九一七〇	一七二	〇七五四五〇 一四一七〇〇
一七三	〇七五九二[1]五 一五一三二〇	一七四	〇七五三七〇 一六三[2]八五〇
一七五	〇七五八三五 一七四四七〇	一七六	〇七五三〇〇 一八六〇〇〇
一七七	〇七五七六五 一九七五二〇	一七八	〇八五二二〇 一〇九一五〇
一七九	〇八六六八五 一一〇六七〇	一八〇	〇八六一五〇 一一[3]二二〇〇
一八一	〇八六五一五 一三三八二〇	一八二	〇八六〇七〇 一四五三[4]五〇

1 天理本和東北本“二”作“一”。
2 天理本和東北本“三”作“五”。
3 天理本和東北本“一”作“三”。
4 天理本和東北本“三”作“二”。

一八三	〇八六四三五 一五六九七〇	一八四	〇八六九〇〇 一六七五〇〇
一八五	〇八六四六五 一七九〇二〇	一八六	〇八七八二〇 一八〇六五〇
一八七	〇八七三八五 一九二一七〇	一八八	〇九七七五〇 一〇三七〇〇
一八九	〇九七三[1]一五 一一五三二〇	一九〇	〇九七六七〇 一二六八五〇
一九一	〇九七一三五 一三八四七〇	一九二	〇九七六〇〇 一四九〇〇〇
一九三	〇九八〇六五 一一一五二〇	一九四	〇九八五二〇 一六二一五〇
一九五	〇九八九八五 一七三六七〇	一九六	〇九八四五〇 一八五二〇〇
一九七	〇九八八一五 一九六八二〇	一九八	〇〇八三七〇 二〇八三五〇
一九九	〇〇八七三五 二一九九七〇	二百〇〇	〇〇九二〇〇 二二一五〇〇

1 天理本和東北本“三”作“二”。

1 天理本和東北本“三”作“二”。
2 天理本和東北本“一”作“二”。
3 東北本“〇”作“一”。天理本作“〇”。

	百度分秒微纖		百度分秒微纖
二〇一	〇〇九七六五 二三[1]二〇二〇	二〇二	〇〇九一二〇 二四四六五〇
二〇三	〇〇九六八五 二五〇一七〇	二〇四	〇〇九〇五〇 二六七七〇〇
二〇五	〇〇九五一五 二七八三二〇	二〇六	〇〇九九七〇 二八九八五〇
二〇七	〇一〇四三五 二〇一四七〇	二〇八	〇一〇九〇〇 二一二〇〇〇
二〇九	〇一〇三六五 二二四五二〇	二一〇	〇一〇八二〇 二三五一五〇
二一一	〇一〇二八五 二四七六九〇	二一二	〇一〇七五〇 二五八二〇〇
二一三	〇一一一一五 二六〇八一[2]〇	二一四	〇一一六七〇 二七一三五〇
二一五	〇一一〇[3]三五 二八三九七〇	二一六	〇一一五〇〇 二九四五〇〇

通率表

二一七	〇二一〇六五 二〇六〇二〇	二一八	〇二一四二〇 二一七六五〇
二一九	〇二一九八五 二二八一七〇	二二〇	〇二二三五〇 二三〇七〇〇
二二一	〇二二八一五 二四一三二〇	二二二	〇二二二七〇 二五三八五〇
二二三	〇二二七三五 二六四四七〇	二二四	〇二二二〇〇 二七六〇〇〇
二二五	〇二二六六五 二八七五二〇	二二六	〇二二一二〇 二九九一五〇
二二七	〇三三五八五 二〇〇六七〇	二二八	〇三三〇五〇 二一二二〇〇
二二九	〇三三四一五 二二三八二〇	二三〇	〇三三九七〇 二三四三五〇
二三一	〇三三三三五 二四六九七〇	二三二	〇三三八〇〇 二五七五〇〇
二三三	〇三三三六五 一[1]六九〇二〇	二三四	〇三四七二〇 二七〇六五〇

1 天理本和東北本"一"作"二"。

	百度分秒微纖		百度分秒微纖
二三五	〇三四四八五 二八二一七〇	二三六	〇三四六五〇 二八三七〇〇
二三七	〇四四一一五 二一五三二〇	二三八	〇四四五七〇 二一六八五〇
二三九	〇四四〇三五 二二八四七〇	二四〇	〇四四五〇〇 一三九〇〇〇
二四一	〇四五九六五 二四〇五二〇	二四二	〇四五四二〇 二五二一五〇
二四三	〇四五八八五 二六三六七〇	二四四	〇四五三五〇 二七五二〇〇
二四五	〇四五七一五 二八六八二〇	二四六	〇四五二七〇 二九八三五〇
二四七	〇五五六三五 二〇九九七〇	二四八	〇五六一〇〇 二一一五〇〇
二四九	〇五六六六五 二二二[1]〇二〇	二五〇	〇五六〇三[2]〇 二三四六五〇

1 天理本和東北本“二”作“三”。
2 天理本和東北本“三”作“二”。

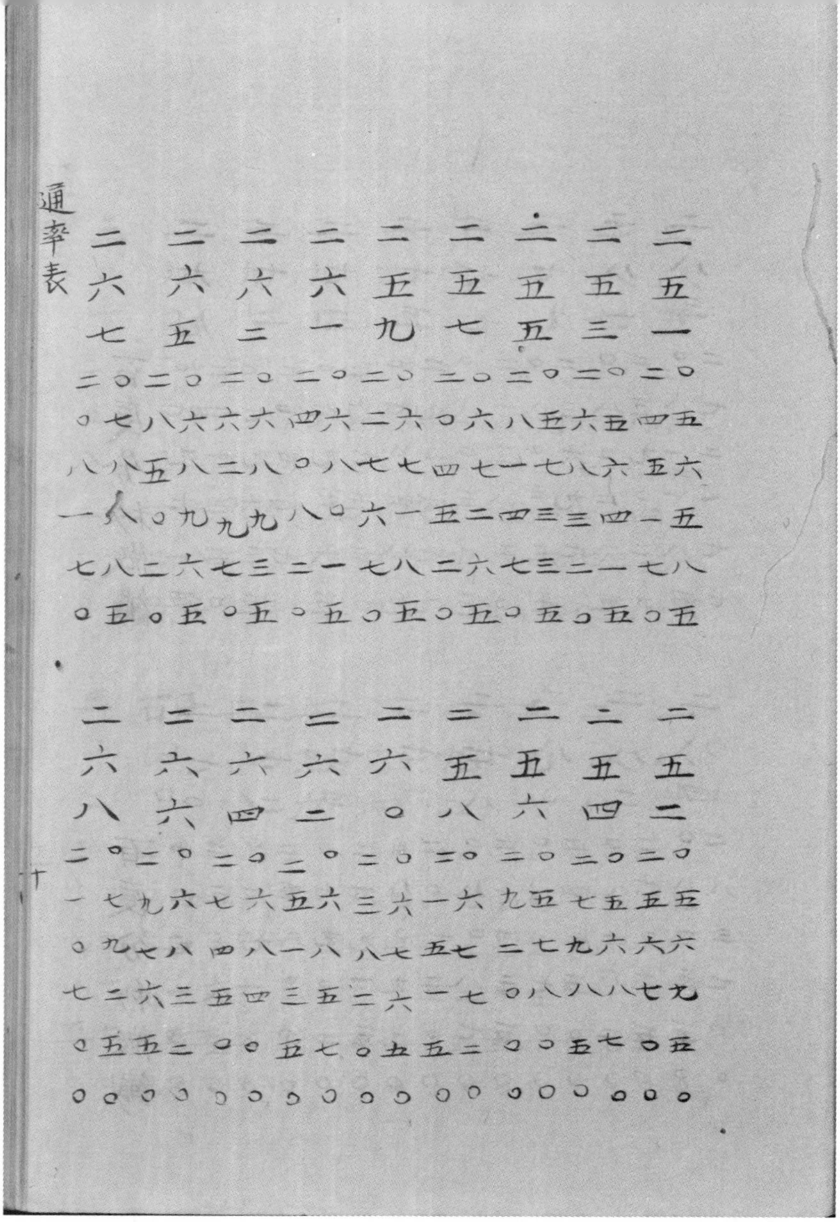

二五一	〇五六五八五 二四五一七〇	二五二	〇五六九五〇 二五六七〇〇
二五三	〇五六四一五 二六八三二〇	二五四	〇五六八七〇 二七九八五〇
二五五	〇五七三三五 二八一四七〇	二五六	〇五七八〇〇 二九二〇〇〇
二五七	〇六七二六五 二〇四五二〇	二五八	〇六七七二〇 二一五一五〇
二五九	〇六七一八五 二二七六七〇	二六〇	〇六七六五〇 二三八二〇〇
二六一	〇六八〇一五 二四〇八二〇	二六二	〇六八五七〇 二五一三五〇
二六二[1]	〇六八九三五 二六二九七〇	二六四	〇六八四〇〇 二七四五〇〇
二六五	〇六八九六五 二八五〇二〇	二六六	〇六八三二〇 二九七六五〇
二六七	〇七八八八五 二〇八一七〇	二六八	〇七九二五〇 二[2]一〇七〇〇

1 天理本和東北本“二六二”作“二六三”。當作“二六三”。
2 東北本“二”作“一”。天理本作“二”。

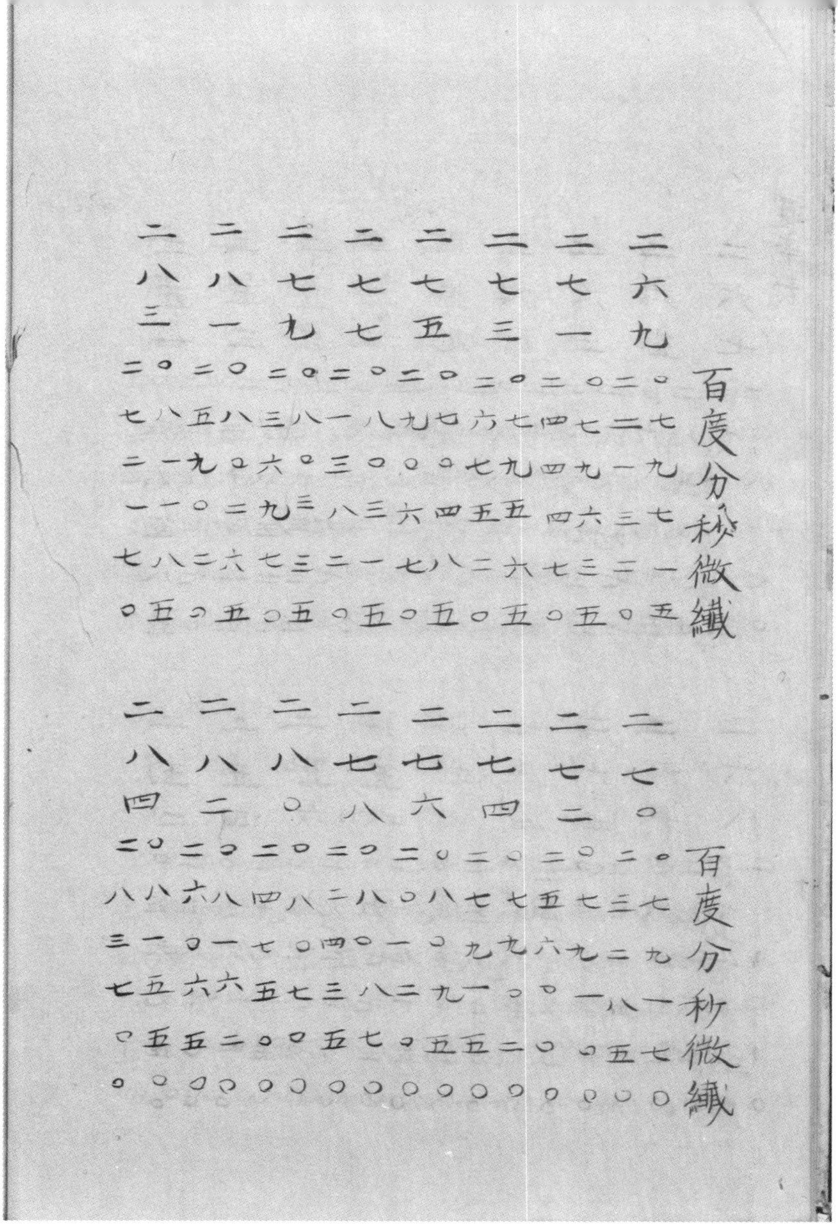

	百度分秒微纖		百度分秒微纖
二六九	〇七九七一五 二二一三二〇	二七〇	〇七九一[1]七〇 二三二八五〇
二七一	〇七九六三五 二四四四七〇	二七二	〇七九一〇〇 二五六〇〇〇
二七三	〇七九五六五 二六七五二〇	二七四	〇七九〇二〇 二七九一五〇
二七五	〇七〇四八五 二九〇六七〇	二七六	〇八〇九五〇 二〇一二〇〇
二七七	〇八〇三一五 二一三八二〇	二七八	〇八〇八七〇 二二四三五〇
二七九	〇八〇三三五 二三六九七〇	二八〇	〇八〇七〇〇 二四七五〇〇
二八一	〇八〇二六五 二五九〇二〇	二八二	〇八一六二〇 二六〇六五〇
二八三	〇八一一八五 二七二一七〇	二八四	〇八一五五〇 二八三七〇〇

1 東北本“一”作“二”。天理本作“一”。

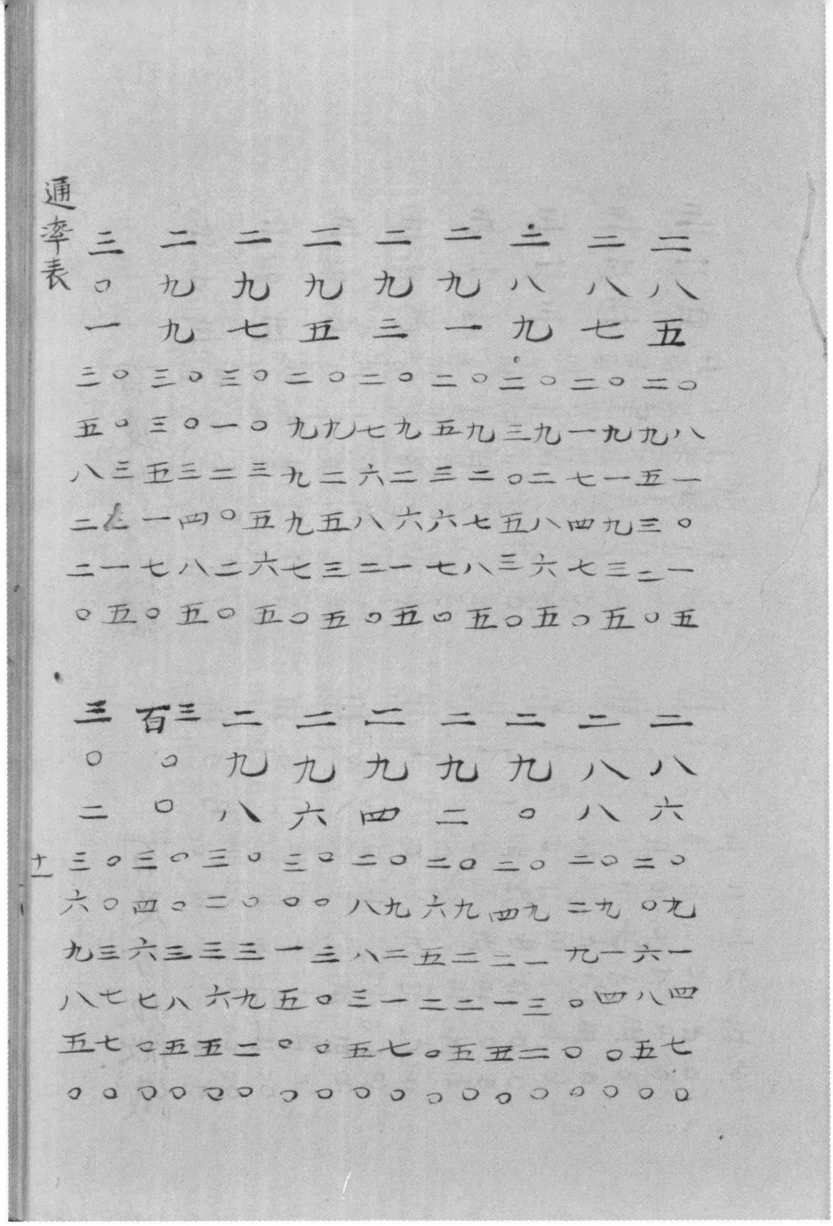

二八五	〇八一〇一五 二九五三二〇	二八六	〇九一四七〇 二〇六八五〇
二八七	〇九一九三五 二一七四七〇	二八八	〇九一四〇〇 二二九〇〇〇
二八九	〇九二八六五 二三〇五三〇	二九〇	〇九一[1]三二〇 二四二一五〇
二九一	〇九二七八五 二五三六七〇	二九二	〇九二二五〇 二六五二〇〇
二九三	〇九二六一五 二七六八二〇	二九四	〇九二一七〇 二八八三[2]五〇
二九五	〇九二五三五 二九九九七〇	二九六	〇〇三〇〇〇 三〇一五〇〇
二九七	〇〇三五六五 三一二〇二〇	二九八	〇〇三九二〇 三二三六五〇
二九九	〇〇三四八五 三三五一七〇	三百〇〇	〇〇三八五〇 三四六七〇〇
三〇一	〇〇三三一五 三五八二二〇	三〇二	〇〇三七七〇 三六九八五〇

1 天理本和東北本“一”作“二”。
2 天理本和東北本“三”作“二”。

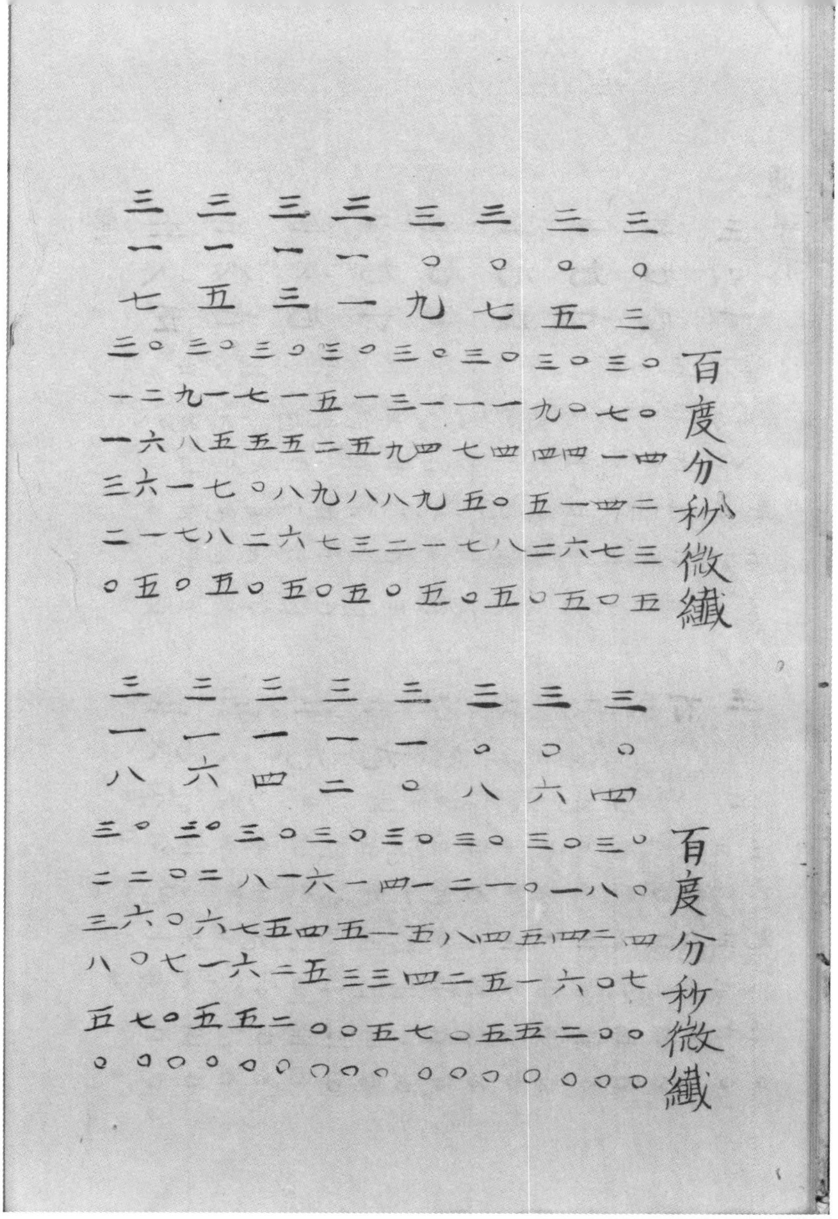

	百度分秒微纖		百度分秒微纖
三〇三	〇〇四二三五 三七一四七〇	三〇四	〇〇四七〇〇 三八二〇〇〇
三〇五	〇〇四一六五 三九四五二〇	三〇六	〇一四六二〇 三〇五一五〇
三〇七	〇一四〇八五 三一七五七〇	三〇八	〇一四五五〇 三二八二〇〇
三〇九	〇一四九一五 三三[1]九八二〇	三一〇	〇一五四七〇 三四一三五〇
三一一	〇一五八三五 三五二九七〇	三一二	〇一五三〇〇 三六四五〇〇
三一三	〇一五八六五 三七五〇二〇	三一四	〇一五二二〇 三八七六五〇
三一五	〇一五七八五 三九八一七〇	三一六	〇二六一五〇 三〇〇七〇〇
三一七	〇二六六一五 三一一三二〇	三一八	〇二六〇七〇 三二三八五〇

1 天理本和東北本“三”作“五”。

三一九	〇二六五三五 三三四四七〇	三二〇	〇二六〇〇〇 三四六〇〇〇
三二一	〇二六四六五 三五七五二〇	三二二	〇二六九二〇 三六八一五〇
三二三	〇二七三八五 三七〇六七〇	三二四	〇二七八五〇 三八一二〇〇
三二五	〇二七二一五 三九三八二〇	三二六	〇三七七七〇 三〇四三五〇
三二七	〇三[1]七一三五 三一六九七〇	三二八	〇三七六〇〇 三二七五〇〇
三二九	〇三七一六五 三三九〇二〇	三二[2]〇	〇三八五二〇 三四〇六五〇
三三一	〇三八〇八五 三五二一七〇	三三二	〇三八四五〇 三六三七〇〇
三三三	〇三八九一五 三七四二二〇	三二[3]四	〇三八三七〇 三八六八五〇
三三五	〇三八八三五 三九七四七〇	三三六	〇四八三〇〇 三〇九〇〇〇

1 天理本和東北本“三”作“二”。
2、3 天理本和東北本“二”作“三”。

	百度分秒微纖		百度分秒微纖
三三七	〇四九七六五 三一〇五二〇	三三八	〇四九二二〇 三二二一[1]五〇
三三九	〇四九六八五 三三三六七〇	三四〇	〇四九一五〇 三四五二[2]〇〇
三四一	〇四九五一五 三五六八二〇	三四二	〇四九〇七〇 三六八三五〇
三四三	〇四九四三五 三七九九七〇	三四四	〇四〇九〇〇 三九〇五〇〇
三四五	〇五〇四六五 三〇二〇二〇	三四六	〇五〇八二〇 三一三六五〇
三四七	〇五〇三八五 三二五一七〇	三四八	〇五〇七五〇 三三六七〇〇
三四九	〇五〇二一五 三四八三二〇	三五〇	〇五〇六七〇 三五九八五〇
三五一	〇五一一三五 三六一四七〇	三五二	〇五一六〇〇 三七二〇〇〇

1 天理本和東北本"一"作"二"。

2 天理本和東北本"二"作"三"。

三五三	〇五一〇六五 三八四五二〇	三五四	〇五一五二〇 三五五一五〇
三五五	〇六一九八五 三〇六六七〇	三五六	〇六一四五〇 三一八二〇〇
三五七	〇六一八一五 三二九八二〇	三五八	〇六二三七〇 三三一三五〇
三五九	〇六二七三五 三四二九七〇	三六〇	〇六二二[1]〇〇 三五四五〇〇

六十分通率表

天度	日度	天度	日度
	度分秒微纖芒		度分秒微纖芒
〇〇一	〇〇六〇三五 〇一九九七〇	〇〇二	〇〇三一七〇 〇三八八五〇
〇〇三	〇〇〇二一五 〇五七八二〇	〇〇四	〇〇七三五〇 〇六六七〇〇

1 天理本和東北本“二”作“三”。

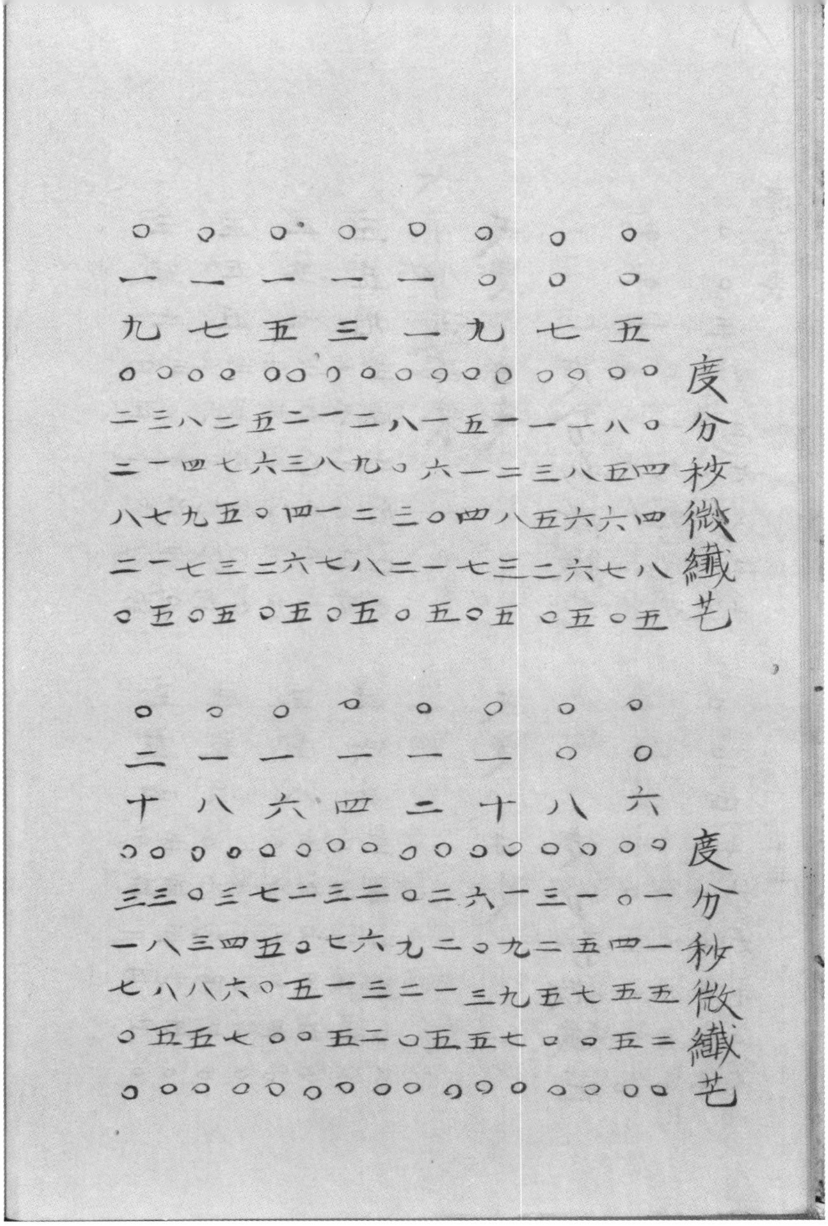

1 天理本和東北本“五”作“六”。

	度分秒微纖芒		度分秒微纖芒
〇〇五	〇〇四四八五 〇八五六七〇	〇〇六	〇一一五二〇 〇〇四五[1]五〇
〇〇七	〇一八六六五 〇一三五二〇	〇〇八	〇一五七〇〇 〇三二五〇〇
〇〇九	〇一二八三五 〇五一四七〇	〇一十	〇一九九七〇 〇六〇三五〇
〇一一	〇一六〇一五 〇八〇三二〇	〇一二	〇二二一五〇 〇〇九二〇〇
〇一三	〇二九二八五 〇一八一七〇	〇一四	〇二六三二〇 〇三七一五〇
〇一五	〇二三四六五 〇五六〇二〇	〇一六	〇二〇五〇〇 〇七五〇〇〇
〇一七	〇二七五三五 〇八四九七〇	〇一八	〇三四六七〇 〇〇三八五〇
〇一九	〇三一七一五 〇二二八二〇	〇二十	〇三八八五〇 〇三一七〇〇

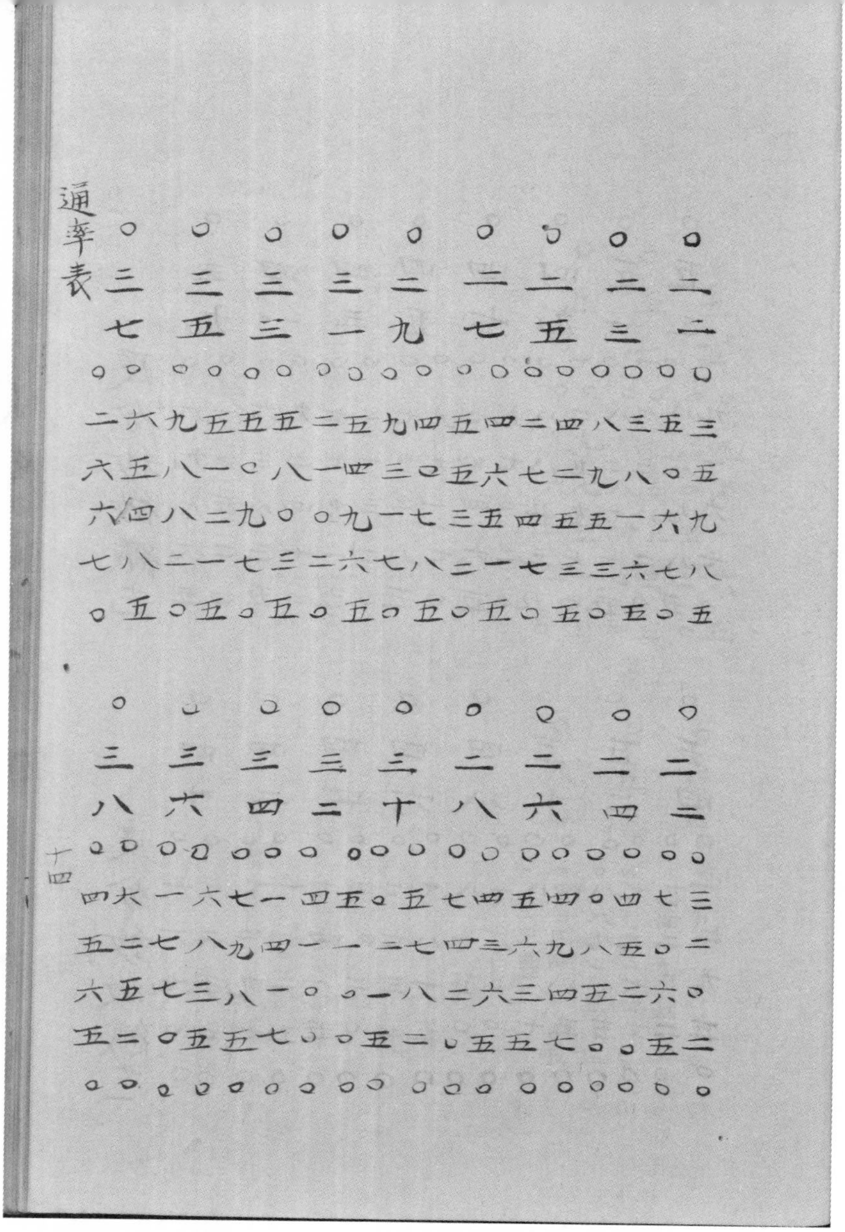

〇二一	〇三五九八五 〇五〇六七〇	〇二二	〇三二〇二〇 〇七〇六五〇
〇二三	〇三八一六五 〇八九五三[1]〇	〇二四	〇四五二〇〇 〇〇八五〇〇
〇二五	〇四二五[2]三五 〇二七四七〇	〇二六	〇四九四七〇 〇五[3]六三五〇
〇二七	〇四六五一五 〇五五三二〇	〇二八	〇四三六五〇 〇七四二〇〇
〇二九	〇四〇七八五 〇九三一七〇	〇三十	〇五七八二〇 〇〇二一五〇
〇三一	〇五四九六五 〇二一〇二〇	〇三二	〇五一〇〇〇 〇四一〇〇〇
〇三三	〇五八〇三五 〇五〇九七〇	〇三四	〇一四一七〇 〇七九八五〇
〇三五	〇五一二一五 〇九八八二〇	〇三六	〇六八三五〇 〇一七七〇〇
〇三七	〇六五四八五 〇二六六七〇	〇三八	〇六二五二〇 〇四五六五〇

1 天理本和東北本“三”作“二”。
2 天理本和東北本“五”作“三”。
3 天理本和東北本“五”作“二”。

	度分秒微纖芒		度分秒微纖芒
〇三九	〇六九六六五 〇一四五二〇	〇四十	〇六六七〇〇 〇七二[1]五〇〇
〇四一	〇六三[2]八三五 〇九二四七〇	〇四二	〇七〇九七〇 〇一一三五〇
〇四三	〇七七九一五 〇二一三二〇	〇四四	〇七四一五〇 〇四〇二〇〇
〇四五	〇七〇二八五 〇六九一七〇	〇四六	〇七七三二〇 〇七八一五〇
〇四七	〇七[3]四四六五 〇九七〇二〇	〇四八	〇八一五〇〇 〇一六〇〇〇
〇四九	〇八八五三五 〇二五九七〇	〇五十	〇八三[4]六七〇 〇四四八五〇
〇五一	〇八二七一五 〇六三八二〇	〇五二	〇八九八五〇 〇七二七〇〇
〇五三	〇八六九八五 〇九一六七〇	〇五四	〇九三〇二〇 〇一一九五〇

1 天理本和東北本“二”作“三”。
2 天理本和東北本“三”作“二”。
3 東北本“七”作“九”。天理本作“七”。
4 天理本和東北本“三”作“五”。

通率表

十五

○五五	○九○一六五 ○三○五二○	○五六	○九六二○○ ○四九五○○
○五七	○九三三三五 ○六八四七○	○五八	○九○四七○ ○八七三五○
○五九	○九七五一五 ○九六三二○	○六十	○○四六五○ 一一五二○○

冬至経数

五置上日数減甲子紀元十一日以紀法六十除之不盡
者為零数

六置紀法六十減上零数従甲子順数得某日連本日算午求未未不同

七求宿紀日置前總日減宿元五日以宿法二十八除之
不盡者為零数又置宿法二十八減零数従角宿順数
之得所求冬至紀日之宿連本日算

八求最高衝度以年数与高衝四十五秋乘之得實以減
高衝元度八分一十四秒得所求冬至高衝数

下演未来冬至法

一置所求年数為実以度周三百六十乘之得中積数

二以曆元経度与上中積并得總積数

三以總積数入太陽平行諸表経度條下取其差少一数
黑減之不滿日法者為所求未来冬至總数

四以平行表所除経度條上有日数凡一二三次黑記之
得日總数

五以上日總数加甲子紀元十一日以紀法六十除之不

七政蒙求

超筭古今冬至法

上遡已往冬至法

一以所求年数為実全周三百六十為法乘之得中積数

二置上中積数减曆元经度得總積数

三以總積数入太陽平行諸表取差步数一條减上積数其

復如是累减之至不満日法者为所求冬至餘经数其

累次减條上所得日数别記

四置日法五十九分〇八秋二十〇微减餘经数得所求

《七政蒙求》

超筭古今冬至法

上遡已往冬至法

一、以所求年數爲實，全周三百六十爲法，乘之得中積數。

二、置上中積數減曆元經度，得總積數。

三、以總積數入太陽平行諸表，取差少數一條，減上積數，復如是累減之，至不滿日法者，爲所求冬至餘經數，其累次減條上所得，日數別記。

四、置日法五十九分〇八秒二十微，減餘經數，得所求冬至經數。

五、置上日數，減甲子紀元十一日，以紀法六十除之，不盡者，爲零數。

六、置紀法六十，減上零數，從甲子順數得某日。連本日筭與求未來不同。

七、求宿紀日，置前總日，減宿元五日，以宿法二十八除之，不盡者，爲零數。又置宿法二十八，減零數，從角宿順數之，得所求冬至紀日之宿。連本日筭。

八、求最高衝度，以年數與高衝四十五秒乘之，得實以減高衡九度分一十四秒，得所求冬至高衡數。

下演未來冬至法

一、置所求年數爲實，以度周三百六十乘之，得中積數。

二、以曆元經度與上中積并，得總積數。

三、以總積數入太陽平行諸表，經度條下取其差少一數，累減之不滿日法者，爲所求未來冬至經數。

四、以平行表所除經度條上有日數，凡一二三次累記之，得日總數。

五、以上日總數加甲子紀元十一日，以紀法六十除之，不

滿紀法者從甲子順數命之至某數下一位即得所求
冬至干支
六求宿紀日法置第五條所得日數加宿紀元三日以宿
法二十八除之不滿宿法者從角宿順數命之至某數
下一位即得求冬至紀日之宿
七求最高衝數以所求年數為實高衝法四十五秒為法
乘之得所求冬至高衝數

滿紀法者，從甲子順數命之，至某數下一位，即得所求冬至干支。

六、求宿紀日法，置第五條所得日數，加宿紀元三日，以宿法二十八除之，不滿宿法者，從角宿順數命之，至某數下一位，即得求冬至紀日之宿。

七、求最高衝數，以所求年數爲實，高衝法四十五秒爲法，乘之得所求冬至高衝數。

隨時求太陽所躔經度分法

一、于本年平行表根内取根數，又取最高衝數；

二、簡日平行表内本日距冬至日數；

三、于時刻細平行表内，取本時刻平行數；

四、将前年日時刻數并之，得太陽經總數；

五、以年、日最高衝兩數并之，得最高衝總數；

六、以上兩總數相減，餘者爲引數；

七、以引數入加減表，得均數；一至六宫加，七至十二宫減。

八、以上均數加于太陽經總數，得實經數；

九以实经数從冬至寅丑界起右行数至实经度数分秒
為命得数

九、以實經數從冬至寅丑界起右行，數至實經度數分秒，爲命得數。

求太陽躔定冬至時刻法

與求他節氣不同，因他節以冬至爲根，冬至以子正爲根故。

一、簡恒年表得年根數，其下紀日甲子可[1]記；

二、置日經度法五十九分〇八秒二十〇微；

三、以年根日法相減，得平行經；

四、簡恒年表得最高衝度；

五、求平行經距最高爲引數。其法以平經與高衝兩數相比。若平經數多，高衝數少，置平經減高衝；若平經數少，高衝數多，置十二宮減高衝，加平經爲引數；

1 天理本和東北本“可”作“前”。

六以引数一至六宫為减七至十二宫为加求太陽与实
躔法相反後做此引数入加减表得均数如每十分外有
零分須察其每分逅差法更加减之為初均数
七置前引数以初均数加减之以加减所得之引為實引
以實引得实均数
八以實均数加减平行经为實经
九以實经数入日時平行表变為日時刻如滿一日即為
年根某甲子日加不足一日為年根某甲子根前一日
入節氣日差表得冬至節加日差八分為子正後之某

六、以引數一至六宫爲减，七至十二宫为加，求太陽與實躔法相反，後倣此；引數入加减表，得均數，如每十分外有零分，須察其每分遞差法，更加减之爲初均數；

七、置前引數，以初均數加减之，以加减所得之引爲實引，以實引得實均數。

八、以實均數加减平行經爲實經；

九、以實經數入日時平行表，變爲日時刻，如滿一日即为年根某甲子日，如不足一日，爲年根某甲子，于根前一日入節氣日差表，得冬至節加日差八分，爲子正後之某

時刻定冬至

反證太陽實躔驗前法

一以上所得定冬至時刻入平行表变经度与前法实经合

二求日经距高衝為引数入加減表一至六宮為加七至十二宮為減与前求節時刻相反後做此以引数得均数減前法内实均数減盡無餘為太陽過星紀宮

時刻定冬至。

反證太陽實躔驗前法

一、以上所得定冬至時刻入平行表，變經度與前法實經合；

二、求日經距高衝爲引數，入加減表一至六宫爲加，七至十二宫爲減，與前求節時刻相反，後倣此。以引數得均數，減前法内實均數，減盡無餘爲太陽過星紀宫。

求太陽躔實節氣時刻法

一、置本節平行經數；如春分九十度，夏至一百八十度。

二、簡恒年表與日平行表，并兩高衝數；

三、求平行經距高衝，其法具定冬至法内以所得爲引數；

四、以引數入加減表，得初均數；加減法亦具定冬至法中。

五、置前引數，以初均加減之法同上，得實引數；

六、以實引入加減表，得實均數；

七、以實均數加減本節平行經數，得實經數；

八、簡恒年表得年根數；

九、以年根減實經，得時經數；

十、以時經入日時平行表，變得日時刻分秒；

十一、以本節氣入日差表，得日差數；

十二、以日差數加減日時爲年根，某甲子日子正初刻起，數至某甲子日子正後幾時幾刻，得實節氣時刻。

反證實節氣時刻法

一、以前法所得節氣日時數入平行表，化得經度數，即前法時經；

二、以年根數加時經，仍還前法實經數；

三求日经距高衡为引数入加减表得均数
四以均数加减前实经合元節氣平行经度为験其加减
前加此必减前减此必加
如以過宫法命之以元節经度每宫三十度積之即以
節氣時刻命得此刻太陽躔某宫之次

三、求日經距高衡爲引數，入加減表得均數；

四、以均數加減前實經，合元節氣平行經度，爲驗其加減，前加此必減，前減此必加；如以過宫法命之，以元節經度每宫三十度積之，即以節氣時刻命得此刻太陽躔某宫之次。

求月離經度法

綱一，以設時化平時，求太陽實躔經度。

目一，以設時爲某節氣之第幾日，約得太陽在某宫度。如冬至後十日，太陽在五宫十度之類，以設時入日差加減表，得數以加減設時，宜加者反減，宜減者反加，例[1]用之，得平時；

目二，以平時入太陽年日時平行表，并得平行經度；

目三，求最高衝年日行并之，得最高衝總數；

目四，求平行距高衝，其法置平經度減高衝數，如不及

1 天理本和東北本“例”作“倒”。

减者，加全周十二宫而减之，得引數；

目五，以平經距高衝引數入加減表，得均數。以加減平經，得太陽實躔在何宫度。

綱二，以設時化太陰平行。

目一，以日躔爲引數，入太陰日差表，得數依本號加減，設時得平時。

綱三，求太陰平行。

目一，求平行經度，于恒年表求本年距冬至平經數，即從本條下得年根日，自此日數至所求平時入日時

分表得諸平行數并之為平行経度
目二求自経度以上年日時入自行表得自行数并之為自行度
目三于恒年表得正交行数又得日時交行数以時行数減年行数為交平行数
目四求月孛于年日表得数并之为月孛行
綱四求初均数加減平行
目一以自行為引数入初均加減表得均数加減平行為月実経

分表，得諸平行數，并之爲平行經度；

目二，求自經度以上年日時入自行表，得自行數，并之爲自行度；

目三，于恒年表得正交行數，又得日時交行數，以時行數減年行數，爲交平行數；

目四，求月孛于年日表，得數并之，爲月孛行。

綱四，求初均數加減平行。

目一，以自行爲引數，入初均加減表，得均數。加減平行，爲月實經；

目二如朔望時止用初均数即得月離白道経度不用次均

目三以日躔較月実経如同度分即定朔如相距六宮正即定望如差幾度分以平行表化時刻過日躔者減不及者加即得定朔定望時刻詳法別著

綱五以初均数加減自行

目一即以所得初均数随加減自行得実自行数為二三均引数

綱六求月順躔日度

目二，如朔望時止用初均數，即得月離白道經度，不用次均；

目三，以日躔較月實經，如同度分即定朔，如相距六宮正即定望，如差幾度分，以平行表化時刻，過日躔者減，不及者加[1]，即得定朔、定望時刻詳法别著。

綱五[2]以初均數加減自行。

目一，即以所得初均數隨加減自行，得實自行數，爲二三均引數。

綱六，求月順躔日度。

1 天理本和東北本“加”作“如”，當作“加”。
2 天理本和東北本缺字“綱五”。

目一以月实经距日或距日之衡为引数法置月实经
减日躔如不及减者益一周而减之得月距日数
目二如上所得距日数已過六宫即除去六宫餘者为
距日衡数即當用距衡為引数
綱七求二三均数
目一以上月距日或距衡為引数入二三均加减表于
右直行得距日宫度
目二以綱五实自行为引数入二三均加减表于或上
或下横行内与月距日引交羅相遇得均数以加减

目一，以月實經距日或距日之衡爲引數法，置月實經減日躔，如不及減者，益一周而減之，得月距日數；

目二，如上所得，距日數已過六宫，即除去六宫，餘者爲距日衡數，即當用距衡爲引數。

綱七，求二三均數。

目一，以上月距日或距衡爲引數，入二三均加減表，于右直行，得距日宫度；

目二，以綱五實自行爲引數，入二三均加減表，于或上、或下横行内，與月距日引交羅相過，得均數。以加減

月实经数为月離白道经度

綱八求正交行经度 正交即羅睺中交即計都

目一以前年日時正交表所得数并之得交平行

目二以前月距日或距日之衝為引數入交均表得交均数以加減交平行為交经数

目三求白道经逆距正交经数其法置交经数減白道经度如不及減者益一周而減之餘者為逆距正交数如未過六宮為北已過六宮為南 言逆距者從月前至正交之数或謂交距月亦可与順距異

月實經數，爲月離白道經度。

綱八，求正交行經度。正交即羅睺，中交即計都。

目一，以前年日時正交表所得數并之，得交平行；

目二，以前月距日或距日之衝爲引數，入交均表，得交均數。以加減交平行，爲交經數；

目三，求白道經逆距正交經數。其法，置交經數減白道經度，如不及減者，益一周而減之，餘者爲逆距正交數，如未過六宮，爲北；已過六宮，爲南。言逆距者，從月前至正交之數，或谓交距月亦可，與順距異。

目五，如日距正交已過六宫，隨減去六宫，餘者爲距中交數，朔望交行無均數，用月距近交爲引數，或用距中交數。

綱九，求黄白兩道大距度。

目一，于前交均表均數下得距限度，爲求月緯度之直引數。

綱十，求月離黄道緯度。

目一，簡黄白距度表，以前行距正交爲直引數；

目二，以黄白大距度爲横引數；

目三，以兩引交羅，相遇得數爲緯度，命爲黄道緯南北。

綱十一，求月離黄道經度。

目一，以前月距正交爲引數，入黄白二道同升表，得均數。以加減白道經度，爲黄道經度。

綱十二，求月孛。

目一，于年日平行表得數并之，爲月孛行。

綱十三，月離宿度。

目一，以前月離經在何宫度，即于列宿宫表簡所當之宿爲幾度。置宿末度距冬至數，减月離經數得餘數。

置本宿全數，減餘數得月離宿之某度分。

網十四，求月到某星。

目一，法于未到前設一時，求月經度，以月經度減星經度，得餘度分；

目二，以餘度分入日時表，求時分以加設時，得月到某星之時。

求定朔法

綱一，求冬至後第一平朔。

目一，入平朔表，得朔日時，爲朔根。

綱二，求十三朔。

目一，既得冬至後第一平朔，每加一朔策，累積之，得已後諸朔。

綱三，求日躔實經。

目一，以平朔日時爲根，求日躔求法無[1]月離經緯度内法同。

1 天理本和東北本"無"作"與"，當作"與"。

綱四，求月自行總數。

同前。

綱五，求平行總數。

同前。

綱六，求初均數得月離實經。

同前。

綱七，求月實經較日實經有餘不足度。

目一，如月度多日度少，置月實經減日實經，得朔餘度，爲已過朔；

目二如月度少日度多置日実经减自実经得不及朔
度為月未至朔
綱八求日月損益分
目一如遇朔餘度为逆求時以日月二引数入損益分
表依損益法損益朔餘度得実餘度
目二如遇不及朔度為順求時亦以日月二引数入損
益表依損益法損益不及朔度得實不及度
綱九実餘度化時得定朔時
目一如遇朔餘度化時置朔根時减所化時餘時為定

十四

目二，如月度少日度多，置日實經減月實經，得不及朔度，爲月未至朔。

綱八，求日月損益分。

目一，如遇朔餘度，爲逆求時，以日月二引數入損益分表，依損益法損益朔餘度，得實餘度；

目二，如遇不及朔度，爲順求時，亦以日月二引數入損益表，依損益法損益不及朔度得實不及度。

綱九，實餘度化時得定朔時。

目一，如遇朔餘度化時，置朔根時減所化時，餘時爲定朔；

目二，如遇不及度化時，以所化時加朔根時，爲定朔時。

綱十，反證定朔。

目一，以定朔時求日月經度，所差不過一分，如在一二分外，即加減一二分，得定朔爲密合。

求定望法

綱一，求平望日時。

目一，先求第一平朔，加朔策之半，得望策度分；

目二，以望度化日時，得平望日時。

綱二，求十三望。

目一，以望策如[1]諸朔，得諸望。

綱三，求日躔實經。

如定朔法。

綱四，求月自行總數。

1 天理本和東北本作“加”，當作“加”。

同前
綱五求月平行總数
同前
綱六求初均数得月離实经
同前
綱七月实经較日实经有餘不足度
目一月度多日度少置月度減日度餘六宮正即定望
六宮外為已過定望度六宮内為不及定望度
目二月度少日度多置日度減月度餘六宮正亦定望

同前。

綱五，求月平行總數。

同前。

綱六，求初均數得月離實經。

同前。

綱七，月實經較日實經有餘不足度。

目一，月度多日度少，置月度減日度，餘六宮正，即定望，六宮外爲已過定望度，六宮内爲不及定望度；

目二，月度少日度多，置日度減月度，餘六宮正，亦定望，

六宫外為不及定望度六宫内为已過定望度与前
相反
綱八求日月損益分
目一如遇已過望度为逆求時以日月二引数入損益
分表依損益法損益過望餘度得实餘度
目二如遇不及望度為順求時以日月二引数入損益
分表依損益法損益不及望度得实不及度
綱九实度化時得定望時
目一如遇過望餘度化時置朔根時减所化時餘時为

六宫外爲不及定望度，六宫内爲已過定望度，與前相反。

綱八，求日月損益分。

目一，如遇已過望度爲逆求時，以日月二引數入損益分表，依損益法損益，過望餘度得實餘度；

目二，如遇不及望度爲順求時，以日月二引數入損益分表，依損益法損益，不及望度得實不及度。

綱九，實度化時得定望時。

目一，如遇過望餘度化時，置朔根時減所化時，餘時爲

定望

目一如遇不及望度化時以所化時加朔根時為定望
時

綱十反證定望

目一以定望時求日月経度所差不過一分如在一二
分外即如減一二分得定望為密合

定望；

目一[1]，如遇不及望度化時，以所化時加朔根時爲定望時。

綱十，反證定望。

目一，以定望時求日月經度，所差不過一分，如在一二分外，即加減一二分，得定望爲密合。

1 天理本和東北本“目一”作“目二”，當作“目二”。

求五星經度例

經度者，七政右行，自西而東，歷于周天三百六十，相距之度爲南北直線，如織維家之有直經。天體渾淪無從起筭，則以冬至日躔一點爲界，即寅丑二宫之界，自丑初起初宫，次子爲一宫，右行至寅爲十一宫，共十二宫，而缺第十二宫之名者，以十二宫即初宫初度也。欲求将來土星經度，查諸曜年月日時表條下，得某曜去離寅丑冬至一點爲幾宫度幾分秒，即以黄道宫名如亥爲呰娵等。命丑爲星紀宫，右行去看某度諸行坐何宫度分，得平行自行經度，後取

太陽距以求加減均加減之即得諸曜真經度

太陽距，以求加減均加減之，即得諸曜真經度。[1]

1 文字据天理本补。

求五星緯度例

周天緯度者赤道去南北兩極之橫度亦三百六十如織
維家有橫緯與經度交加成網羅形之度也黃道斜交赤
道緯距二十三度半星圈又斜交黃道緯若于度故欲求
星緯先求距交次求距日其數皆以冬至寅丑界起筭求
之

七政蒙求　十八

求五星緯度例

周天緯度者，赤道去南北兩極之橫度，亦三百六十。如織維家有橫緯，與經度交加成網羅形之度也。黃道斜交赤道緯距二十三度半，星圈又斜交黃道緯若于[1]度。故欲求星緯，先求距交，次求距日，其數皆以冬至寅丑界起筭求之。

1"于"當作"干"。

求土星經度法

法之綱有四。

一、以年根日數并爲平行數；

二、以最高行距平行爲引數，求初均加減數；

三、以初均數加減平行數，爲自行經數；

四、以自行經距太陽爲引數，求次均加減數；

五、以中分較分相乘除，得數加于次均，爲實次均數；

六、以實次均數加減自行經數，得直[1]經數。

法之目有十二。

1 天理本“直”作“真”。東北本作“實”。

一、查恒年表内本年條下距冬至之數，是名年根；

二、查土星周歲平行表内自冬至到本日日數，與距冬至數相并，得年日平行數，聽後加減；

三、求冬至距本天最高行數，以減周天數，減存爲最高距冬至數；

四、以最高距冬至數，與平行數并爲最高距平行數，即自行輪上年日并數；

五、以年日并數爲自行輪引數，于初均加減表上求幾宫幾度幾十分，復于自行均横行内，或上順減，或下

逆加得初均数下行得中分分秒数别記
六以初均数加減前苐二條内年日平行数得自行経
数
七将日躔暦查本日太陽在幾宮度分秒聽後加減
八置周天三百六十度以自行経数減之減存数為冬
至距自行経数
九以冬至距自行経与苐七條内太陽数并得太陽距
冬至数此八九兩條法因自行経数多于太陽数耳
若少于太陽即置太陽数減自行数便是

逆加，得初均數，下行得中分，分秒數别記；

六、以初均數加減前第二條内年日平行數，得自行經數；

七、将日躔曆，查本日太陽在幾宫度分秒，聽後加減；

八、置周天三百六十度，以自行經數減之，減存數爲冬至距自行經數；

九、以冬至距自行經與第七條内太陽數并，得太陽距冬至數，此八、九兩條法，因自行經數多于太陽數耳，若少于太陽，即置太陽數減自行數便是；

十以太陽距经为引数于土星加减表上求幾十宫度
幾十分復以初均中分直行下次均横行内或上順
加或下逆减得次均数其下得高低較分
十一以前第五條内别記中分分秒为大数第十條内
别記高低較分为小数相乘得实以六十为法除之
即六十分之一所得度分秒数与第十條次均加减
数并得实次均数
十二以实次均数加减前第六條内自行经数即得真
经数

十、以太陽距經爲引數，于土星加減表上，求幾十宫度幾十分，復以初均中分直行下次均横行内，或上順加，或下逆減，得次均數，其下得高低較分；

十一、以前第五條内别記中分分秒爲大數，第十條内别記高低較分爲小數，相乘得實，以六十爲法除之，即六十分之一所得度分秒數，與第十條次均加減數并，得實次均數；

十二、以實次均數加減前第六條内自行經數，即得真經數。

七政蒙求　二十一

求土星緯度法

法之綱有三

一以自行經距正交求中分

二以真視經距太陽求緯限

三以中分緯限相乘爲實六十爲法除之得黄道南北真緯度

法之目有六

一既得土星自行經數即于恒年表内求正交行數

二求日行經距正交數若經數多交數少則置經數減交

求土星緯度法

法之綱有三。

一、以自行經距正交求中分；

二、以真視經距太陽求緯限；

三、以中分緯限相乘爲實，六十爲法除之，得黄道南北真緯度。

法之目有六。

一、既得土星自行經數，即于恒年表内求正交行數。

二、求日行經距正交數，若經數多交數少，則置經數減交

數若交數多經數少則置周天數減交數加經數即
自行經距正交數
三以距正交數為土星緯行表上中分引數表旁起一
宮至六宮為北宮度自上而下六宮至十二宮為南
宮度自下而上查得自行經距交宮度分即于中分
表橫行内得分秒别記
四求星視經距太陽數求法如視經數多太陽數少即
置視經減太陽如視經數少太陽數多則置周天數
減太陽數如視經數即得

數；若交數多經數少，則置周天數減交數加經數，即自行經距正交數。

三、以距正交數爲土星緯行表上中分引數，表旁起一宮至六宮爲北，宮度自上而下，六宮至十二宮爲南，宮度自下而上。查得自行經距交宮度分，即于中分表橫行内，得分秒别記。

四、求星視經距太陽數，求法：如視經數多太陽數少，即置視經減太陽；如視經數少太陽數多，則置周天數減太陽數，如視經數，即得。

五、以距太陽數爲土星緯行表上緯限度引數，亦如前法，于南北宫内數至距太陽宫度分，即于土星南北表横行内求其緯限度分秒。如在北宫，得者依表用加减分。

六、以中分分秒爲大數，緯限度分秒爲小數，相乘得實，爲緯總數。以六十爲法歸除之，當六十分之一得真緯度，命爲黄道南北幾度分，乘法以中分爲主。

以中分之幾十幾分乘緯之單度，得幾十幾箇一度；

以中分之幾十幾秒乘緯之單度得幾十幾箇十分
以中分之幾十幾分乘緯之幾十分得幾十幾箇十分
以中分之幾十幾秒乘緯之幾十分得幾十幾箇一分
以中分之幾十幾分乘緯之單分得幾十幾箇一分
以中分之幾十幾秒乘緯之單分得幾十幾箇十秒
以中分之幾十幾分乘緯之幾十秒得幾十幾箇十秒
以中分之幾十幾秒乘緯之幾十秒得幾十幾箇一秒
以中分之幾十幾秒乘之單秒得幾十幾箇十微

以中分之幾十幾秒乘緯之單度，得幾十幾箇十分；
以中分之幾十幾分乘緯之幾十分，得幾十幾箇十分；
以中分之幾十幾秒乘緯之幾十分，得幾十幾箇一分；
以中分之幾十幾分乘緯之單分，得幾十幾箇一分；
以中分之幾十幾秒乘緯之單分，得幾十幾箇十秒；
以中分之幾十幾分乘緯之幾十秒，得幾十幾箇十秒；
以中分之幾十幾秒乘緯之幾十秒，得幾十幾箇一秒；
以中分之幾十幾秒乘之單秒，得幾十幾箇十微。

求歲星經度法
法之目有十四
一于歲星恒年表内本年條下求距冬至年根数为年
平行数即年根
二于歲星周歲平行表内自冬至到本日日数尋横行
内得数为日平行数
三于歲星時平行表内尋横行得数为時平行数
四以上年日時数并之為總平行数
五于恒年表下求本天最高行数又于日表下求本天

二十三

求歲星經度法

法之[1]目有十四。

一、于歲星恒年表内本年條下，求距冬至年根數，爲年平行數，即年根；

二、于歲星周歲平行表内自冬至到本日日數尋横行内，得數爲日平行數；

三、于歲星時平行表内尋横行，得數爲時平行數；

四、以上年日時數并之，爲總平行數；

五、于恒年表下求本天最高行數，又于日表下求本天

1 天理本和東北本缺“法之”。

最高行数併之為最高行数
六置十二宫减真最高数加總平行数為平行距最高
数
七以本天上平行距最高数為自行輪引数即于歲星
自行初均加減表上尋得本数條内得初均数或上
順減或下逆加得初均数下行得中分、秒数别記
八以初均数加于總平行数為自行实经数
九将日躔暦查本日太陽在幾宫度分秒
十置上太陽躔数減去星实经数得日距星经引数

最高行數，并之爲最高行數；

六、置十二宫減真最高數，加總平行數，爲平行距最高數；

七、以本天上平行距最高數爲自行輪引數，即于歲星自行初均加減表上尋得本數條内，得初均數，或上順減，或下逆加，得初均數下行，得中分，分秒數别記；

八、以初均數加于總平行數，爲自行實經數；

九、将日躔曆查本日太陽在幾宫度分秒；

十、置上太陽躔數減去星實經數，得日距星經引數；

十一、以上引數入次均加减表，得次均數加減如例，其下得高低較分，别記；

十二、以前所得較分平列，共得數以六十歸除之，得數爲三均數；

十三、以三均數加于次均，得實次均數；

十四、以實次均數加于實經，爲真視經數。

求歲星緯度法

法之目有五

一入本年表内求正交行

二求自行日経距正交数

三以距交為引數入歲星緯度中分表旁起一宮至六宮為北宮度自上而下六宮至十二宮為南宮度自下而上查得度分即于中分表横行内得分秒别記

四求日躔距星視経数得数為引入緯限表得数

五以中分乘緯得数以六十歸除之得数為黄道南北

二十五

求歲星緯度法

法之目有五。

一、入本年表内求正交行；

二、求自行日經距正交數；

三、以距交爲引數，入歲星緯度中分表，旁起一宮至六宮爲北，宮度自上而下，六宮至十二宮爲南，宮度自下而上，查得度分，即于中分表横行内得分秒，别記；

四、求日躔距星視經數，得數爲引入緯限表得數；

五、以中分乘緯，得數以六十歸除之，得數爲黄道南北。

視緯度

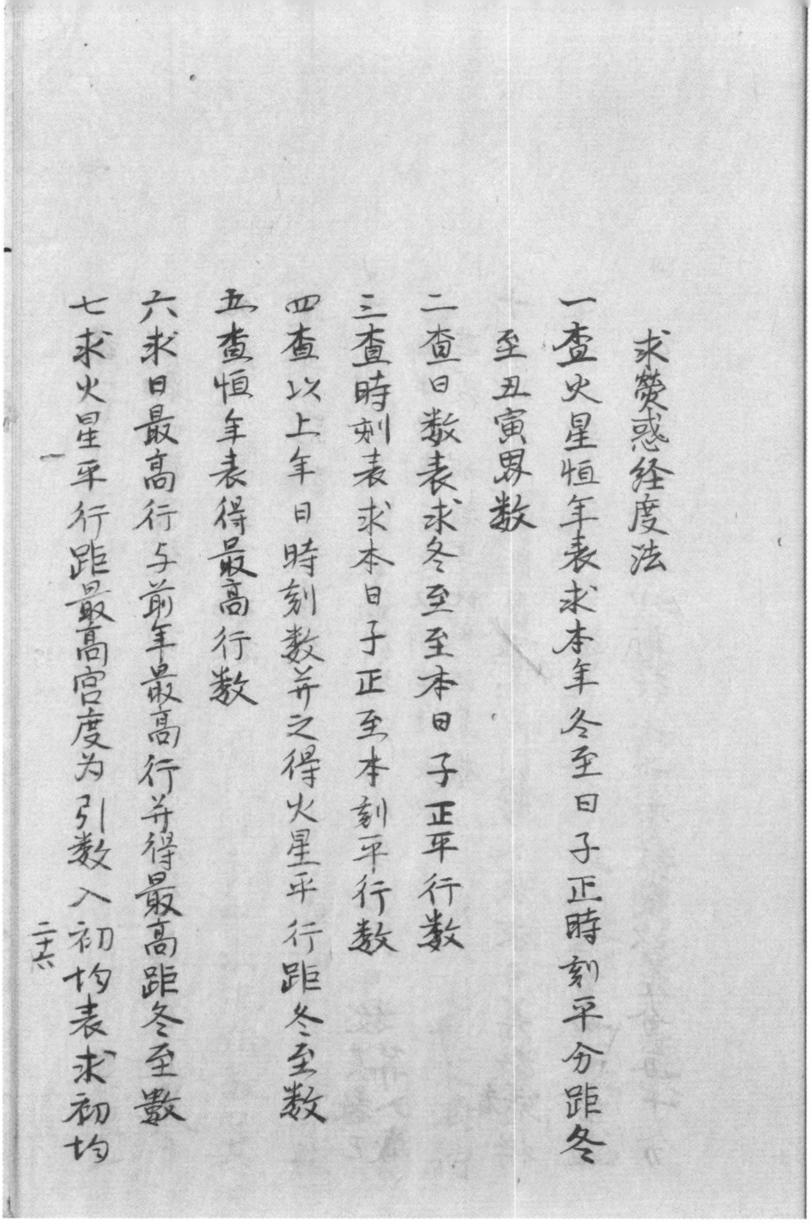
求熒惑经度法
一查火星恒年表求本年冬至日子正時刻平分距冬
至丑寅界数
二查日数表求冬至至本日子正平行数
三查時刻表求本日子正至本刻平行数
四查以上年日時刻数并之得火星平行距冬至数
五查恒年表得最高行数
六求日最高行与前年最高行并得最高距冬至數
七求火星平行距最高宫度为引数入初均表求初均

求熒惑經度法

一、查火星恒年表，求本年冬至日子正時刻，平分距冬至丑寅界數。

二、查日數表，求冬至至本日子正平行數。

三、查時刻表，求本日子正至本刻平行數。

四、查以上年日時刻數并之，得火星平行距冬至數。

五、查恒年表，得最高行數。

六、求日最高行與前年最高行，并得最高距冬至數。

七、求火星平行距最高宫度爲引數，入初均表求初均

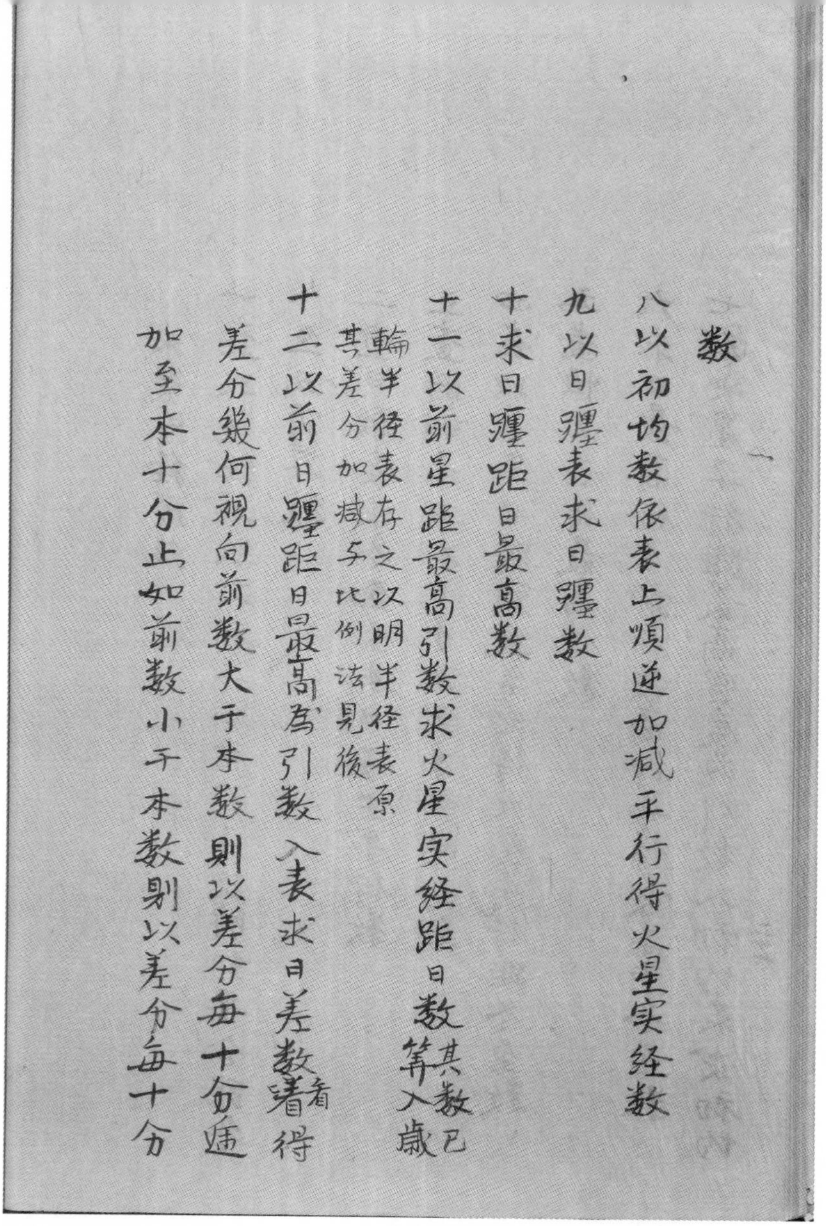
数
八以初均数依表上順逆加減平行得火星实经数
九以日躔表求日躔数
十求日躔距日最高数
十一以前星距最高引数求火星实经距日数其数已筭入歲
輪半径表存之以明半径表原
其差分加減与比例法見後
十二以前日躔距日最高為引数入表求日差数看得
差分幾何視向前数大于本数則以差分每十分逓
加至本十分止如前数小于本数則以差分每十分

數。

八、以初均數依表上順逆，加減平行，得火星實經數。

九、以日躔表求日躔數。

十、求日躔距日最高數。

十一、以前星距最高引數，求火星實經距日數其數已筭入歲輪半徑表，存之以明半徑表原，其差分加減與比例法見後。

十二、以前日躔距日最高爲引數，入表求日差數，看得差分幾何，視向前數大于本數，則以差分每十分遞加至本十[1]分止；如前數小于本數，則以差分每十分

1 天理本“十”作“于”。

遞減亦至本十分止以加減本数得实日差数
十三以前星距最高为引数入表求歲輪半径数其加
減差分如前法得实半径数
十四以实日差与实半径二数并二法以尾数取濟得
歲輪贏縮半径数
十五求日躔距星实経宫度分秒为歲輪上宫度分秒
以歲輪上度分秒入割圓八線表中求正弦数○其
法一象限九十度内即用本弧度二象限一百八十
度内用餘弧度三象限二百七十度内除二象限一

三十七

遞減亦至本十分止，以加減本數得實日差數。

十三、以前星距最高爲引數，入表求幾輪半徑數，其加減差分如前法，得實半徑數。

十四、以實日差與實半徑二數并，二法以尾數取齊，得歲輪贏縮半徑數。

十五、求日躔距星實經宫度分秒，爲歲輪上宫度分秒，以歲輪上度分秒入割圓八線表中，求正弦數。其法：一象限九十度内，即用本弧度；二象限一百八十度内用餘弧度；三象限二百七十度内除二象限一百八十度，存數即用本弧度；四象限三百六十度内除去三象限，存數用餘弧度，以所用弧度入割圓八線表求輪内正弦數。如分外有秒數，則用比例法。其法于兩分之間取其弦數之相近而少者爲主數，以此數與上下之更少數相比，減之得較數，與主數相乘爲實，又以主數與上下之稍多數相比，得較爲法，除之得數，以加于主數，即是分秒所得正弦數。

十六、以輪内正弦數與歲輪盈縮半徑數相乘得實，以火星天半徑全數十萬而一除之，除法因十萬是全

數故不必除命作小數即是末五位不用以數小故
十七以除得數為天弧正弦數查八線中反求天弧度
分為次均數
十八以次均數加減實經數得真視經數

二十八

數，故不必除，命作小數，即是末五位，不用以數小故。

十七、以除得數爲天弧，正弦數查八線中，反求天弧度分爲次均數。

十八、以次均數加減實經數，得真視經數。

求熒惑緯度式

癸丑三月二十五日寅正初刻

	宫	度	分	秒
白行[1]經	○七	一一	○六	三九
正交行	○四	一六	五一	五九
自經距交	○二	二四	一四	○○
中分	○○	○○	五九	三九
真視經	○六	○四	二三	三九
太陽	○三	一四	三一	二○
真經距日	○二	一九	五二	一九
緯限度	○○	○一	二三	○○
北，加分	○○	○○	○一	○○

1“白行”當作“自行”。

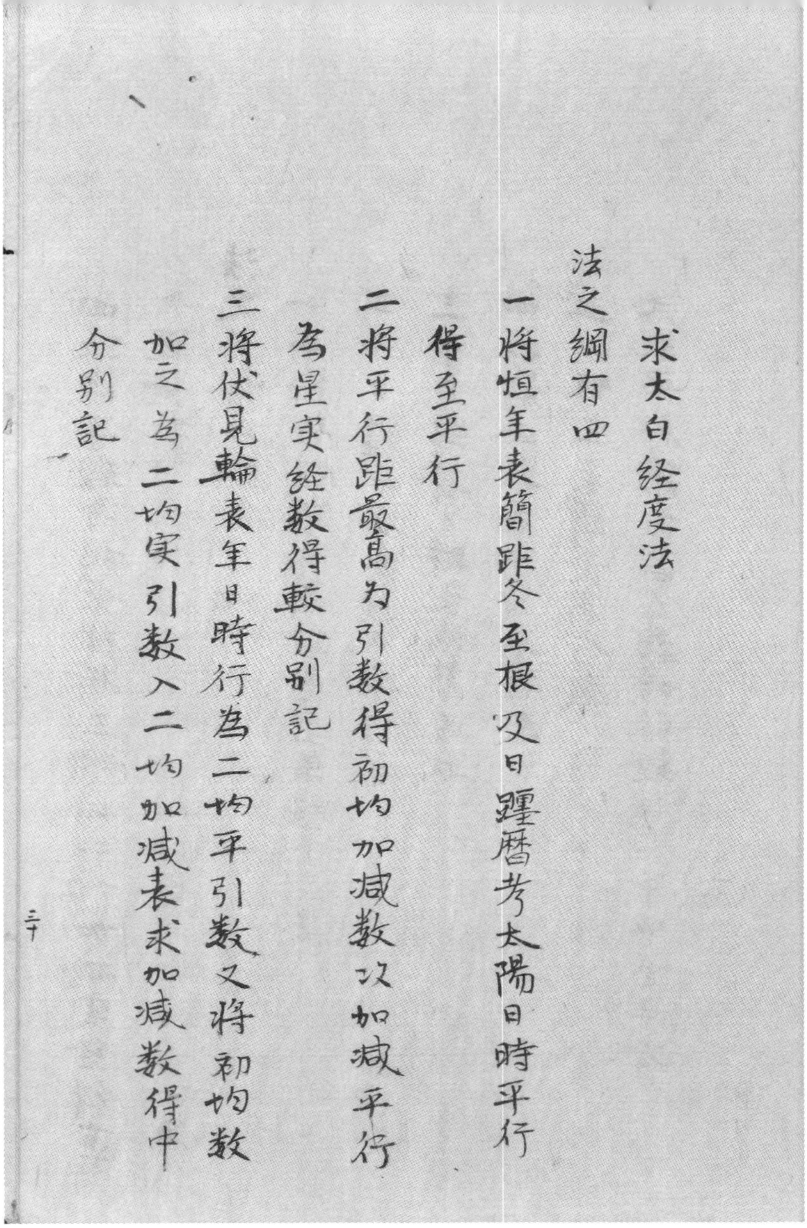
求太白经度法
法之綱有四
一将恒年表簡距冬至根及日躔曆考太陽日時平行
得至平行
二将平行距最高為引数得初均加減数以加減平行
為星实経数得較分別記
三将伏見輪表年日時行為二均平引数又将初均数
加之為二均实引数入二均加減表求加減数得中
分別記
三十

求太白經度法

法之綱有四。

一、将恒年表簡距冬至根及日躔曆，考太陽日時平行，得至[1]平行；

二、将平行距最高爲引數，得初均加減數，以加減平行爲星實經數，得較分，别記；

三、将伏見輪表年日時行爲二均平引數，又将初均數加之，爲二均實引數，入二均加減表，求加減數，得中分，别記；

1 天理本和東北本“至”作“星”，當作“星”。

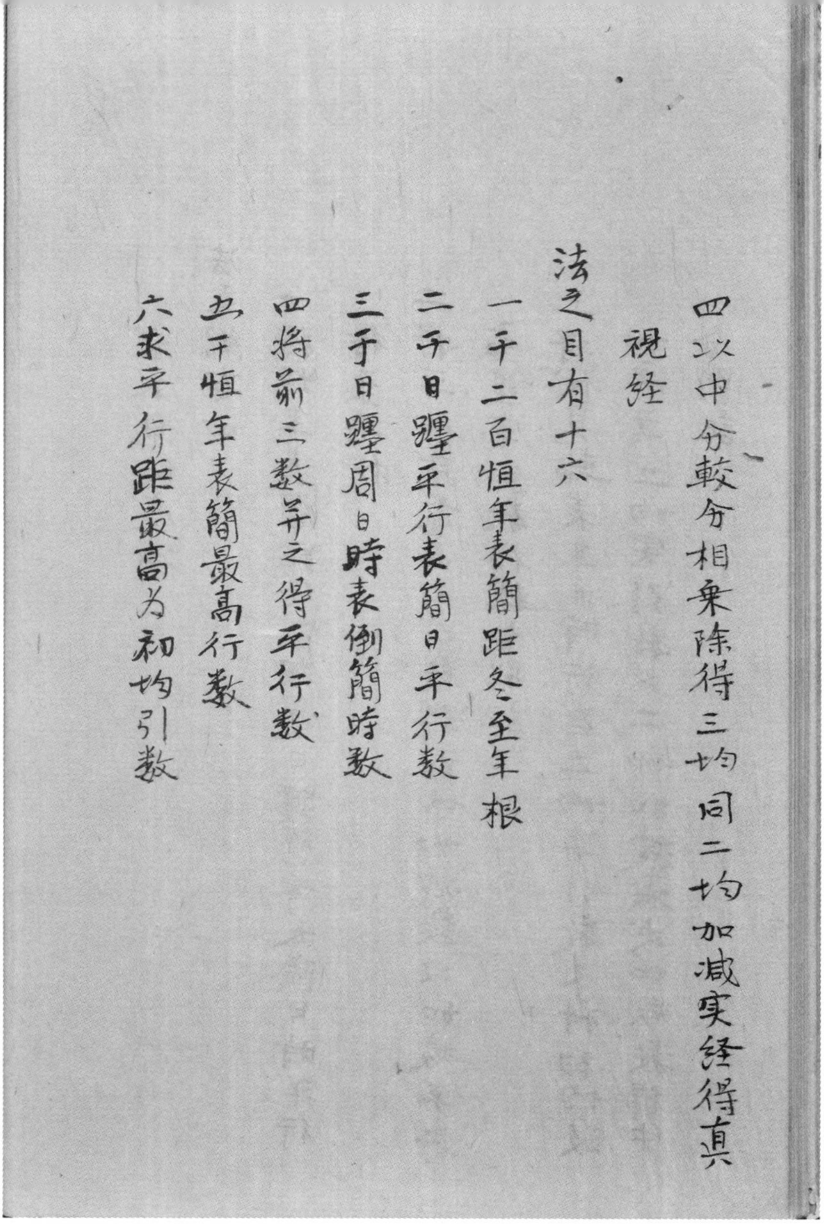
四以中分較分相乘除得三均同二均加減实经得真
視经
法之目有十六
一于二百恒年表簡距冬至年根
二于日躔平行表簡日平行数
三于日躔周日時表倒簡時数
四将前三数并之得平行数
五于恒年表簡最高行数
六求平行距最高为初均引数

四、以中分、較分相乘，除得三均，同二均加減實經，得真視經。

法之目有十六。

一、于二百恒年表簡距冬至年根；

二、于日躔平行表簡日平行數；

三、于日躔周日時表倒[1]簡時數；

四、將前三數并之，得平行數；

五、于恒年表簡最高行數；

六、求平行距最高，爲初均引數；

1 天理本“倒”作“例”，當作“例”。

七以初均数入加减表得初均数其下中分别記
八以初均加減数加減平行得星实經数
九于伏見輪年表簡年根数
十于伏見日表簡日数
十一于伏見時表簡時数
十二将伏見輪三数併之得二均平引数
十三将前初均数加于平引为二均实引数
十四以次均实引数入次均加減表得二均数其下較
分别記

三十

七、以初均數入加減表，得初均數，其下中分，别記；

八、以初均加減數加減平行，得星實經數；

九、于伏見輪年表簡年根數；

十、于伏見日表簡日數；

十一、于伏見時表簡時數；

十二、将伏見輪三數并之，得二均平引數；

十三、将前初均數加于平引，爲二均實引數；

十四、以次均實引數，入次均加減表，得二均數，其下較分，别記；

十五以中分較分相乘得總数以六十除之得三均数
十六以二均三均数相并随二均加減号以加減实经
得真視经

十五、以中分、較分相乘，得總數，以六十除之，得三均數。

十六、以二均、三均數相并，隨二均加減号以加減實經，得真視經。

求太白緯度法

一以实经距正交為引數入前緯表求中分即定南北緯如距交不滿六宫为北過六宫為南

二以伏見实引數入前伏見輪宫度表往北順行往南逆行求緯限度

三以前中分与前緯限相乘得实六十为法除之得前緯实數

四以距交引入後緯表求中分

五以伏見实引入伏見輪後宫度或南表北表求緯限

三十二

求太白緯度法

一、以實經距正交爲引數，入前緯表求中分，即定南北緯，如距交不滿六宫爲北，過六宫爲南；

二、以伏見實引數入前伏見輪宫度表，往北順行，往南逆行，求緯限度；

三、以前中分與前緯限相乘得實，六十爲法除之，得前緯實數；

四、以距交引入後緯表，求中分；

五、以伏見實引入伏見輪後宫度，或南表、北表，求緯限

度、

六以後中分与後緯限如前乘除得後実緯数

七以前後二実緯数同類相并異類相消得真視緯度

度；

六、以後中分與後緯限如前乘除，得後實緯數；

七、以前後二實緯數同類相并，異類相消，得真視緯度。

求辰星經度法法同太白。

一、于日躔表簡日平行數；

二、簡得年日最高行數；

三、筭得平行距最高，爲初均引數；

四、将初引入初均加減表，得數爲初均，加減數得中分，別記；

五、将初均減平行，爲星實經數；

六、簡伏見輪年日時行，爲平引數；

七、以初均減數加于平引，爲二均實引數；

八以二均实引数入次均加减表得数为次均加减数
得高低較分別記
九以中分較分乘除得三均数
十以三均与二均并加于实经得真視经数

八、以二均實引數，入次均加減表，得數爲次均，加減數得高低較分，別記；

九、以中分、較分乘除，得三均數；

十、以三均與二均并加于實經，得真視經數。

求辰星緯度法法同太白，年日與經度同。

一、即以最高行爲正交行，得實經距交爲引數，求前緯、中分，得引數在六宫内爲北緯，六宫外爲南緯；

二、以伏見輪實引入前緯行輪表，得前緯限；

三、以前中分與前緯限相乘除得數；

四、即以實經距交引入後緯中分表，得後中分；

五、即以伏見實引入後緯行輪度表，得後緯限；

六、以後中分與後緯限相乘除得數；

七、以前後兩除，得數同類相加，異類相減，爲真視緯。

《日晷圖法》校注

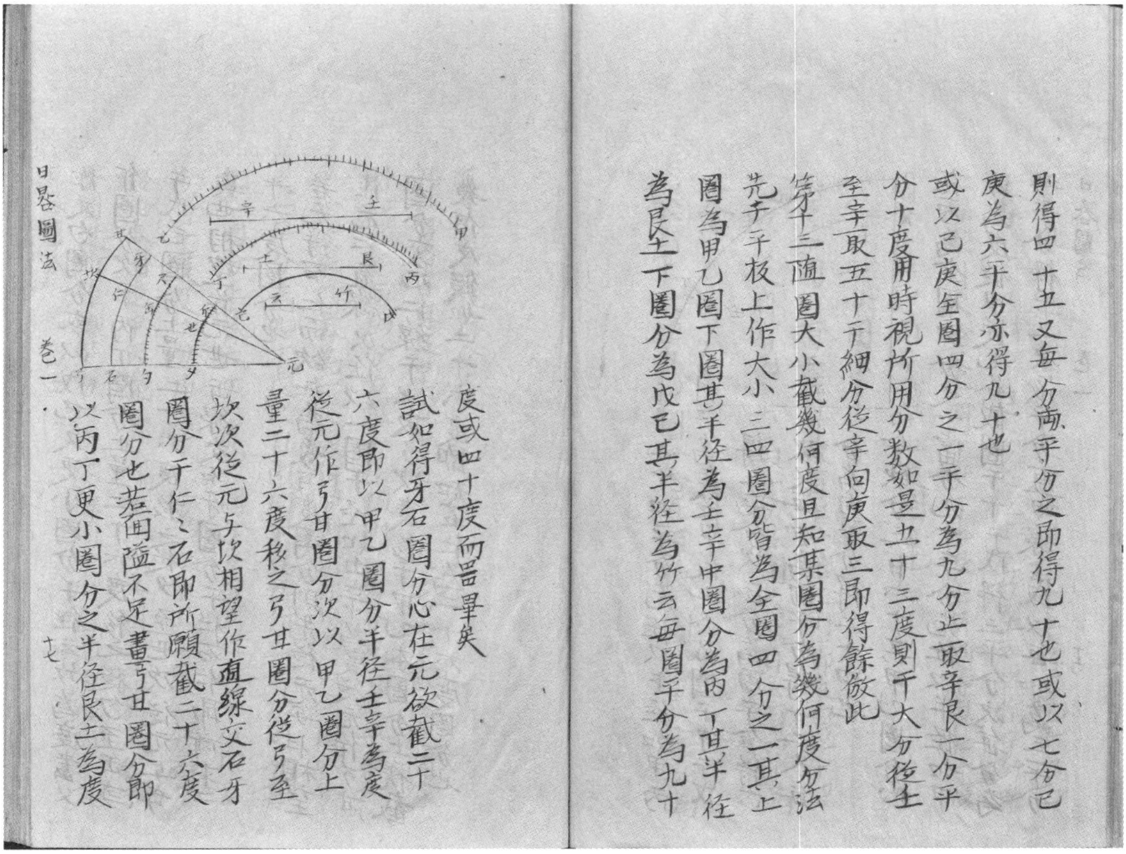

則得四十五又每一分兩平分之即得九十也或以七分已
庚為六千分亦得九十也
或以己庚全圈四分之一千分為九分止取辛艮一分平
分十度用時視所用分数如是五十三度則干大分從壬
至辛取五十于細分從辛向庚取三即得餘倣此
第十三隨圈大小截幾何度且知某圈分為幾何度分法
先于平板上作大小三四圈分皆為全圈四分之一其上
圈為甲乙圈下圈其半徑為壬辛中圈分為丙丁其半徑
為艮土下圈分為戊巳其半徑為竹云每圈平分為九十

度或四十度而器畢矣
試如得牙石圈分心在元欲截二十
六度即以甲乙圈分半径壬辛為度
從元作弓甘圈分次以甲乙圈分上
量二十六度移之弓甘圈分從弓至
坎次從元与坎相望作直線交石牙
圈分于仁之石即所願截二十六度
圈分也若每隘不足書弓甘圈分即
以丙丁更小圈分之半径艮土為度

日晷圖法　卷一　十七

日晷圖法

夫造日月星晷及諸測器之業不能離方圓線圜也其線
与圜亦須每分之故造器之論恒命分其線其圜幾何度
分截幾何度分量其圜分為幾何度分之圜分且命作直
線作引長線作平行線作垂線作全圜作圜分分平度分
差度此等非直尺及規矩俱不能成也縱尺規俱精不得
造法則甚為煩難故易厭廢焉且百種晷必先知本處北
極出地度分然後其造法及用法俱準不然則萬萬不能
準方向不準時刻亦不準盖羅經周于天下獨有大浪山

日晷圖法　亭　一

《日晷圖法》

夫造日月星晷及諸測器之業，不能離方圓、線圜也。其線與圜亦須每分之，故造器之論，恒命分其線。其圜幾何度分，截幾何度分。量其圜分爲幾何度分之圜分，且命作直線、作引長線、作平行線、作垂線、作全圜、作圜分，分平度，分差度。此等，非直尺及規矩，俱不能成也。縱尺規俱精，不得造法，則甚爲煩難，故易厭廢焉。且百種晷必先知本處北極出地度分，然後其造法及用法俱準。不然則萬萬不能準，方向不準，時刻亦不準。蓋羅經周于天下，獨有大浪山

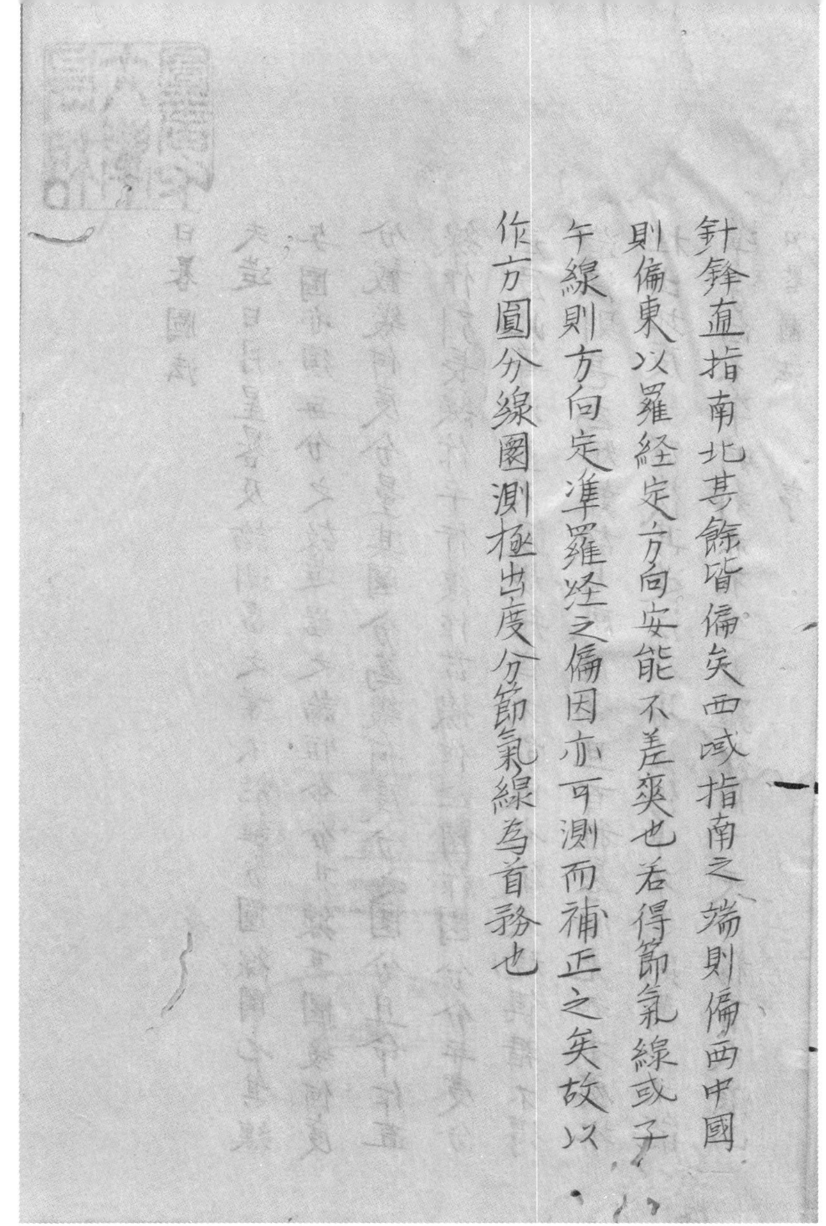

針鋒直指南北其餘皆偏矣西域指南之端則偏西中國
則偏東以羅経定方向安能不差爽也若得節氣線或子
午線則方向定準羅経之偏因亦可測而補正之矣故以
作方圓分線圈測極出度分節氣線為首務也

針鋒直指南北，其餘皆偏矣。西域指南之端則偏西，中國則偏東。以羅經定方向，安能不差爽也？若得節氣線或子午線，則方向定準，羅經之偏因，亦可測而補正之矣。故以作方圓分線圜、測極出度分節氣線爲首務也。

《日晷圖法》目

泰西耶穌會士湯如望[1]校

後學荎菴道人朱暀補[2]

卷一

造規法

造界尺法

作引長線法

作平行線法

作垂線法

1“湯如望”即“湯若望”。

2 北大本無“泰西耶穌會士湯如望校，後學荎菴道人朱暀補”。

平分曲直諸線法
平分圜為細分秒法
求不平行兩線之交法
分直線与依圜所分之直線分比例等法
作一直線與圜等及作一圜與直線等法
作截度捷法
平分圜法
隨圜大小截幾何度且知某圜分為幾何度分法
量幾何分法

平分曲直諸線法
平分圜爲細分秒法
求不平行兩線之交法
分直線與依圜所分之直線分比例等法
作一直線與圜等及作一圜與直線等法
作截度捷法
平分圜法
隨圜大小截幾何度且知某圜分爲幾何度分法
量幾何分法

隨地隨日測北極出地度分法
量太陽高于地平度分以測北極出地度分法
測太陽高以測北極度及測子午向法
定子午線法
範天圖分節氣線作法
隨圈大小分節氣線捷法
分百遊晷極出地度法
作節氣曲線捷法
正表法

日晷圖法　目　二

隨地隨日測北極出地度分法

量太陽高于地平度分以測北極出地度分法

測太陽高以測北極度及測子午向法

定子午線法

範天圖分節氣線作法

隨圈大小分節氣線捷法

分百游晷極出地度法

作節氣曲線捷法

正表法

卷二

作平晷法計四則

定節線界　識捷法

面南天頂晷法計二則

百游赤道晷法

作節尺法

作帶節氣赤道晷法

卷三

百游方晷

卷二

作平晷法計四則

定節線界　識捷法

面南天頂晷法計二則

百游赤道晷法

作節尺法

作帶節氣赤道晷法

卷三

百游方晷

百遊空晷
盤晷附百遊法
百遊十字晷計三則
百遊四正向晷計二則
百遊四偏向晷
百遊輪晷
柱晷
圜中晷
卷四

日晷圖法　目　三

百游空晷
盤晷附百游法
百游十字晷計三則
百游四正向晷計二則
百游四偏向晷
百游輪晷
柱晷
圜中晷
卷四

面東面西面南晷計四則
作測偏度法
面南北偏東西晷計三則
偏晷三式作法
東西向上向下晷
南北向上向下晷作法計六箴
三式作法
偏方向上向下晷作法
星晷附

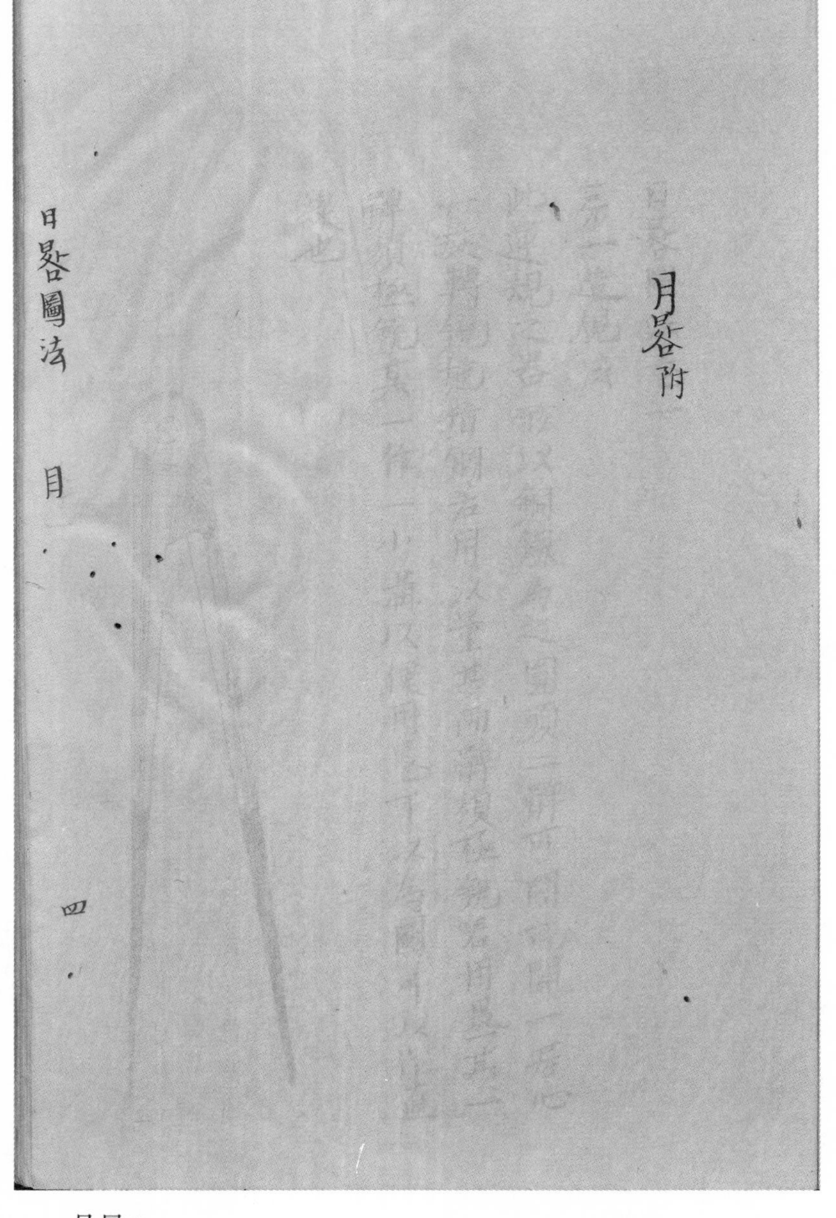

月晷附

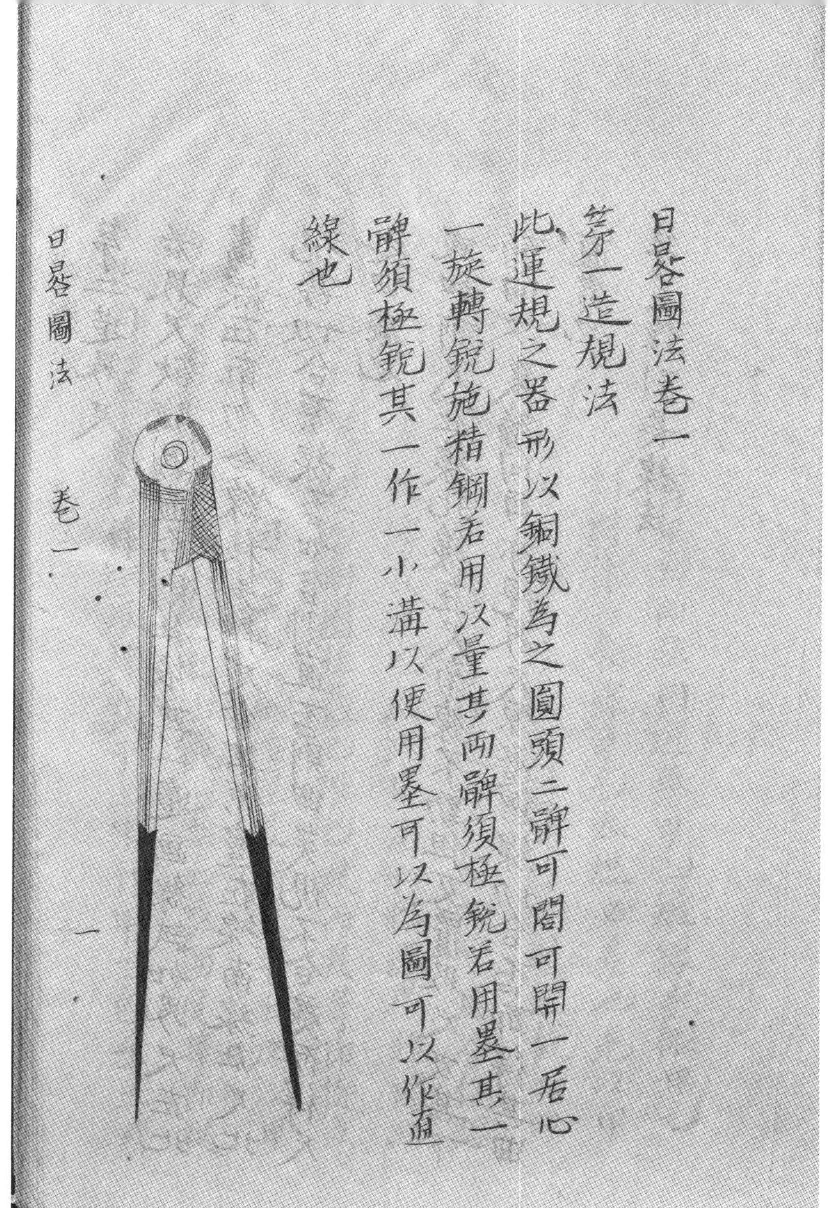
日晷圖法卷一

第一造規法

此運規之器形以銅鐵為之圓頭二髀可闔可開一居心

一旋轉銳施精鋼若用以量其兩髀須極銳若用墨其一

髀須極銳其一作一小溝以便用墨可以為圖可以作直

線也

日晷圖法　卷一　一

《日晷圖法》卷一

第一造規法

此運規之器形，以銅鐵爲之，圓頭二髀，可闔可開，一居心、一旋轉，鋭施精鋼。若用以量其兩髀，須極鋭。若用墨，其一髀須極鋭，其一作一小溝，以便用墨可以爲圖，可以作直線也。

第二造界尺

若界尺，欲驗其直否，則任依其一邊畫線試。如界尺在北，畫線在南，勿令線移。第轉尺，令其原邊在線南，線在尺北。視其切合原線否，如合則直，否則曲矣。視不合處，而得尺之曲處也。

或如前尺在線北，線在尺南，線不動但反覆界尺，反其下，面向下，東端向西，亦視界尺原邊與線切合否，即得其曲直處也。

第三作引長線法

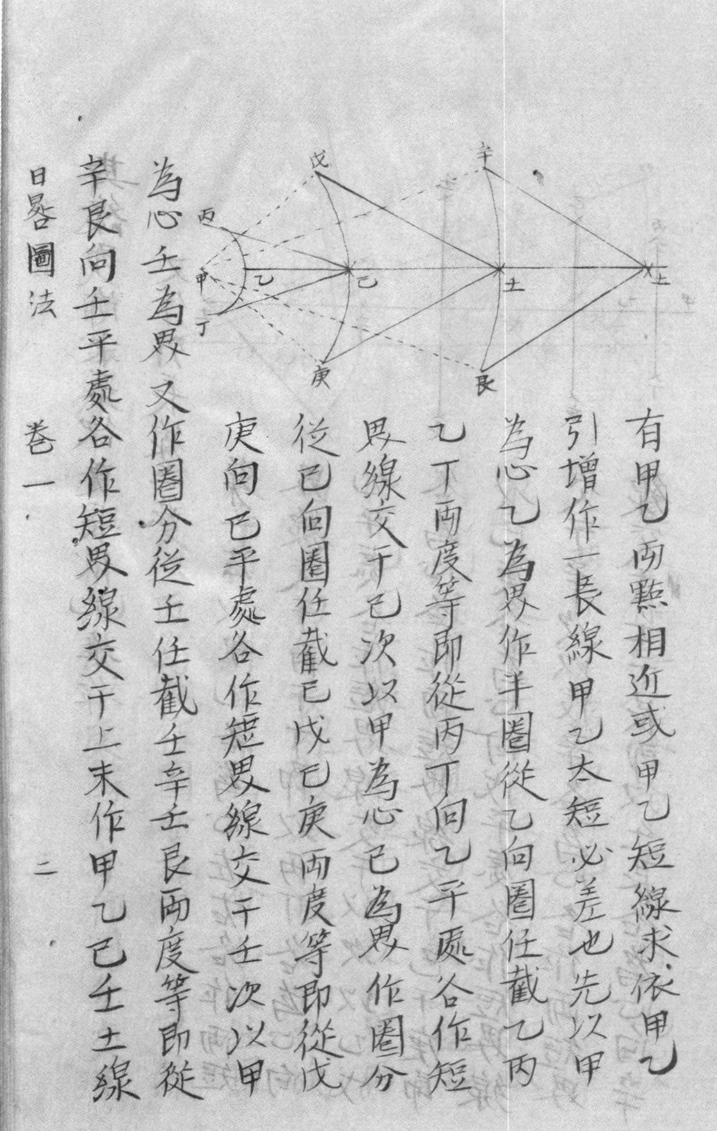

有甲乙两點相近或甲乙短線求依甲乙引增作一長線甲乙太短必差也先以甲為心乙為界作半圈從乙向圈任截乙丙乙丁两度等即從丙丁向乙平處各作短界線交于己次以甲為心己為界作圈分從己向圈任截己戊己庚两度等即從戊庚向己平處各作短界線交于壬次以甲為心壬為界又作圈分從壬任截壬辛壬艮两度等即從辛艮向壬平處各作短界線交于土末作甲乙己壬土線

日晷圖法　卷一　二

有甲乙兩點相近，或甲乙短線，求依甲乙引增作一長線，甲乙太短必差也。先以甲爲心，乙爲界，作半圈。從乙向圈任截乙丙、乙丁兩度等，即從丙丁向乙平處，各作短界線，交于己。次以甲爲心，己爲界作圈，分從己向圈任截己戊、己庚兩度等，即從戊庚向己平處各作短界線，交于壬。次以甲爲心，壬爲界，又作圈分，從壬任截壬辛、壬艮兩度等。即從辛艮向壬平處，各作短界線，交于土末，作甲乙己壬土線，

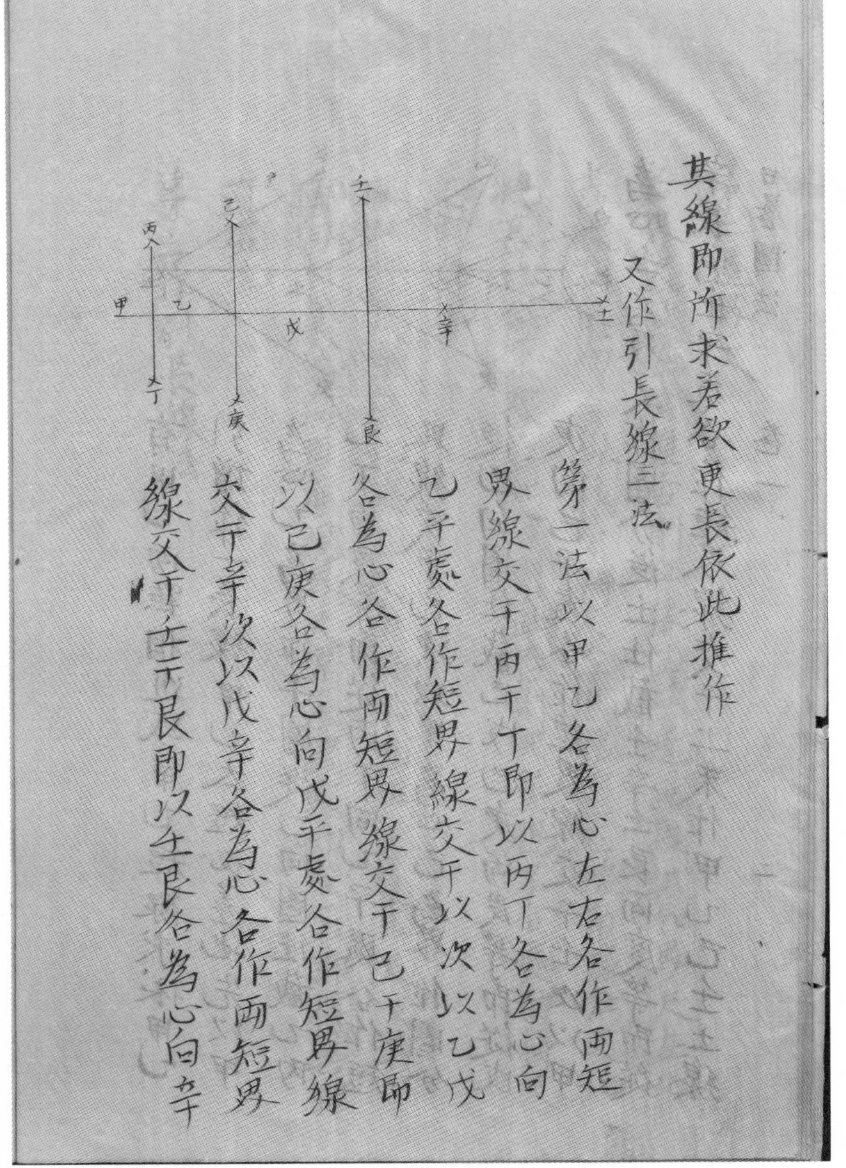

其線即所求若欲更長依此推作
又作引長線三法
第一法以甲乙各為心左右各作兩短界線交于丙于丁即以丙丁各為心向乙平處各作短界線交于以次以乙戊各為心各作兩短界線交于己于庚即以己庚各為心向戊平處各作短界線交于辛次以戊辛各為心各作兩短界線交于壬于艮即以壬艮各為心向辛

其線即所求。若欲更長，依此推作。

又作引長線三法

第一法：以甲乙各爲心，左右各作兩短界線，交于丙、于丁。即以丙丁各爲心，向乙平處各作短界線，交于以[1]。次以乙戊各爲心，各作兩短界線，交于己、于庚。即以己、庚各爲心，向戊平處各作短界線，交于辛。次以戊、辛各爲心，各作兩短界線，交于壬、于艮。即以壬、艮各爲心，向辛

1 天理本"交于以"作"交于戊"。

平處各作短界線，交于土。即將甲乙戊辛土共作一直線，即得也。

第二法：從甲壬作一長線，爲甲庚竹，成甲角。此角固不至直，亦勿太鋭。又從乙任作乙丁一線，交長線于丙。次以甲丙爲度，從丙依長線截取丙戊、戊己、己庚、庚辛四分，則甲辛爲五平分也。次任用一度，以丙爲心，作圈分石丁，交甲庚線于石，交丙乙線于丁。即用元度，以庚爲心，亦作圈分，交甲庚線于壬，從壬向圈截取壬艮與石丁等。次作庚艮線，必與丙丁平行，次庚爲甲庚線第四分，即以丙乙爲度，從庚向艮截取四分至土末。作甲乙土直線，即所求。若欲更長，則以庚壬爲度，以辛爲心作圈分，交甲庚線于竹。次從竹截竹云與石丁等。次作辛云線，必與丙丁、庚土平行，次辛爲甲庚線第九[1]分。即亦以丙乙爲度，于辛云線上，從辛向云截取土[2]分至甘末。作甲土甘直線，即所求。若欲更引長之，依此推作。第視甲庚線幾分，如是六分、七分，則丙乙平行線亦截丙乙六分七分也。或命甲元爲引長短線，先作

1“九”當作“五”，天理本作“五”。
2 天理本作“五”。

甲庚竹長線即任用一度從甲向長線截取第一分為丙
第四分為庚次從丙任作一線交甲元線于乙不必交元
點次如前法得庚艮線即以丙乙為度作四分于庚艮線
亦得土也
第三法以乙為心甲為界作圈分次用元度從甲向圈截
取丙丁戊三分即半圈也又以戊為心乙為界作圈分如
前截得丁巳庚三分又以庚為心戊為界作圈分如前截
得巳辛壬三分又以壬為心庚為界作圈分如前截得辛
艮土三分次以戊為心甲為界作圈分如前截得石元壬
日晷圖法

四

甲庚竹長線。即任用一度，從甲向長線截取第一分爲丙，第四分爲庚。次從丙任作一線交甲元線于乙，不必交元點。次如前法，得庚艮線，即以丙乙爲度作四分于庚艮線，亦得土也。

第三法：以乙爲心，甲爲界，作圈分。次用元度從甲向圈截取丙、丁、戊三分，即半圈也。又以戊爲心，乙爲界，作圈分如前，截得丁、己、庚三分。又以庚爲心，戊爲界作圈分如前，截得己、辛、壬三分。又以壬爲心，庚爲界，作圈分如前，截得辛、艮、土三分。次以戊爲心，甲爲界，作圈分如前，截得石、元、壬

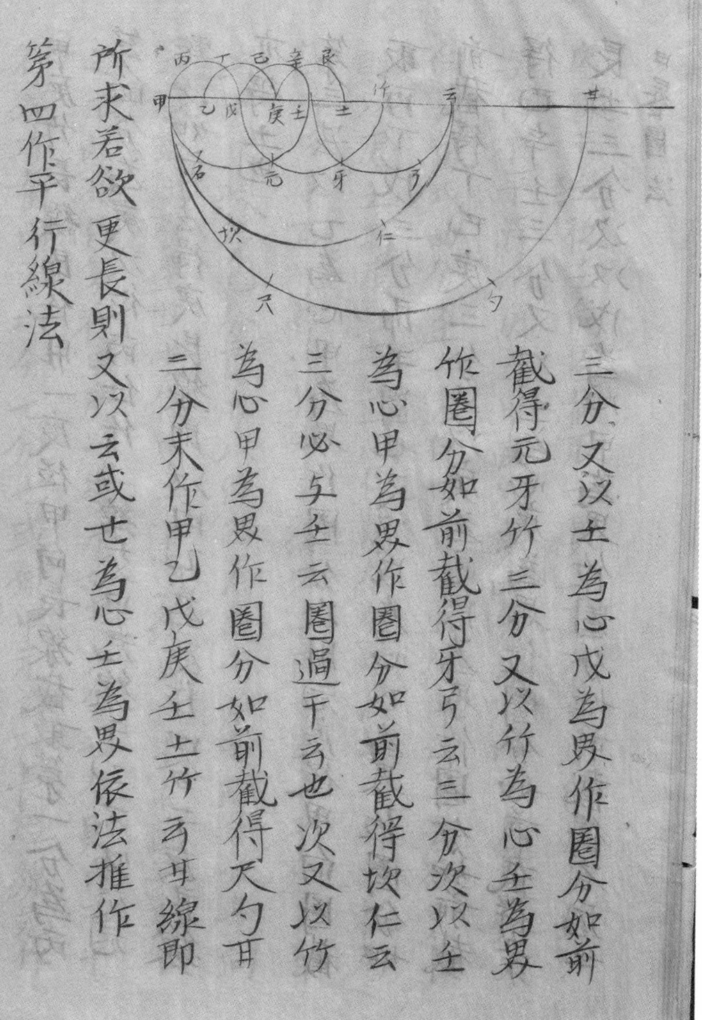

三分。又以壬爲心，戊爲界，作圈分如前，截得元、牙、竹三分。又以竹爲心，壬爲界，作圈分如前，截得牙、弓、云三分。次以壬爲心，甲爲界，作圈分如前，截得坎、仁、云三分，必與壬云圈遇于云也。次又以竹爲心，甲爲界，作圈分如前，截得尺、勺、甘三分。末作甲乙戊庚壬土竹云甘線，即所求。若欲更長，則又以云或甘爲心，壬爲界，依法推作。

第四作平行線法

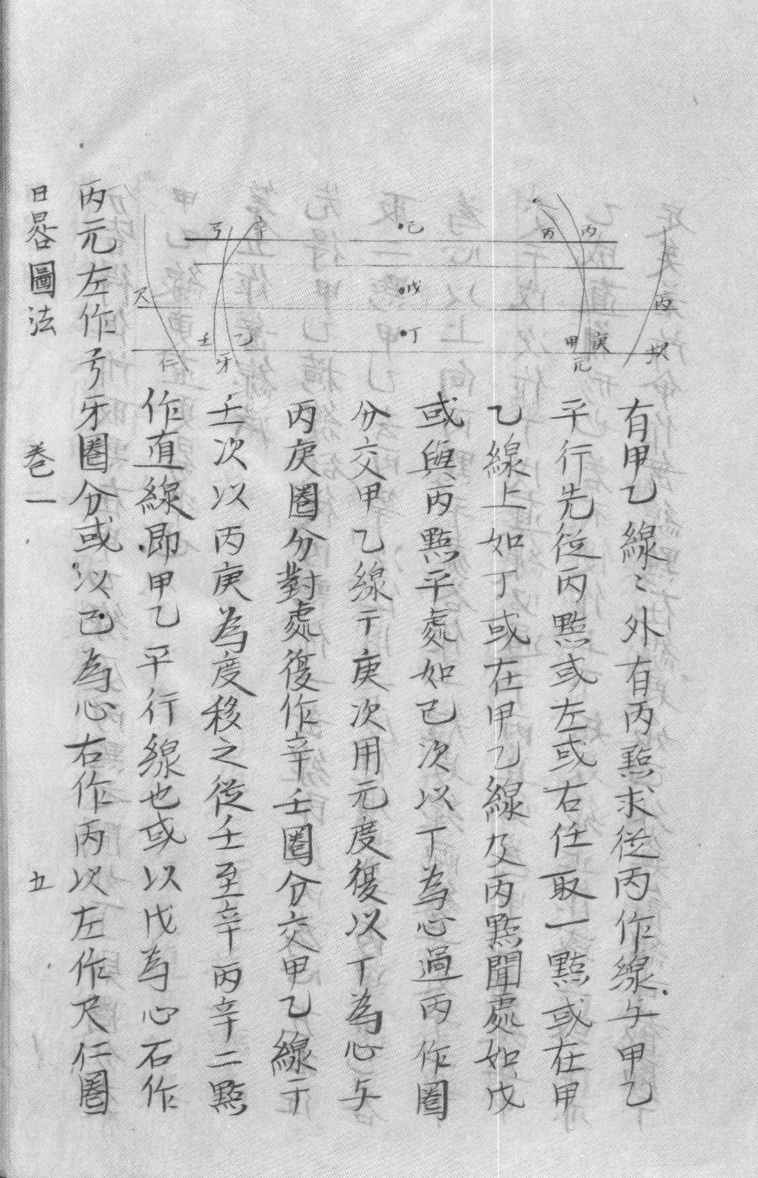

有甲乙線之外有丙點求從丙作線與甲乙平行先從丙點或左或右任取一點或在甲乙線上如丁或在甲乙線及丙點閒處如戊或與丙點平處如己次以丁為心過丙作圈分交甲乙線于庚次用元度復以丁為心與丙庚圈分對處復作辛壬圈分交甲乙線于壬次以丙庚為度移之從壬至辛丙辛二點作直線即甲乙平行線也或以戊為心右作丙元左作子牙圈分或以己為心右作丙以左作尺仁圈

日晷圖法　卷一　五

有甲乙線，線外有丙點，求從丙作線與甲乙平行。先從丙點或左或右任取一點，或在甲乙線上，如丁；或在甲乙線及丙點閒處，如戊；或與丙點平處，如己。次以丁爲心，過丙作圈分，交甲乙線于庚。次用元度，復以丁爲心，與丙庚圈分對處，復作辛壬圈分，交甲乙線于壬。次以丙庚爲度移之，從壬至辛、丙辛二點作直線，即甲乙平行線也。或以戊爲心，右作丙元，左作子牙圈分；或以己爲心，右作丙，以左作尺仁圈分皆得，但所取點在甲乙線及丙點之間，如丁，則圈分交甲乙線更直，更易準也。

第五作垂線法

先得甲乙橫線，欲從丙點作一垂線，即以丙爲心，左右任取二點，甲乙去丙等。次任用一度，但須長于丙甲。甲、乙各爲心，以上向丙點平處各作一短界線，兩線上交于丁，下交于戊。次作丁戊直線，必過于丙，且必爲甲乙垂線，與甲乙成直角形也。若不便作上下短界線，止作或上、或下，亦足矣。若所命作垂線點在線界，如己外，無餘線可截，即于

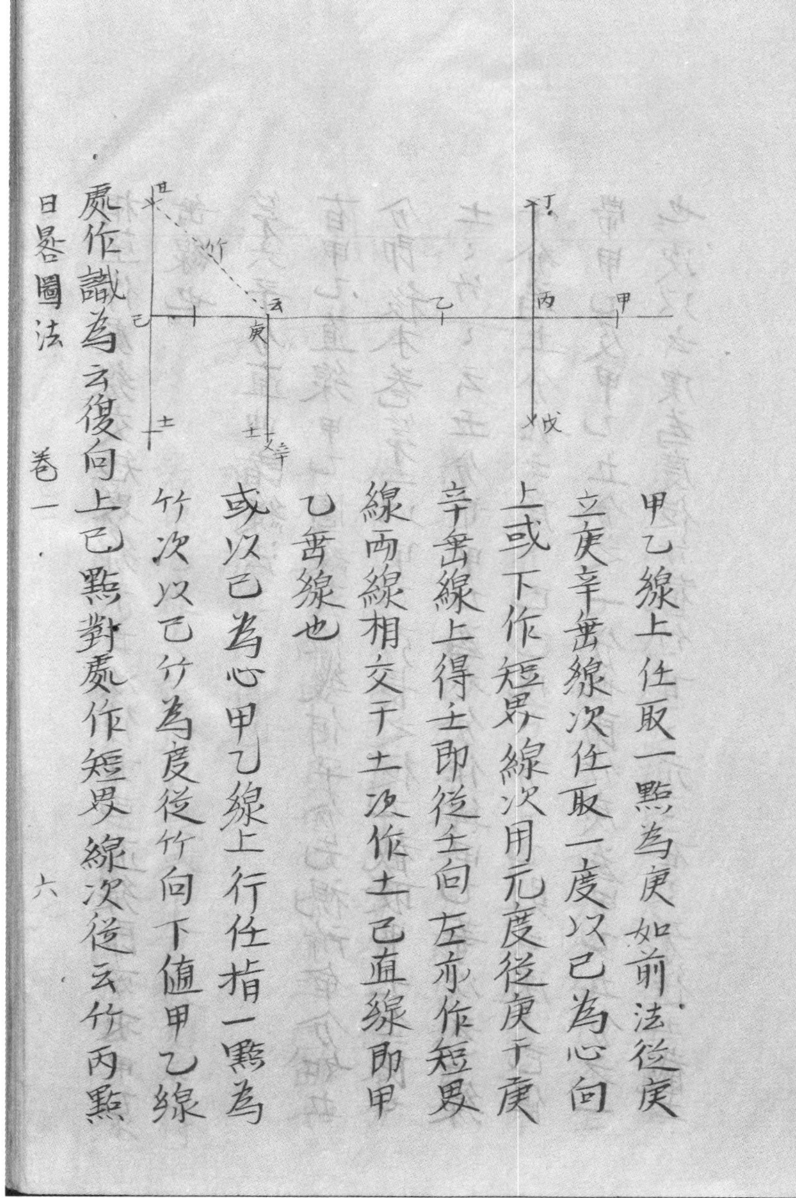

甲乙線上任取一點為庚如前法從庚
立庚辛垂線次任取一度以己為心向
上或下作短界線次用元度從庚于庚
辛垂線上得壬即從壬向左亦作短界
線兩線相交于土次作土己直線即甲
乙垂線也
或以己為心甲乙線上行任指一點為
竹次以己竹為度從竹向下值甲乙線
處作識為云復向上己點對處作短界線次從云竹丙點
日晷圖法　卷一　六

甲乙線上任取一點爲庚，如前法。從庚立庚辛垂線，次任取一度，以己爲心，向上或下作短界線。次用元度，從庚于庚辛垂線上得壬，即從壬向左，亦作短界線，兩線相交于土。次作土己直線，即甲乙垂線也。

或以己爲心，甲乙線上行任指一點爲竹。次以己竹爲度，從竹向下值甲乙線處作識，爲云。復向上己點對處，作短界線。次從云竹丙[1]點

1 天理本“丙”作“兩”，當作“兩”。

相望作處線，交短界線于甘。次作甘己直線，即所求甲乙垂線也。

第六平分直曲諸線法

有甲乙直線，甲乙圈線，求作幾何平分。先視所命分如五分，即移本卷第三，以甲乙引長之，從乙截取甲壬、壬艮、艮土、土竹、竹云五分，并甲乙爲六分，作與甲乙等。次云乙線平分爲五分，如云庚、庚己、己戊、戊丁、丁乙，則云庚、庚己俱帶甲乙及甲乙五分之一分也，即竹庚爲甲乙五分之一也。次以云庚爲度，從竹截竹甘、甘元、元石、石牙；從土截土

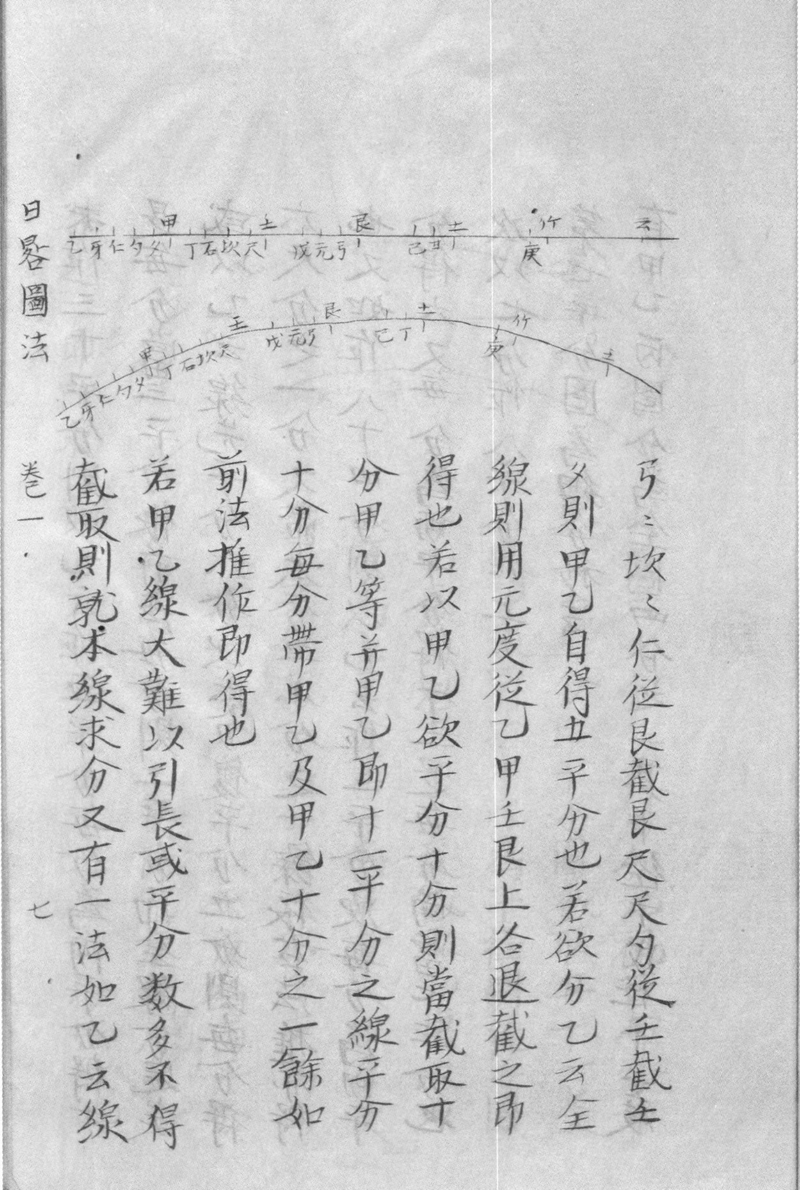

弓、弓坎、坎仁；從艮截艮尺、尺勺；從壬截壬夕，則甲乙自得五平分也。若欲分乙云全線，則用元度從乙甲壬艮上各退截之，即得也。若以甲乙欲平分十分，則當截取十分甲乙等，并甲乙即十一平分之線，平分十分，每分帶甲乙及甲乙十分之一，餘如前法推作，即得也。

若甲乙線大，難以引長，或平分數多不得截取，則就本線求分，又有一法。如乙云線求作三十平分，則以乙云作五平分，每分爲兩平分得十，是每分當三平分，依前法每分則三平分，即全線分定矣。或以乙云線先平分六分，次六分，復平分五分，則每分得六尺分之一分又帶本分五小分之一，餘依右法推，亦得也。又如作八十四分，則以乙云作三平分次，每分爲兩平分，得六，又每分爲兩平分，得十二，是每分尚當七平分也。次以七分作八平分，如上[1]。

第七平分圈爲細分秒法

有甲乙丙圈分，爲全圈四分之一，其半徑丁戊任十一度，

1 天理本“如上”作“如上推得”。

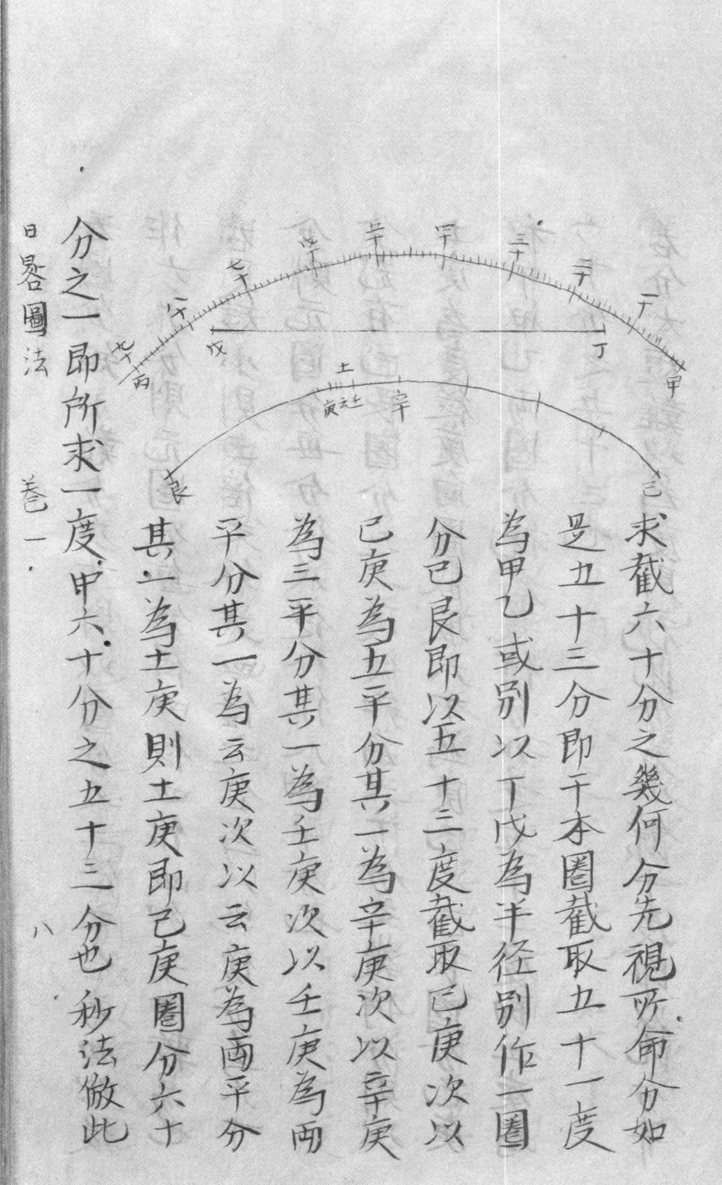

求截六十分之幾何分先視所命分如
是五十三分即于本圈截取五十一度
爲甲乙或別以丁戊爲半徑別作一圈
分己艮即以五十三度截取己庚次以
己庚爲五平分其一爲辛庚次以辛庚
爲三平分其一爲壬庚次以壬庚爲兩
平分其一爲云庚次以云庚爲兩平分
其一爲土庚則土庚即己庚圈分六十
分之一即所求一度中六十分之五十三分也秒法倣此

日晷圖法　卷一　八

求截六十分之幾何分。先視所命分，如是五十三分，即于本圈截取五十一[1]度爲甲乙，或別以丁戊爲半徑別作一圈，分己艮即以五十三度，截取己庚，次以己庚爲五平分。其一爲辛庚，次以辛庚爲三平分；其一爲壬庚，次以壬庚爲兩平分；其一爲云庚，次以云庚爲兩平分；其一爲土庚，則土庚即己庚圈分六十分之一，即所求一度中六十分之五十三分也，秒法倣此。

1 天理本“五十一”作“五十三”。

若圈分短小，難分六十，則以圈分又三倍之，合爲四，然後作六十分，則元圈分每分得四。從四作四細平分，較易也。若更短小，則三倍之外，又四倍之，合爲八。然後分爲六十分，則元圈分每分得八，從八作八細平分也。

今先有己艮圈分之土庚，欲知爲六十分之幾何分，則以土庚爲度，從庚向圈截取六十爲庚己。以己艮圈分己庚移于甲乙兩圈分，視爲幾何分。如是五十三度，即土庚爲六十分之五十三也。

若分太短，難以爲度，則視此分。若小餘[1]半度，即以此分并

1“餘”當作“于”。

旁一度。從圈截取六十，視所得度數。如是八十一，除去六十存二十二，即知本分爲六十分之二十一也。若大于半度，則以小分依土[1]截取，即得小分。如是二十一，則大分即三十九也。若截取六十，嫌于太煩，則如上以小分并旁一度倍之，得二次；又倍之，得四；又倍之，得八；又倍之，得十六；又倍之，得三十二；又倍之，得六十四，即除去所并六十度，則所存度數，即所求分數也。

第八求不平行兩線之交法

有兩線不平行，其交處必甚斜難準，當用别法以驗之。此

1 天理本“土”作“工”。

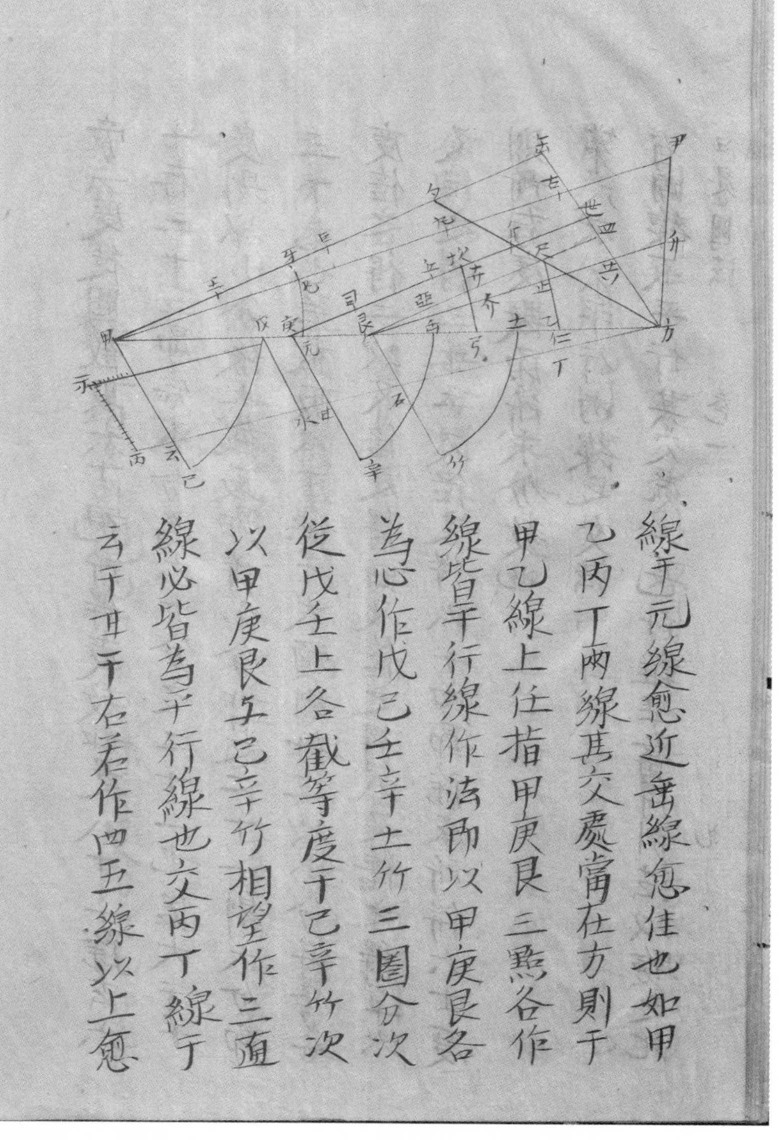

線于元線愈近，垂線愈佳也。如甲乙、丙丁兩線，其交處當在方，則于甲乙線上任指甲、庚、艮三點，各作線，皆平行線。作法即以甲、庚、艮各爲心，作戊己、壬辛、土竹三圈分。次從戊、壬、上各截等度于己、辛、竹。次以甲庚艮與己辛竹相望，作三直線，必皆爲平行線也。交丙丁線于云、于甘、于石。若作四五線以上，愈

多愈佳也。次甲乙線上，又作出甲缶、庚世、艮皿三線，必須與甲乙爲鋭角，而三線亦平行，作法與前同。以甲、庚、艮各爲心，作元牙、弓坎、仁尺三圈分，各截等分于牙、坎、尺。從甲、庚、艮與牙、坎、尺相望作線，即得。次以甲云爲度，于甲缶線上從甲向缶任截幾分，如甲互、互巨、巨勺、勺缶四分。則以庚甘爲度，從庚向世亦截四分，如庚司、司丘、丘斤、斤世。則艮石爲度，從艮向皿亦截四分，如艮亞、亞卉、卉尺、尺皿，次任以三線之相似分。如以第二，或俱以第三、第四分相望作線，次任以甲乙或丙丁引長之，即交于方也。如此試各以第三點作與[1]斤尺線，亦各以第四點作缶世皿直線，兩線皆交甲乙，或丙丁于方。但其缶世皿者交甲乙更直，故其交點，益明準也。若從甲、從艮更作兩平行線，如甲尹、艮升，則與甲乙亦爲鋭角。亦如前法，于甲尹線上，以甲云爲度，截甲互、互巨、巨凡、凡古、古尹五分于艮升。亦以艮石爲度，截艮亞、亞介、介止、止共、共升五分。亦以相似分作線，如此試各以第五分，作尹升線，亦交于方，交角愈大，交點愈明準也。

第九分直線與依圈所分之直線分比例等法

1 天理本“與”作“勺”。

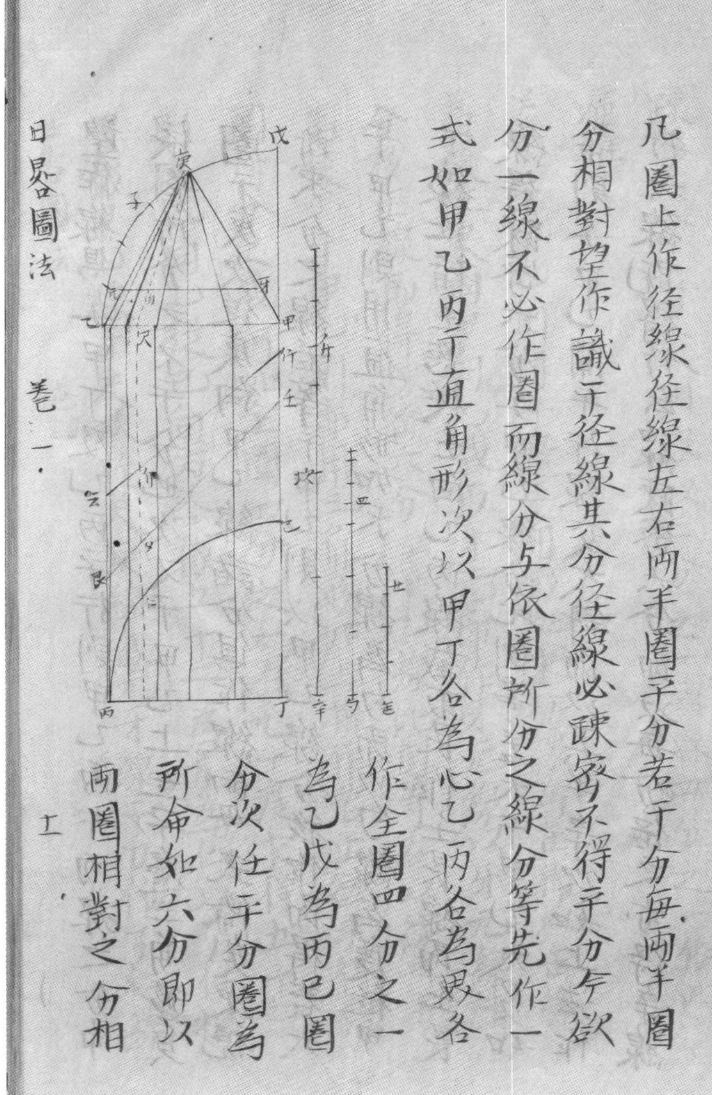

日晷圖法　卷一
凡圈上作径線径線左右兩半圈平分若干分每兩半圈分相對望作識于径線其分径線必疎密不得平分今欲分一線不必作圈而線分与依圈所分之線分等先作一式如甲乙丙丁直角形次以甲丁各為心乙丙各為界各作全圈四分之一為乙戊為丙已圈分次任平分圈為所命如六分即以兩圈相對之分相

凡圈上作徑線，徑線在左右兩半圈平分若干分，每兩半圈分相對望，作識于徑線，其分徑線必疎密，不得平分。今欲分一線，不必作圈，而線分與依圈所分之線分等。先作一式，如甲乙丙丁直角形。次以甲、丁各爲心，乙、丙各爲界，各作全圈四分之一，爲乙戊、爲丙己圈分。次任平分圈爲所命，如六分，即以兩圈相對之分相

望作線，俱與甲丁及乙丙平行，則甲乙、丙丁兩線之分，即依圈所分之不平分也。次又于甲乙上立平邊三角形，負圈于庚。次從庚向甲乙線諸分俱作線，而母式備矣。次視所求分之線，若等于甲乙，則以甲乙線分移作，即得；若大于甲乙，則用直角形，如求分線爲勺，即以勺線爲度，從甲丁線任指壬點，從壬向乙丙線截取艮作壬艮線，即壬艮線，得疎密六分，與甲乙線分比例等。若大于甲乙，大多如辛，則與甲乙間平行線交大斜，即以其半辛。次如上法，作竹云線，既得竹云線疎密六分，即以每分倍之，亦得辛線

疎密六分若更大則或以三分之一或以四分之一依此
遞推
若小于甲乙則用平邊三角形如求分線為缶即以缶線
為度從庚向甲向乙截取牙元即作牙元線以牙元線諸
分移缶線即得疎密六分與甲乙線比例等若以線之半
為度小于甲乙則亦用三角形如上推作若止欲求得依
圈所分之幾何如全圈四分之一有九十度求得五十二
則從戊向乙從已向丙各截五十二為弓為仁以弓仁相
望截甲乙線于尺次作尺庚線截元牙線于力作弓仁線

日晷圖法　卷一　十二

疎密六分。若更大，則或以三分之一，或以四分之一，依此遞推。

若小于甲乙，則用平邊三角形，如求分線爲缶，即以缶線爲度，從庚向甲向乙截取牙元，即作牙元線。以牙元線諸分移缶線，即得疎密六分，與甲乙線比例等。若以線之半爲度，小于甲乙，則亦用三角形，如上推作。若止欲求得依圈所分之幾何，如全圈四分之一有九十度，求得五十二，則從戊向乙、從己向丙，各截五十二爲弓、爲仁。以弓仁相望，截甲乙線于尺。次作尺庚線，截元牙線于力。作弓仁線，

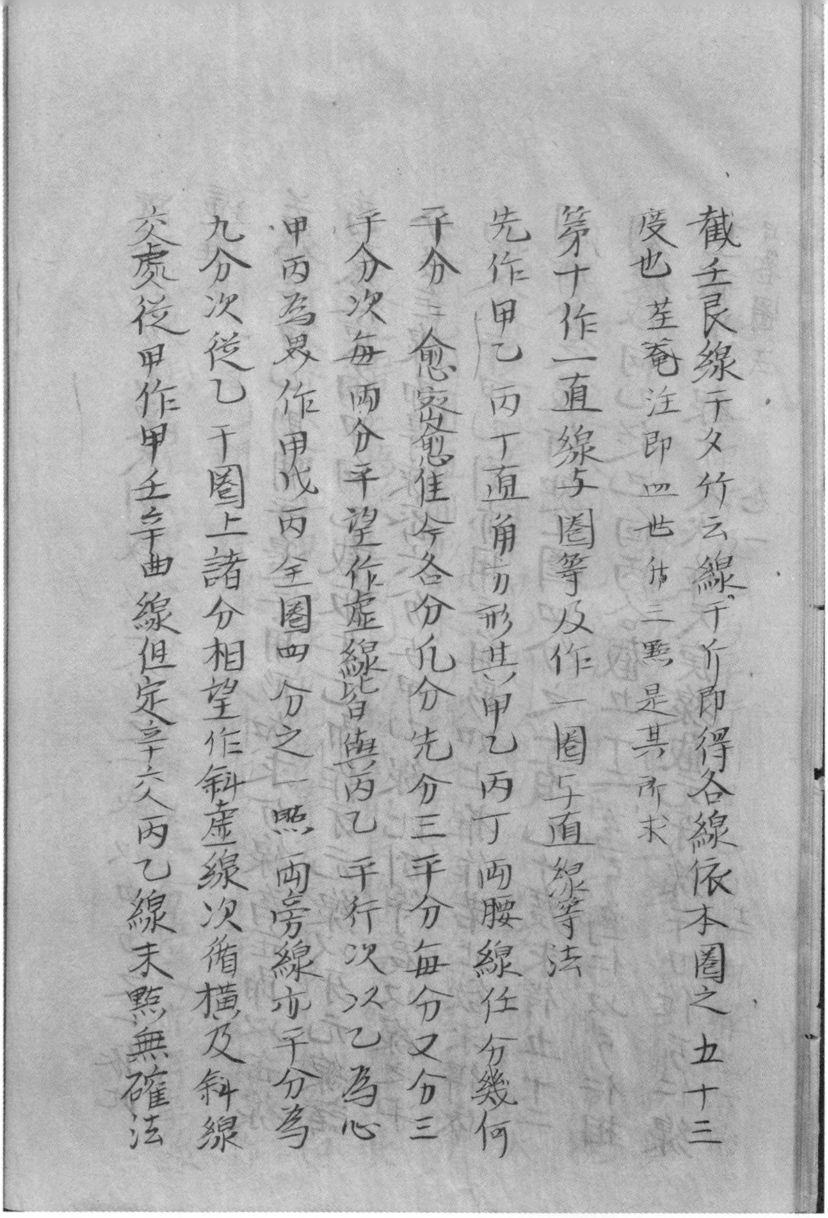

截壬艮線于夕，竹云線于斤，即得各線依本圈之五十三度也。茥菴注：即皿世升三點，是其所求。

第十作一直線與圈等及作一圈與直線等法

先作甲乙丙丁直角方形，其甲乙丙丁兩腰線任分幾何平分，分愈密愈佳。今各分九分，先分三平分，每分又分三平分，次每兩分平望作虛線，皆與丙乙平行。次以乙爲心，甲丙爲界，作甲戊丙全圈四分之一點兩旁線，亦平分爲九分次。從乙于圈上諸分相望，作斜虛線，次循横及斜線交處，從甲作甲壬辛曲線，但定辛交丙乙線。末點無確法，

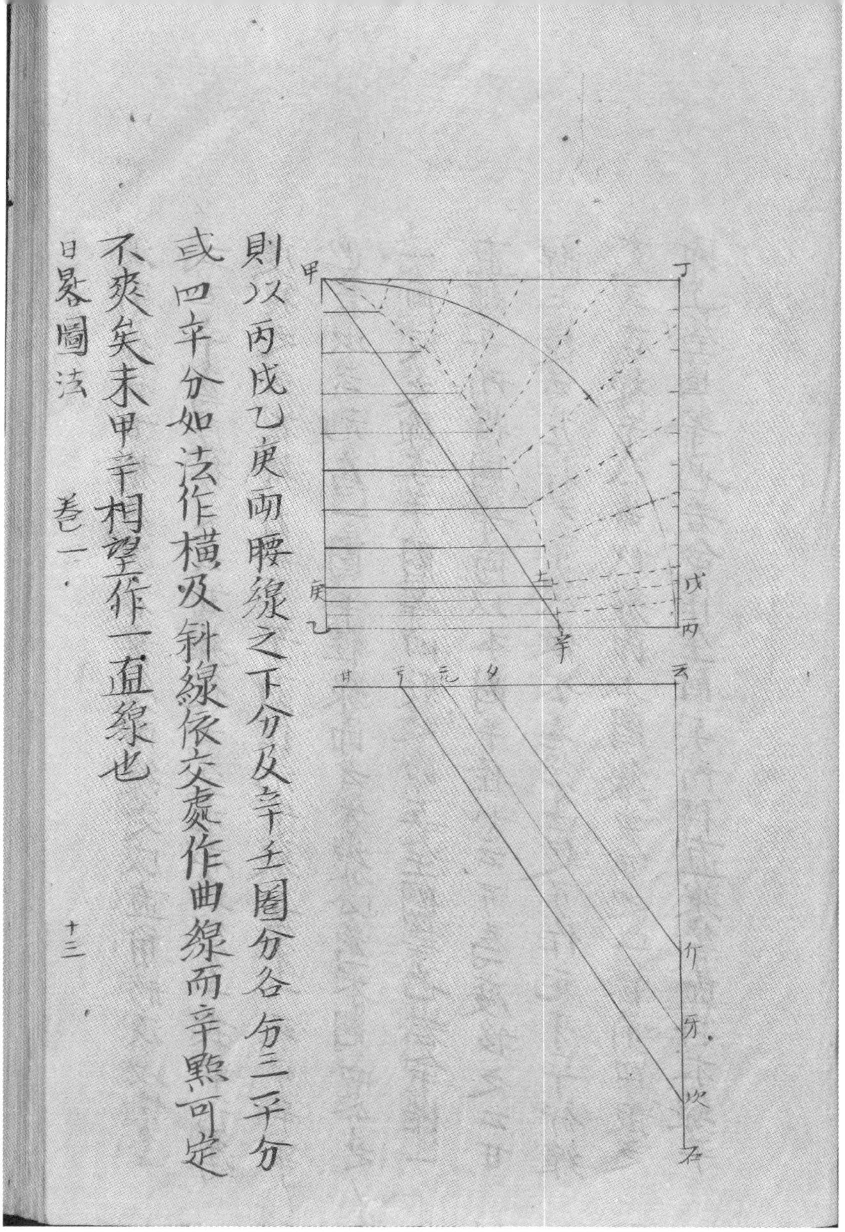
則以丙戌乙庚兩腰線之下分及辛壬圈分各分三平分
或四平分如法作横及斜線依交處作曲線而辛點可定
不爽矣末甲辛相望作一直線也
日晷圖法　卷一　十三

則以丙戌[1]、乙庚兩腰線之下分，及辛壬圈分各分三平分或四平分，如法作横及斜線，依交處作曲線而辛點可定不爽矣。末甲辛相望，作一直線也。

1 天理本“戌”作“戊”。

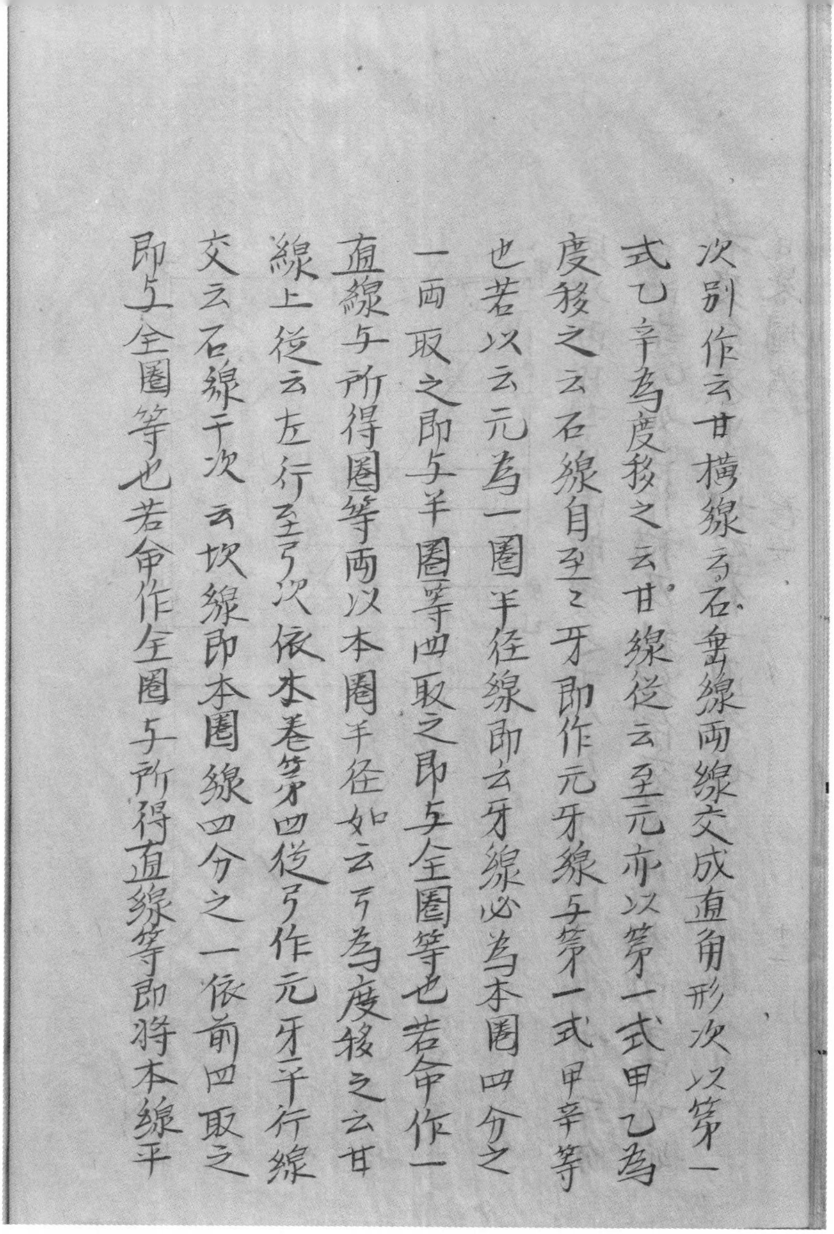
次别作云甘横線云石垂線兩線交成直角形次以第一
式乙辛為度移之云甘線從云至元亦以第一式甲乙為
度移之云石線自至元牙即作元牙線與第一式甲辛等
也若以云元為一圈半徑線即云牙線必為本圈四分之
一兩取之即與半圈等四取之即與全圈等也若命作一
直線與所得圈等兩以本圈半徑如云弓為度移之云甘
線上從云左行至弓次依本卷第四從弓作元牙平行線
交云石線于坎云坎線即本圈線四分之一依前四取之
即與全圈等也若命作全圈與所得直線等即將本線平

次别作云甘横線、云石垂線，兩線交成直角形。次以第一式乙辛爲度，移之云甘線，從云至元亦以第一式甲乙爲度，移之云石線。自元牙，即作元牙線，與第一式甲辛等也。若以云元爲一圈半徑線，即云牙線必爲本圈四分之一。兩取之即與半圈等，四取之即與全圈等也。若命作一直線與所得圈等，兩[1]以本圈半徑如云弓爲度，移之云甘線上，從云左行至弓。次依本卷第四，從弓作元牙平行線，交云石線于坎云坎線即本圈線四分之一。依前四取之，即與全圈等也。若命作全圈與所得直線等，即將本線平

1 天理本“兩”作“即”。

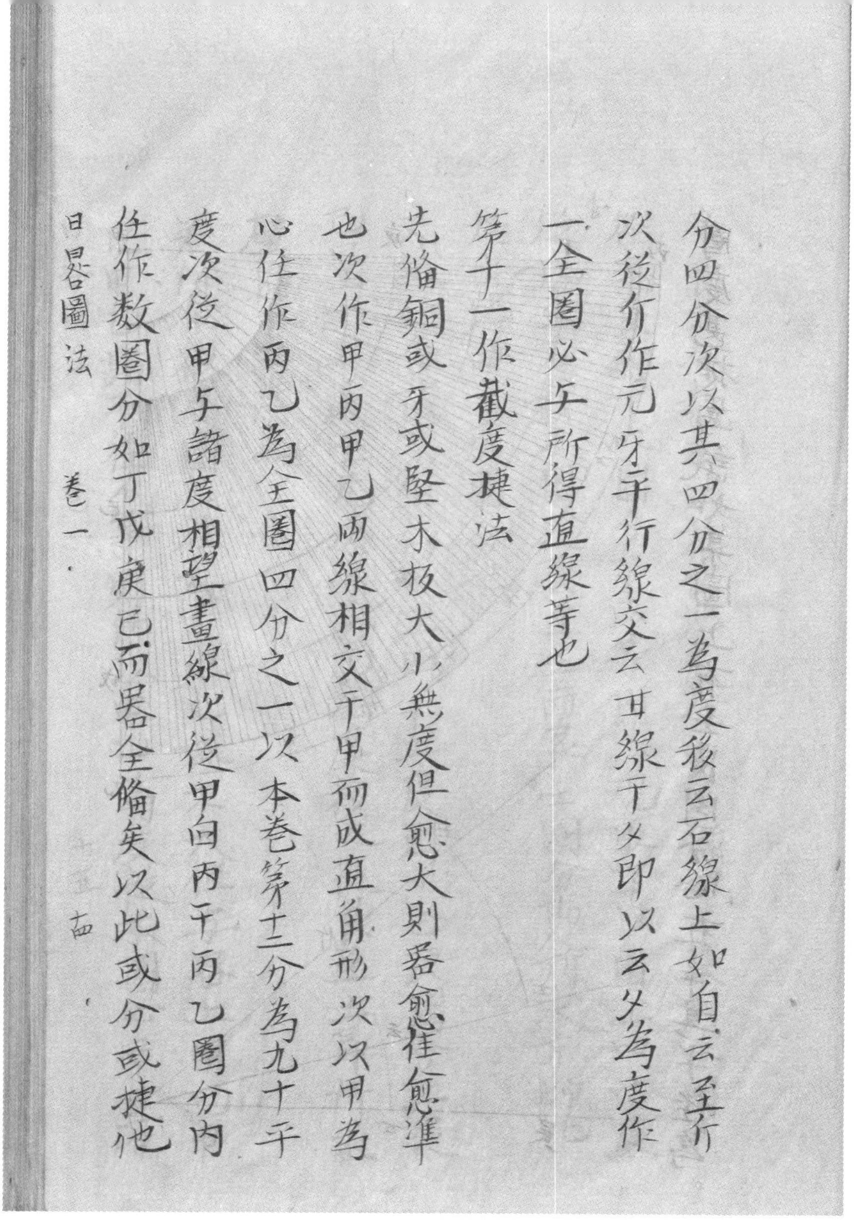

分四分，次以其四分之一爲度，移云石線上，如自云至斤，次從斤作元牙平行線，交云甘線于夕，即以云夕爲度作一全圈，必與所得直線等也。

第十一作截度捷法

先備銅，或牙，或堅木板，大小無度，但愈大則器愈佳、愈準也。次作甲丙、甲乙兩線相交于甲，而成直角形。次以甲爲心，任作丙乙爲全圈四分之一，以本卷第十二分爲九十平度。次從甲與諸度相望畫線，次從甲向丙，于丙乙圈分内任作數圈分，如丁戊、庚己，而器全備矣。以此或分，或捷他

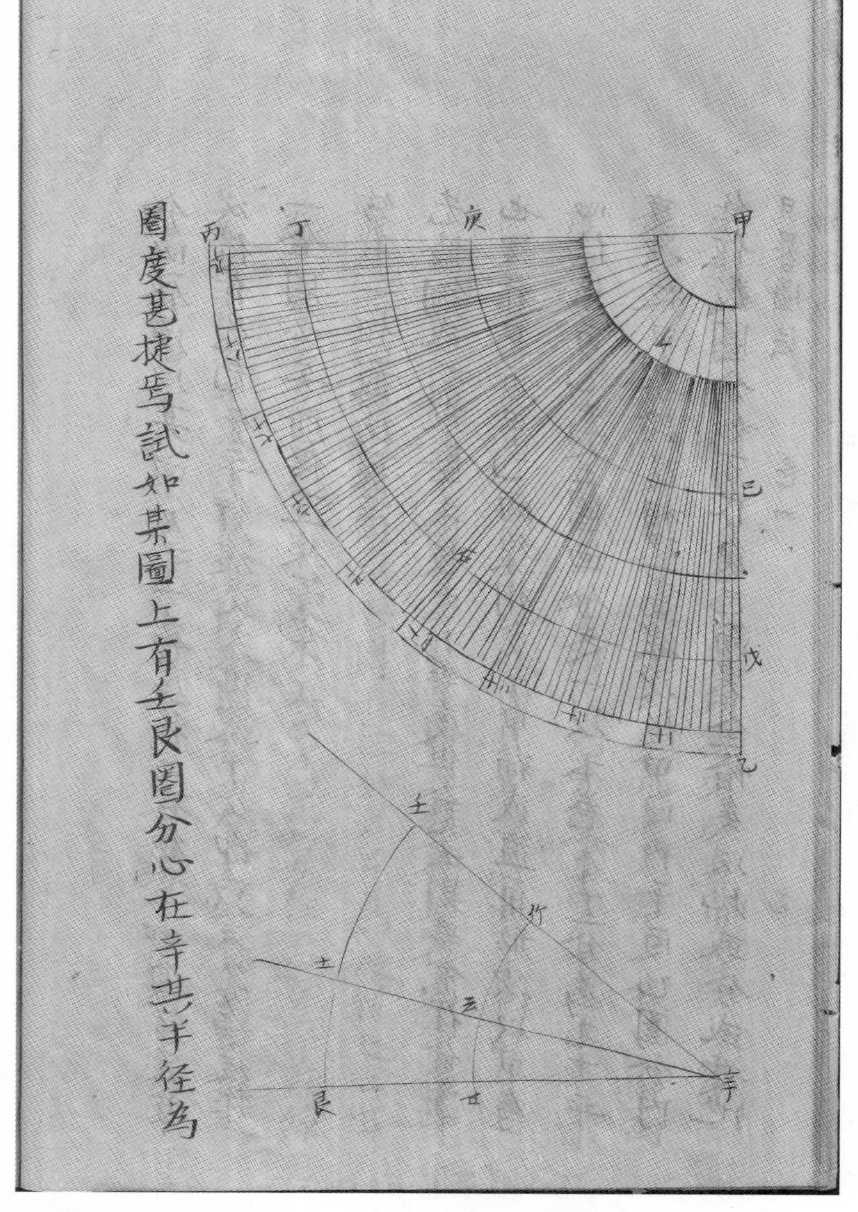

圈度甚捷焉。試如某圖上有壬艮圈分，心在辛，其半徑爲

辛艮若命截本地極出地度分如京師四十度則本圈半
徑辛艮與丁戊圈分甲戊等即以規取丁戊圈上四十度
從戊至石移本圈從艮至壬而艮壬圈分即所求京師北
極出地四十度圈分也
又試如命截某壁偏于正西十五度則于己庚圈分上從
己量十五度至元次以戊元為度移之從艮至土即所求
壁偏十五度也
若所命截度圈半徑大于甲乙或不大但与器上甲己甲
戊甲乙諸半徑不等則任以甲乙為度從本圈心辛至甘

辛艮。若命截本地極出地度分，如京師四十度，則本圈半徑辛艮與丁戊圈分甲戊等，即以規取丁戊圈上四十度。從戊至石移本圈，從艮至壬而艮壬圈分，即所求京師北極出地四十度圈分也。

又試如命截某壁偏于正西十五度，則于己庚圈分上，從己量十五度至元。次以戊元爲度移之，從艮至土，即所求壁偏十五度也。

若所命截度圈半徑大于甲乙，或不大，但與器上甲己、甲戊、甲乙諸半徑不等，則任以甲乙爲度，從本圈心辛至甘作虚圈。次從己量四十度于石，亦量十五度于元，即以己石爲度，亦以己元爲度移之。從甘至竹、至云，次作辛竹、辛云兩線引長，必交本圈于壬、于土，艮壬即所命截四十度圈分，艮土即所命截十五度圈分也。

第十二平分圈法

測量分圈約有二法，日時有十二倍之，則節氣有二十四，又兩倍之，刻有九十六，爲一分法。周天度有三百六十，爲二分法。

欲分九十六，如甲乙圈分，心在丙，爲全圈四分之一。欲爲

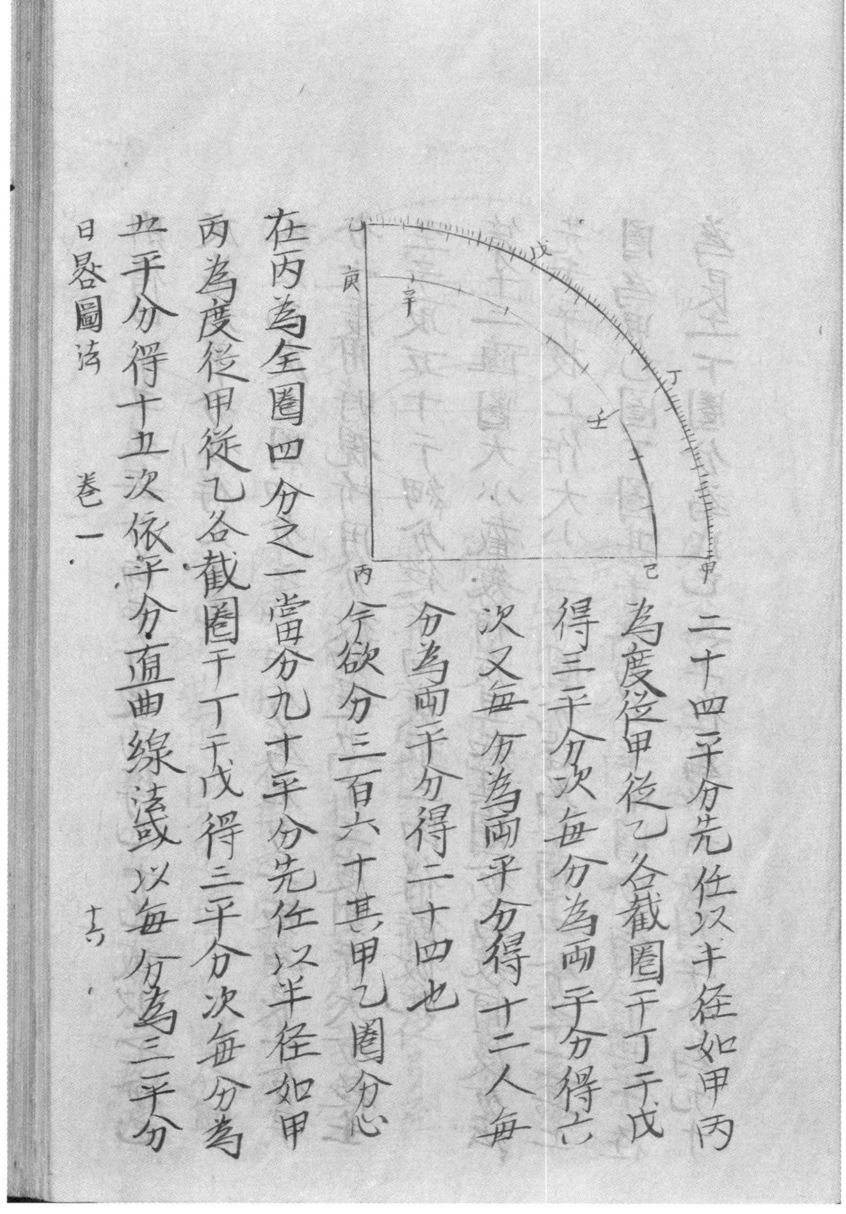
二十四平分先任以半徑如甲丙爲度從甲從乙各截圈于丁于戊得三平分次每分爲兩平分得六次又每分爲兩平分得十二人每分爲兩平分得二十四也

今欲分三百六十其甲乙圈分心在丙爲全圈四分之一當分九十平分先任以半徑如甲丙爲度從甲從乙各截圈于丁于戊得三平分次每分爲五平分得十五次依平分直曲線法或以每分爲三平分

日晷圖法　卷一　十六

二十四平分，先任以半徑如甲丙爲度，從甲、從乙各截圈于丁、于戊得三平分。次每分爲兩平分，得六次；又每分爲兩平分，得十二；人[1]每分爲兩平分，得二十四也。

今欲分三百六十，其甲乙圈分，心在丙，爲全圈四分之一。當分九十平分，先任以半徑，如甲丙爲度，從甲、從乙各截圈于丁、于戊得三平分，次每分爲五平分，得十五次。依平分直曲線法，或以每分爲三平分，

1 天理本"人"作"又"。

則得四十五。又每分兩平分之，即得九十也。或以七分，己庚爲六平分，亦得九十也。

或以己庚全圈四分之一，平分爲九分，止取辛艮一分，平分十度。用時視所用分數，如是五十三度則于大分，從壬至辛取五十于細分，從辛向庚取三即得，餘做此。

第十三随圈大小截幾何度，且知某圈分爲幾何度分法

先于平板上作大小三四圈分，皆爲全圈四分之一。其上圈爲甲乙圈，下圈其半徑爲壬辛，中圈分爲丙丁，其半徑爲艮土，下圈分爲戊己，其半徑爲竹云，每圈平分爲九十

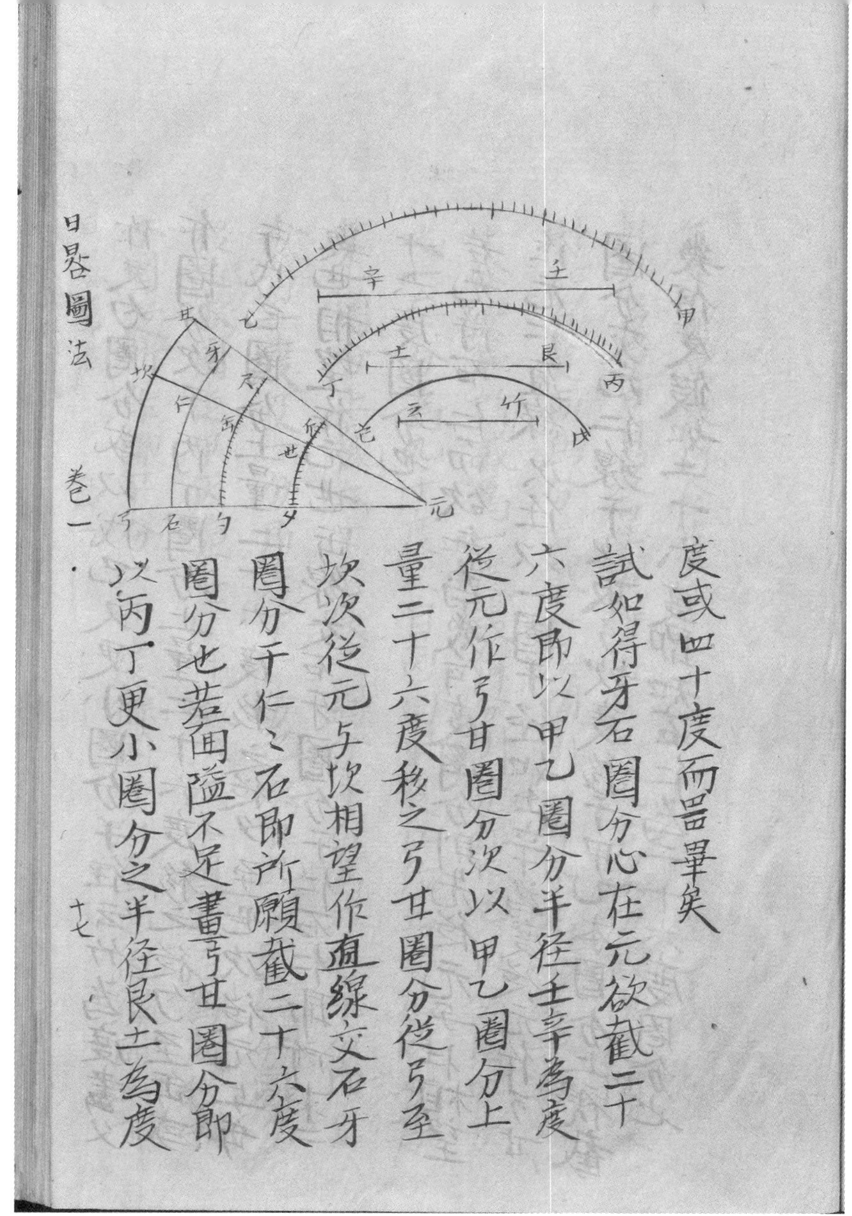
日晷圖法　卷一　十七

度或四十度而器畢矣
試如得牙石圈分心在元欲截二十
六度即以甲乙圈分半徑壬辛為度
從元作弓甘圈分次以甲乙圈分上
量二十六度移之弓甘圈分從弓至
坎次從元与坎相望作直線交石牙
圈分于仁仁石即所願截二十六度
圈分也若面隘不足畫弓甘圈分即
以丙丁更小圈分之半徑艮土為度

度，或四十度，而器畢矣。

試如得牙石圈分心在元，欲截二十六度，即以甲乙圈分半徑，壬辛爲度，從元作弓甘圈分。次以甲乙圈分上量二十六度移之弓甘圈分，從弓至坎，次從元與坎相望作直線，交石牙圈分。于仁，仁石即所願截二十六度圈分也。若面隘不足畫弓甘圈分，即以丙丁更小圈分之，半徑艮土爲度，作尺勺圈分，或以戊己又更小圈分半徑云竹爲度，畫夕斤圈分。次于丙丁圈分上量二十六度移之，從勺至缶；或于戊己圈分上量二十六度移之，從夕至世，次從元與缶、與世相望，作元世缶線，交石牙圈分于仁，石仁即所求二十六度圈分也。

若先得石仁而欲知爲幾何度圈分，則先從元與仁相望，作元仁直線。次任以一圈半徑，如壬辛爲度，從元作弓甘圈分，交元仁線于坎，取弓坎度移于甲乙本圈分上。視截幾何度，假如二十六度，即知石仁爲二十六度圈分也。

第十四量幾何分法
凡以器量日月及星若所用景尺或垂線切截兩度間線
則知有度而無分若截一度間則知有分凡一度平分六
十分欲知所截為一度幾何分則先作甲乙丙全圈四分
之一平分為九十度次自丙向甲復任作五十九圈分其
第一圈分上截六十一度之圈分平分為六十平分即每
分得一度及一分即六十一分也 次取此一度一分圈分
移之本圈從甲丙線上行作識 次以本圈半徑為度移之
本圈從所作識平分六十度餘圈分以至乙丙線即二十

第十四量幾何分法

凡以器量日月及星，若所用景尺或垂線切截兩度間線，則知有度而無分。若截一度間，則知有分，凡一度平分六十分。欲知所截爲一度幾何分，則先作甲乙丙全圈四分之一平分，爲九十度。次自丙向甲復任作五十九圈分，其第一圈分上截六十一度之圈分，平分爲六十平分，即每分得一度及一分，即六十一分也。次取此一度一分圈分移之，本圈從甲丙線上行作識。次以本圈半徑爲度，移之本圈，從所作識平分六十度，餘圈分以至乙丙線，即二十八度與前六十度等，及五十九分，即甲丙線上一分，得一度及一分，次即六十度，次二十八度，即得五十九度一分；近乙丙線，即得五十九分，圈分共成九十度也。次第二圈上截六十二平度之圈分，亦平分爲六十平分，即每分得一度及二分；第三圈上取六十三度之圈分，亦平分六十分，餘圈各加一度。依上法分之，即得。今時以三圈設式，其第一圈云艮，爲甲乙丙第二十次圈，寸戊爲第四十次圈，上[1]己爲第五十九。云艮圈分因爲甲乙丙第二十圈，即以二十加于六十爲八十，即須截本圈八十平度平分六十分，即每分得一度及二十分。以一分移本圈上，從甲丙線至云。次以本圈半徑丁丙爲度，移之，從云至石，云石平分爲六十度。從石向丁復分爲二十八度，與六十等，至艮。從艮至乙丙線，即四十分圈分也，總計即九十度也。

若第四十圈，則當以四十加六十成百，截百度平分六十，

1“上”當作“土”。

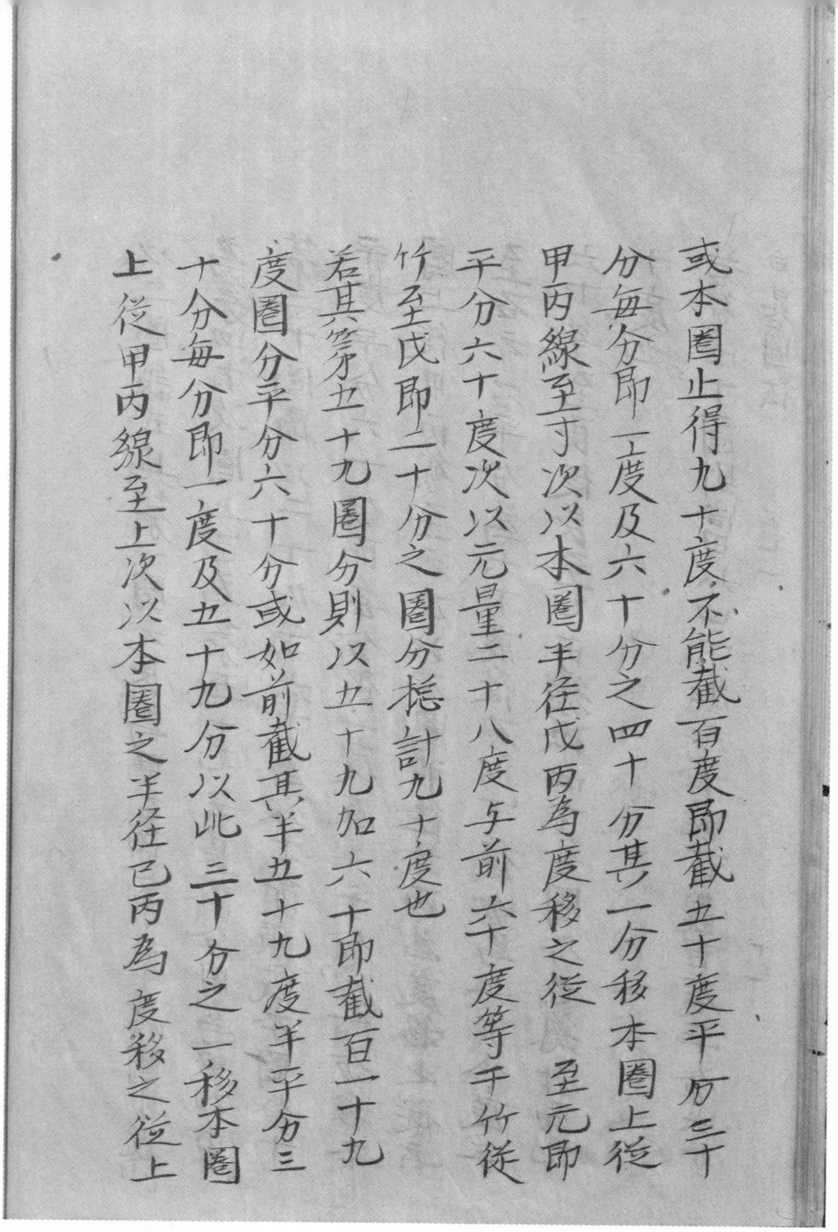

或本圈止得九十度，不能截百度，即截五十度平分三十分，每分即一度及六十分之四十分。其一分移本圈上，從甲丙線至寸。次以本圈半徑戊丙爲度移之，從寸至元，即平分六十度。次以元量二十八度，與前六十度等，于竹，從竹至戊，即二十分之圈分，揔計九十度也。

若其第五十九圈分，則以五十九加六十，即截百一十九度圈分平分六十分，或如前截其半，五十九度半平分三十分，每分即一度及五十九分。以此三十分之一移本圈上，從甲丙線至土[1]，次以本圈之半徑己丙爲度移之。從上[2]

1"上"當作"土"。
2"上"天理本作"止"，當作"土"。

至牙平分六十度餘圈分即二十八度及六十分之一分
圈分也總計九十度也餘圈一一依此法分之即得各圈
旁記爲第幾圈乙丙邊上立庚辛兩通光年耳上各鑽二
孔一大一小小以通日光大以日測星而器備矣丙點繫
一線線末懸一墜或量太陽或星或垂線切加甲乙圈分
兩度之間線上即知有度而無分若不加兩度之間而加
于一度上即知有分欲知截本度幾分即視五十九圈中
切兩度之間線上爲第幾圈分試如垂線第二十圈分切
如兩度間線上即知甲乙圈分一度上所截即二十分也

日晷圖法　卷一　二十

至牙平分六十度，餘圈分即二十八度及六十分之一分圈分也，總計九十度也。餘圈一一依此法分之，即得各圈。旁記爲第幾圈，乙丙邊上立庚、辛兩通光年[1]，耳上各鑽二孔，一大一小，小以通日光，大以日[2]測星，而器備矣。丙點繫一線，線末懸一墜，或量太陽，或星，或垂線，切加甲乙圈分兩度之間線上，即知有度而無分。若不加兩度之間，而加于一度上，即知有分，欲知截本度幾分，即視五十九圈中切兩度之間線上，爲第幾圈分。試如垂線第二十圈分，切如兩度間線上，即知甲乙圈分一度上所截，即二十分也，

1 天理本“年”作“耳”，當作“耳”。
2 天理本“日”作“目”。

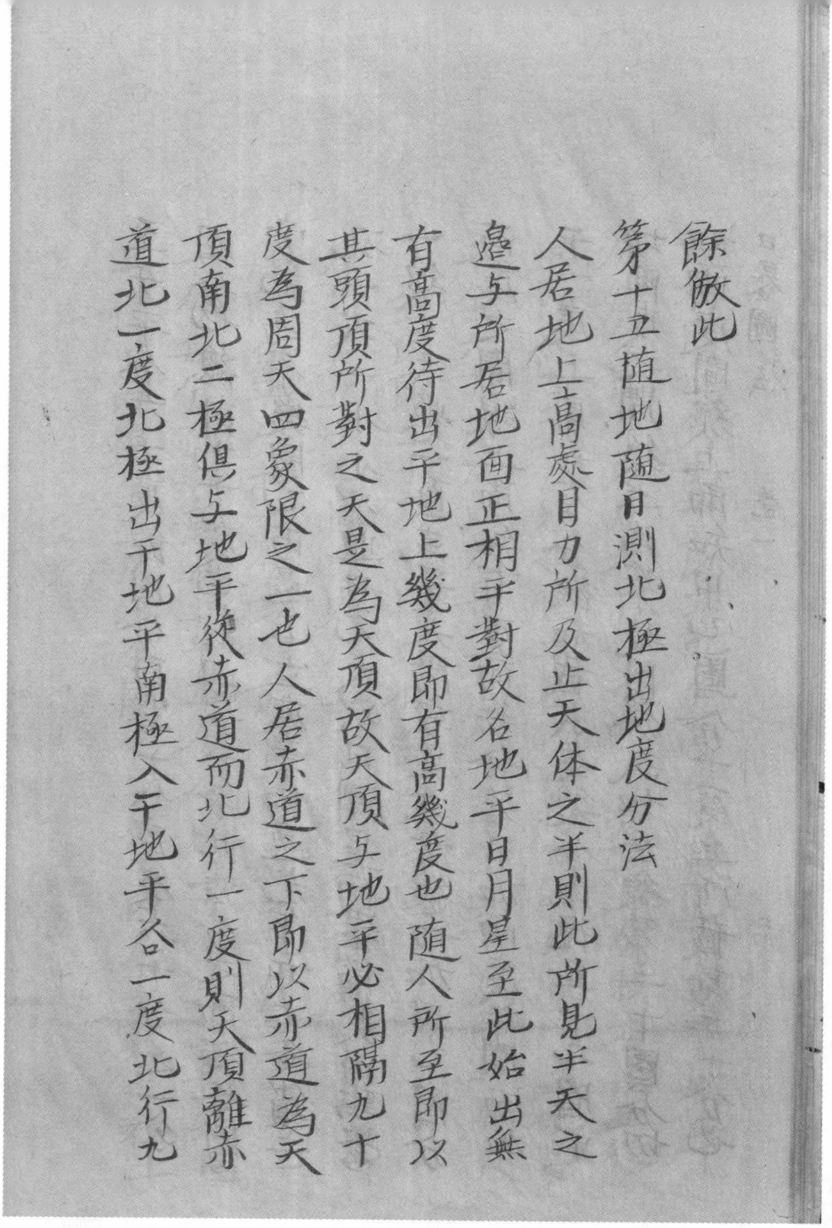

餘倣此。

第十五隨地隨日測北極出地度分法

人居地上高處，目力所及，止天體之半，則此所見半天之邊與所居地面正相平對，故名地平。日月星至此始出，無有高度，待出平地上幾度，即有高幾度也。隨人所至，即以其頭頂所對之天，是爲天頂，故天頂與地平必相隔九十度，爲周天四象限之一也。人居赤道之下，即以赤道爲天頂，南北二極俱與地平。從赤道而北行一度，則天頂離赤道北一度，北極出于地平，南極入于地平各一度。北行九

十度則離九十度故天頂離赤道度分與北極出地度等
分筭太陽躔黄道距赤道若干度則得赤道高于地平若
干度以減九十度餘即赤道離天頂度分及極出地度分
對極入地度分春秋分二日日正躔赤道即無距度本日
午正初刻太陽高即赤道至地之高以減九十度餘即天
頂去赤道及兩極出入地度分也若秋分以後日躔赤道
南則于本日午正初刻量太陽之高若干度次算本日太
陽躔黄道距赤道若干度加入太陽之高度為赤道高于
地平之度矣以減九十度所餘即赤道離天頂度分即極

十度，則離九十度。故天頂離赤道度分，與北極出地度等分。筭太陽躔黄道距赤道若干度，則得赤道高于地平若干度，以减九十度，餘即赤道離天頂度分，及極出地度分對極入地度分。春秋分二日，日正躔赤道，即無距度。本日午正初刻太陽高，即赤道至地之高，以减九十度，餘即天頂去赤道及兩極出入地度分也。若秋分以後，日躔赤道南，則于本日午正初刻量太陽之高若干度，次算本日太陽躔黄道距赤道若干度，加入太陽之高度，爲赤道高于地平之度矣。以减九十度，所餘即赤道離天頂度分，即極出地度分也春分日以後躔赤道北亦于本日午正初刻量太陽之高度次筭本日太陽躔距赤道度減去太陽高度即赤道高于地平度以減九十度所餘即赤道離天頂度分及極出地度分試如京師小暑第二日午正初刻測得太陽高七十二度二十五分是日日躔距赤道北二十二度二十五分以去減七十二度二十五分所餘五十度為赤道高于地平九十除五十得四十此即京師天頂離赤道度北極出地度也秋分後十三日太陽高四十四度五十一分是日日躔距赤道南五度九分用以加入四十

出地度分也。春分日以後，躔赤道北，亦于本日午正初刻量太陽之高度，次筭本日太陽躔距赤道度，減去太陽高度，即赤道高于地平度。以減九十度，所餘即赤道離天頂度分及極出地度分。試如京師小暑第二日，午正初刻測得太陽高七十二度二十五分，是日日躔距赤道北二十二度二十五分，以去減七十二度二十五分，所餘五十度爲赤道高于地平。九十除五十得四十，此即京師天頂離赤道度，北極出地度也。秋分後十三日，太陽高四十四度五十一分，是日日躔距赤道南五度九分，用以加入四十四度五十一分，共得五十度，亦爲赤道高于地平之度也。亦用象限内減此五十度，所餘四十度爲京師天頂離赤道度與北極出地分，餘倣此。

各節氣太陽逐日距赤道度分表

節氣日	初日	一日	二日	三日	四日	五日	六日	七日	八日	九日	十日	十一日	十二日	十三日	十四日	十五日
春分 秋分	○度○○	○度二十四分	○度四八	一度十二	一度十六	一度[1]○○	二度二五	二度四七	二度[3]十一	三度三五	三度五八	四度二二	四度四五	五度○九	五度三二	五度五五
清明 寒露	六度一九	六度四二	七度○五	七度二八	七度五○	八度一三	八度三五	六度[3]五八	九度二○	九度四一	十度○四	十度二六	十度四七	十一度○九	十一度三○	

1 天理本“一度”作“二度”。
2 天理本“二度”作“三度”。
3 天理本“六度”作“八度”。

節氣日	穀雨　霜降	立夏　立冬	小滿　小雪	芒種　大雪
初日	十一度三〇	十六度四〇	二十度一二	二十二度四六
一日	十一度五一	十六度五七	二十度二五	二十二度五二
二日	十二度一二	十七度一四	二十度四七	二十二度五八
三日	十二度三三	十七度三一	二十度四九	二十三度〇三
四日	十二度五三	十七度四七	二十一度〇〇	二十三度〇七
五日	十三度一三	十八度〇三	二十一度一一	二十三度一二
六日	十三度三三	十八度一九	二十一度二二	二十三度一五
七日	十三度五三	十八度三四	二十一度三三	二十三度一九
八日	十四度一三	十八度四九	二十一度四二	二十三度二三
九日	十四度三六	十九度〇四	二十一度五一	二十三度二四
十日	十四度五一	十九度一八	二十二度〇〇	二十三度二六
十一日	十五度一〇	十九度三三	二十二度〇九	二十三度二八
十二日	十五度二八	十九度四六	二十二度一七	二十三度二九
十三日	十五度四七	十九度五九	二十二度二五	二十三度三〇
十四日	十六度〇五	二十度一二	二十二度三二	二十三度三〇
十五日	十六度二三		二十二度三九	二十三度

節氣日	夏至　冬至	小暑　小寒	大暑　大寒	立秋　立春
初日	二十三度三〇	二十二度三三	二十度一二	十六度〇五
一日	二十三度三〇	二十二度二五	十九度五九	十五度四七
二日	二十三度二九	二十二度一七	十九度四六	十五度二八
三日	二十三度二八	二十二度〇九	十九度三二	十五度一〇
四日	二十三度二六	二十二度〇〇	十九度一八	十四度五一
五日	二十三度二四	二十一度五一	十九度〇四	十四度三六
六日	二十三度二二	二十一度四二	十八度四九	十四度二三
七日	二十三度一九	二十一度三三	十八度三四	十三度五三
八日	二十三度一五	二十一度二二	十八度一九	十三度三三
九日	二十三度一二	二十一度一一	十八度〇三	十三度一三
十日	二十三度〇七	二十一度〇〇	十七度四七	十二度五三
十一日	二十三度〇三	二十度四九	十七度三一	十二度三三
十二日	二十二度五八	二十度四七	十七度一四	十二度一二
十三日	二十二度五二	二十度二五	十六度五七	十一度五一
十四日	二十二度四六	二十度一二	十六度四〇	十一度三〇
十五日	二十二度三九		十六度二三	

節氣日	初日	一日	二日	三日	四日	五日	六日	七日	八日	九日	十日	十一日	十二日	十三日	十四日	十五日
處暑　雨水	十一度三〇	十一度〇九	十度四七	十度二六	十度〇四	九度四二	九度二〇	八度五八	八度三五	八度一三	七度五〇	七度二八	七度〇五	六度四二	六度一九	五度五五
白露　驚蟄	五度三二	五度〇九	四度四五	四度二二	三度五八	二[1]度三五	三度一一	二度四七	二度二五	二度〇〇	一度一六	一度一二	〇度四八	〇度二四	〇度〇〇	

第十六量太陽高于地平度分，以測北極出地度分法

用銅板或堅木板作甲乙丙丁直角方形，以甲爲心，儘板大小作全圈四分之一直角圈形，匀分九十度。若板或寬

1 天理本“二”作“三”。

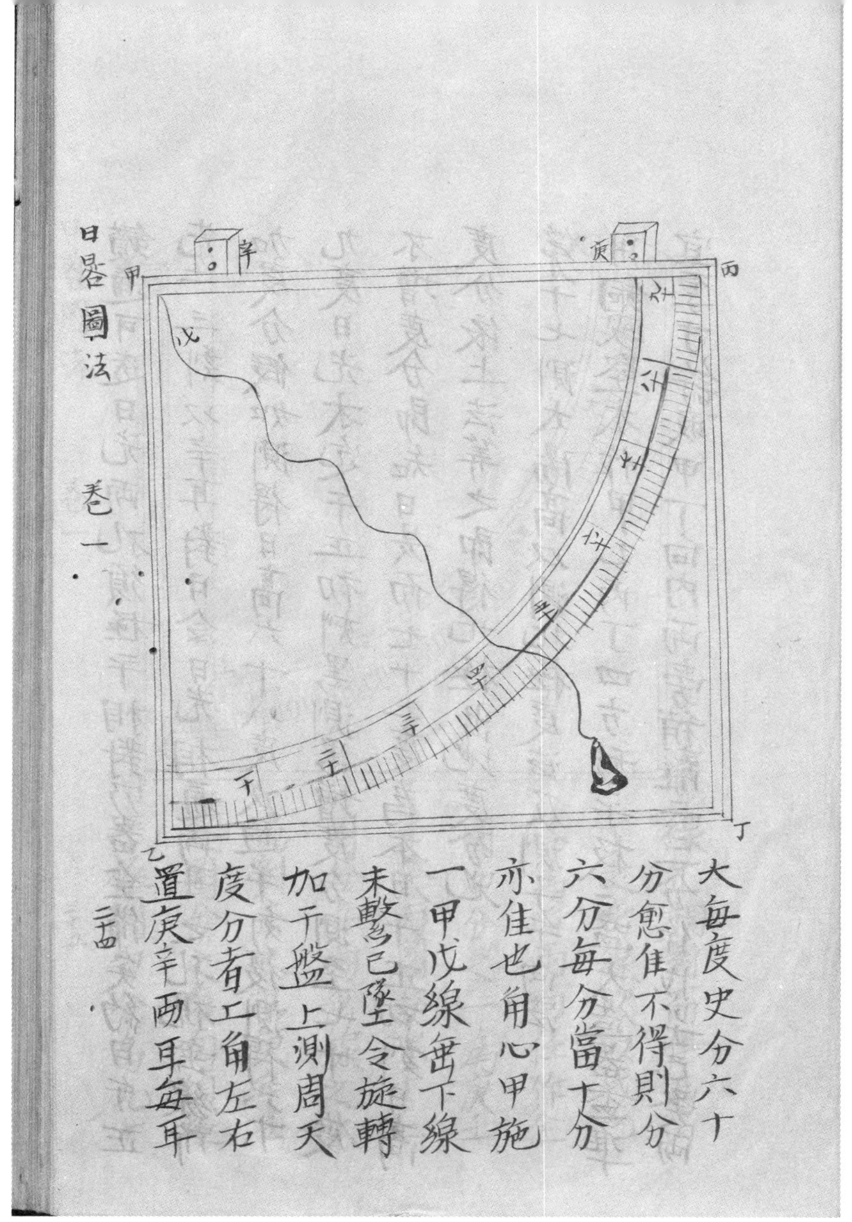

大，每度史[1]分六十分愈佳，不得則分六分。每分當十分，亦佳也。角心甲施一甲戊線垂下，線末繫己墜，令旋轉加于盤上。測周天度分者，上角左右置庚辛兩耳，每耳

1 天理本"史"作"更"，當作"更"。

鑽通，可透日光，兩孔須極平相對，乃器全備矣。約日午正先二三刻，以辛耳對日，令日光相通兩耳之孔。視垂線所加度分，假如測得日高六十八度，次過半刻復測，得六十九度。日光未迄午正初刻，黑[1]測黑[2]增度分，測至七十二度不增度分，即知日昃，而七十二度爲本日午正初刻日高度分。依上法筭之，即得北極出地度分也。

第十七測太陽高以測北極度法及測子午向法

用銅或堅木作甲乙丙丁四方形平板，板益大，造器益準，宜厚寸許。取甲丁向内兩旁稍離二三分，作戊壬、己癸兩

1 天理本“黑”作“累”。
2 天理本“黑”作“累”。

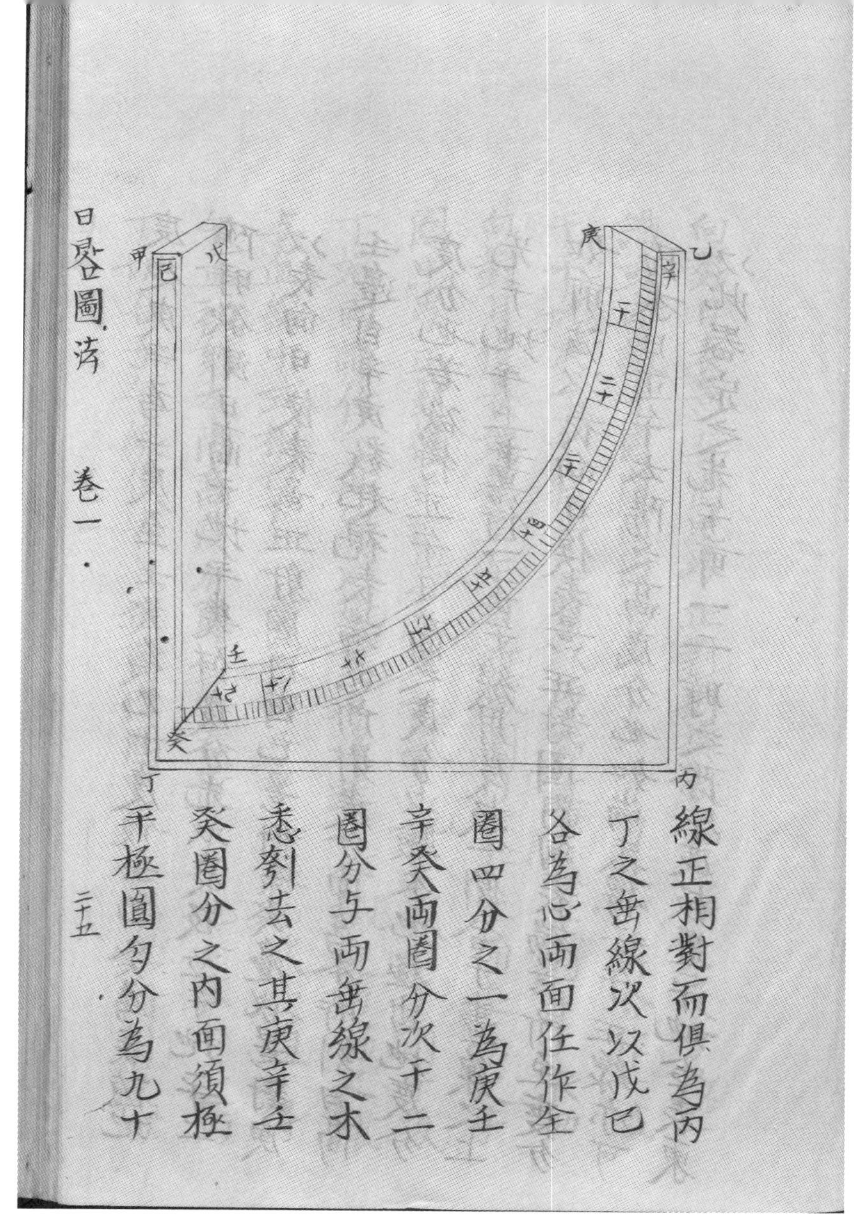

線正相對而俱為丙丁之垂線次以戊己各為心兩面任作全圈四分之一為庚壬辛癸兩圈分次于二圈分与兩垂線之木悉剗去之其庚辛壬癸圈分之内面須極平極圓勻分為九十

線，正相對而俱爲丙丁之垂線。次以戊己各爲心，兩面任作全圈。四分之一，爲庚壬、辛癸兩圈分。次于二圈分，與兩垂線之木[1]，悉刬去之。其庚辛壬癸圈分之内面，須極平、極圓，勻分爲九十

1"木"當作"末"。

度從庚辛爲一度至壬癸爲九十度戊壬己癸爲表隨地隨時欲測日高于地平幾何度分先以度板立于地平上以表向日使表景正射圈内面已景對辛癸旁戊景對庚壬邊自辛庚數起視表端景所射度分即爲本時刻日高度分也若欲得正午日高之度分以驗本地極出地度分先于地平上畫得一子午線用度板一側合于畫線之上如前法以表向日俟表景正對圈内面表端景所至度分即本日正午太陽之高度分也如尚未得子午正線亦可以此器定之先于午前一二時之際以度板置平地令表東

度。從庚辛爲一度，至壬癸爲九十度，戊壬、己癸爲表。隨地隨時欲測日高于地平幾何度分，先以度板立于地平上，以表向日，使表景正射圈内面。己景對辛癸旁，戊景對庚壬邊。自辛庚數起，視表端景所射度分，即爲本時刻日高度分也。若欲得正午日高之度分，以驗本地極出地度分，先于地平上畫得一子午線。用度板一側合于畫線之上，如前法，以表向日。俟表景正對圈内面，表端景所至度分，即本日正午太陽之高度分也。如尚未得子午正線，亦可以此器定之，先于午前一二時之際，以度板置平地，令表東

向對日表景与圈中界正對則據表端景所至度分作一
識或兩識于圈內面即于丙丁兩旁勿遲一瞬各作一識
于平地次于午後一二時以丙端置原識上轉甲丁表西
向對日俟表端景至午前所識圈內度分上而表景又与
圈中界正對復于丁端又畫一識于地平次以午前午後
丁端兩識作一直線以規量直線正中作識從丙端之識
与直線中式相望作一垂線即子午正線也次欲隨日得
午正初刻太陽高度分即以度器置于平地令其下邉丙
丁切合子午線俟表景正對內圈中界表端景所射度分

向對日，表景與圈中界正對，則據表端景所至度分作一識或兩識于圈内面，即于丙丁兩边，勿遲一瞬，各作一識于平地。次于午後一二時，以丙端置原識上，轉甲丁表，西向對日，俟表端景至午前所識圈内度分上，而表景又與圈中界正對，復于丁端。又畫一識于地平，次以午前、午後丁端兩識作一直線，以規量直線，正中作識，從丙端之識與直線中式相望，作一垂線，即子午正線也。次欲隨日得午正初刻太陽高度分，即以度器置于平地，令其下邊丙丁切合子午線。俟表景正對内圈中界表端景所射度分，即本日午正初刻太陽所高度分也。

第十八定子午線又法

法曰：晴日用臬或板，平置院宇之中，切令至平勿偏，且勿令動移，俵紙方一尺于上。次用規，以甲爲心，任作圈數層，如甲乙、丙丁、戊己者。次立表于圈心，長短無度，即以規一鋭下指圈界，一鋭上指表端，三面度之，以求其直。次觀表端景，每至一圈即作一識。假如至乙圈作庚，至丙圈作辛，至丁圈作壬，至戊圈作艮，至己圈作子。午前表景，先長而後短，故從外而内。俟午後表端景復至，己圈作上[1]，戊圈作

1“上”當作“土”。

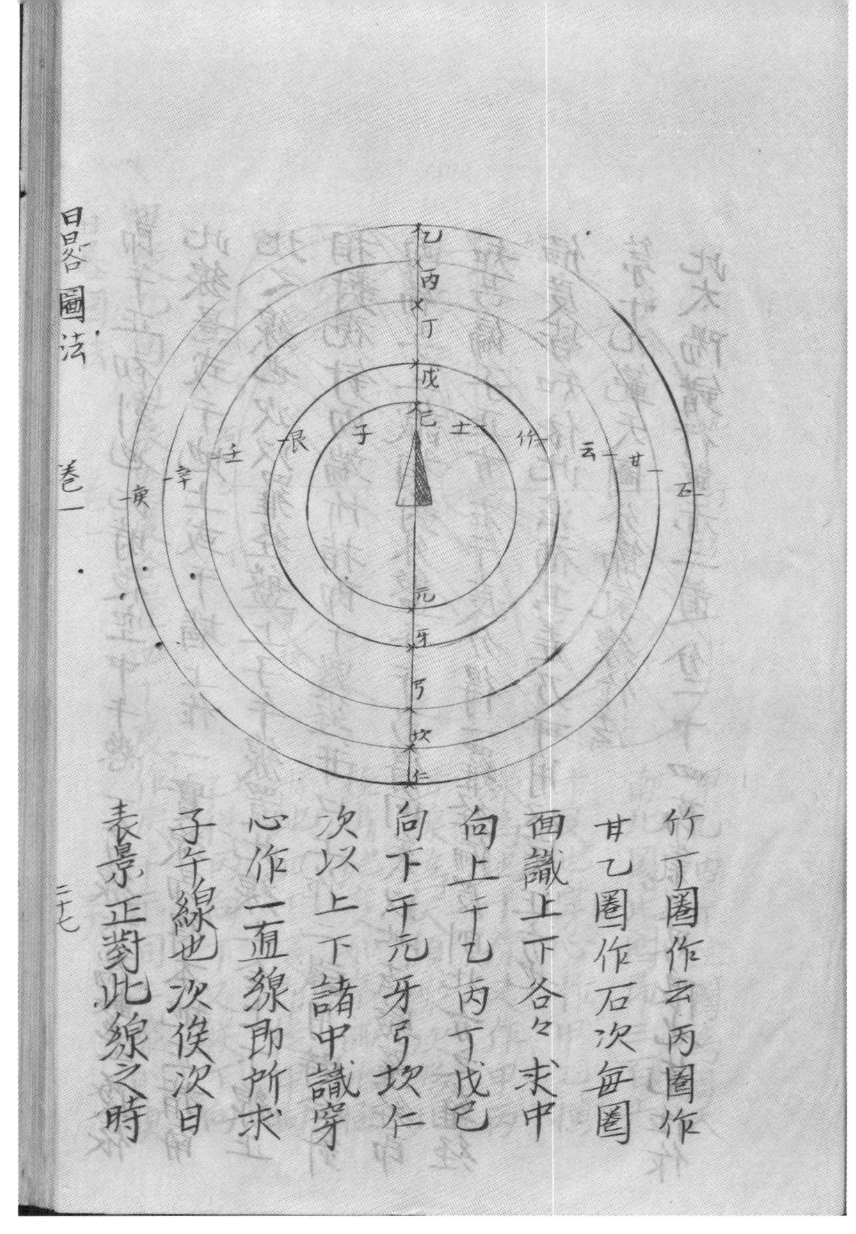

竹，丁圈作云，丙圈作甘，乙圈作石。次每圈面[1]識，上下各各求中，向上于乙丙丁戊己，向下于元牙弓坎仁。次以上下諸中識穿心作一直線，即所求子午線也。次俟次日表景正對此線之時，

1 天理本“面”作“而”。

即午正初刻也。此時從空中手懸一垂線，下端繫一墜。依此線景，或于地上，或于墻上作一實線，即得本地正指南北之線也。次以羅經盤上子午線置此線上，令上下線正相對，視針兩端所指，即于羅經井口上作二識。用時令針兩端與二識相對，外盤子午乃得向矣。以此法驗羅經，即知其偏子正方若干度分，得一羅經偏度，則此方之羅經偏度皆知。依此法補其差，乃可用以定正方也。

第十九範天圖[1]分節氣線作法

此太陽錯行黄赤二道，分二十四節氣之界限也。先任作

1 北大本“圖”作“圈”。

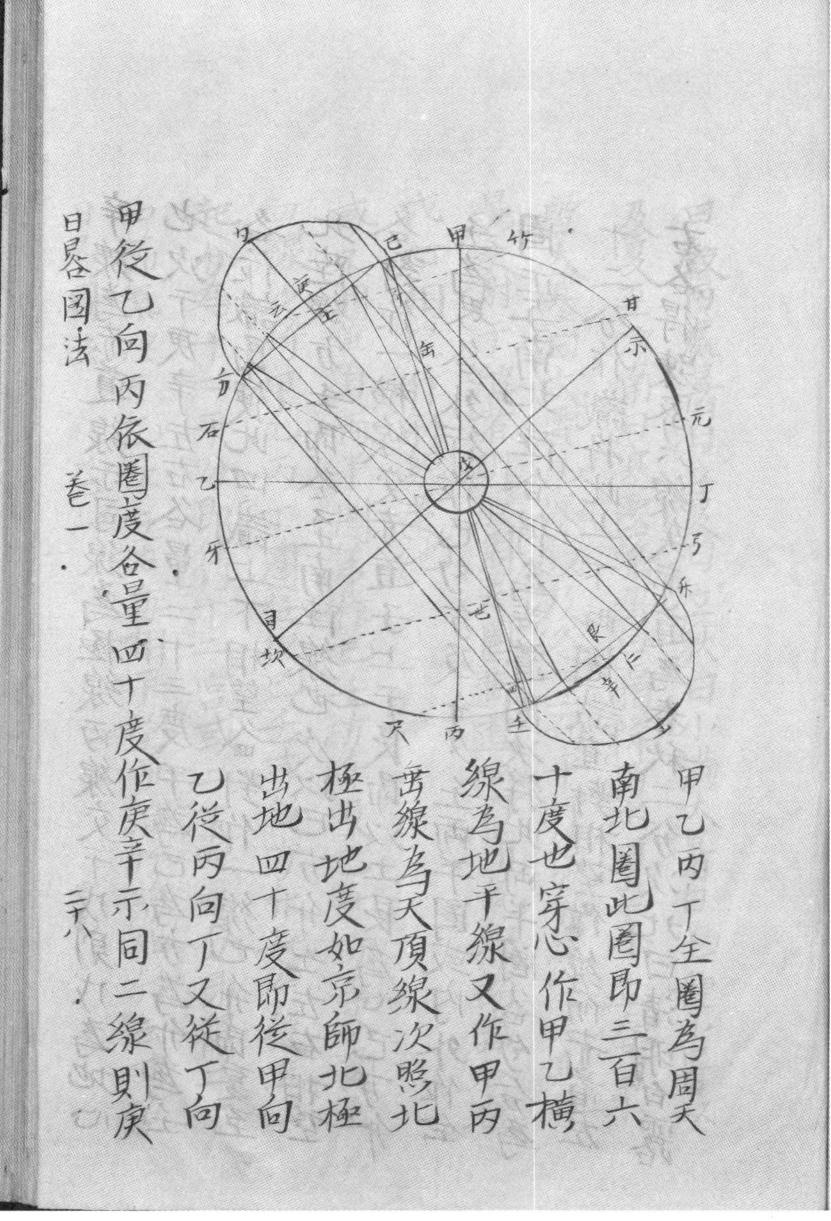

甲乙丙丁全圈為周天
南北圈此圈即三百六
十度也穿心作甲乙橫
線為地平線又作甲丙
垂線為天頂線次照北
極出地度如京師北極
出地四十度即從甲向
乙從丙向丁又從丁向
甲從乙向丙依圈度各量四十度作庚辛示同二線則庚

日晷圖法　卷一　二十八

甲乙丙丁全圈，爲周天南北圈，此圈即三百六十度也。穿心作甲乙橫線，爲地平線。又作甲丙垂線，爲天頂線。次照北極出地度，如京師北極出地四十度，即從甲向乙，從丙向丁，又從丁向甲，從乙向丙，依圈度各量四十度，作庚辛、示司二線，則庚辛線爲赤道線，示司線爲極線，兩線交于戊，則戊爲地心也。次于庚辛左右各量二十三度半，爲己，爲方，爲升，爲壬，各作識，即便[1]此四識上下相望，各對作一線。己升即夏至北陸線，方壬即冬至南陸線也。次以己方、升壬左右相望，各對作一横線，交赤道于土、于艮。即以土艮爲心，己方升壬爲界，各外行作己勺方及升夕壬兩半圈，或内外作全圈。正與南北陸合，得爲黄道圈。次將此兩半圈，各勻分爲十二分作識，將此上下兩圈識直對相望作線，而赤道左右各得疎密六線矣。赤道爲春秋二分，次北曰清明、白露，

1 天理本“便”作“依”。

曰穀兩處暑曰立夏曰立秋曰小滿大暑曰芒種小暑以
及夏至次南曰寒露驚蟄曰霜降兩水曰立冬立春曰小
雪大寒曰大雪小寒以及冬至而平行節氣線定矣其日
晷之射于地者則取周天圈黃道以內節氣線諸識各與
戊心相望作斜線是也
或不用黃道兩半圈第作己壬方升及己升方壬冬夏至
四線次將甲乙丙丁圈任從己壬或從方升起今從己壬
起分為十二平分即得十二宮或二十四平分即得二十
四節氣次于己壬左右每相平望兩識作線如竹云甘石

曰穀雨、處暑，曰立夏，曰立秋，曰小滿、大暑，曰芒種、小暑，以及夏至。次南曰寒露、驚蟄，曰霜降、雨水，曰立冬、立春，曰小雪、大寒，曰大雪、小寒，以及冬至，而平行節氣線定矣。其日景之射于地者，則取周天圈黃道以内節氣線諸識，各與戊心相望，作斜線是也。

或不用黄道兩半圈，第作己壬、方升及己升、方壬冬夏至四線。次將甲乙丙丁圈，任從己壬或從方升起，今從己壬起，分爲十二平分，即得十二宫，或二十四平分，即得二十四節氣。次于己壬左右，每相平望兩識作線，如竹云、甘石、元牙、弓坎、仁尺，其線必相爲平行，而亦皆爲已壬垂線，交已壬線于斤，于缶、于戊、于世、于皿。即以斤、缶、戊、世、皿各作赤道平行線，示司垂線，而十二宮或二十四節氣如前，亦定矣。平行線節氣已定，其斜線節氣亦自定矣。

第二十隨圈大小分節氣線捷法

右法雖佳，但月[1]分節氣線太煩，欲隨圈大小，得分平行線節氣及斜線節氣捷法。先于外板，任作甲乙線爲赤道線，即取甲爲心，任作丙乙丁圈，分交赤道線于乙。次從赤道線乙左右，捷圈分各二十三度半，上爲丙，下爲丁。次從甲與

1 天理本“月”作“用”，當作“用”。

日晷圖法　卷一　三十

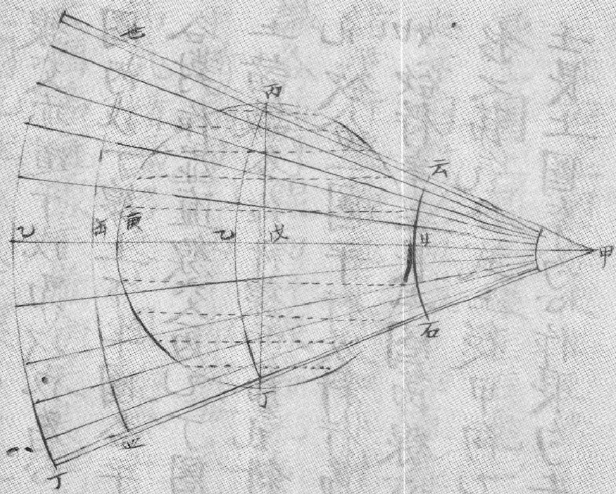

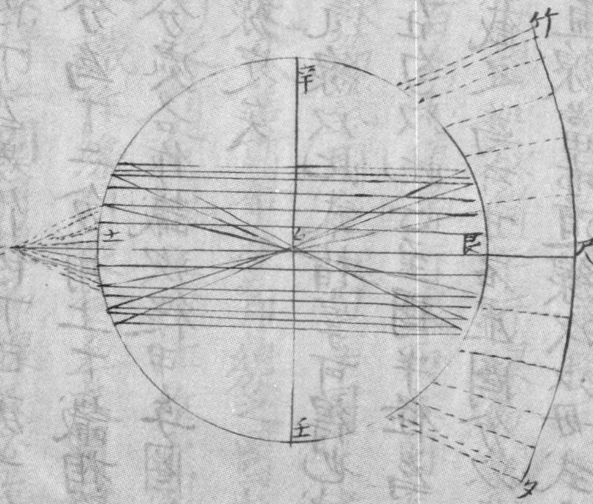

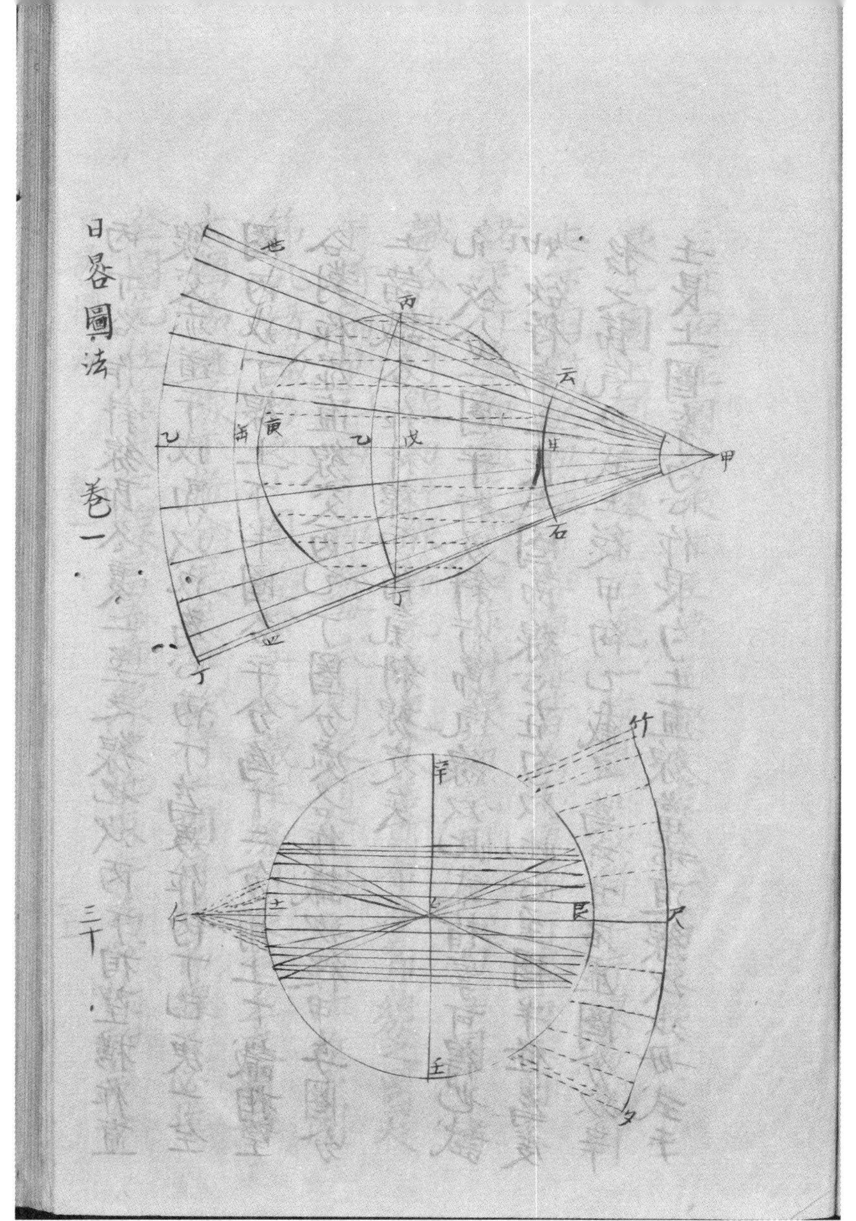

丙丁各作斜線，即冬夏二至之線也。次丙丁相望，橫作直線交赤道于戊。即以戊爲心，丙丁爲界，作丙丁己庚一全圈。丙戊丁線，上下半圈各平分爲十二分，用上下識相望各對作虛直線，交丙乙丁圈分處，各作識。次從甲與圈分上諸識，各作斜線，而節氣斜線定矣。

凡欲分一圈平行及斜行節氣線，以此式指掌可得也。試如欲得辛壬艮土圈節線，心在勺，以此心至圈半徑爲度，移之節氣母式上。從甲向乙截之，爲云甘石虛圈分，以辛壬艮上[1]圈，穿勺心作艮勺土直線，當赤道線；次以母式于

1 天理本"上"作"土"，當作"土"。

云甘石虛圈分，從甘至諸節線交處，逐一爲度，移于辛壬艮土圈上，艮土線左右，逐一作識。如欲得平行線節氣，則上下相對望，兩識每作直線，皆爲赤道平行線，而本圈之諸平行線節氣定矣。如作斜線節氣，則從心勺與圈上諸識，各作斜線，而斜線節氣亦定矣。若所命分節線之圈大于所備甲乙丙丁節線母式，則從所命圈之心任作小圈，節氣諸識移之小圈，從心與各識作線引長。令至大圈，而大圈節氣線亦并分定矣。如欲得一圈斜線，節線不必作全圈，先任作尺仁線，當赤道線，次任取仁爲心，作所命分

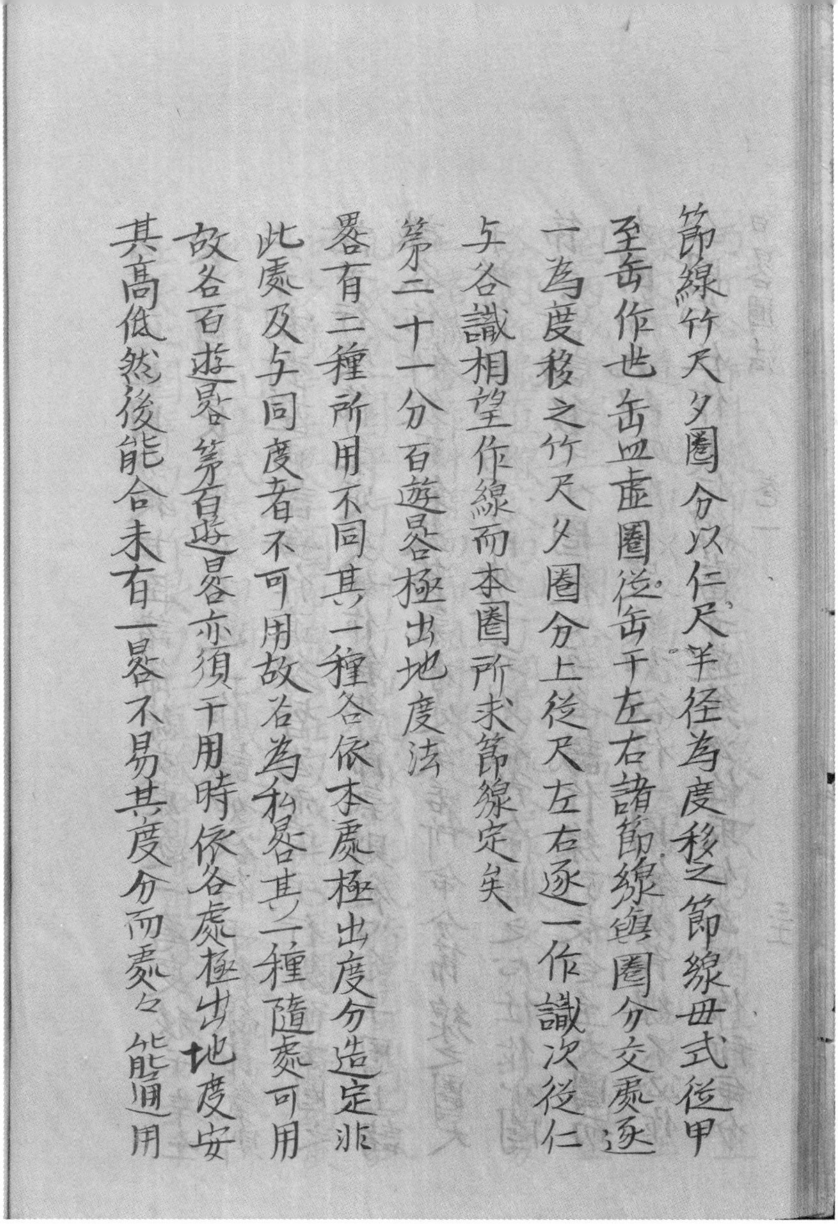

節線竹尺夕圈分。以仁尺半徑爲度移之，節線母式；從甲至缶作世缶皿虛圈，從缶于左右諸節線與圈分交處，逐一爲度，移之竹尺夕圈分上，從尺左右，逐一作識。次從仁與各識相望作線，而本圈所求節線定矣。

第二十一分百游晷極出地度法

晷有二種，所用不同，其一種各依本處極出度分造，定非此處及與同度者不可用，故名爲私晷；其一種隨處可用，故名百游晷。第百游晷亦須于用時，依各處極出地度，安其高低，然後能合。未有一晷，不易其度分，而處處能通用者。定極度分法頗多，不能尽記之，今特舉一二，更便易者。用晷時，非懸之，則倚之。懸晷用度圈，倚晷用度板，或度梯度柱作度圈。用銅作甲乙丙丁圈，其甲乙爲兩軸，其一軸左右，如甲丙甲丁半圈，平分爲百八十分，即一度一分；或分九十分，即兩度一分；或四十五分，即四度一分。俱從甲起數至丙丁，各爲九十度，兩軸令可旋轉，用時移圈與晷作縱横十字形，别以鈎懸于本地極出地度分，而極出地度定矣。

度板及度柱，皆于晷下用地平板，與晷午線下交，令可闔

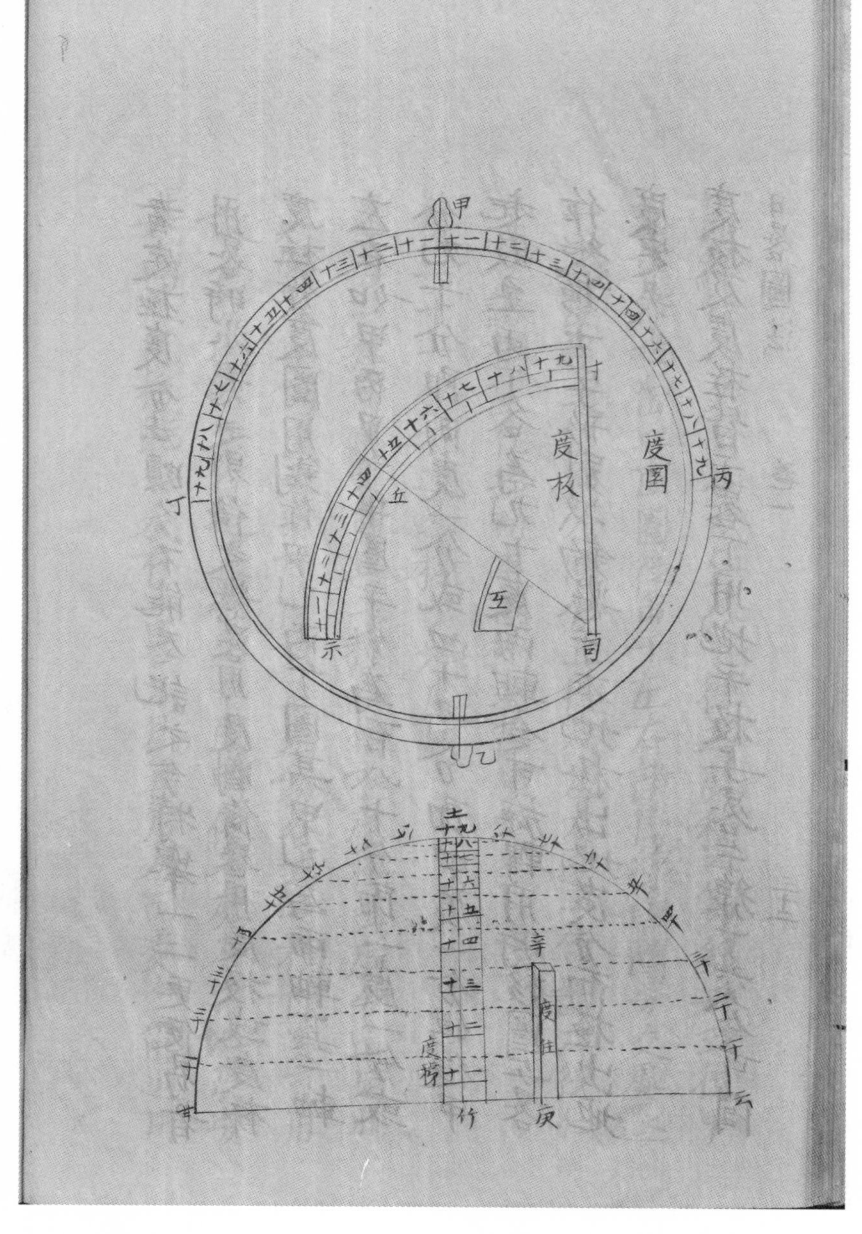
甲
乙
丙
丁
度圈
度杈
辛
度柱
庚

闢。若度板，以圓板四分之一，如寸示司圜分。司爲心，平分寸示爲九十度，截去本地極出度板分，以其餘分置于晷地平板之交，令司角與交角切合，而極度定矣。試如京師極出地四十度，從示至丘四十度之板分悉去之，丘寸五十度板分留之，側至晷下。令晷板倚之，即得。或從丘以内向司俱割之，則存司丘示寸，丘以下藏入地平板，則度板更穩，度數俱全。而所藏入者南行，尚可用。若更留互鋭，令與丘示圈同入地平板，度板更穩。

若度梯，則别以平面板任作云甘横線。次從土竹垂線，兩線相交于竹。以竹爲心，隨所用度梯長短，作云土甘半圈，平分爲百八十分。則一度一分，或二度一分，或三度一分。從上左右，每分俱平望，作横線平行，皆定于土竹垂線。從竹數至土，竹爲一度，土爲九十度，而土竹度梯之分定矣。次作銅柱辛庚，以土竹度梯之半爲長，但略餘少許，作聯板之用。以土竹線上諸識，從竹土行，逐一爲度，移之地平板上。從地平板與晷交處，或面上，或邊旁，逐一作識，依識一一作短線。次以度柱爲度，從交處上行，令度柱一端與晷相切，或活可分，或聯可動。用時以度柱下端指地平板上極出地度，即得矣。

假如甲乙爲地平板，其上諸短線，即度梯分數。丙乙爲晷下面，乙即兩板交處，戊庚即度柱。以甲乙之半爲其長，以柱表爲度，從晷下面自乙上行得辛，以置度柱。辛上下俱爲空道，以容度柱，且便前却。今京師極出四十度，以柱下端置四十度線上，而晷得高于地平五十度，他處倣此。或以度柱聯于地平板，度梯作于晷下面，亦可。

第二十二作節氣曲線捷法

夫直線用尺，圓線用規，獨曲線無法，故最難作。蓋分時帶

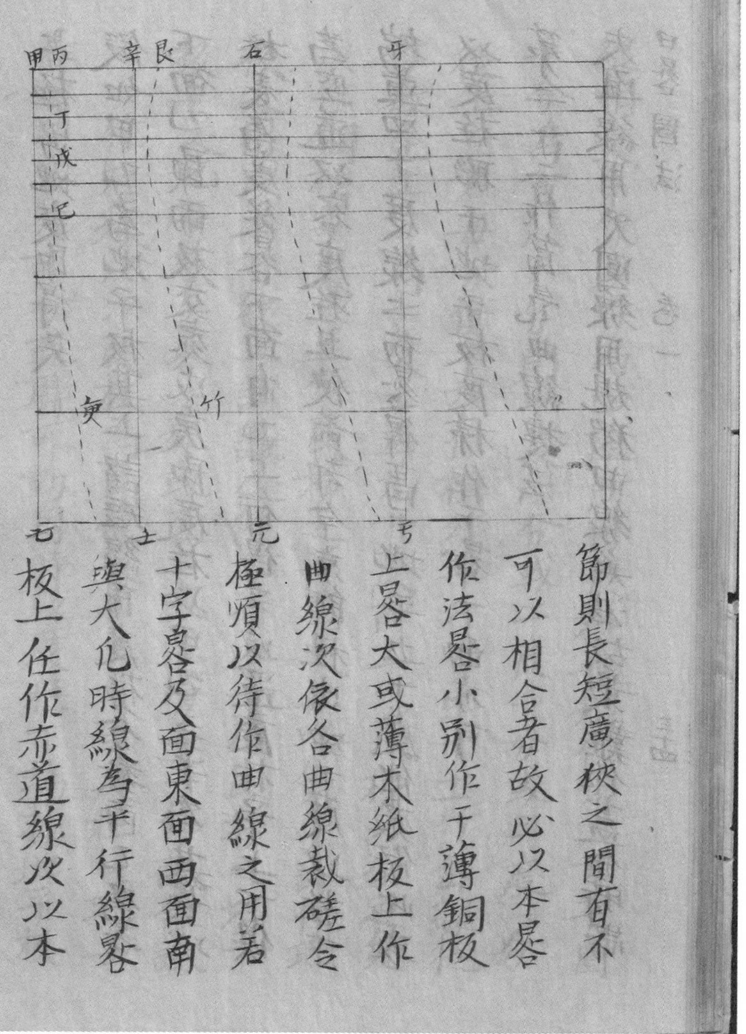

節，則長短廣狹之間，有不可以相合者。故必以本晷作法，晷小别作于薄銅板上；晷大或薄木紙板上，作曲線。次依各曲線裁磋，令極順以待作曲線之用。若十字晷及面東、面西、面南與大[1]凡時線爲平行線，晷板上任作赤道線。次以本

1 天理本“大”作“夫”。

晷時線移于板上，横作時線，時線上從赤道線作節氣之界識，依識截板而得也。試如甲乙當赤道線，近赤道兩旁作節線界識，如丙丁戊己庚，依識截板。次又作辛壬當赤道線，依前法定第二節線界識，爲艮土云甘竹，依識截板。其第三如石元，第四如牙弓，以至第五、第六皆依此法截之，而畫二十四節氣曲線板，悉畢矣。

若平晷、天頂晷與夫凡時線聚于一心，不能爲平行線之晷者，板上依本晷之法，畫時線。次各線上從心定節線界識，循識截板而得也。試如甲爲晷心，從心畫諸時。次依本晷作法，從甲定第一節氣線界識，爲乙丙丁戊己庚，依識截板而得也。其第二、三、四、五、六皆依此法截之，而二十四節氣線板備矣。相對節線，如芒種、小暑、大雪、小寒，其線曲直等，故兩線共一板，板六片而二十四節線俱可畫矣，不啻相對節線等。即一節線，午前、午後兩半，亦等用板半片，既畫午前半節氣線，反板則作午後半節氣線，是以六半片而二十四節氣俱可畫矣。第用板時，本晷上既畫時線，則于午後上及前後各任二三時線上，各定節氣線界識。令本節線板曲邊切合晷上節氣界識，曲板上時線切加晷上時線，上下正對，午對午，辰對辰，未對未，依曲邊作深線，而節氣界定矣。此式一定，任作十百晷，止須表等。若改表長短，節線亦必改矣。

第二十三正表法

晷表立不正，則指節氣及時刻俱不準，故須得法以正之。法曰：凡用直表，即以表位爲心，任作一圈。次用規，其一髀任指圈上，其一指表端。自圈上三處量表端，如三相遇于一，則表正矣，否則偏。試如甲爲表位，乙爲表端。即以甲爲心，作丙丁戊圈，任從丙、從丁、從戊量乙，若俱相遇于乙，即

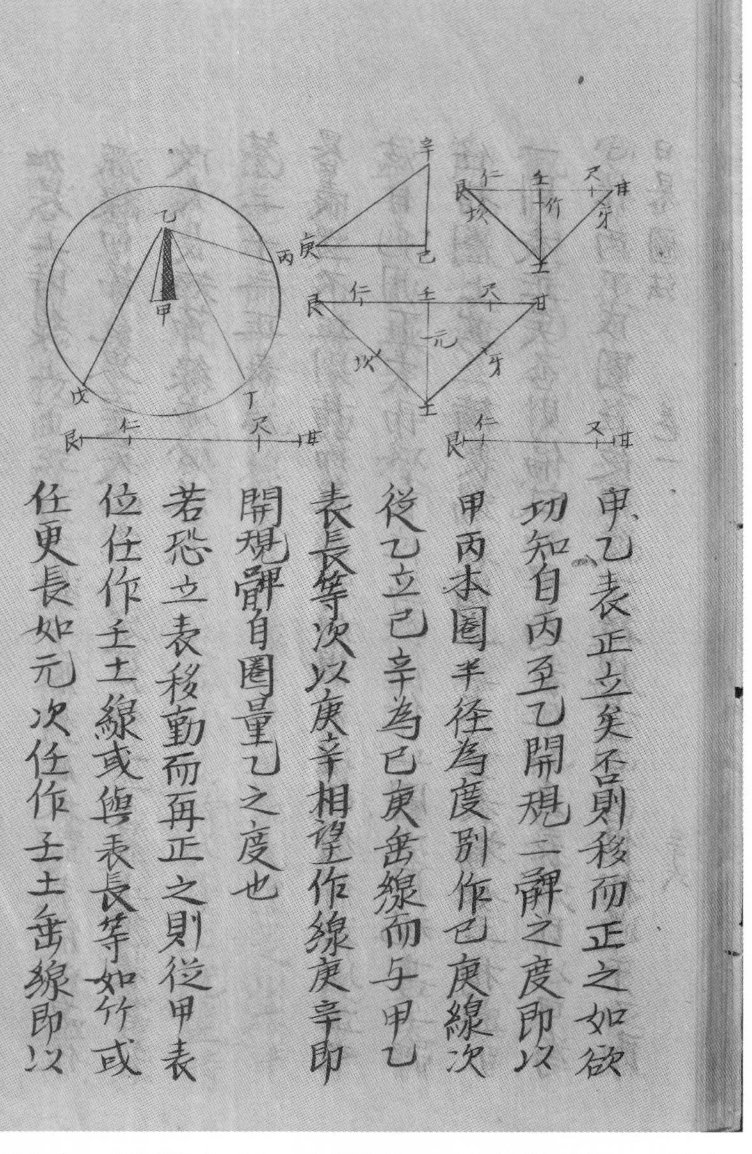

甲乙表正立矣，否則移而正之。如欲切知，自丙至乙開規，二髀之度即以甲丙本圈半徑爲度，别作己庚線。次從乙立己辛，爲己庚垂線，而與甲乙表長等。次以庚辛相望，作線庚辛，即開規髀，自圈量乙之度也。

若恐立表移動，而再正之，則從甲表位任作壬土線，或與表長等，如竹，或任更長，如元。次任作壬土垂線，即以

壬土為度從壬左右行截壬甘壬艮與壬土等次作土甘
土艮兩斜線即從土斜行截土牙土坎與所定表長等次
以甘坎或艮牙為度于甘艮線上從甘截仁從艮截尺次
用規以甘仁或艮尺為度自甘自艮各量表端若但相遇
乙表端即表正否則須正之此圖式或時存甘尺仁艮線
而深之餘線俱礲之亦可也

壬土爲度，從壬左右行，截壬甘、壬艮與壬土等。次作土甘、土艮兩斜線，即從土斜行截土牙、土坎，與所定表長等。次以甘坎或艮牙爲度，于甘艮線上從甘截仁，從艮截尺。次用規，以甘仁或艮尺爲度，自甘、自艮各量表端。若但[1]相遇乙表端，即表正；否，則須正之。此圖式或時存甘尺、仁艮線而深之，餘線俱礲之，亦可也。

1 天理本“但”作“俱”。

日晷圖法卷二

第一題作平晷第一法

此晷畫于地平或與地平平行之面故名曰平晷畫晷之體若定不移則先須以卷第一測其面與地平平否少偏則時刻不能准也若体不定則用時亦須置極平無偏然後表景指節氣及時刻俱無爽也其圖式及後諸晷之圖式皆以京師極出地四十度為主

先作甲乙垂線為子午線次作丙丁横線兩線交于戊為表位次量晷小大取一度為表長晷小表長則日出後入

《日晷圖法》卷二

第一題作平晷第一法

此晷畫于地平，或與地平平行之面，故名曰平晷。畫晷之體若定不移，則先須以卷第一，測其面與地平平否，少偏則時刻不能準也。若體不定，則用時亦須置極平無偏，然後表景指節氣及時刻俱無爽也。其圖式及後諸晷之圖式，皆以京師極出地四十度爲主。

先作甲乙垂線，爲子午線，次作丙丁横線，兩線交于戊爲表位。次量晷小大，取一度爲表長。晷小表長，則日出後入

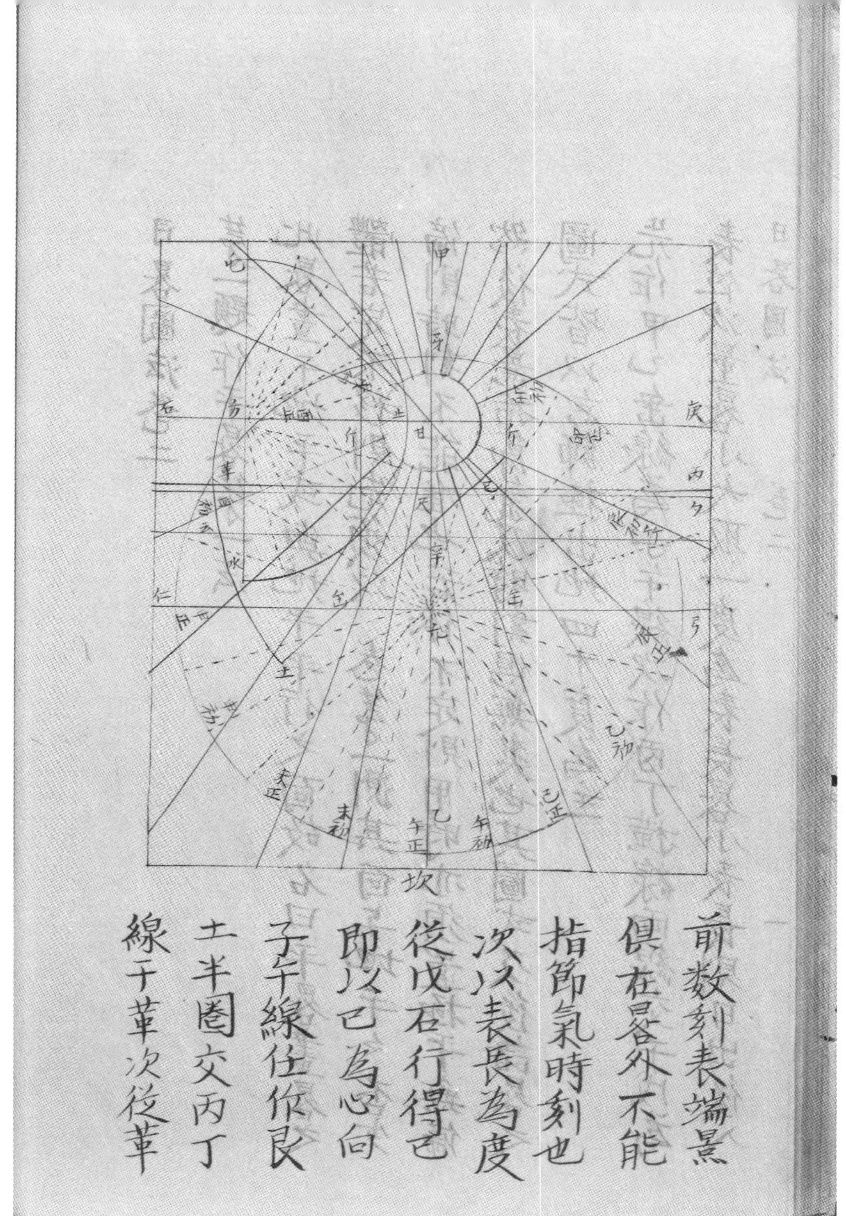

前數刻，表端景俱在晷外，不能指節氣時刻也。次以表長爲度，從戊石行得己，即以己爲心，向子午線任作艮土半圈，交丙丁線于革。次從革

丙上量本地極出度，如京師四十度爲土，即作土己線，與子午線交于辛。次從辛與丙丁線平行，作竹云線，爲赤道線。次從革向艮量極出地之餘度，如京師四十度之餘五十度爲艮，即作艮己線，與子午線交于甘，甘點即晷心，衆時刻所聚也。次從甘與丙丁線平行作庚石線，爲卯酉線。次以己辛爲度，從辛依子午線下行得元。即以元爲心，任作弓牙坎仁圈，平分爲九十六分，或其半爲四十八分亦可。次以元與圈分，俱相望。凡言相望，皆言界尺切圈心，與圈分或切此線識及彼線識，不必作他線。每至赤道交處，即作識。次以甘與赤道上各識相望，

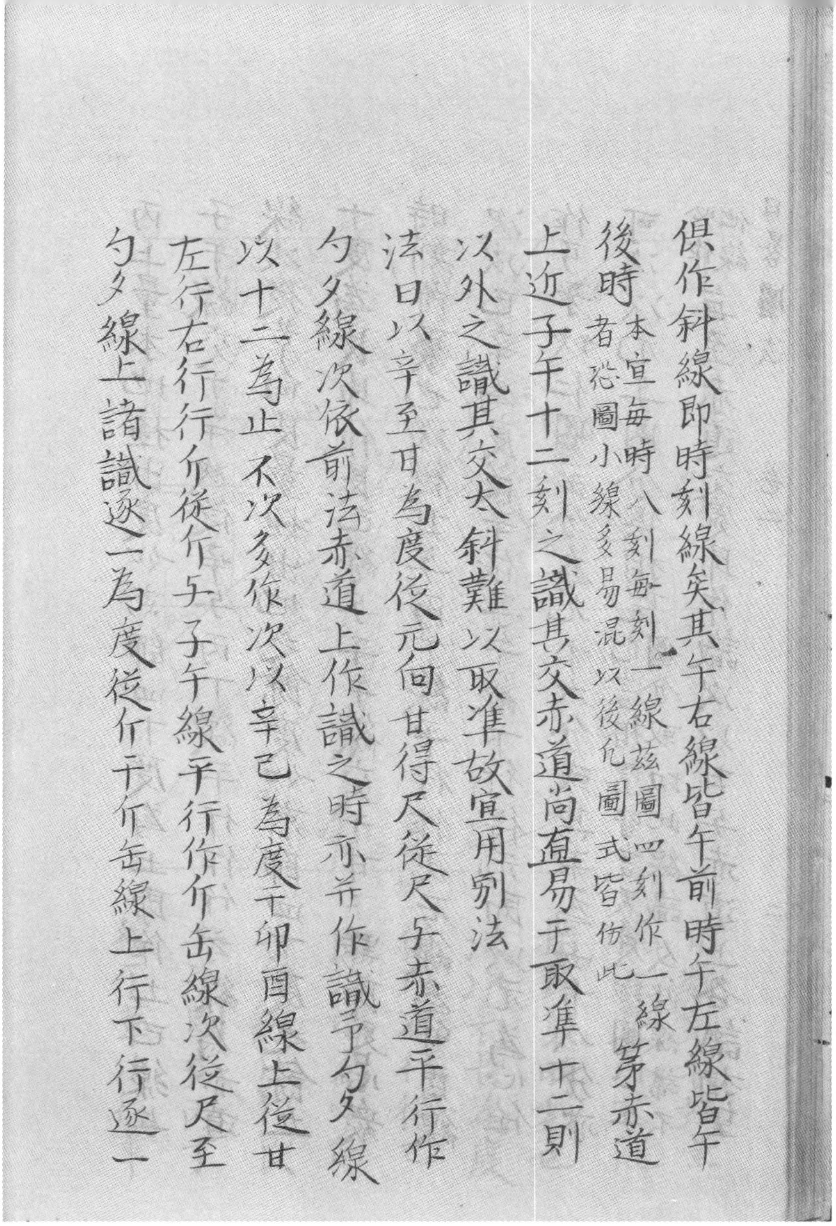

俱作斜線，即時刻線矣。其午右線皆午前時，午左線皆午後時。本宜每時八刻，每刻一線。兹圖四刻作一線者，恐圖小線多，易混，以後凡圖式，皆仿此。第赤道上近子午十二刻之識，其交赤道尚直，易于取準；十二則[1]以外之識，其交太斜，難以取準。故宜用别法。

法曰：以辛至甘爲度，從元向甘得尺，從尺與赤道平行，作勺夕線。次依前法，赤道上作識之時，亦并作識予勺夕線，以十二爲止，不次多作。次以辛己爲度，于卯酉線上，從甘左行右行行斤，從斤與子午線平行，作斤缶線。次從尺至勺夕線上諸識，逐一爲度，從斤于斤缶線上行下行，逐一

1 天理本“則”作“刻”，當作“刻”。

作識，即赤道上第十二識，與斤下第十二識相遇于一方，驗其無爽也。次從甘于斤缶線諸識相望，各作斜線，即卯酉前後諸時刻線，俱定矣。

尺[1]法：亦以己辛爲度，從甘于卯酉線，或左或右行得斤，亦如前法。作斤缶線與子午線平行，次以辛甘爲度，從斤于卯酉線，或左或右行得方。以方爲心，向子午線任作屯止水半圈，平分爲四十八分，止用卯酉線上下各十二分，一刻一分，或任三分四刻一分，即以方與止上下十二分，或三分，俱相望，每至斤缶線交處，即作識。次以甘與斤缶線

1 天理本"尺"作"又"。

各識相望，俱作斜線，則卯酉前後各十二刻，亦得焉。若不用節氣線，則以戊己爲表長，立表于戊，而晷成焉。此式既畢，乃視各線，宜留者深之，宜去者礲之，此圖式亦可爲作平晷之母也。

平晷第二法

凡欲依前圖式作平晷，先備甲乙丙丁平面板。次己戊辛横線，爲卯酉線，次任作時刻界線，或圓或方，以待記時刻。蓋量晷方圓，近邊作平行二線爲界，使時刻線至此而止。次以規量卯酉線正中于庚，從庚立艮土線，爲卯酉之垂線，即子午線。次任用一度，從

日晷圖法　卷二

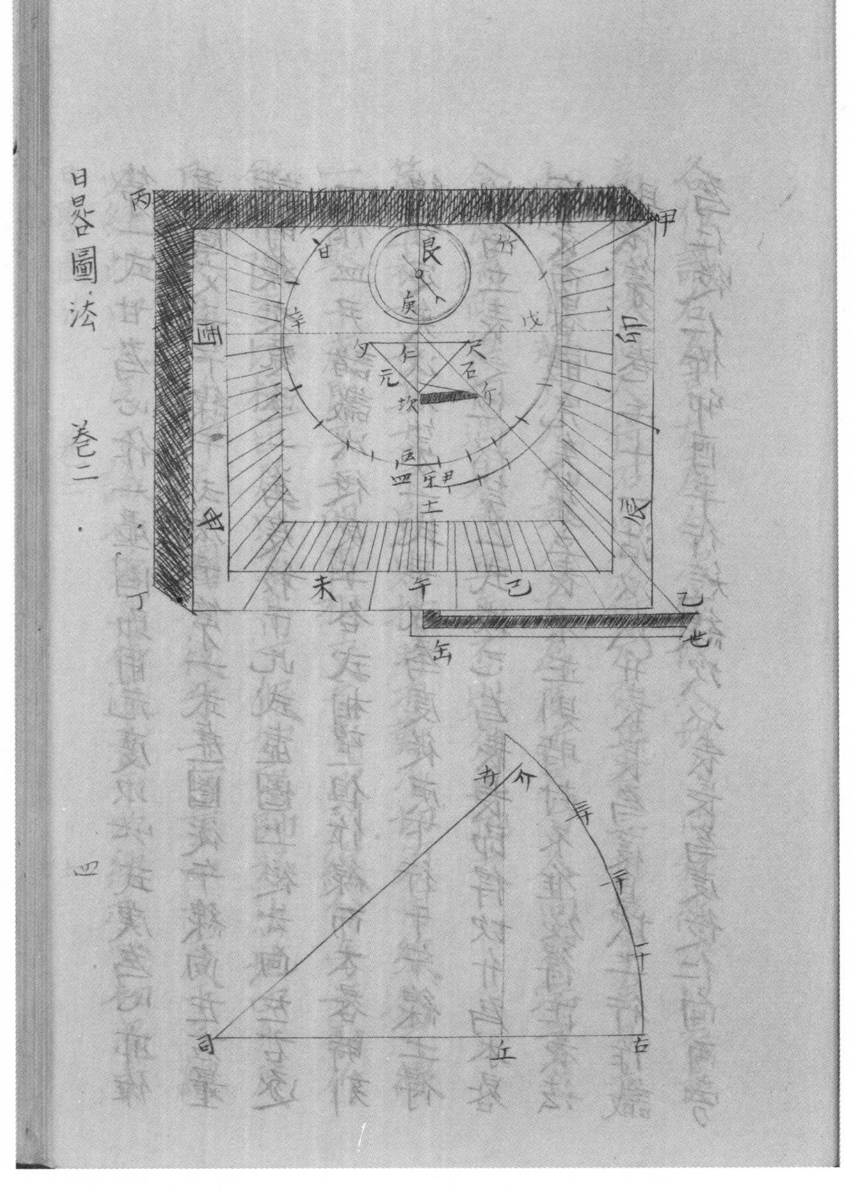

第一式甘爲心，作一虚圈，即用元度，以此式，庚爲心，亦作虚圈，交子午線于云。次于第一式虚圈，從午線向左右量諸時線交處，逐一爲度，移于此式虚圈上，從云向左右逐一作皿尹諸識。次從庚與各式相望，俱作線，而本晷時刻線皆定矣。次以第一式辛戊爲度，從庚下行于午線上得坎，爲立表之位。以第一式戊己爲表長，即得坎升爲本晷直表，而晷體完矣。第立表不正，則時刻不準，欲得正表法，則依第一卷二十一法，以坎升表長爲度，自坎上行作識爲仁，從仁作卯酉平行短線。次以表長爲度，從仁向兩旁各作識，右爲尺，左爲勺。次作坎尺、坎勺兩斜線。次以表長爲度，從坎向尺得石，向勺得元，而正表三角形畢矣。凡立表之時用規，以尺元或勺石爲度，從尺勺各向表端量之，令表端兩俱相遇，則表正矣。否則，須再正之。

第直表景長，其本[1]不顯，則指時亦難準，切須用線代之，線一端繫于庚，即子午卯酉相交之處。次引線，令與平面作鋭角，隨本地極出度以爲高下。假如京師極出地四十度，即以庚爲心，任作弓牙圈分，從牙上行量四十度于弓線，必經此四十度之識也。若立得直表于坎線，必亦切過表

1 天理本"本"作"末"。

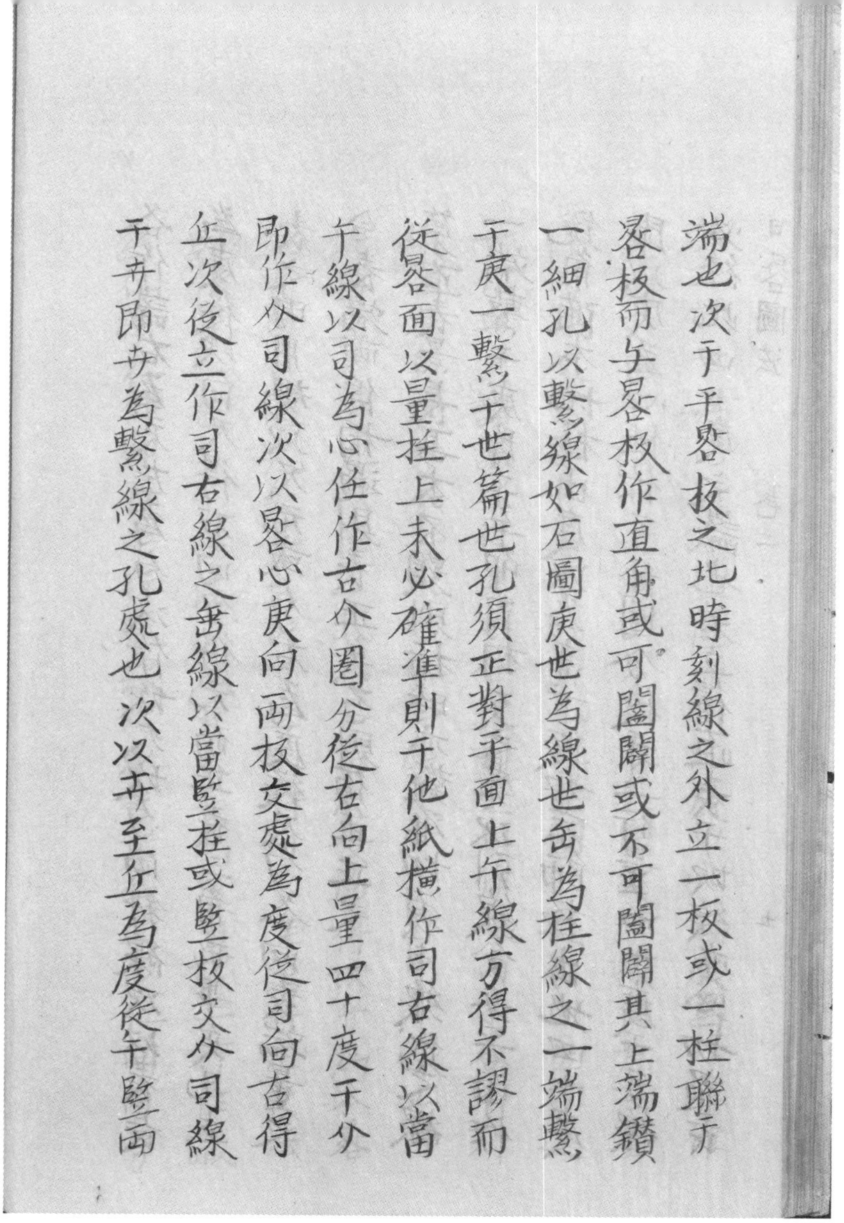

端也。次于平晷板之北，時刻線之外，立一板或一柱，聯于晷板，而與晷板作直角，或可闔闢，或不可闔闢。其上端鑽一細孔，以繫線，如右圖。庚世爲線，世缶爲柱。線之一端繫于庚，一繫于世。篇[1]世孔須正對平面上，午線方得不謬，而從晷面以量柱上，未必確準，則于他紙橫作司古線，以當午線。以司爲心，任作古介圈分，從古向上量四十度于介，即作介司線。次以晷心庚向兩板交處爲度，從司向古得丘。次從丘作司古線之垂線，以當竪柱或竪板，交介司線于卉，即卉爲繫線之孔處也。次以卉至丘爲度，從午竪兩

1 天理本“篇”作“第”。

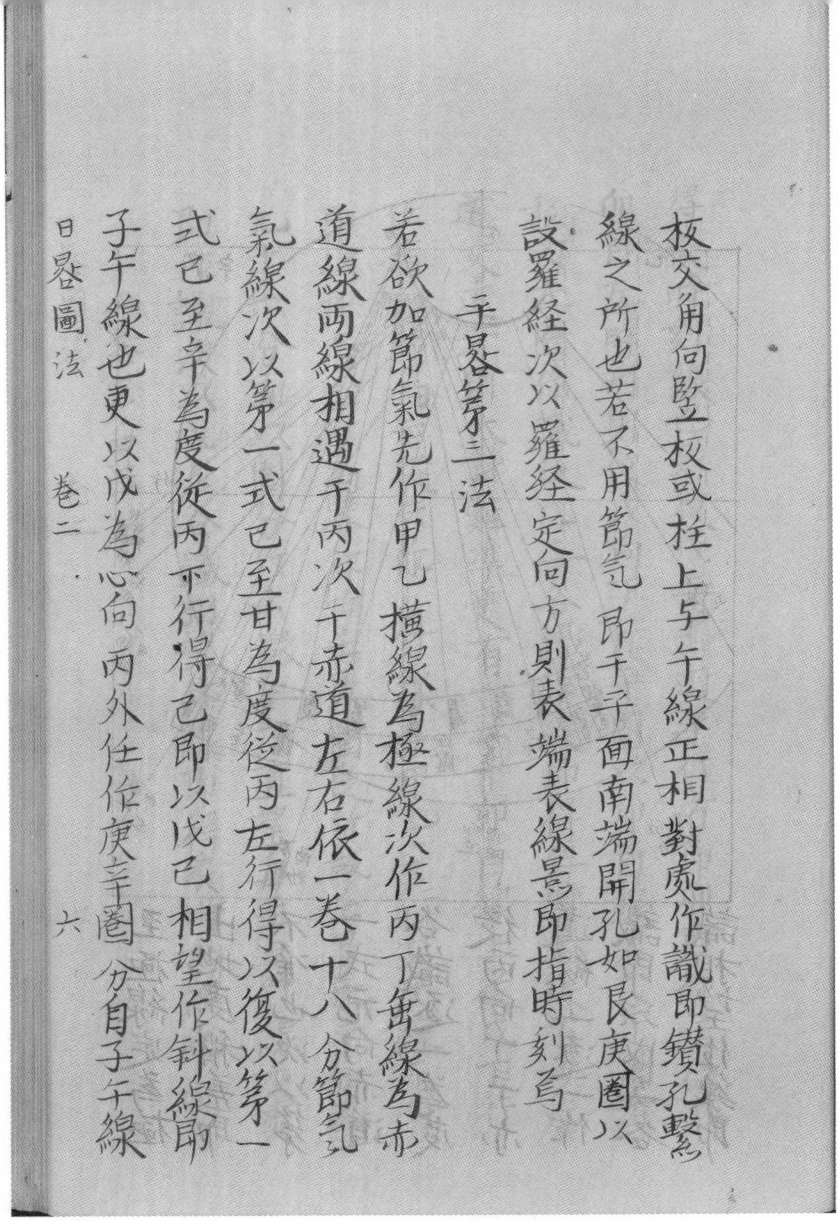

板交角向竪板，或柱上與午線正相對處作識，即鑽孔繫線之所也。若不用節氣，即于平面南端開孔，如艮庚圈，以設羅經。次以羅經定向，方則表端表線景，即指時刻焉。

平晷第三法

若欲加節氣，先作甲乙横線爲極線。次作丙丁垂線，爲赤道線，兩線相遇于丙。次于赤道左右，依一卷十八分節氣氣線。次以第一式己至甘爲度，從丙左行得以[1]，復以第一式己至辛爲度，從丙下行得己，即以戊己相望作斜線，即子午線也。更以戊爲心，向丙外任作庚辛圈分，自子午線

1 天理本"以"作"戊"。

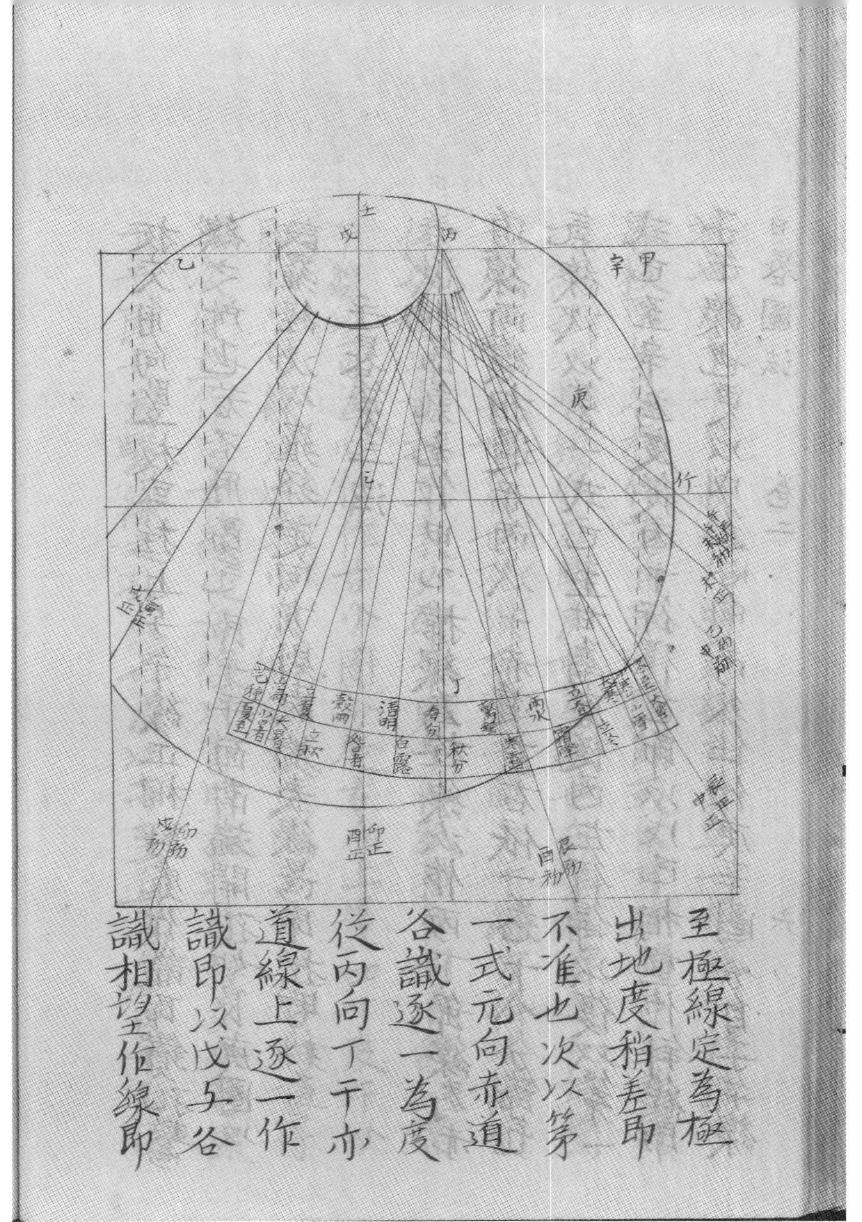
至極線定為極出地度稍差即不准也次以第一式元向赤道各識逐一為度從丙向丁干亦道線上逐一作識即以戊与各識相望作線即

至極線，定爲極出地度。稍差，即不準也。次以第一式元向赤道各識，逐一爲度，從丙向下，于亦[1]道線上逐一作識，即以戊與各識相望作線，即

1 天理本“亦”作“赤”，當作“赤”。

得衆時刻線也。其從戊與赤道平行者，即卯酉線。若欲作卯酉左時刻，則從戊向下作半圈，以卯酉線右交于圈者移之，左圈作識，從戊與各識作線，即得。但時刻線有與赤道交遠者，則太斜難準。更有一法：于卯酉線上，從戊下行，任指一點爲云。從云作云竹線，與甲乙平行交午線于竹。即以云爲心，竹爲界，作竹壬艮圈，從竹或壬艮起，平分爲九十六分。即以圈分竹云線上下直望，每至云竹線交處，即作識。次以戊與各識相望作線，即得衆時刻線也。

平晷第四法

此式乃有節氣平晷成式也其法横作甲乙線為卯酉線
即于其上直作丙丁垂線為午線兩線相遇于丙次以第
一式甘至辛為度從丙向丁得庚即從庚作線与甲乙平
行為赤道線次以第一式自辛至左右線記逐一為度從
庚左右逐一作識即以丙与各識相望俱作虛線或以丙
為心任作虛圈即用元度于第一式上以甘為心亦作虛
圈次以第一式虛圈上午旁線分逐一為度移至本式虛
圈上子午線左右逐一作識亦以丙与各識相望作線則
卯酉子午前後刻線俱定矣次以第三式自戊循午線斜

此式乃有節氣平晷成式也。其法：横作甲乙線，爲卯酉線，即于其上直作丙丁垂線，爲午線，兩線相遇于丙。次以第一式甘至辛爲度，從丙向丁得庚，即從庚作線與甲乙平行，爲赤道線。次以第一式自辛至左右線記，逐一爲度，從庚左右，逐一作識，即以丙與各識相望，俱作虛線。或以丙爲心，任作虛圈，即用元度于第一式上，以甘爲心，亦作虛圈。次以第一式虛圈上午旁線分，逐一爲度，移至本式虛圈上子午線左右，逐一作識。亦以丙與各識相望作線，則卯酉子午前後刻線俱定矣。次以第三式自戊循午線斜

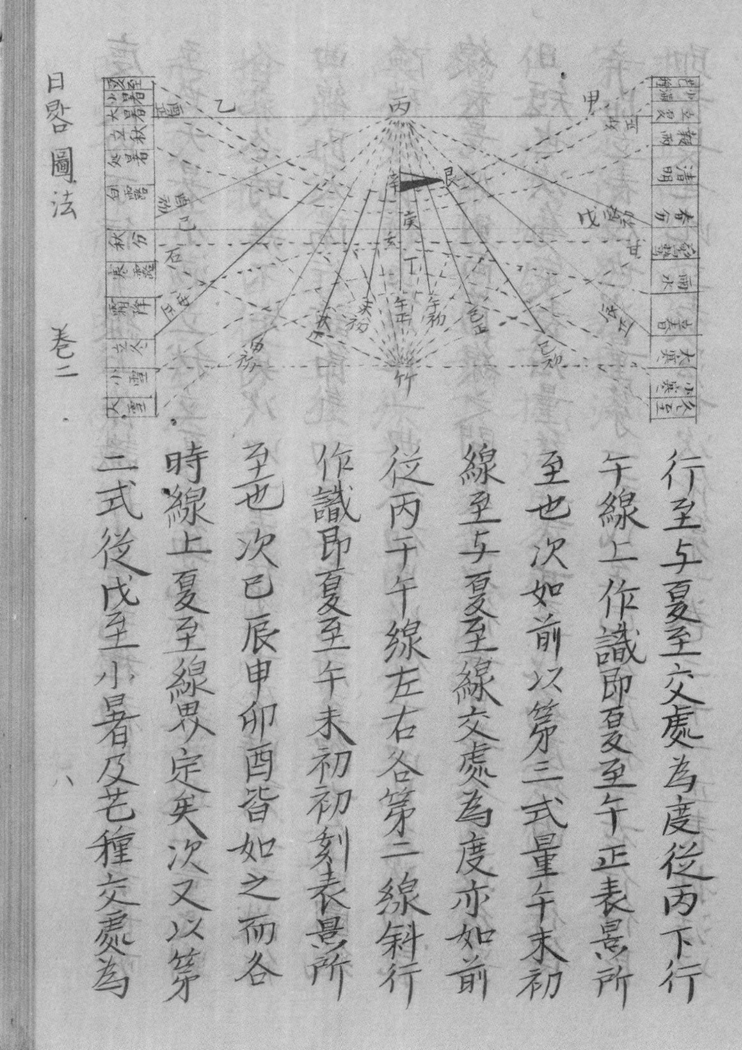
日晷圖法　卷二　八

行至与夏至交處為度從丙下行
午線上作識即夏至午正表景所
至也次如前以第三式量午未初
線至与夏至線交處為度亦如前
從丙于午線左右各第二線斜行
作識即夏至午未初初刻表景所
至也次巳辰申卯酉皆如之而各
時線上夏至線界定矣次又以第
二式從戊至小暑及芒種交處為

行，至與夏至交處爲度，從丙下行午線上作識，即夏至午正表景所至也。次如前，以第三式量午未初線，至與夏至線交處爲度。亦如前，從丙于午線左右各第二線斜行作識，即夏至午未初初刻表景所至也。次已辰申卯酉，皆如之，而各時線上夏至線界定矣。次又以第二式，從戊至小暑及芒種交處爲度從丙下行午線上作識即小暑芒種初日午正表景所至也大暑小滿立秋立夏等節氣皆以是法逐一量之則各氣各時無不定矣次以一卷第二十依時刻上之識作曲線即太陽行諸節氣初日之表景所至線也今以圖紙隘恐線混持缶節作一曲線初日以後十四日至次節氣線表景必射兩節線之間夏至以後景日長冬至以後景日短也次為定表法量第一式甘至戊為度從丙下行得辛即立表位也次量第一式戊至己為度從辛右行得艮即表長也此立表法也次依第一卷二十一正表捷法以

度，從丙下行午線上作識，即小暑、芒種初日午正表景所至也。大暑、小滿、立秋、立夏等節氣，皆以是法逐一量之，則各氣各時無不定矣。次以一卷第二十，依時刻上之識作曲線，即太陽行諸節氣初日之表景所至線也。今以圖紙隘，恐線混，持缶節作一曲線，初日以後十四日，至次節氣線表景，必射兩節線之間，夏至以後景日長，冬至以後景日短也。次爲定表法，量第一式甘至戊爲度，從丙下行得辛，即立表位也。次量第一式戊至己爲度，從辛右行得艮，即表長也。此立表法也，次依第一卷二十一正表捷法，以

求其正而晷成矣
第二定節線界識捷法
但右法太煩故又有捷法凡各晷之子午線及偏晷之表
線全与節線相遇者其冬夏至之節線及冬至内之第一
線与夏至内之第一線若冬至内之第二三四五線与夏
至内之第二三四五線其疎密雖不等而其曲直必各自
相等也捷法曰從丙于子午線上先定節氣疎密之位如
元爲夏至土爲冬至次以丙元爲度從上下行得竹次依
丙心下行所作時刻線亦從竹上行俱作虛線作法則以

求其正，而晷成矣。

第二定節線界識捷法

但右法太煩，故又有捷法。凡各晷之子午線及偏晷之表線，全與節線相遇者，其冬夏至之節線及冬至内之第一線，與夏至内之第一線。若冬至内之第二、三、四、五線，與夏至内之第二、三、四、五線，其疎密雖不等，而其曲直，必各自相等也。捷法曰：從丙于子午線上先定節氣疎密之位，如元爲夏至，土爲冬至，次以丙元爲度，從上下行得竹。次依丙心下行所作時刻線，亦從竹上行俱作虛線。作法則以

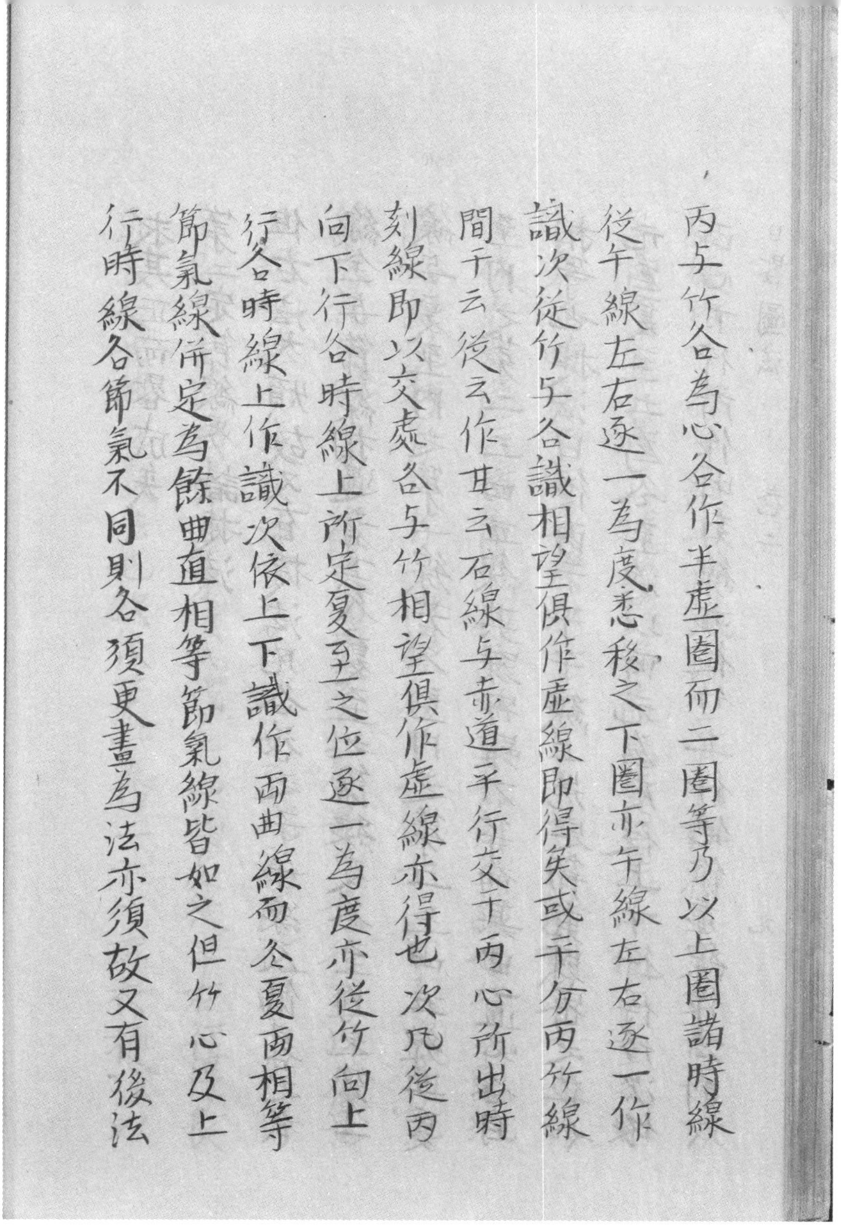

丙與竹各爲心，各作半虛圈，而二圈等，乃以上圈諸時線從午線左右，逐一爲度，悉移之下圈，亦午線左右，逐一作識。次從竹與各識相望，俱作虛線，即得矣。或平分丙竹線間于云，從云作甘云石線，與赤道平行，交于丙心，所出時刻線，即以交處各與竹相望，俱作虛線亦得也。次凡從丙向下行各時線上，所定夏至之位，逐一爲度，亦從竹向上行各時線上作識。次依上下識，作兩曲線，而冬夏兩相等，節氣線并定爲[1]。餘曲直相等，節氣線皆如之。但竹心及上行時線，各節氣不同，則各須更畫，爲法亦須[2]。故又有後法

1 天理本“爲”作“焉”，當作“焉”。
2 天理本“須”作“煩”，當作“煩”。

更捷
法曰先作甲乙為午線次
于其上依第一法定各節
疎密之位假如丁為夏至
己為冬至之位次于午線
或左或右各依前法時線
上各定夏至之位為丙土

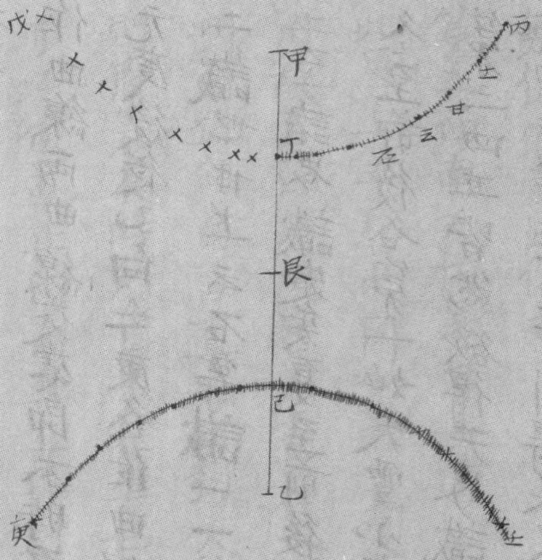

甘云石諸識次于午線求丁己二節之中為艮次從丁向
上任取甲從己向下亦取乙而丁甲與己乙等次以艮至

更捷。

法曰：先作甲乙爲午線，次于其上依第一法定各節疎密之位。假如丁爲夏至，己爲冬至之位，次于午線或左或右，各依前法時線上，各定夏至之位，爲丙土甘云石諸識。次于午線，求丁己二節之中爲艮，次從丁向上任取甲，從己向下亦取乙，而丁甲與己乙等。次以艮至第一識丙爲度，向左作曲線爲戊，次向下午線一左一右，亦各作曲線，左爲庚，右爲壬。次以甲丙爲度，從甲向戊又作曲線，兩曲線交處，即本時夏至日界位，與丙界等。次用元度，後從乙向壬庚各作曲線，每兩曲線交處，御[1]冬至交二識也。甘土云石等識，一一依此法，皆移之作識，而冬夏二至諸界識定矣。夏至前後各第一，如芒種、小暑共一線，冬至前後各第一，如大雪、小寒，亦共一線，兩線曲直亦等，第三、四、五皆然。欲得其界識，依前先于午線上定上下兩位，次取兩位之中，別得艮。又從兩位上行下行，別得甲乙，

1 天理本“御”作“即”。

餘俱依前法作之。

第三面南天頂晷第一法

此晷與平晷大同小異，晝晷之面及其子午線，直立對天頂，故名曰天頂晷。若晝晷之體定不移，先須以　卷第一測面正向南否？直立正對天頂否？若少偏于正南或天頂，則節氣及時刻俱不能準也。若晝晷之體不定，用時其面亦必須置正，向南直立，正對天頂也。先作甲乙爲天須[1]線及子午線，次作丙丁虛線爲甲乙之垂線，交于戊，戊即表位也。次任取戊己度爲表長，即以己爲心，向左任作虛圈

1 天理本"須"作"頂"。當作"頂"。

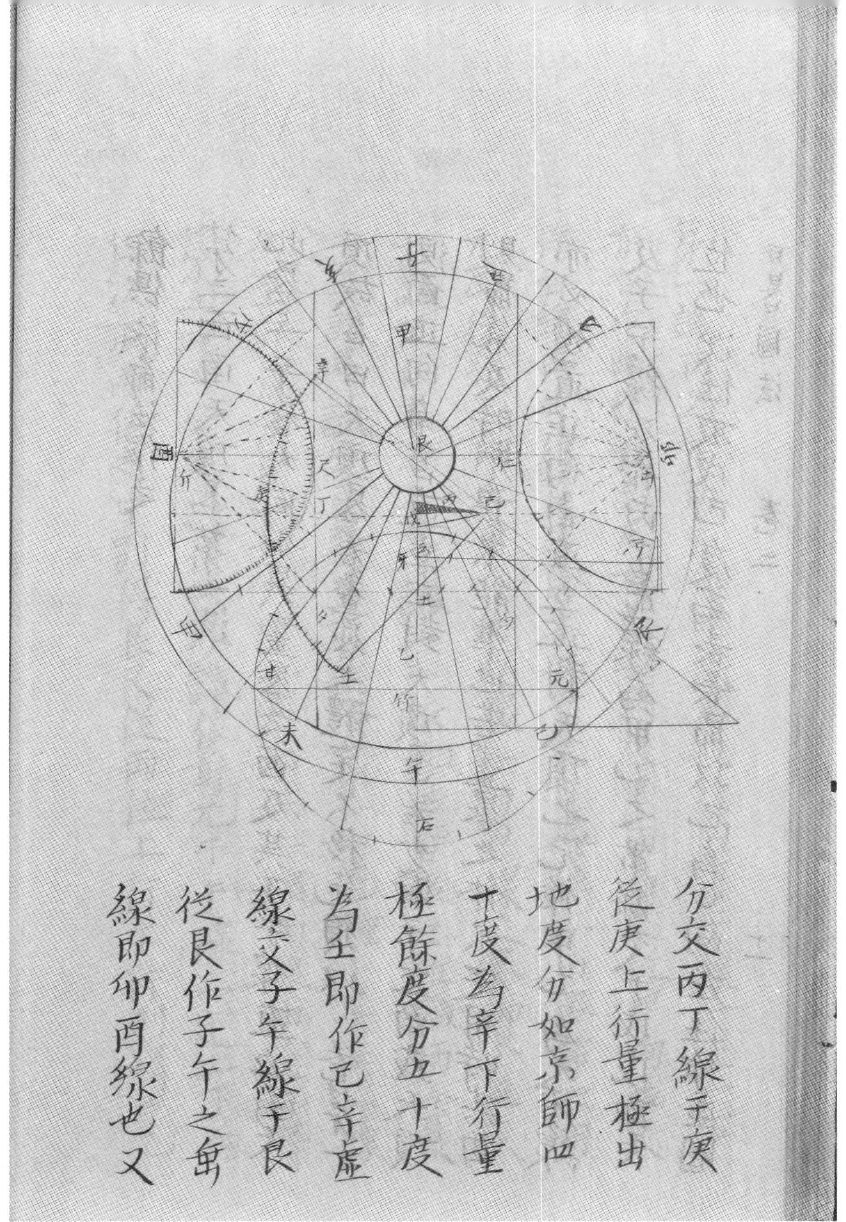

分，交丙丁線于庚。從庚上行，量極出地度分，如京師四十度爲辛，下行量極餘度分五十度爲壬，即作己辛虚線，交子午線于艮。從艮作子午之垂線，即卯酉線也。又

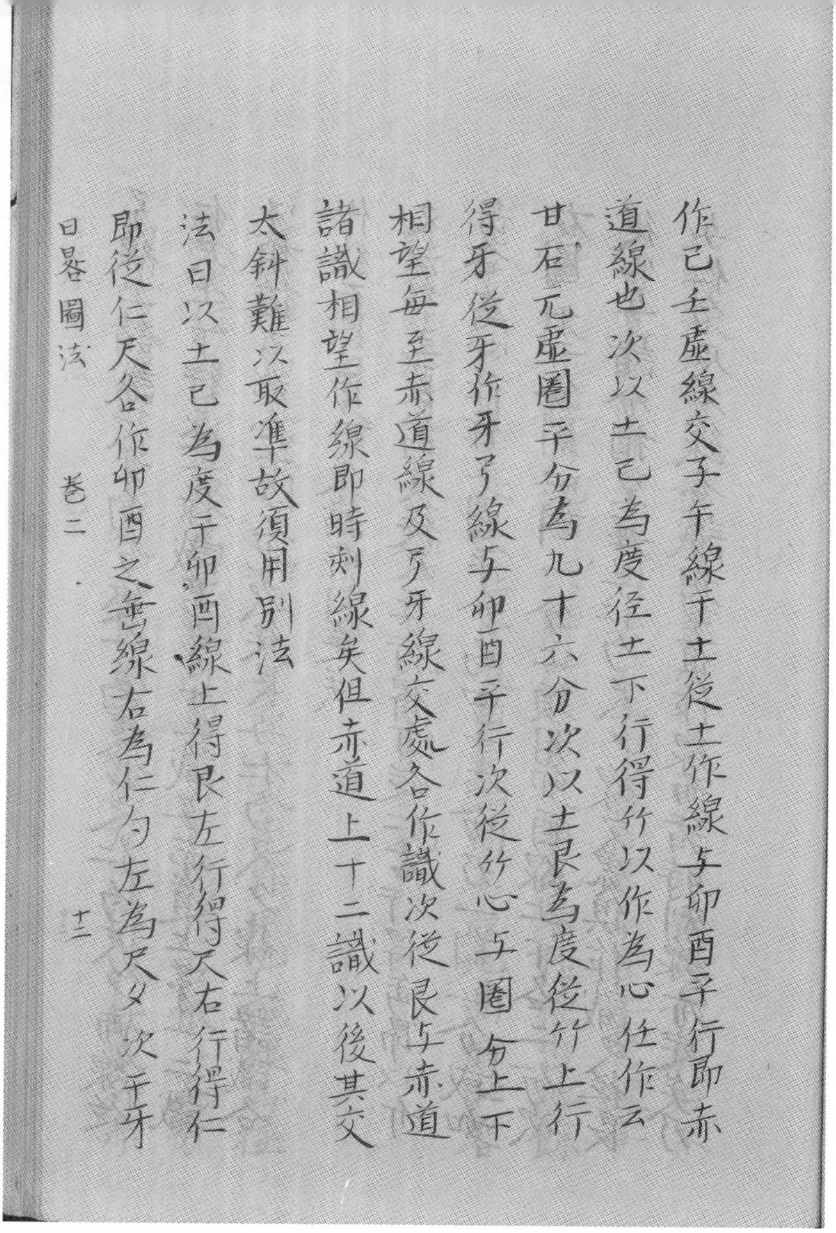
作已壬虚線交子午線于土從土作線与卯酉平行即赤
道線也次以土已為度徑土下行得竹以作為心任作云
甘石元虚圈平分為九十六分次以土艮為度從竹上行
得牙從牙作牙弓線与卯酉平行次從竹心与圈分上下
相望每至赤道線及弓牙線交處各作識次從艮与赤道
諸識相望作線即時刻線矣但赤道上十二識以後其交
太斜難以取準故須用別法
法曰以土已為度于卯酉線上得艮左行得尺右行得仁
即從仁尺各作卯酉之垂線右為仁勺左為尺夕次于牙
日晷圖法　巻二　十三

作已壬虚線，交子午線于土，從土作線與卯酉平行，即赤道線也。次以土已爲度，徑土下行得竹。以作爲心，任作云甘石，元虚圈平分爲九十六分。次以土艮爲度，從竹上行得牙，從牙作牙弓線，與卯酉平行，次從竹心與圈分上下相望，每至赤道線及弓牙線交處，各作識。次從艮與赤道諸識相望作線，即時刻線矣。但赤道上十二識，以後其交太斜，難以取準，故須用別法。

法曰：以土已爲度，于卯酉線上得艮，左行得尺，右行得仁，即從仁尺各作卯酉之垂線，右爲仁勺，左爲尺夕。次于牙

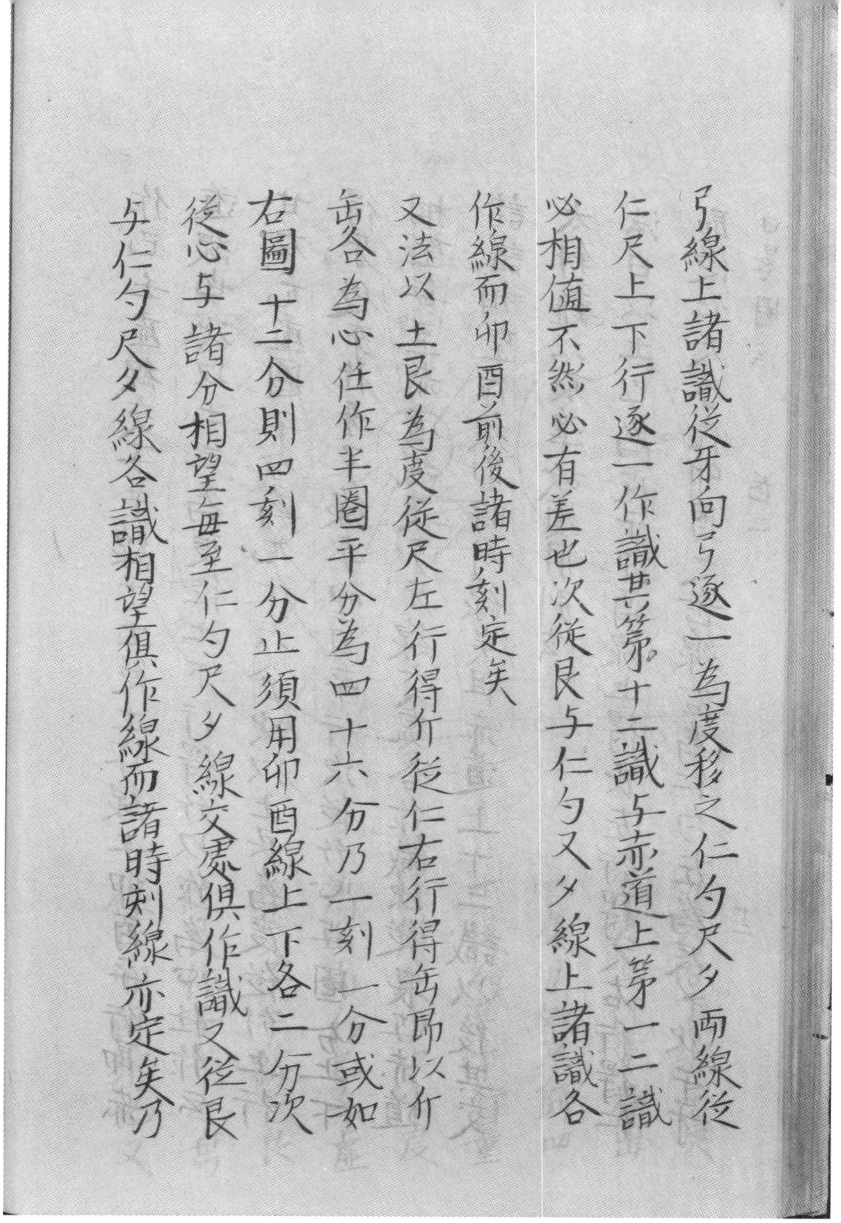
弓線上諸識從牙向弓逐一爲度移之仁勺尺夕兩線從
仁尺上下行逐一作識其第十二識與赤道上第一二識
必相值不然必有差也次從艮與仁勺又夕線上諸識各
作線而卯酉前後諸時刻定矣
又法以土艮爲度從尺左行得斤從仁右行得缶即以斤
缶各爲心任作半圈平分爲四十六分乃一刻一分或如
右圖十二分則四刻一分止須用卯酉線上下各二分次
從心與諸分相望每至仁勺尺夕線交處俱作識又從艮
與仁勺尺夕線各識相望俱作線而諸時刻線亦定矣乃

弓線上諸識，從牙向弓，逐一爲度，移之仁勺、尺夕兩線。從仁尺上下行，逐一作識，其第十二識與赤道上第一二識必相值，不然必有差也。次從艮與仁勺、又夕[1]線上諸識各作線，而卯酉前後諸時刻定矣。

又法：以土艮爲度，從尺左行得斤，從仁右行得缶，即以斤缶各爲心，任作半圈，平分爲四十六分；乃一刻一分。或如右圖十二分，則四刻一分，止須用卯酉線上下各二分，次從心與諸分相望，每至仁勺、尺夕線交處，俱作識。又從艮與仁勺、尺夕線各識相望俱作線，而諸時刻線亦定矣。乃

1 天理本"又夕"作"尺夕"。

以時線皆留之餘虛線悉去之立表于戊而晷成焉若不
欲用直表而用繫線則其法與平晷同第平晷上繫線與
地平板作極出地如京師四十度之角此晷作極出地餘
五十度之角平晷表在赤道南表端向上以北測時此晷
則表在赤道上表端向南以下測時也
面南天頂晷第二法
若欲加節氣線則亦如平晷第三式先作甲乙橫線為極
線次作丙丁垂線為赤道線即于丙丁線左右依一卷分
節氣線次以第一式己艮為度從丙左行得戊從戊作赤

以時線皆留之，餘虛線悉去之，立表于戊，而晷成焉。若不欲用直表，而用繫線，則其法與平晷同。第平晷上繫線與地平板作極出地，如京師四十度之角。此晷作極出地餘五十度之角，平晷表在赤道南，表端向上，以北測時，此晷則表在赤道上，表端向南，以下測時也。

面南天頂晷第二法

若欲加節氣線，則亦如平晷第三式。先作甲乙橫線爲極線，次作丙丁垂線爲赤道線，即于丙丁線左右，依一卷分節氣線。次以第一式己艮爲度，從丙左行得戊，從戊作赤

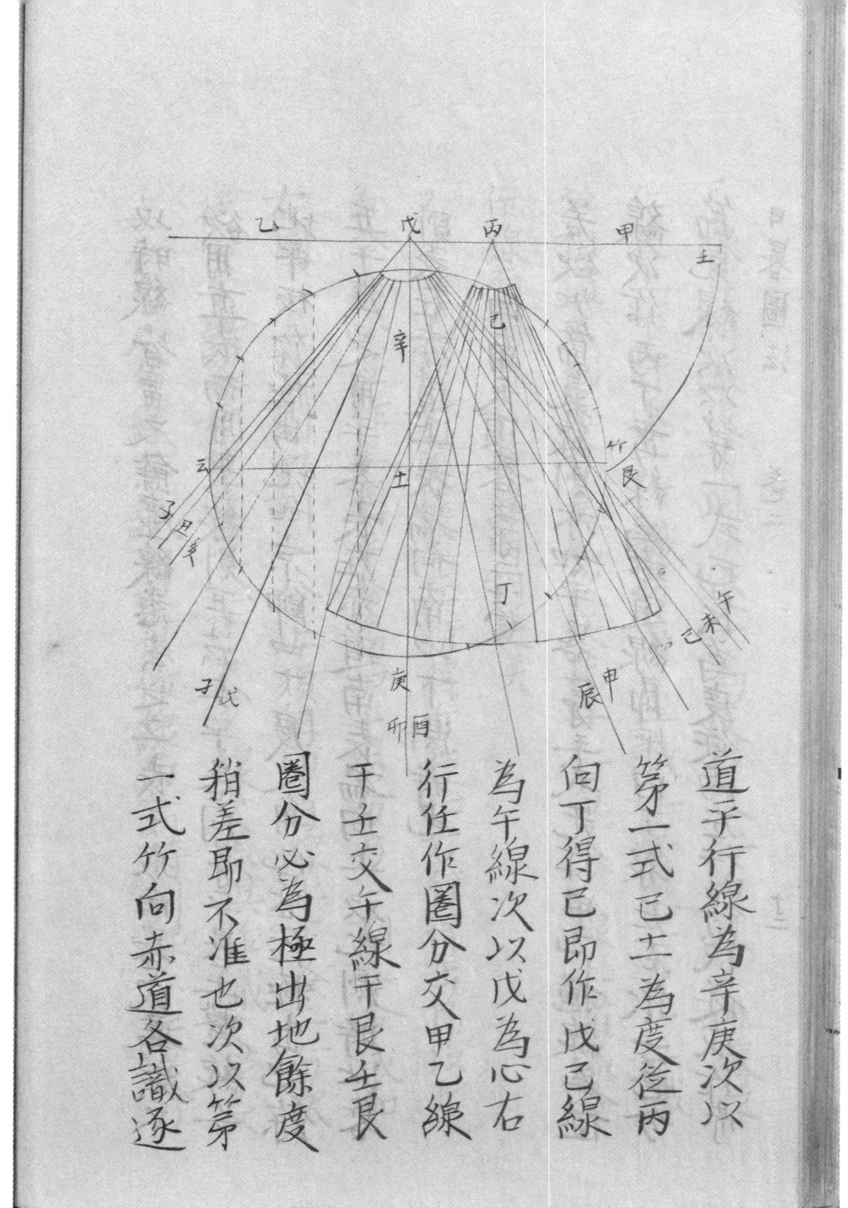

道平行線爲辛庚。次以第一式己土爲度，從丙向丁得己，即作戊己線爲午線。次以戊爲心，右行任作圈分，交甲乙線于壬，交午線于艮，壬艮圈分必爲極出地餘度。稍差，即不準也。次以第一式竹向赤道各識，逐

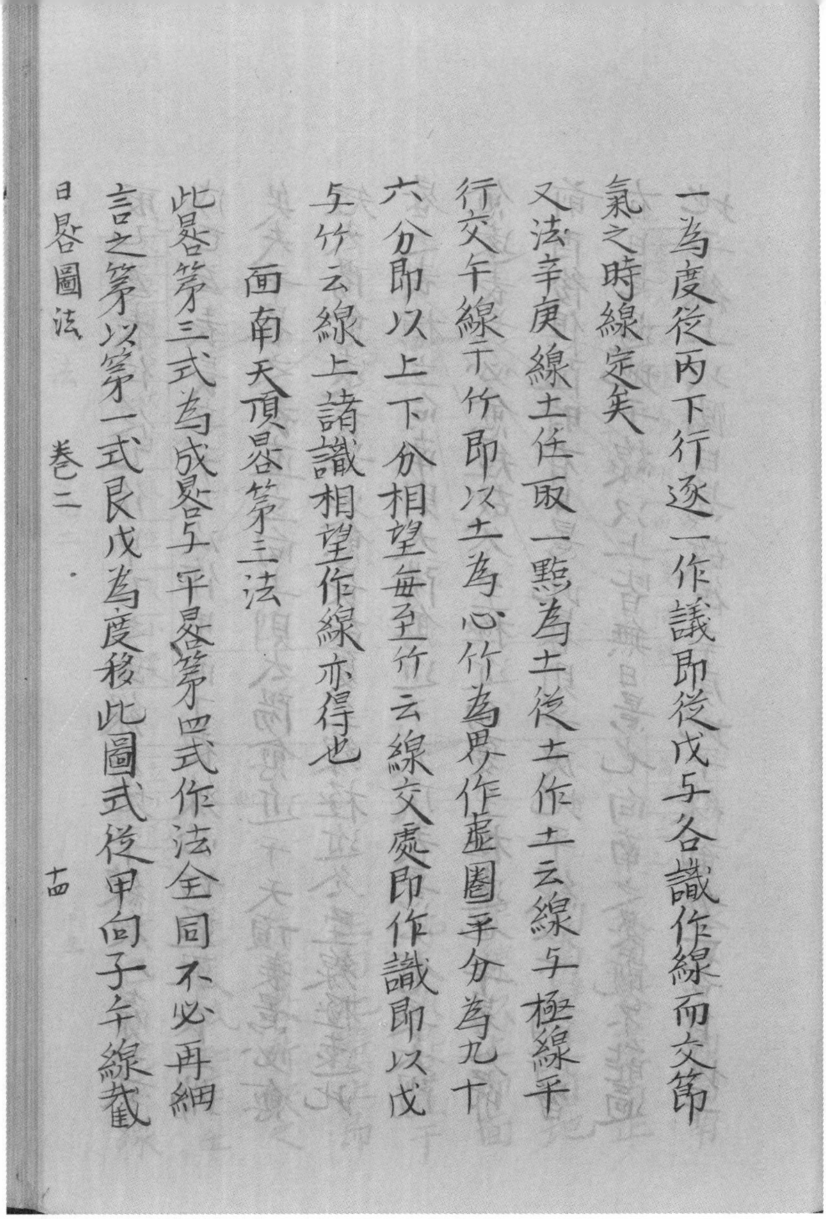
一為度從丙下行逐一作識即從戊与各識作線而交節
氣之時線定矣
又法辛庚線上任取一點為土從土作土云線与極線平
行交午線于竹即以土為心竹為界作虛圈平分為九十
六分即以上下分相望每至竹云線交處即作識即以戊
与竹云線上諸識相望作線亦得也
面南天頂晷第三法
此晷第三式為成晷与平晷第四式作法全同不必再細
言之第以第一式艮戊為度移此圖式從甲向子午線截
日晷圖法　卷二　十四

一爲度，從丙下行，逐一作識，即從戊與各識作線，而交節氣之時線定矣。

又法：辛庚線上任取一點爲土，從土作土云線，與極線平行，交午線于竹。即以土爲心，竹爲界，作虛圈，平分爲九十六分。即以上下分相望，每至竹云線交處，即作識。即以戊與竹云線上諸識相望作線，亦得也。

面南天頂晷第三法

此晷第三式爲成晷，與平晷第四式作法全同，不必再細言之。第以第一式艮戊爲度，移此圖式，從甲向子午線截取乙爲表位，從乙作甲乙之垂線爲地平線。次以第一式戊己爲表長，立于乙，次作甲丙丁表線，必切過直表之端矣。夫平晷之表直立向上，則太陽愈近于天頂，表景必愈短，太陽愈遠，表景必愈長，故夏至線極近，冬至線極遠。此晷之表横立向南，則太陽愈近于天頂，表景必愈長。太陽愈遠，表景必愈短，故冬至極近，而夏至極遠也。平晷合卯前酉後，俱隨時有日景，此晷則辛庚地平線以下諸時皆有日景，過地平線以上皆無日景也。向南之晷既不能過地平線上，以測日景，故從辛庚地平線截分二晷。自地平

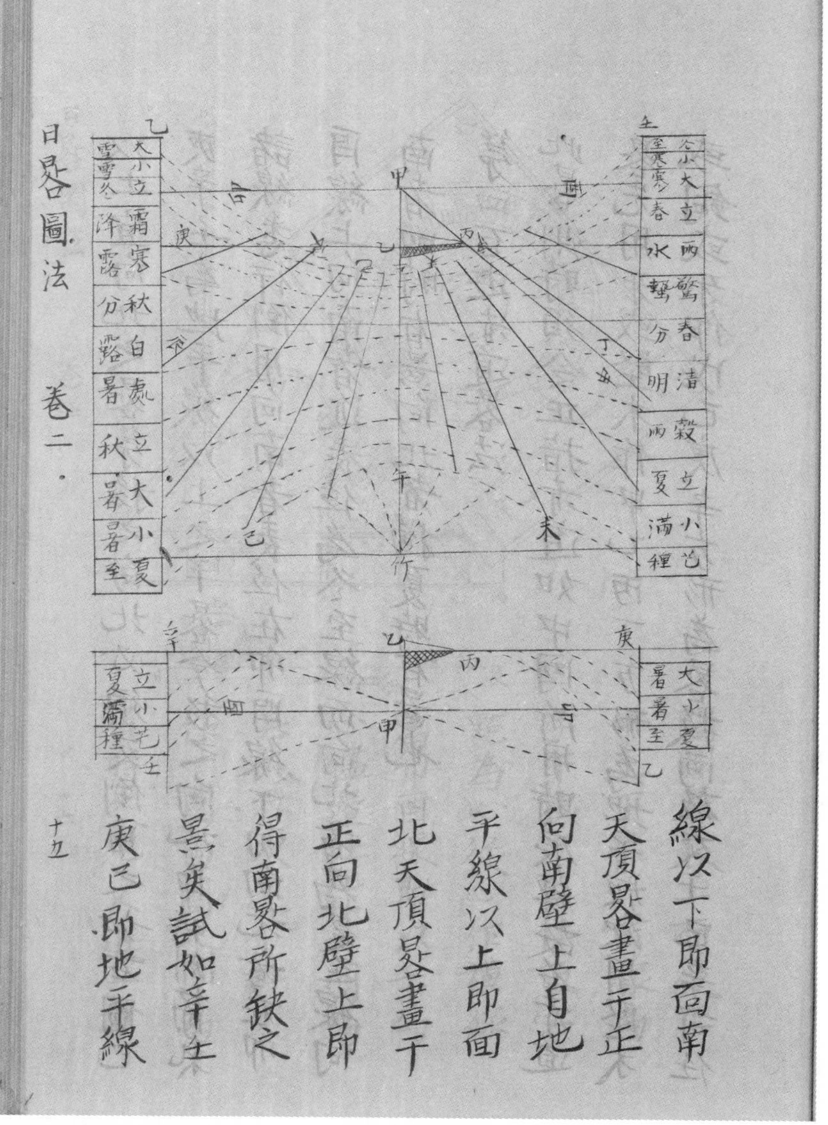

線以下，即面南天頂晷，畫于正向南壁上；自地平線以上，即面北天頂晷，畫于正向北壁上，即得南晷所缺之景矣。試如辛壬庚己，即地平線

以上，宜向北之晷。第移之向北，必須反倒用之。如右圖，己庚辛壬爲地平線以上之半晷。今移之向北，即時刻節氣諸線悉行倒用，向南者，表位在卯酉線下，而向北者在卯酉線上。向南者，近表位爲冬至線，而向北者，爲夏至線。向南者，四時有景；向北者，獨夏時有景也。

第四百游赤道晷法

此晷測時，須令正指赤道，如中國所用時辰牌，故名赤道晷。先用牙或堅木，作甲乙丙丁方形，爲地平版。次用堅木或銅，或牙，作戊己庚辛方形，爲晷板。兩板交于己辛，可任

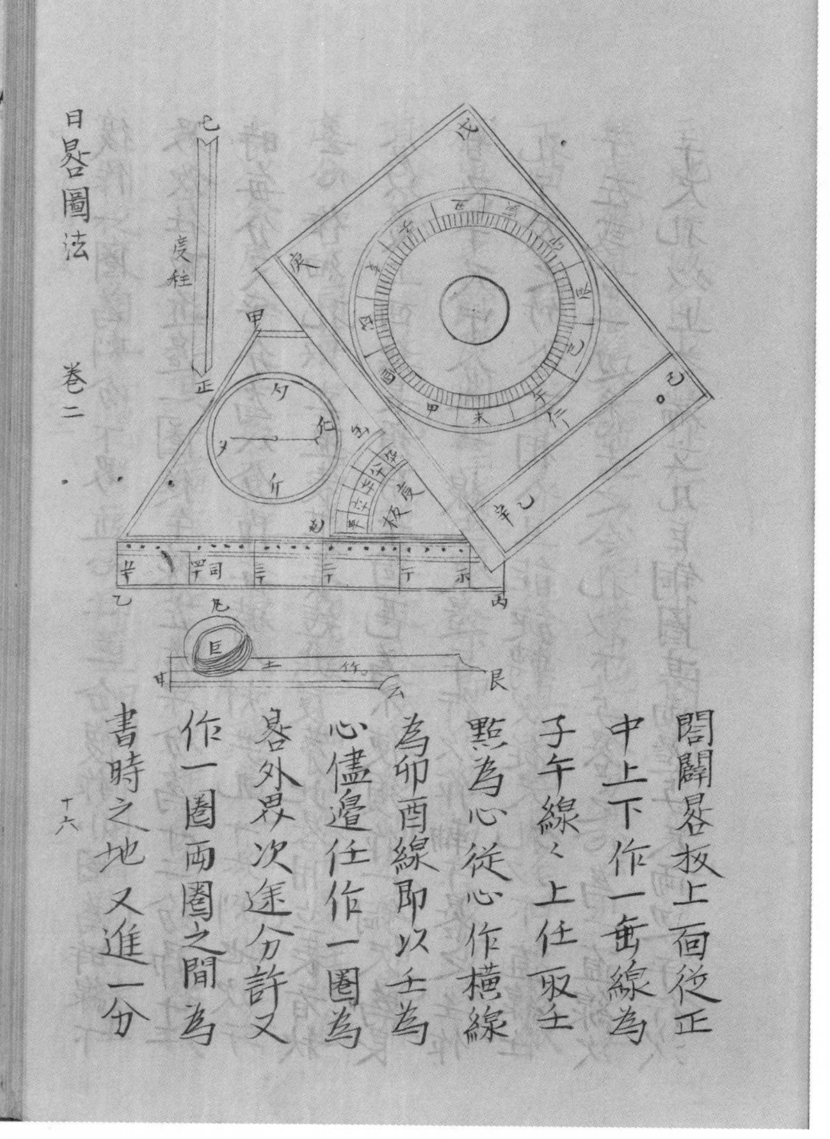
日晷圖法　卷二

閤闢晷板上面從正中上下作一垂線為子午線〻上任取壬點為心從心作横線為卯酉線即以壬為心儘邊任作一圈為晷外界次逄分許又作一圈兩圈之間為書時之地又進一分

十六

閤闢。晷板上面，從正中上下作一垂線，爲子午線，線上任取壬點爲心，從心作横線，爲卯酉線，即以壬爲心，儘邊任作一圈，爲晷外界。次途[1]分許，又作一圈，兩圈之間爲書時之地。又進一分，

1 天理本“途”作“進”。

復作一圈，爲刻分下界。近心二三分，復作小圈，爲時線下界。次任取近邊一圈，從午線左右平分，爲十二分，即十二時。每分又平分爲八分，即每時八刻，共九十六刻也。次于壬心作細孔，以立直表，其長短無度。第此晷用立表者，秋分以後，上面無景，須用下面，甚爲不便。須作一銅尺爲艮甘，又于尺中分土云線，與尺邊平行。次作軸于晷之壬，作孔于尺之竹，令可相入，且能旋轉。次從尺孔以下直線，任于左或右一邊悉去之。令孔以下與晷之心爲一直線，次于尺孔以上之端，立凡巨銅圈，其兩邊與尺兩邊平行，次于地平板面上任作仁勺夕斤一圈，刳而空之，深淺大小無度，視可容羅經而止。次完[1]極出地度分，其法非一，或上下兩板之間。以一卷第　從角置缶世板，名曰度板。依極出地之餘度，側柱于晷板之下，即合極出地度分。或以首卷第　任于地平板在[2]邊或右邊，從兩板交角起作度分，如示司每一度或兩度，即鑽一細孔。次用度柱如屯，止以全度分之，半爲度柱之長。其一端置一細鋭如止，令可入度分之孔，其一端作又如屯，次以柱長爲度，于晷板之側，從交角上行得尹，于尹即置細銅釘。用時則令柱上

1“完”當作“定”。
2 天理本“在”作“左”，當作“左”。

微鋭入本地極出度分之孔柱，又入晷側之尹釘，則晷板正得赤道，高于地平之度，而正指赤道矣。次用羅經正其方，而以時尺移轉，令景圈與日正對，以圈内全無日景爲準。次視下半尺中線所加，即得時刻也。

第五作節尺法

若欲于赤道晷上并加節氣，則又有一法。先作甲乙銅尺，名爲時尺。次又作丁丙線，中分之曰信線。須令直對，而左右各去尺體以就之，次兩平分尺之長于戊，次于地平板作庚辛横線，以當赤道線。即以尺長爲度，從庚左行得壬，

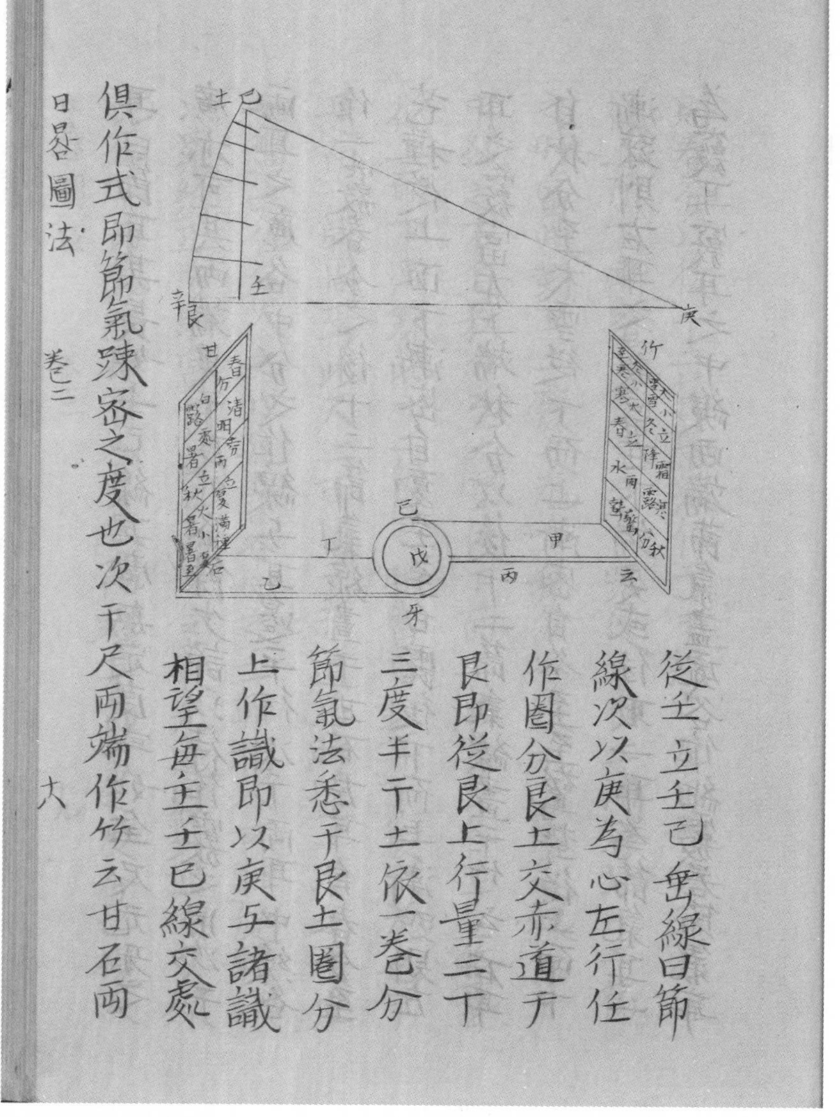
從壬立壬己垂線曰節線次以庚爲心左行任作圈分艮土交赤道于艮即從艮上行量二十三度半于土依一卷分節氣法悉于艮土圈分上作識即以庚與諸識相望每至壬己線交處俱作式即節氣疎密之度也次于尺兩端作竹云甘石兩

日晷圖法　卷二　六

從壬立壬己垂線，曰節線。次以庚爲心，左行任作圈分，艮土交赤道于艮，即從艮上行量二十三度半于土，依一卷分節氣法，悉于艮土圈分上作識，即以庚與諸識相望。每至壬己線交處，俱作式，即節氣疎密之度也。次于尺兩端作竹云、甘石兩

耳曰節耳其長如壬己線其廣無定度或如全尺元牙之
廣亦可其兩端更于度外各餘少許以待作竅之用次于
兩耳之廣各中分之作線与耳邊平行次于兩耳中線各
作一竅春分之後十二節氣線畫于甘石左耳自春分至
芒種從上而下漸密自夏至至白露從下而上漸疎則左
耳之竅當在上端秋分以後十二節氣線畫于竹云右耳
自秋分至大雪從下而上漸密自冬至至驚蟄從上而下
漸疎則右耳之竅當在下端矣或任取一耳為節氣耳一
為竅耳竅耳之中線兩端節氣盡處各作細竅若節氣耳

耳，曰節耳，其長如壬己線，其廣無定度，或如全尺元牙之廣亦可。其兩端更于度外，各餘少許，以待作竅之用。次于兩耳之廣，各中分之作線，與耳邊平行。次于兩耳中線，各作一竅，春分之後十二節氣線，畫于甘石左耳。自春分至芒種，從上而下漸密；自夏至至白露，從下而上漸疎，則左耳之竅，當在上端。秋分以後十二節氣線，畫于竹云右耳，自秋分至大雪，從下而上漸密；自冬至至驚蟄，從上而下漸疎，則右耳之竅當在下端矣。或任取一耳爲節氣耳，一爲竅耳，竅耳之中線兩端，節氣盡處，各作細竅。若節氣耳，

則春分以後十二節氣線作于中線之左自春分至芒種
從上而下漸密自夏至至白露從下而上漸疎北十二節
之時當用對耳上竅之光也 秋分以後十二節氣線作于
中線之右自秋分至大雪徒下而上漸密自冬至至驚蟄
從上而下漸疎此十二節之時當用對耳下竅之光也于
是而一歲周焉此尺止可用于赤道晷時盤上尺之長宜
如盤之徑令尺之戊孔與晷心之壬軸相入可任旋轉次
以羅經正方則當用竅耳向日令竅光透射對耳之甲線
視在某節氣線即得本日太陽躔某節氣之度分也視尺

則春分以後十二節氣線，作于中線之左。自春分至芒種，從上而下漸密；自夏至至白露，從下而上漸疎。北十二節之時，當用對耳上竅之光也。秋分以後十二節氣線，作于中線之右，自秋分至大雪，徒[1]下而上漸密；自冬至至驚蟄，從上而下漸疎。此十二節之時，當用對耳下竅之光也。于是而一歲周焉，此尺止可用于赤道晷，時盤上尺之長，宜如盤之徑。令尺之戊孔與晷心之壬軸相入，可任旋轉。次以羅經正方，則當用竅耳向日，令竅光透射對耳之甲[2]線。視在某節氣線，即得本日太陽躔某節氣之度分也。視尺

1 天理本“徒”作“從”，當作“從”。
2 天理本“甲”作“申”。

中信線所指時刻，即得本時刻也。

第六作帶節氣赤道晷法

若如今常用定時石晷，則不必節尺，可即于晷上加節氣線。先作甲乙丙丁圈，心在戊。從戊作甲丙垂線，爲子午線，作乙丁横線，爲卯酉線。次依赤道晷法，平分十二時九十六刻。次十分晷徑，以其一爲表長，如戊仁。次依一卷分節氣法，别作艮土、艮竹諸節氣線，止用其半，不必全作。次從艮作艮土之垂線，而截取表長爲艮云，即從云作云元線與赤道平行。次于云元線上，從云與諸節氣線交處，逐一

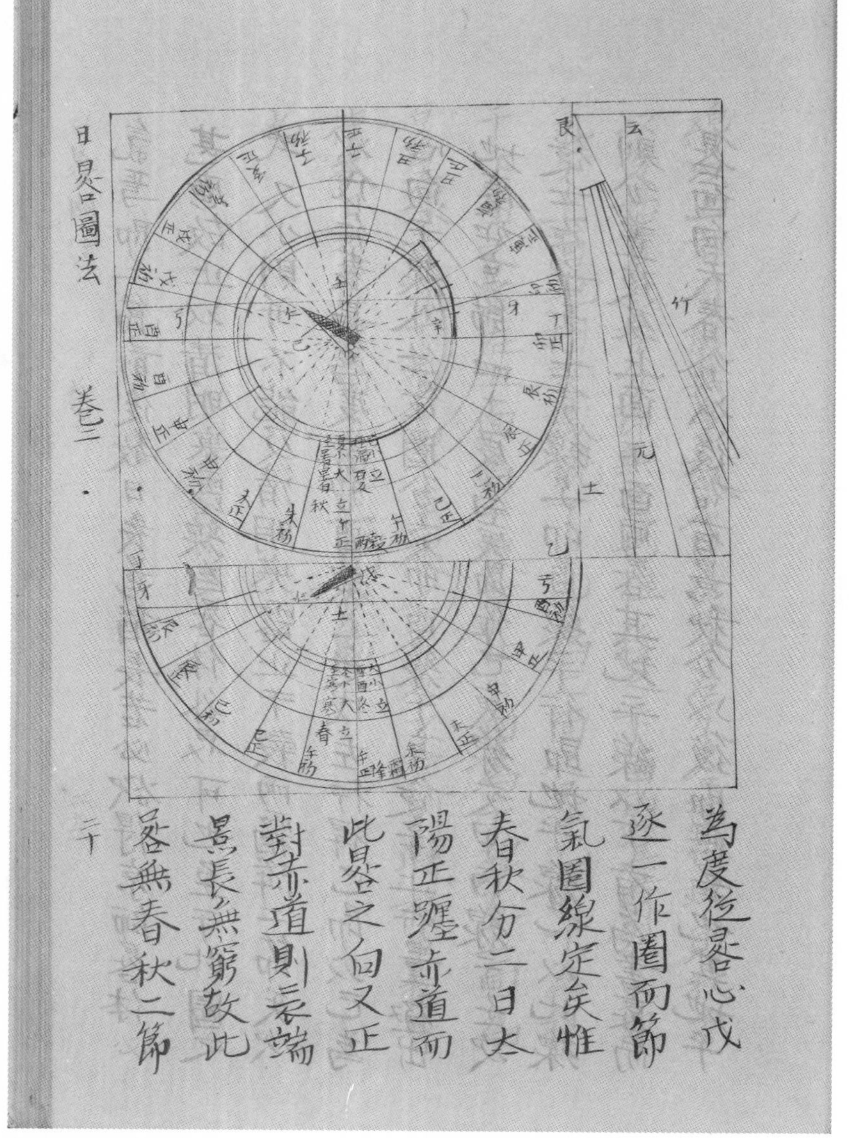

爲度。從晷心戊，逐一作圈，而節氣圈線定矣。惟春秋分二日，太陽正躔赤道，而此晷之向又正對赤道，則表端景長無窮，故此晷無春秋二節

氣焉。即二節前後數日，表景猶長，若必欲得京師，晷體必甚廣，故止以清明、寒露線爲晷體外界，可也。至于此圖之式，又小則并不能及清明、寒露，止于穀雨、霜降二節矣。次以戊仁表長爲度，于卯酉線上，從戊左行得己，即以己爲心，向午線外，任作圈分，交卯酉線于辛。從辛上行，量極出地度，如京師四十度爲庚，即作己庚線，交甲丙線于壬。次從壬作壬牙、壬弓線，與卯酉線平行，即地平線也。以此線，則分晝夜及上面、下面兩晷，其地平線以下者爲晝晷，而晷面向天，春分以後始有景，秋分以後即無景也。其地平

線以上者周歲無景故名曰夜晷若反晷面向地則秋分
以後始有景春分即無景也但移之下面則其時刻及節
氣與上面絶相反試觀丁甲乙為上面之晷乙甲丁為移
于下面之晷在上面為子線者在下面為午線在上面為
夏至線者在下面為冬至線也若晷不定則轉移至表景
指本日之節線而方向正視衣端
也

日晷圖法　卷二　二十一

線以上者，周歲無景，故名曰夜晷。若反晷面向地，則秋分以後始有景，春分即無景也。但移之下面，則其時刻及節氣與上面絶相反。試觀丁甲乙爲上面之晷，乙甲丁爲移于下面之晷。在上面爲子線者，在下面爲午線。在上面爲夏至線者，在下面爲冬至線也。若晷不定，則轉移至表景，指本日之節線，而方向正。視衣[1]端所指時刻，即當時時刻[2]也。

1 天理本“衣”作“表”，當作“表”。

2 原文缺字“所指時刻，即當時時刻”，據北京大學圖書館藏本補。

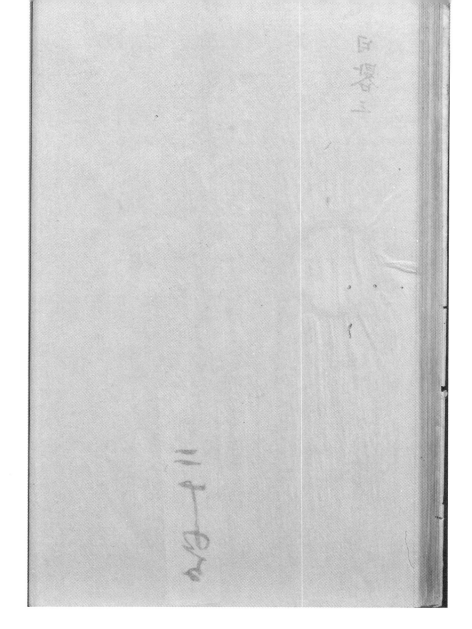

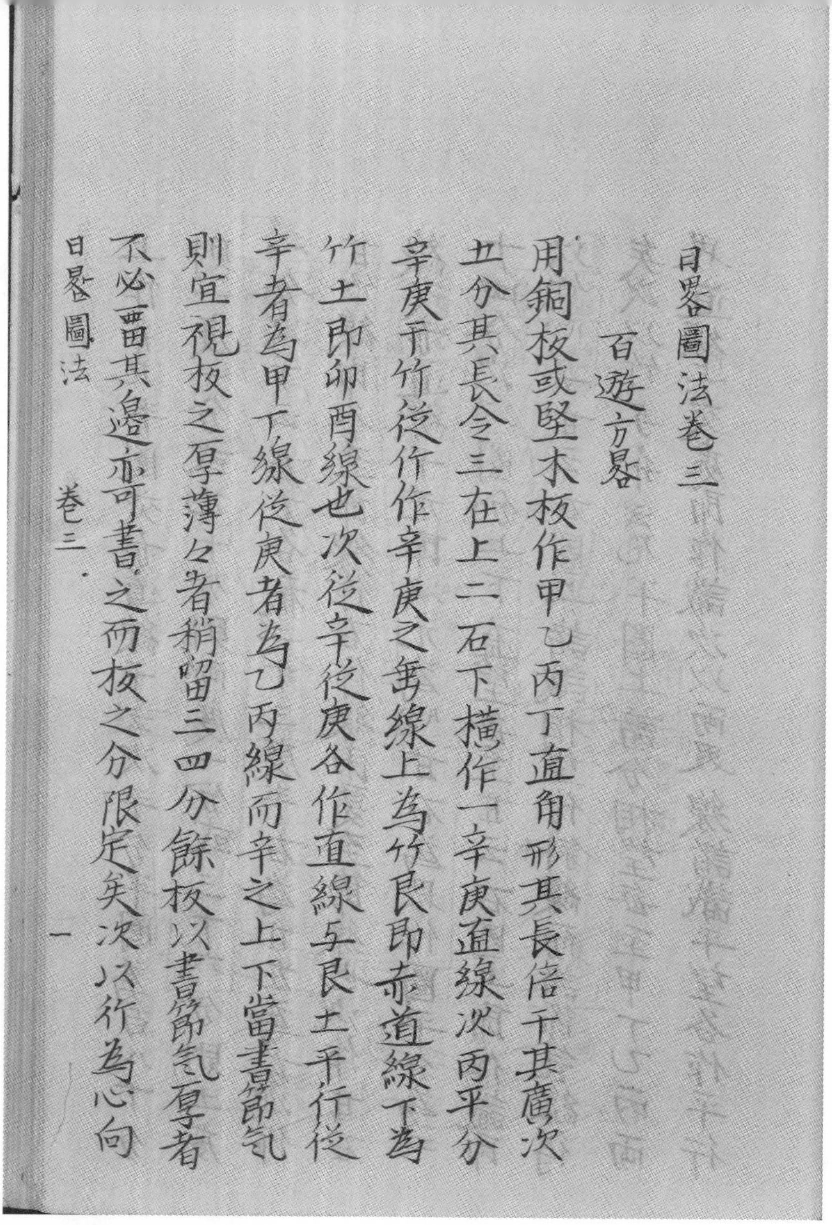

日晷圖法卷三

百遊方晷

用銅板或堅木板作甲乙丙丁直角形其長倍于其廣次
五分其長令三在上二石下橫作一辛庚直線次丙平分
辛庚于竹從竹作辛庚之垂線上為竹艮即赤道線下為
竹土即卯酉線也次從辛從庚各作直線與艮土平行從
辛者為甲丁線從庚者為乙丙線而辛之上下當書節氣
則宜視板之厚薄薄者稍留三四分餘板以書節氣厚者
不必留其邊亦可書之而板之分限定矣次以竹為心向

日晷圖法 卷三 一

《日晷圖法》卷三

百游方晷

用銅板或堅木板作甲乙丙丁直角形，其長倍于其廣。次五分其長，令三在上，二石[1]下，横作一辛庚直線。次丙[2]平分辛庚于竹，從竹作辛庚之垂線，上爲竹艮，即赤道線；下爲竹土，即卯酉線也。次從辛、從庚各作直線，與艮土平行，從辛者爲甲丁線，從庚者爲乙丙線，而辛之上下，當書節氣。則宜視板之厚薄，薄者稍留三四分，餘板以書節氣，厚者不必留其邊，亦可書之，而板之分限定矣。次以竹爲心，向

1 天理本“石”作“在”，當作“在”。
2 天理本“丙”作“兩”。

上作升凡半圈交赤道線于云次平分半圈爲百八十分則一度一分或九十分則兩度一分或三十六分則五度一分次于云左右各截二十三度半右爲甘左爲石次作甘竹線即冬至節線作石竹線即夏至節線也次作甘石線交赤道線于元即以元爲心甘石爲界作圈平分爲二十四分次以圈分上下直望每至甘云石圈上即作識即以竹心與甘云石圈上諸識相望作斜線而諸節氣線得矣次以竹與升云凡半圈上諸分相望每至甲丁乙丙兩界直線上交處即作識次以兩界線諸識平望各作平行

上作升凡半圈，交赤道線于云。次平分半圈爲百八十分，則一度一分；或九十分，則兩度一分；或三十六分，則五度一分。次于云左右各截二十三度半，右爲甘，左爲石。次作甘竹線，即冬至節線，作石竹線，即夏至節線也。次作甘石線，交赤道線于元，即以元爲心，甘石爲界作圈，平分爲二十四分。次以圈分上下直望，每至甘云石圈上，即作識。即以竹心與甘云石圈上諸識相望，作斜線，而諸節氣線得矣。次以竹與升云凡半圈上諸分相望，每至甲丁、乙丙兩界直線上交處，即作識。次以兩界線諸識平望，各作平行

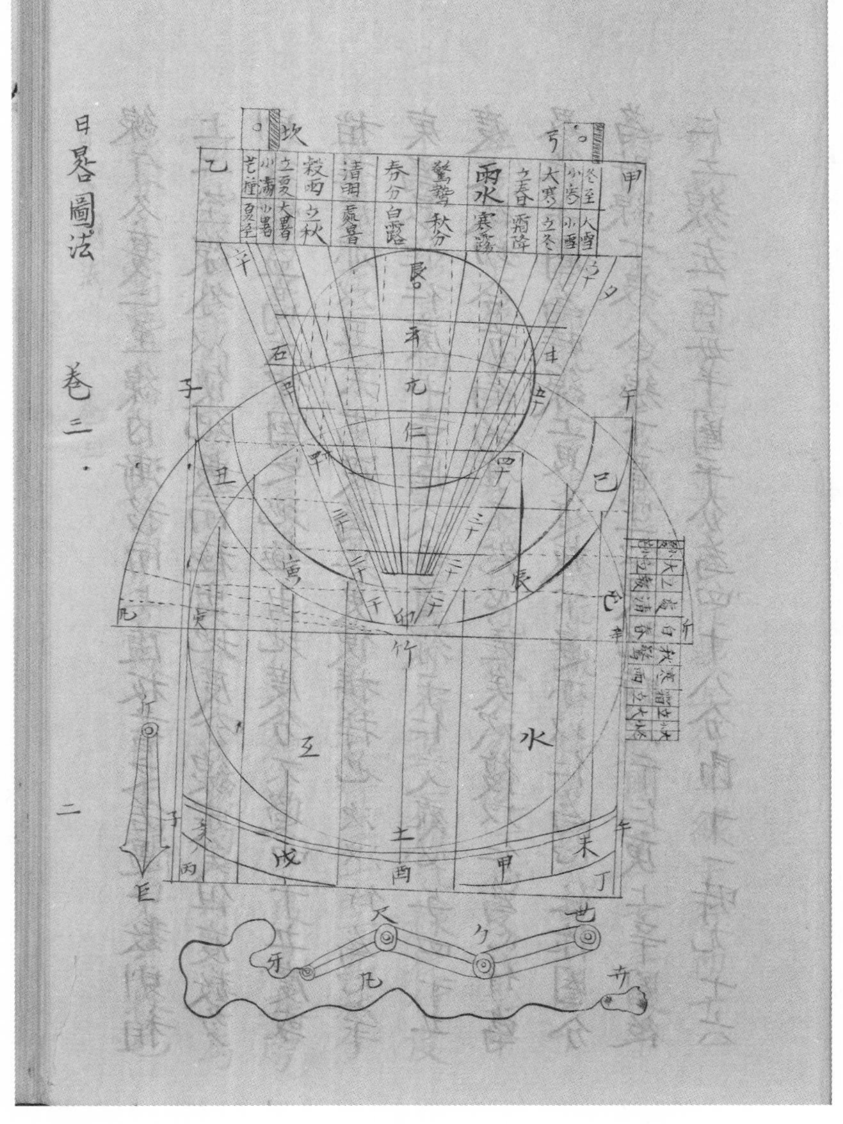
日晷圖法
卷三
二
冬至
夏至
雨水
清明
春分
白露
秋分
立秋
立冬
竹
水
土

線于冬夏二至線内，漸移而上，隨板書之。若遇十數，則稍上二至線外，以便紀數，而極出地度分線定矣。但度數多，則晷體益高大，中國之地極出地度分不過四十五度，或稍推廣，亦以五六十度爲止，更便携持也。次以竹爲心，辛庚爲界，作仁庚土辛圈，交赤道線于仁，交處必與四十五度之線切合，方爲的準。不然，必差矣。次復以仁爲心，竹爲界，作半圈爲時線上界，近板下邊，亦以仁爲心，任作圈分，爲時線下界，令線下留空，以便記時。次于仁庚上[1]辛圈，從仁土線左右每半圈平分爲四十八分，即十一[2]時九十六

1 天理本“上”作“土”，當作“土”。
2 天理本“十一”作“十二”。

刻也。次以圈分上下直望，俱作線與竹土線平行，而十二時刻定矣。次以右界線，從辛土[1]下各取圈分二十三度半，依前法分節氣。從辛上下俱作識，即得旁節氣，或于四十五度線上，從仁向左右諸節氣線交處，逐一爲度，移至甲丁線上。從辛向上下，逐一作識，亦得其上節氣線。從竹度[2]赤道線，左行第一空爲春分及白露，右行第一空爲秋分及驚蟄，左行末線爲夏至界，右行末線爲冬至界也。其旁節氣線從辛向上第一空爲春分及白露，向下第一空爲秋分及驚蟄，上行末界爲夏至界，下行末線爲冬至界也，

1 天理本“土”作“上”。
2 天理本“度”作“艮”。

餘節氣依此推之。諸式既畢，乃視各線宜留者深之，宜去者礲之。次于節線上兩角勺[1]行，或于面上節線兩旁，置左弓右次[2]通光兩耳，各作細孔以通日光。其孔須相望相平，從赤道上以規驗之。次用銅作世勺尺牙三節臂，可直可曲，其世端任釘于空處如夕，或于赤道上如艮，令可轉動。其牙端作一細孔，孔貫一線，可上可下，其線末懸一銅鋭，如斤巨，或線貫一細珠如丸，線末懸一墜如卉。用時，移牙端切于極出地度及本日節氣線交處。若用銅鋭，則以鋭挈至界線節氣上，餘線悉從牙孔上收之，勿令有餘。或以

1 天理本"勺"作"内"。
2"次"當作"坎"。

珠，亦僅令至界線節氣上，次以坎耳對日光，令光從坎耳之孔直射弓耳之孔，乃視鋭或珠所值，即得時刻也。或于晷板繫一線，線貫一針，以代銅臂，仍貫細珠及墜。用時，令針孔切于極出度及節線交處，以等[1]按之。次以珠當旁節氣，如前用之，亦得。假如京師極出地四十度，清明初　日測時，則令銅臂牙端切于四十度。當清明第　日，交處如方點，而以銅鋭或珠移至界線上清明第八日，如屯點。次合[2]日光通耳孔，而鋭或珠乃若水點，若午前即辰正二刻，午後即申初三刻也。

1 天理本“等”作“予”。
2 天理本“合”作“令”。

依此晷，即太陽出入時刻及晝夜長短，俱可測之，試以銅臂牙端加于本地極度及本日節氣線交處，乃正立晷體。令赤道線上端直指天頂，次視鋭或珠所指，即得。如欲知京師夏至日太陽出入及晝夜時刻，即以铜臂仁端加于極出地四十度及夏至線上，如寸點，乃正立晷體。令鋭自垂所指互點，若午前即寅正三刻，爲日出時；午後即戌初二刻，爲日入時也。從互以右諸時刻即晝時刻，以左即夜時刻，遂可知其長短焉。

百游空晷

用銅或牙或堅木約厚七八分為甲乙丙丁圓板心在戊
先作甲戊丙垂線次量晷大小從戊稍上任取辛點從辛
作己庚辛横線為甲丙之垂線名表度線次于表線上從
辛向近邊不逼邊處右截壬左截艮而辛壬与辛艮等次
從壬從艮俱作線与甲丙平行即從壬從艮下行亦于近
邊不逼邊處右截云左截甘而壬云与艮甘亦等次以壬
云或艮甘為度從壬從艮俱作半圈名時圈右圈交表線
于土左圖交表線于竹但始求云甘時須先量土竹不与
表線逼而始求壬艮線時亦須先量云甘不与圈邊逼為

用銅或牙、或堅木約厚七八分，爲甲乙丙丁圓板。心在戊，先作甲戊丙垂線，次量晷大小。從戊稍上，任取辛點，從辛作己庚辛横線，爲甲丙之垂線，名表度線。次于表線上，從辛向近邊，不逼邊處，右截壬，左截艮，而辛壬與辛艮等。次從壬、從艮俱作線，與甲丙平行，即從壬、從艮下行，亦于近邊，不逼邊處，右截云，左截甘，而壬云與艮甘亦等。次以壬云或艮甘爲度，從壬、從艮俱作半圈，名時圈。右圈交表線于土，左圈交表線于竹，但始求云甘時，須先量土竹，不與表線逼，而始求壬艮線時，亦須先量云甘，不與圈邊逼爲

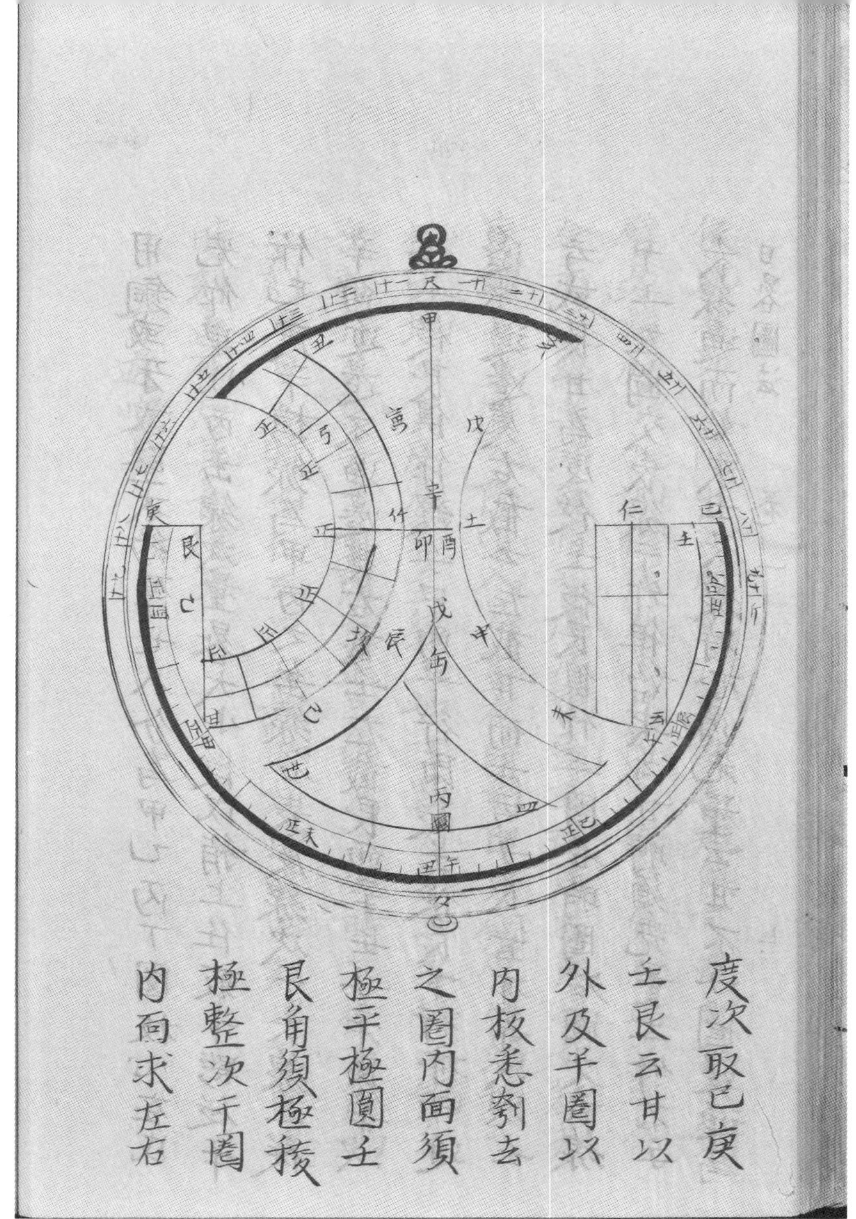

度。次取己庚壬艮云甘以外，及半圈以内板，悉刳去之，圈内面須極平極圓，壬艮角須極稜極整。次于圈内面求左右

之中，作弓次[1]線爲赤道線，即以時圈爲度，别于他平板。依一卷第　法，分節氣俱作平行直線，即以此線移之晷内。從赤道左右作節氣線，自赤道以下者，即春分至白露十二節；赤道以上者，即秋分至驚蟄十二節也。次于壬艮角表之中與圖[2]内赤道線相對處，置微鋭如仁，爲定節氣之表。若于角表面上分節氣線，而作一微鋭活表，以隨日就之，則圈上止作赤道線，不必分他節矣。次從上至云、竹至甘勺分爲二十四分，土即酉正，竹即卯正，云甘即午也。卯酉以上，依下分之，即得寅、戌等時矣。其极以内兩圈次

1“次”當作“坎”。
2 天理本“圖”作“圈”。

外，所存者上少下多，輕重不等，難以懸時，即于下方復鑿缶世皿一空以稱之。次于晷下或作平板，用度板以倚之，法見前赤道晷，或于晷邊外，别作度圈以懸之，如前圖。作尺勺夕斤圈，其上半圈平分一百八十度。若晷小，則每二度或五度、或十度作一分，亦可。用時開度圈與晷作十字形，令度圈正對晷上甲丙線，以鈎二度圈上本地極出之度，而令晷之甲向南。若午前則視左半圈之景，午後則視右半圈之景，如節氣分于圈内，則令表上微鋭之景，指本日節氣線。次視表景所值，即得目下時刻也。若節氣不分于圈，而分于表面上，則移活鋭，置于本日節氣線，令鋭射圈内赤道線。次視表景所值，亦如前，得時刻。其自已至庚下半圈相連處，亦可以依中線分時刻，自已至丙爲卯至午，自丙至庚爲午至酉，即赤道晷也。用時，立表于戊心，其角表至内時刻，即心表至外時刻必相合也。

盤晷 附百游法

此晷之形如仰盂，其法用堅木或銅、或牙爲甲乙丙丁圓盤。刳其内，深半規，以當周天之半，盤口須厚分許，以備書字，又須極平。口線須極準，規深欲極圓，宜光[1]作一器以驗

1天理本"光"作"先"。

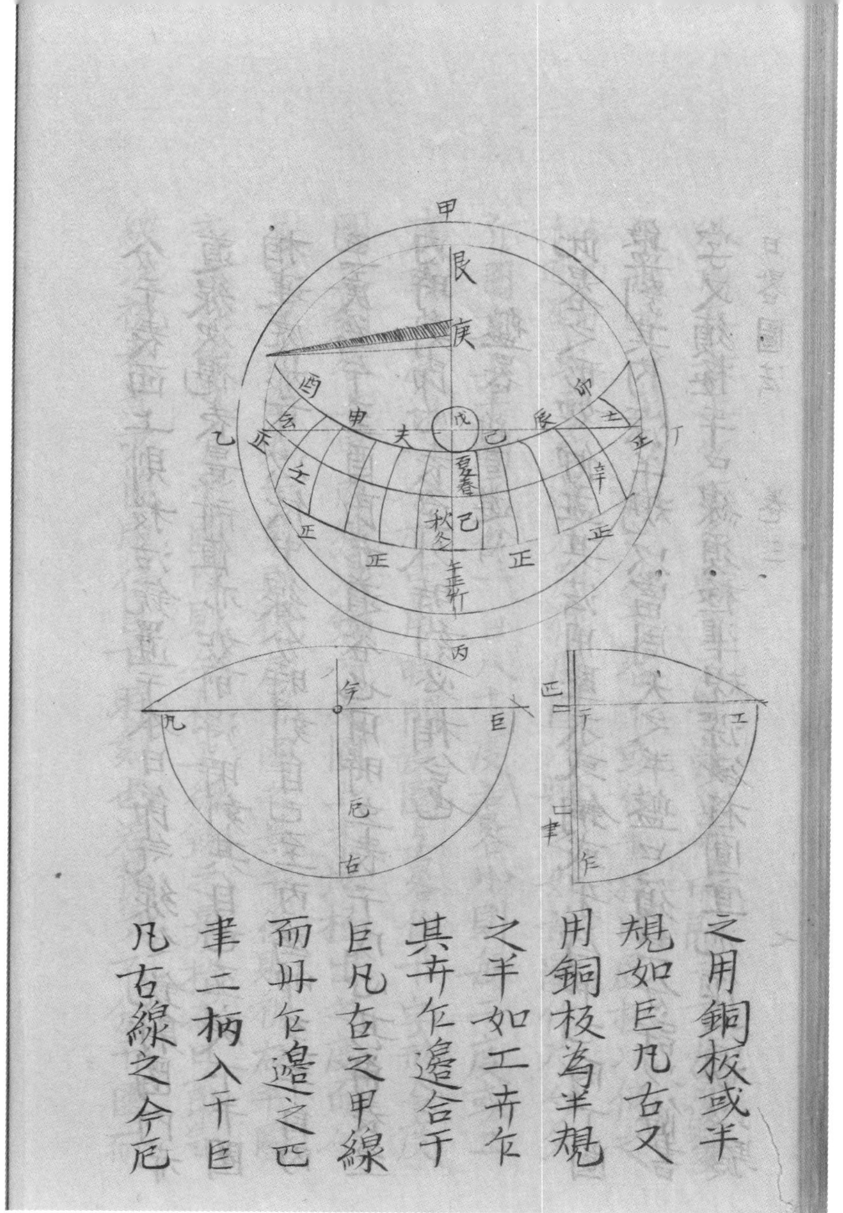

之。用銅板或半規，如巨凡古，又用銅板爲半規之半，如工卉乍，其卉乍邊合于巨凡古之甲[1]線，而丹乍邊之匹聿二柄，入于巨凡古線之今厄

1 天理本“甲”作“中”，當作“中”。

二孔又于工丹与巨凡之上稍留餘板以便執持而工巨
凡之三角亦稍留餘銳以為界限次樹此器于盤中旋轉
范之令工巨凡之三角切于盤口而巨古与古凡及工乍
三邊俱与盤底相合即極圓矣次以盤口内邊作艮土竹
云四平分次以四分之一為度以云及土各為心向盤底
作圜線兩線必為一線必与盤口之艮竹相遇是即午線
也若以艮竹各為心亦向盤底作圜線兩線亦必為一線
亦必与盤口之土云相遇而土云及艮竹兩線必交于戊
為盤之正心稍差必不準矣次平分戊艮為九十度若盤

二孔。又于工丹與巨凡之上，稍留餘板，以便執持，而工巨凡之三角，亦稍留餘鋭，以爲界限。次樹此器于盤中，旋轉范之。令工巨凡之三角切于盤口，而巨古與古凡及工乍三邊，俱與盤底相合，即極圓矣。次以盤口内邊作艮、土、竹、云四平分，次以四分之一爲度，以云及土各爲心，向盤底作圜線，兩線必爲一線，必與盤口之艮竹相遇，是即午線也。若以艮竹各爲心，亦向盤底作圜線，兩線亦必爲一線，亦必與盤口之土云相遇，而土云及艮竹兩線必交于戊，爲盤之正心，稍差必不準矣。次平分戊艮爲九十度，若盤

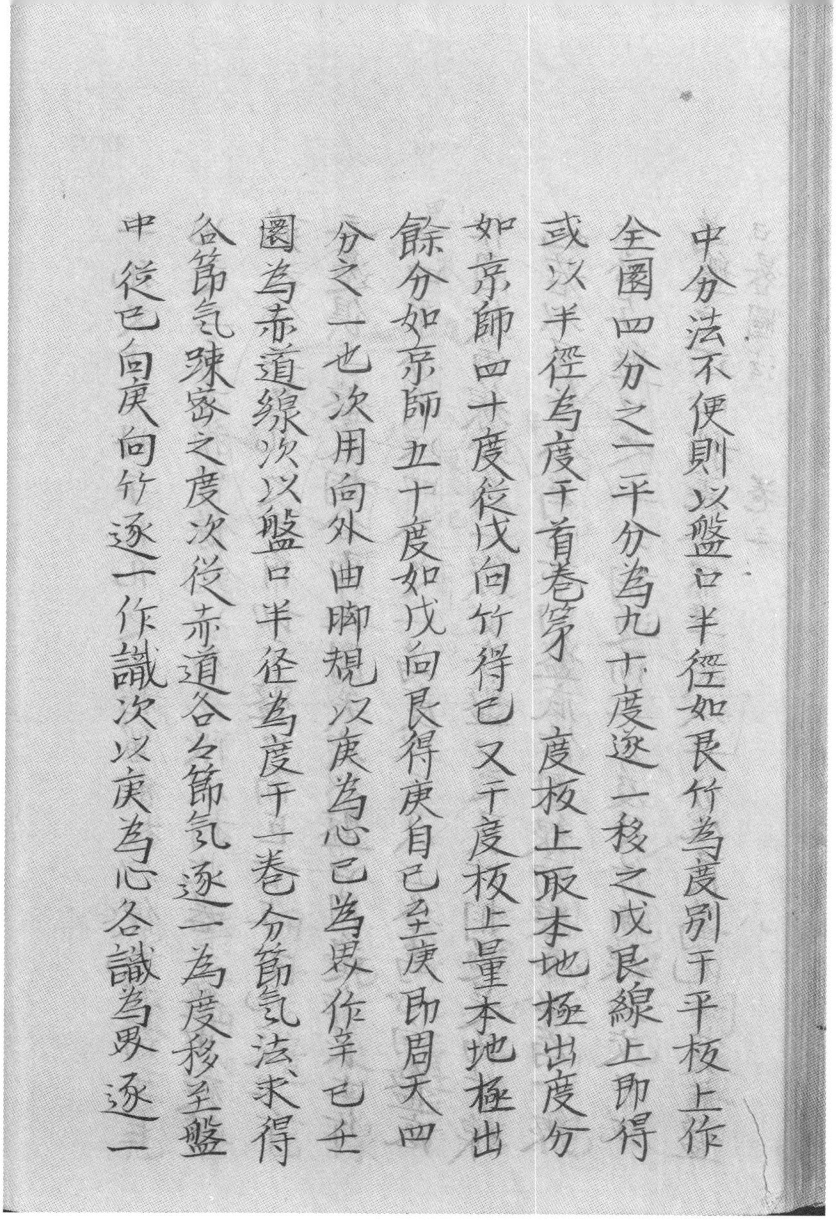

中分法不便，則以盤口半徑，如以艮竹爲度，别于平板上作全圜四分之一，平分爲九十度，逐一移之戊艮線上，即得。或以半徑爲度，于首卷第　度板上，取本地極出度分。如京師四十度，從戊向竹得己，又于度板上量本地極出餘分，如京師五十度，如戊向艮得庚，自己至庚，即周天四分之一也。次用向外曲脚規，以庚爲心，己爲界，作辛己壬圜爲赤道線。次以盤口半徑爲度，于一卷分節氣法，求得各節氣疏密之度。次從赤道各各節氣，逐一爲度，移至盤中，從己向庚向竹，逐一作識。次以庚爲心，各識爲界，逐一

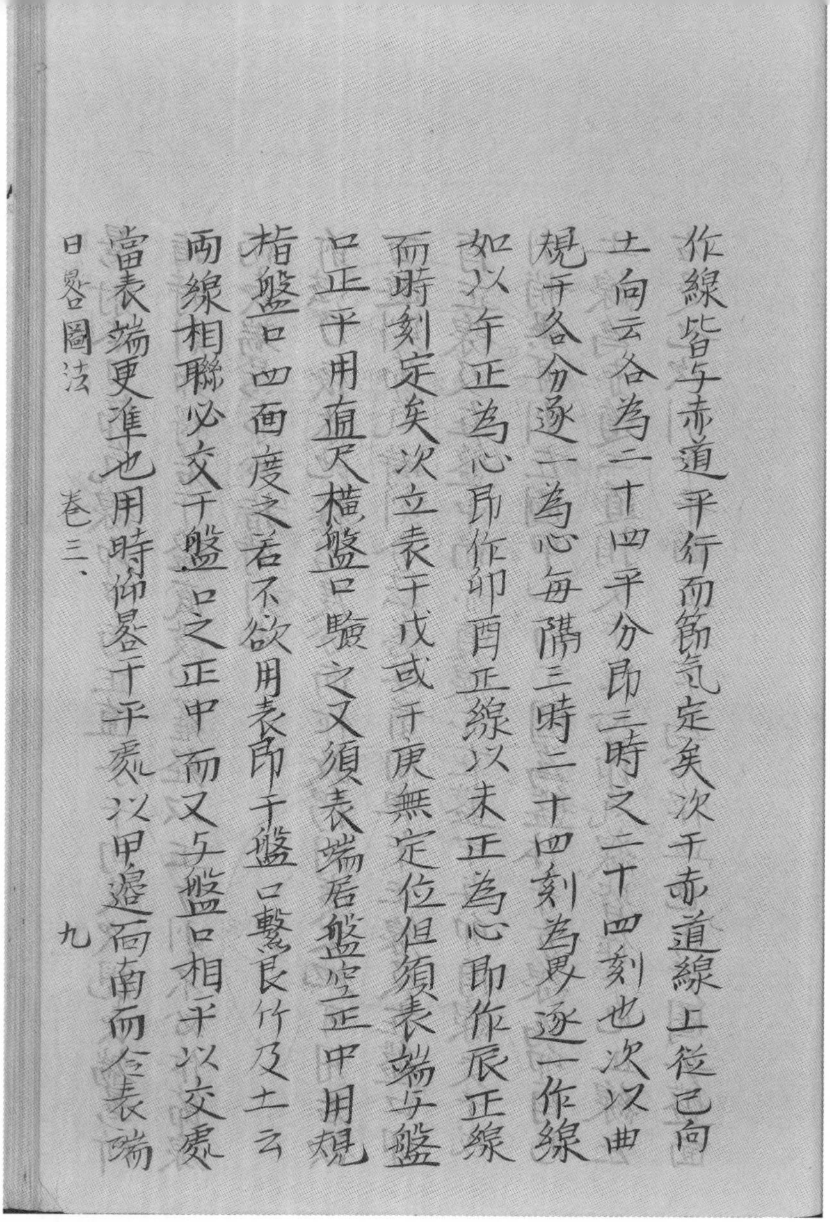

作線皆与赤道平行而節氣定矣次于赤道線上從已向
土向云各為二十四平分即三時之二十四刻也次以曲
規于各分逐一為心每隔三時二十四刻為界逐一作線
如以午正為心即作卯酉正線以未正為心即作辰正線
而時刻定矣次立表于戊或于庚無定位但須表端与盤
口正平用直尺橫盤口驗之又須表端居盤空正中用規
指盤口四面度之若不欲用表即于盤口繫艮竹及土云
兩線相聯必交于盤口之正中而又与盤口相平以交處
當表端更準也用時仰晷于平處以甲邊向南而令表端

日晷圖法　卷三　九

作線，皆與赤道平行，而節氣定矣。次于赤道線上，從已向土、向云各爲二十四平分，即三時之二十四刻也。次以曲規于各分，逐一爲心，每隔三時二十四刻爲界，逐一作線。如以午正爲心，即作卯酉正線，以未正爲心，即作辰正線，而時刻定矣。次立表于戊，或于庚無定位，但須表端與盤口正平，用直尺横盤口驗之，又須表端居盤空正中，用規指盤口，四面度之。若不欲用表，即于盤口繫艮竹及土云兩線相聯，必交于盤口之正中，而又與盤口相平，以交處當表端更準也。用時，仰晷于平處，以甲邊面[1]南，而令表端

1 天理本“面”作“向”。

景射本日節氣線，即甲丙正直子午向矣。次視表端景所指時刻，即得。若于盤底設小羅經以正方，則不必作節線，而表端景亦必指時刻也。

前法乃依本地極出度分而作，故獨同度之地可用。若欲百游，則節氣時刻分法，悉與前同，但午正線反在盤口，卯酉正線反在盤中，而赤道線亦在盤中，與卯酉線交于戌，則稍異耳。則左圖，甲乙丙丁圜爲盤體，升方線爲卯酉屯止線，爲赤道二道，相交于戊心，節氣線皆作于屯止線左右是也。次別于平面上，以乍爲心，作皿世缶尹圈，與盤面

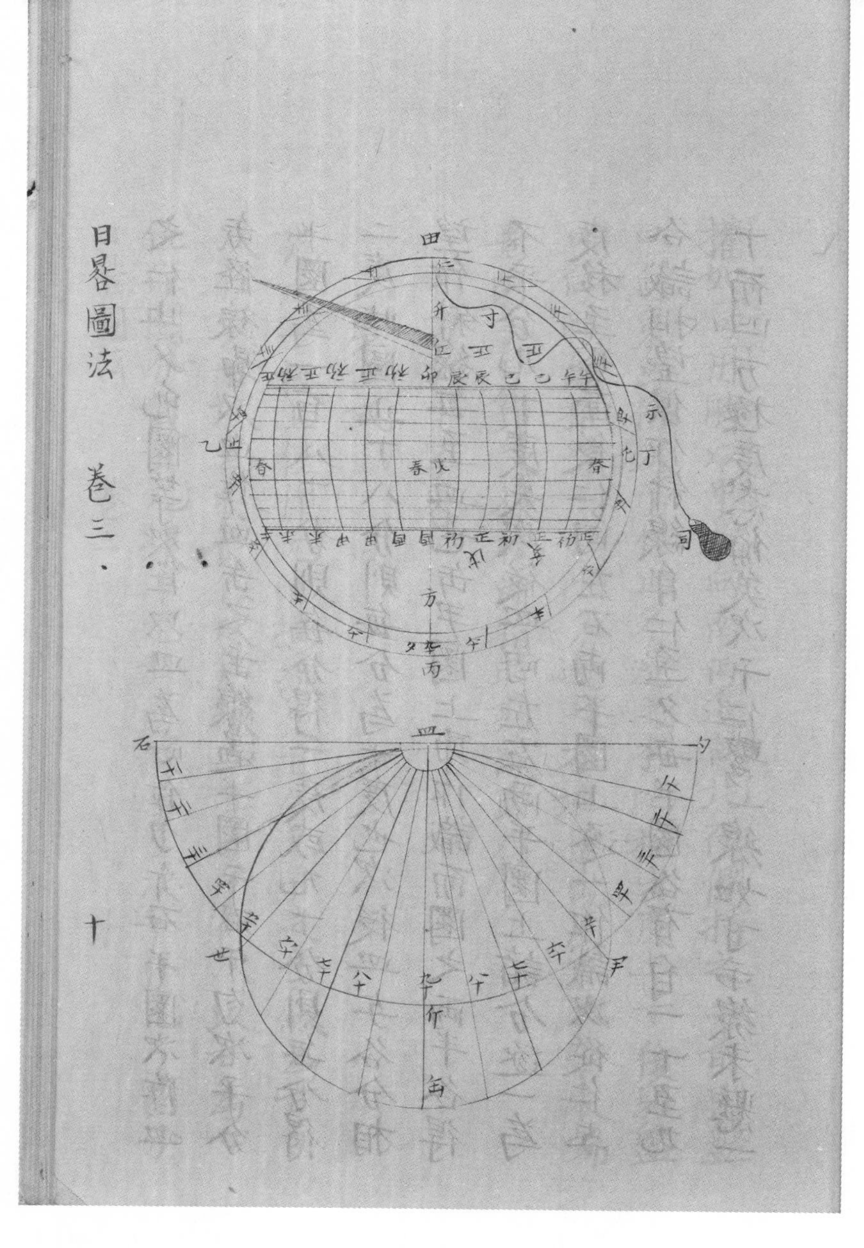
日晷圖法　卷三　十

之仁止夕屯圜等次任以皿爲心作勺斤石半圜次作皿缶徑線即以皿作皿缶之垂線遇半圜于石于勺次平分半圜爲一百八十分則每分得一度或九十分則每分得二度此圖止十八分則每分爲十度也次從皿與各分相望作斜線每至皿世缶尹圜上即作識而圜之兩半各得不平分九十度矣次從皿向左右兩半圜上諸分逐一爲度移至盤面從仁向左右兩半圜上逐一作識次從仁與各識相望俱作斜線自仁至夕每半圜各有自一十至九十而四方極度悉備矣次于仁繫一線如寸示線末懸一

之仁止夕屯圜等。次任以皿爲心，作勺斤石半圜，次作皿缶徑線，即以皿作皿缶之垂線，遇半圜于石、于勺。次平分半圜爲一百八十分，則每分得一度，或九十分，則每分得二度，此圖止十八分，則每分爲十度也。次從皿與各分相望，作斜線，每至皿世缶尹圜上，即作識。而圜之兩半，各得不平分九十度矣。次從皿向左右兩半圜上諸分，逐一爲度，移至盤面。從仁向左右兩半圜上，逐一作識，次從仁與各識相望，俱作斜線。自仁至夕每半圜，各有自一十至九十，而四方極度悉備矣。次于仁繫一線，如寸示線，末懸一權，如司。用時，以甲邊向南，丙邊向北，而側持之。午前則盤口向東，垂權線于仁止夕邊之本地極出度上；午後則盤口向西，垂權線于仁屯夕邊之本地極出度上。次令表端景射本日節氣線，視所指時刻線，即得。

百游十字晷

第一式

先于平板上任作元甘横線，從甘作元甘之垂線，爲甘弓。次任取甘坎爲衣[1]長，作坎仁線，與甘弓平行。次以甘爲心，任作圈分，截甘元線于元，甘弓線于弓。次平分元弓圜分，

1“衣”當作“表”。

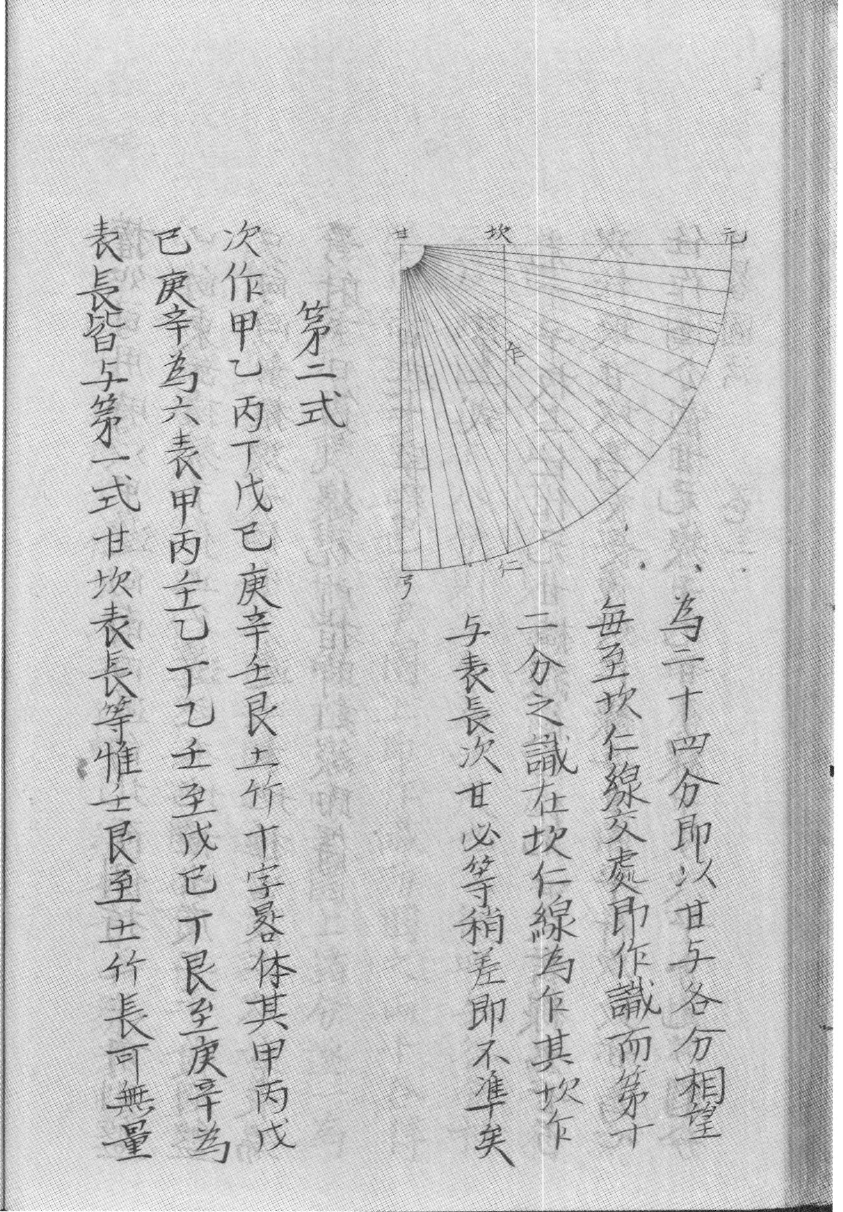

爲二十四分，即以甘與各分相望，每至坎仁線交處，即作識，而第十二分之識，在坎仁線，爲乍。其坎乍與表長次[1]甘必等，稍差即不準也。

第二式

次作甲乙丙丁戊己庚辛壬艮土竹十字晷體，其甲、丙、戊、己、庚、辛爲六表，甲丙至乙丁、乙壬至戊己、丁艮至庚辛爲表長，皆與第一式甘坎表長等。惟壬艮至土竹長可無量，

1"次"當作"坎"。

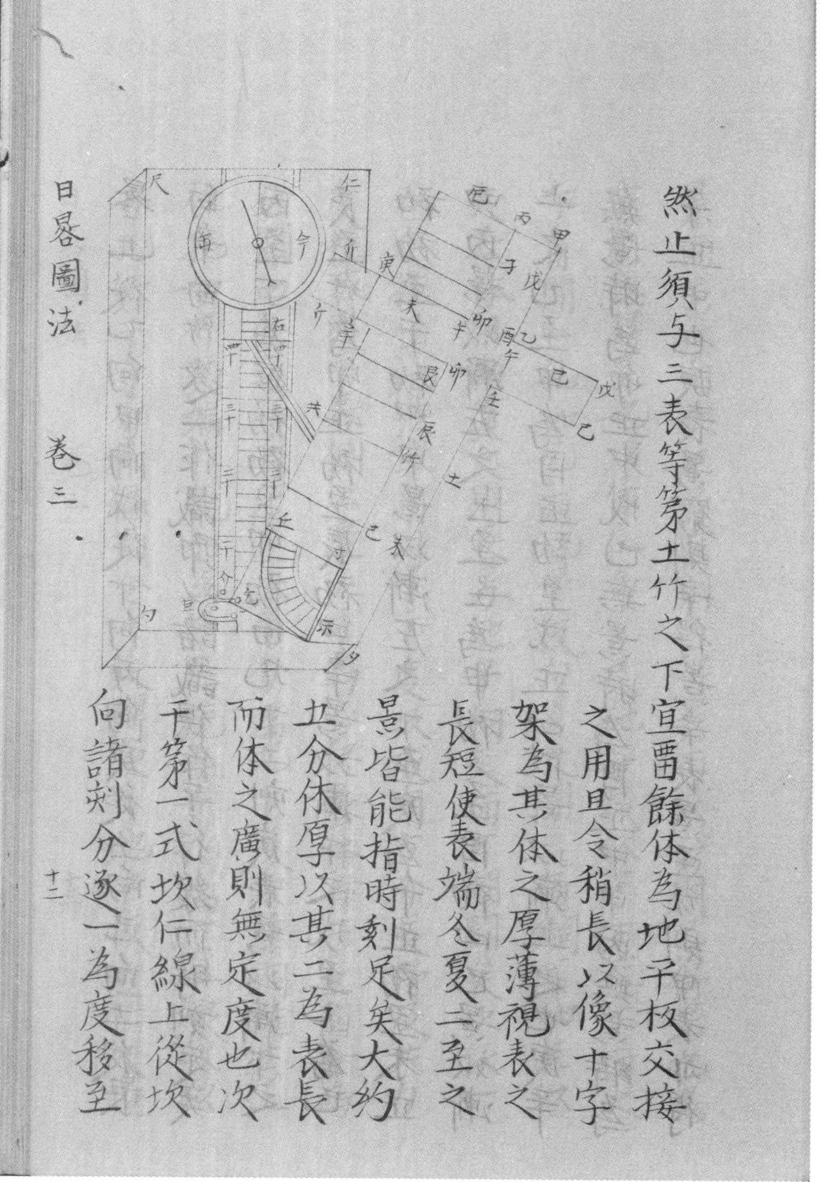

然止須與三表等。第土竹之下，宜留餘體，爲地平板交接之用。且令稍長，以像十字架，爲其體之厚薄。視表之長短，使表端冬夏二至之景，皆能指時刻足矣。大約五分體厚，以其二爲表長，而體之廣，則無定度也。次于第一式坎仁線上，從坎向諸刻分，逐一爲度，移至

晷上，從乙向甲、向戊，從丁向丙、向庚，從壬向己、向土，從艮向辛、向竹，逐一作識。即以諸識俱作平行綫，而時刻定矣。丙至丁爲寅初初至卯初四，凡十二刻，庚表景以漸下之；艮至竹爲卯正初至辰初四，辛景以漸下之；戊至乙爲已初初至午初四，甲景以漸左之；丁至庚爲午正初至未正四，丙景以漸左之；土至壬爲申初初至酉初四，己景以漸上之；乙至甲爲酉正初至戌正四，戊景以漸上之也。庚辛無景時，爲卯正中；戊己無景時，爲酉正中；甲丙無景時，爲午正中也。庚表景窮，則辛得景，辛表景至竹，則甲表亦得景，兩景可相驗，甲景窮，則丙得景，丙景窮，則己得景，己景窮，則戊得景也。次作仁勺夕尺地平板，次于十字下面之下角，開一孔如乞，兩地平板勺夕之間，立兩銅耳如巨。以夾晷體，用軸貫之，則晷與地平相交，而可闔闢矣。次依一卷定極出地法，或用司寸示度板，或用古介度梯，及共力度柱，或别于晷側上邊，以寸爲心，儘晷體作示丘圜分，爲全圜四分之一，自示至丘平分爲九十度。次作銅權，其上作孔如卉，其端作鋭如亙，而亙鋭與卉孔爲一直線。次以卉孔釘于寸，勿稍偏，而令可旋轉。次于地平板近仁尺邊開，今缶圜以置羅經。用時，上下轉晷，令互鋭正垂，指本地極出度分，而以羅經正方視角表景，所值即得目下時刻也。若晷有節線，則不必用羅經以定方向，亦以手持晷，入[1]銅瓘[2]自指本地極出度分，而移鋭表景指本日節氣，即得時刻，亦不必用地平板也。

第三式

此加節氣線之法也。先作甲乙横線，任取丙點，次作丙丁線，爲甲乙之垂線，即赤道線。次依一卷分節線法，于丙丁左右分諸節氣線。次于丙丁左右節線外，任作戊己、庚辛

1 天理本“人”作“令”。
2 天理本“瓘”作“權”。

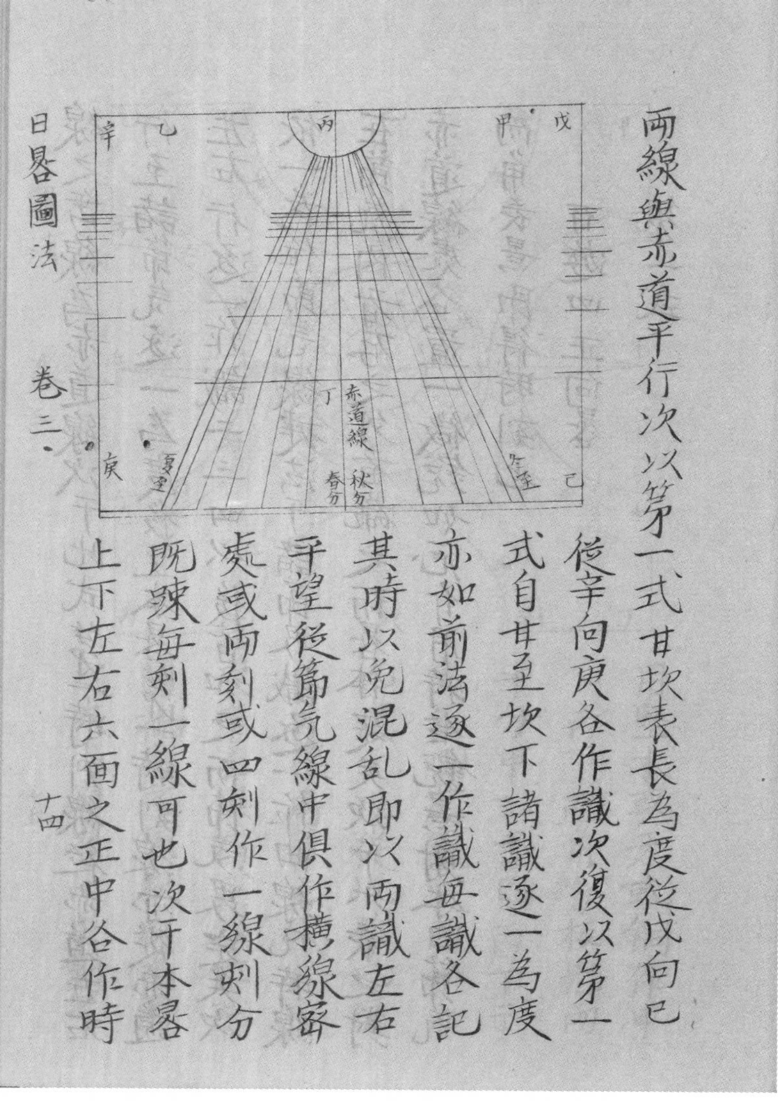

兩線與赤道平行次以第一式甘坎表長為度從戊向已
從辛向庚各作識次復以第一
式自甘至坎下諸識逐一為度
亦如前法逐一作識每識各記
其時以免混乱即以兩識左右
平望從節氣線中俱作横線密
處或兩刻或四刻作一線刻分
既疎每刻一線可也次于本晷
上下左右六面之正中各作時

日晷圖法　卷三　十四

兩線，與赤道平行。次以第一式甘坎表長爲度，從戊向己，從辛向庚，各作識。次復以第一式，自甘至坎下諸識，逐一爲度，亦如前法，逐一作識。每識各記其時，以免混亂，即以兩識左右平望，從節氣線中俱作横線，密處或兩刻，或四刻作一線刻分，既疎每刻一線可也。次于本晷上下左右六面之正中，各作時線之垂線，爲赤道線。次于此式第一時刻線，從赤道左右行至諸節氣，逐一爲度，移至本晷第一時刻線，亦從赤道左右行，逐一作識，二、三、四以後皆如之，而節氣界定矣。次依一卷作節氣線捷法，于諸節界識，逐一作曲線。凡時線在節氣內者存之，外者礲之，而晷體定矣。次于六表之對赤道線處，各置一微鋭，如厄斤。用時，令鋭景射本日節氣，而角表景即得時刻也。

百游四正向晷

第一式

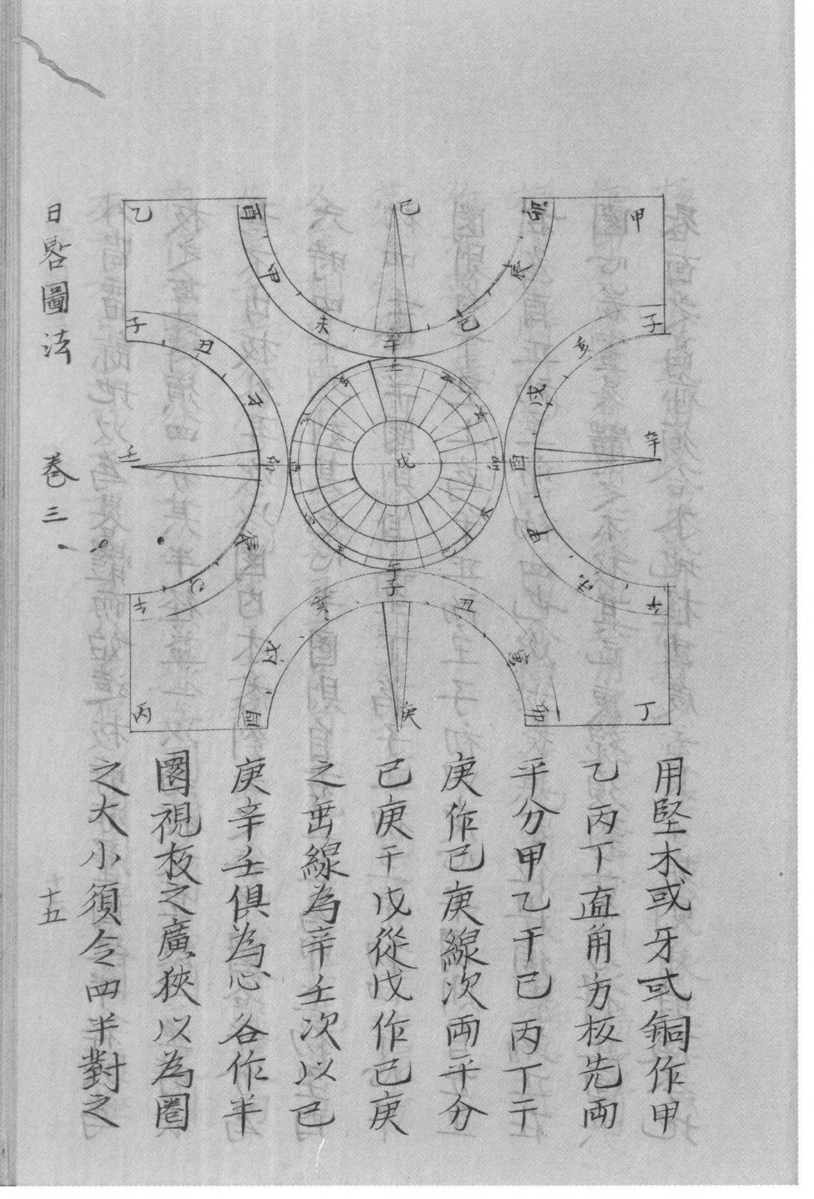
日晷圖法　卷三　五

用堅木或牙或銅作甲乙丙丁直角方板先兩平分甲乙于己丙丁于庚作己庚線次兩平分己庚于戊從戊作己庚之垂線為辛壬次以己庚辛壬俱為心各作半圜視板之廣狹以為圈之大小須令四半對之

用堅木或牙、或銅作甲乙丙丁直角方板，先兩平分甲乙于己、丙丁于庚，作己庚線。次兩平分己庚于戊，從戊作己庚之垂線，爲辛壬。次以己、庚、辛、壬俱爲心，各作半圜。視板之廣狹，以爲圈之大小，須令四半對之，外尚留餘地，以爲晷體。而始造板時，亦量圈之半徑，以爲板之厚薄，須四分，其半徑益一以爲板之厚，庶二至時，表景不出板外耳。次以圜内木悉刳去之，每半圜各平分爲六時四十八刻。其己心半圈，則自右至左，爲卯正初至酉初四；壬心半圜，則自上至下，爲子正初至午初四；辛心半圜，則自下至上，爲午正初至子初四；庚心半圜，則自左至右，爲酉正初至卯初四也。次立表，無定位，但須表端正在圜心，若畫晷體定不移，其己庚線須對子午，乃得正面。其晷面之高，亦須合本地極出度。若晷不定，則用時隨本地極出度分，或用度板，或用度梯以定極度。次或依空晷法，作節氣線，或省節氣線，而止用羅經以正方，則表端景所指，即得時刻也。若四半圜外尚有餘地，則以戊爲心，亦可作赤道晷焉。

第表鋭既細，則易動，而時刻難準。當于己庚及辛壬線旁，各作相近兩平行線，如云甘、土竹與己庚平行，石元、牙弓與辛壬平行。次以石、元、牙、弓、土、竹、云、甘各爲心，各從邊向内作全圜四分之一。次以心線與圈線之間，悉剗去之，則石、元、牙、弓、土、竹、云、甘即爲八表。但表角須極稜，圜分須極

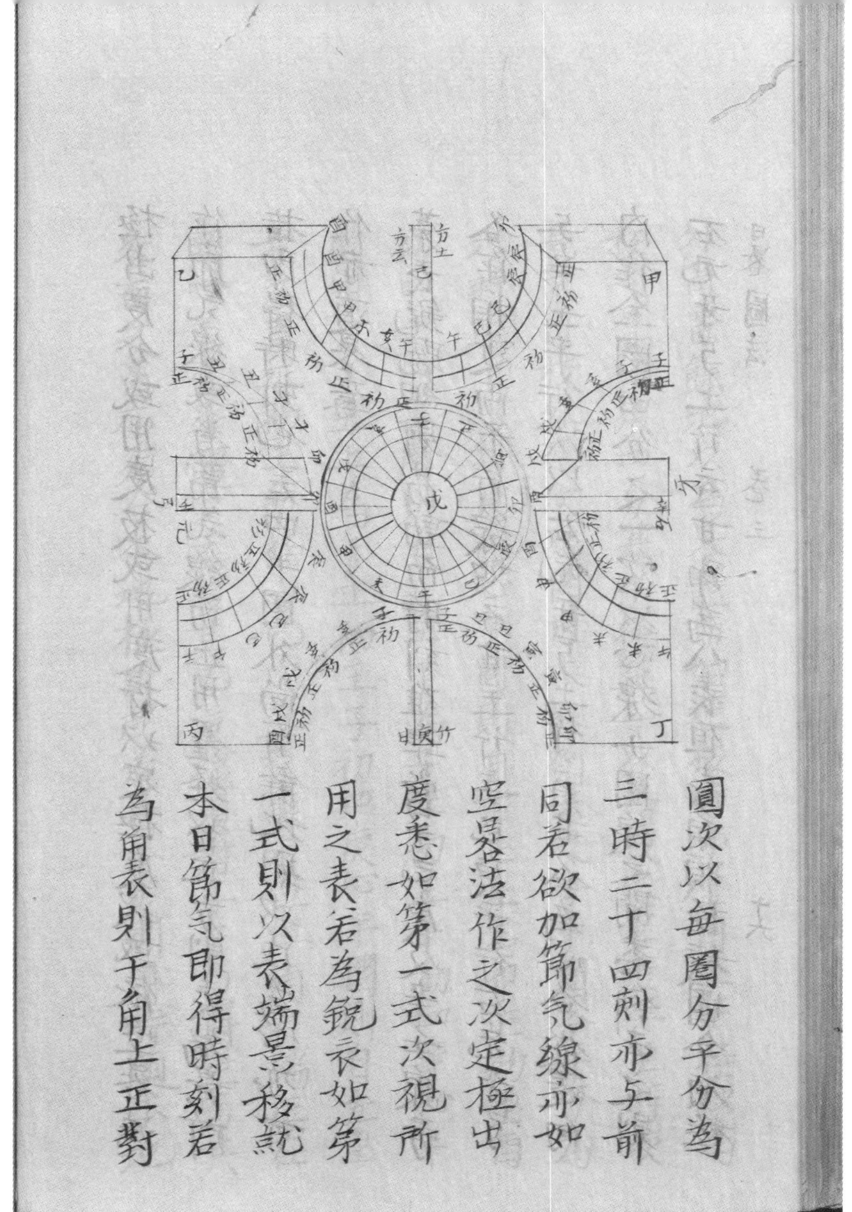

圓，次以每圈分平分爲三時二十四刻，亦與前同。若欲加節氣線，亦如空晷法作之。次定極出度，悉如第一式。次視所用之表，若爲鋭表，如第一式，則以表端景移就本日節氣，即得時刻。若爲角表，則于角上正對

赤道處，置一微鋭如方。用時令方景射本日節氣線，而角表景即指目下時刻，或如空晷法于角表上，分節氣圜内止作赤道，而角表上置一活鋭。用時，移活鋭于本日節氣線，令鋭景射圜内赤道線，亦得。

百游四偏向晷

此晷作法及用法與前晷無異，第分時刻及安表處不同。其上左角半圜，以上至左，即寅初初至未正四；下左角半圜，從左至下，即亥初初至辰正四；下右角半圜，從下至右，即申初初至丑正四；上右角半圜，從右至上，即已初初至

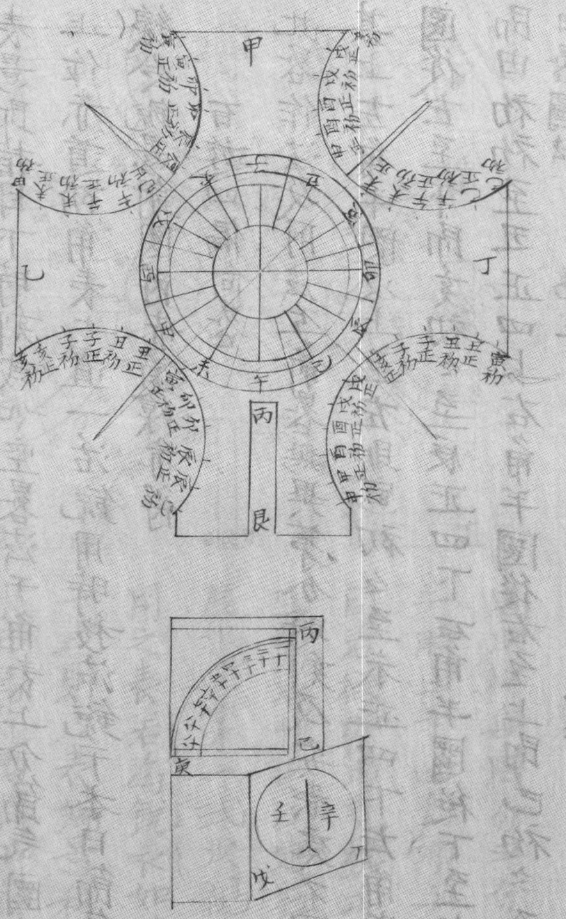

戌正四也若欲加節气亦如空晷法作之惟定極度板别

戌正四也。若欲加節氣，亦如空晷法作之，惟定極度板别

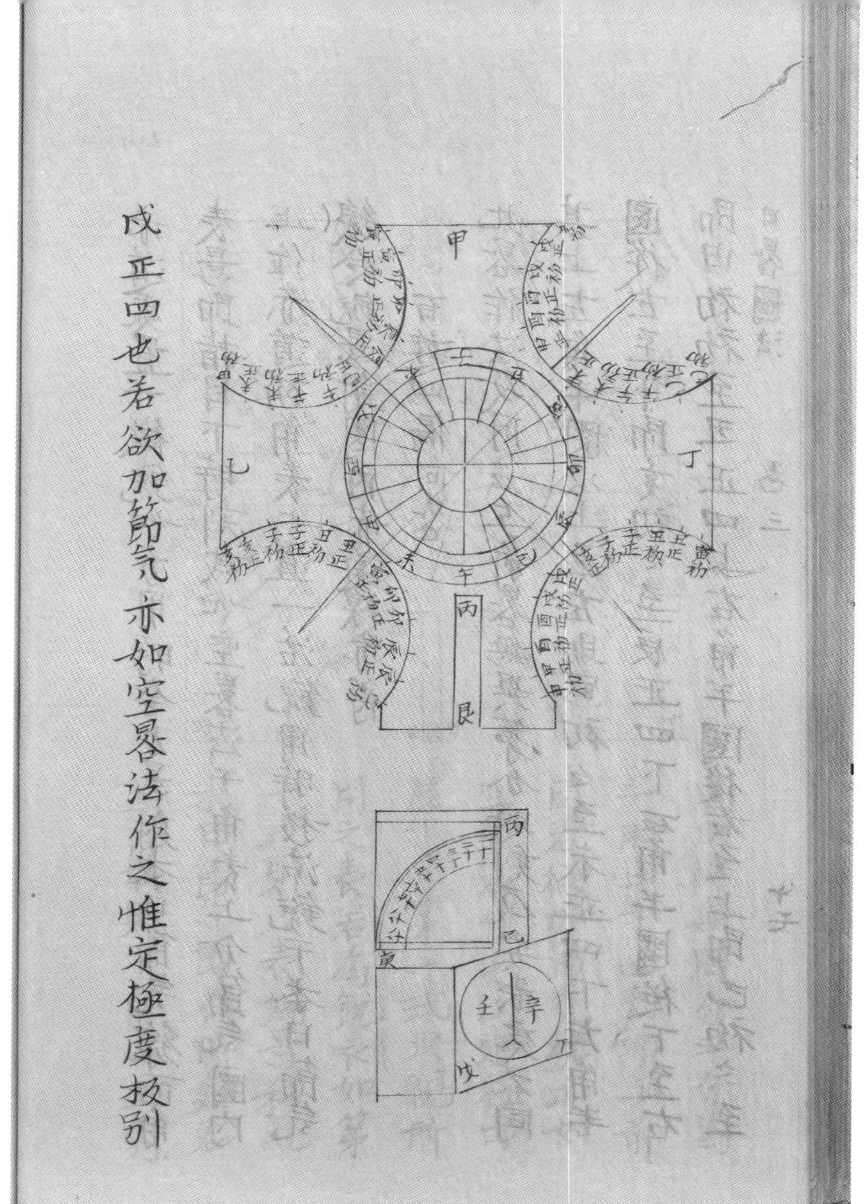

有一法。此晷及前後兩晷，俱可隨宜用之，當以晷板交地平板處開一孔，如丙艮。次用一板，長短寬窄無度，如右圖戊己丙丁，斫其半，令與丙艮相入，如丙已。其後半度，可容羅經，如辛壬。次以已爲心，儘板之厚，作全圜四分之一，如丙庚。自丙至庚，平分爲九十度，次于晷體艮旁兩角作一孔，與度板己孔相聯，令可闔闢。用時令晷艮上角切指本地極出度分，即得。

百游輪晷

此晷作法及用法亦與前二晷大同小異，用甲乙丙丁圖[1]

1 天理本“圖”作“圓”。

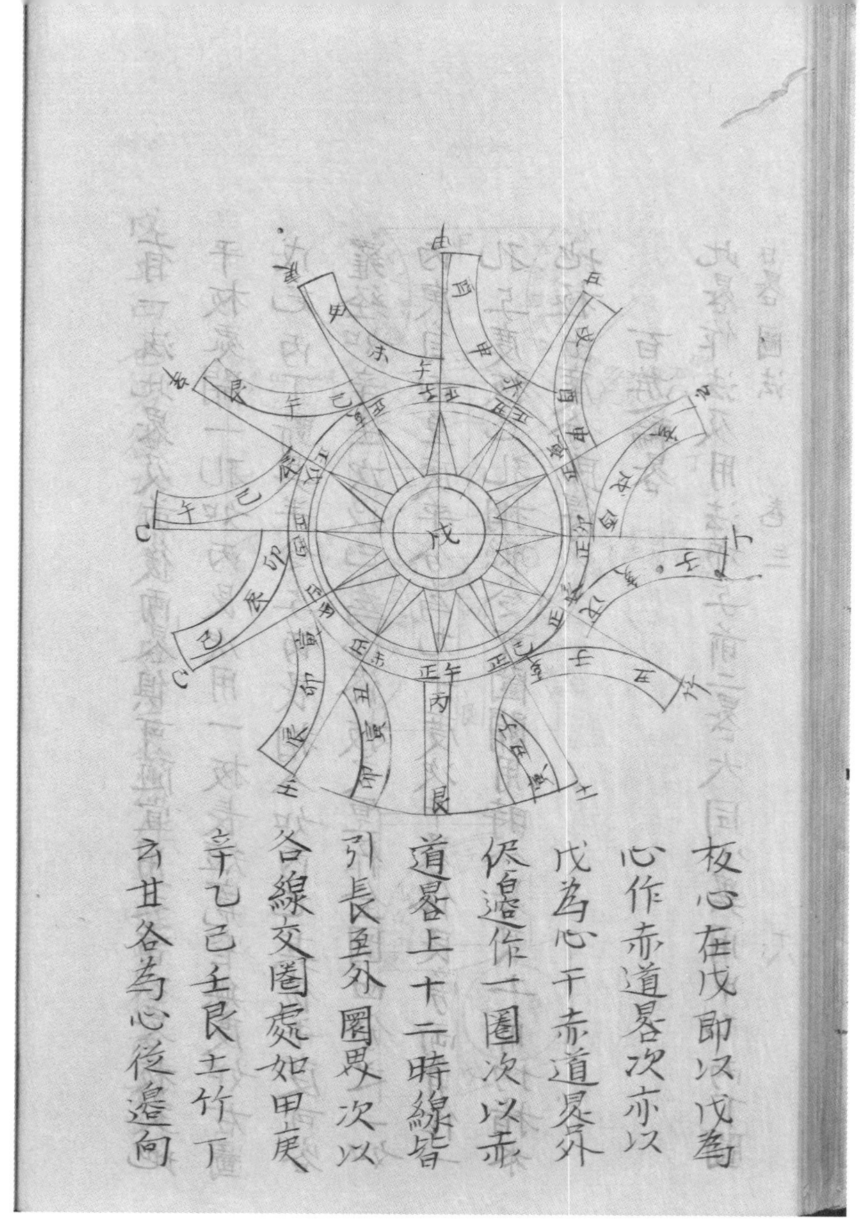

板，心在戊，即以戊爲心，作赤道晷。次亦以戊爲心，于赤道晷外，儘邊作一圈。次以赤道晷上十二時線，皆引長至外圜界。次以各線交圈處，如甲、庚、辛、乙、己、壬、艮、土、竹、丁、云、甘各爲心，從邊向

内順作圈分第圈分之界須與次線相離分許為度小圜
分皆至界圜止故不及全圈四分之一也次俱如前法以
心線及圜線以内悉刋去之次以諸圜分半徑為度别于
平面作全圈四分之一平分為三時二十四刻逐一為度
移之晷上諸圜分兩面俱自内向外逐一作識即以兩面
邊識俱作平行線而時刻定矣其各圜分之心即為本圜
之表次或用度板或用度梯及度柱或用前晷之度板從
定極出庚分仍以羅經或子午線正方而晷成矣用時每
一時刻必三圜必有表景亦相驗也若欲加節氣線亦如

内順作圈分。第圈分之界，須與次線相離分許爲度，小圜分皆至界圜止，故不及全圈四分之一也。次俱如前法，以心線及圜線以内，悉刋去之。次以諸圜分半徑爲度，别于平面作全圈四分之一，平分爲三時二十四刻，逐一爲度，移之晷上諸圜分。兩面俱自内向外，逐一作識，即以兩面邊識，俱作平行線，而時刻定矣。其各圜分之心，即爲本圜之表。次或用度板或用度梯及度柱，或用前晷之度板，從定極出庚[1]分。仍以羅經，或子午線正方，而晷成矣。用時，每一時刻必三圜，必有表景，亦相驗也。若欲加節氣線，亦如

1 天理本“庚”作“度”，當作“度”。

前空晷法作之。

柱晷[1]

用竪木或銅、或重楮作圜體如柱，任意大小長短，其圜必中規，而上下等。次于兩端之圈界，各十三平分之。依所分之各界兩兩相對作直線，俱平行，各線與柱體亦平行。柱體之周爲十三直線，皆平行相等，每線直二節氣，惟夏冬二至各得一線，名爲二十四節氣線。即任取一線爲冬至，次右二曰小寒、大雪，右三曰大寒、小雪，右四曰立春、立冬，右五曰雨水、霜降，右六曰驚蟄、寒露，右七曰春分、秋分，右

1 此段柱晷内容源自意大利傳教士熊三拔《表度説》。

八曰清明、白露，右九曰穀雨、處暑，右十曰立夏、立秋，右十一曰小滿、大暑，右十二曰芒種、小暑，右十三曰夏至，而節氣定矣。

次作表，表之長短無定度，約柱之長短，而定其度，既得其長，依分表法，詳見《表度説》。十二平分之，以十二平分之一爲度。每度更六十平分之，凡七百二十分。若表體小者，每度六平分之。次依後圖，視每節氣每時節表景長短幾何度分，而一一移之柱晷之節氣本線，即得各時刻。其表景長短度分，用日高度推筭得之，見《表度説》中。

北极出地四十度每節氣每時直景倒景度分	午正				午未初				巳未正			
	直景		倒景		直景		倒景		直景		倒景	
	度	分	度	分	度	分	度	分	度	分	度	分
夏至	三	三十三	四十	三十一	四	四十四	三十	二十八	七	十三	十九	五十八
芒種　小暑	三	四十二	三十九	十五	四	五十一	二十九	四十二	七	二十一	十九	四十三
小滿　大暑	四	十五	三十二	五十二	五	二十一	二十六	五十七	七	四十	十八	三十
立夏　立秋	五	六	二十八	十六	六	二十三	二十三	五十四	八	二十四	十七	八
穀雨　處暑	六	二十三	二十二	三十四	七	三十一	十九	三十三	九	四十二	十四	四十七[1]
清明　白露	八	六	十七	四十七	九	三	十五	五十五	十一	二十三	十二	二十六
春分　秋分	十	四	十四	十八	十一	○	十三	十八	十三	三十四	十	三十三
驚蟄　寒露	十二	二十六	十一	三十五	十三	二十	十	四十八	十六	十三	八	二十二
雨水　霜降	十五	五	九	三十三	十六	三十一	八	四十三	十九	二十八[2]	七	十三
立春　立冬	十七	四十七	八	六	十九	五十八	七	十三	二十五	三十一	六	七
大寒　小雪	二十	四十七	六	二十六[3]	二十三	三	六	十五	三十八	十六	五	六
小寒　大雪	二十三	三十	六	○	二十五	十	五	三十六	三十七	六	四	十二
冬至	二十四	四	五	五十九	二十六	二十	五	二十八	二十二	五十八	四	○

1 天理本“四十七”作“四十九”。
2 天理本“二十八”作“五十八”。
3 天理本“二十六”作“五十六”。

日晷圖法　卷三

巳申初				辰申正				辰酉初				卯酉正			
直景		倒景		直景		倒景		直景		倒景		直景		倒景	
度	分	度	分	度	分	度	分	度	分	度	分	度	分	度	分
十	三十七	十三	三十四	十五	五十	九	三	二十五	十	五	四十三	四十六	二十四	三	六
十	五十	十三	二十	十六	七	九		二十五	五十	五	三十二	四十八	八	三	
十一	十一	十二	五十二	十六	五十	八	二十四	二十六	五十七	五	十一	五十四	八	二	三十三
十三	十三	十一	三十五	十八	二十九	七	四十八	三十一	十六	四	三十六	六十八	三	二	七
十三	四十八	一	二十六	二十	四十七	六	五十六	三十五	五十二	四	一		九十一	一	三十五
十五	五十五	九	三	二十四	三十六	五	五十一	四十四	四十七	三	十三	一百七十一	三十七	○	五十
十八	二十九	七	四十八	二十九	四十二	四	五十一	六十一	四十四	二	二				
二十二	三十四	六	二十三	三十六	五十六	五	五十四	九十一	九	十	五十五				
二十八	十六	五	六	四十八	八	三	○	百七十一	三十七	○	五十				
三十四	五十一	四	八	六十四	五十五	二	十三								
四十一	五十一	三	二十六	八十七	○	一	四十五								
四十六	八	三	○	一百十四	十一	一	十六								
四十八	○	二	五	一百十四	二十八	一	九								

北极出地三十二度每節氣每時直景倒景度分	午正				午未初				巳未正			
	直景		倒景		直景		倒景		直景		倒景	
	度	分	度	分	度	分	度	分	度	分	度	分
夏至	一	四十	八十	○	三	四十	三十九	○	六	二十	二十二	○
芒種　小暑	一	五十	八十五	十	三	五十	三十八	十	六	四十	二十一	四十
小滿　大暑	二	二十	五十八	四十	四	○	三十六	○	七	○	十一	四十
立夏　立秋	三	十	四十四	五十	四	四十	三十	二十	七	三十	十九	二十
穀雨　處暑	四	十	三十一	○	五	三十	二十五	三十	八	二十	十七	三十
清明　白露	五	五十	三十四	五十	六		二十一	○	九	五十	十五	二十
春分　秋分	七	二十	十九	十	八	三十	十六	四十	十一	十	十二	五十
驚蟄　寒露	九	三十	十五	十	十	二十	十三	四十	十三	○	十一	○
雨水　霜降	十一	二十	十二	三十	十二	四十	十一	二十	十五	二十	九	十
立春　立冬	十三	二十	十	四十	十四	十	九	四十	十八	三十	七	五十
大寒　小雪	十五	二十	九	十	十六	五十	八	三十	二十	四十	六	五十
小寒　大雪	十七	○	八	三十	十八	三十	七	四十	二十二	十	六	十
冬至	十七	二十	八	十	十九	十	七	二十	二十三	四十	六	○

巳申初				辰申正				辰酉初				卯酉正			
直景		倒景		直景		倒景		直景		倒景		直景		倒景	
度	分	度	分	度	分	度	分	度	分	度	分	度	分	度	分
十	二十	十三	五十	十六	〇	九	〇	二十七	〇	五	二十	五十六	〇	二	五十
十	三十	十三	四十	十六	二十	八	五十	二十七	三十	五	十	五十九	〇	二	二十
十	五十	十三	二十	十七	〇	八	三十	二十九	〇	五	〇	六十五	〇	二	十
十一	三十	十二	三十	十八	八[1]	八	〇	三十一	四十	四	二十	八十	〇	一	二十
十二	二十	十一	三十	十九	〇	七	十	三十五	〇	四	〇			一	二十
十四	〇	十	十	二十	十	九[2]	二十	四十三	〇	三	二十				
十六	〇	九	〇	二十六	〇	五	三十								
十八	五十	七	四十	三十一	〇	四	三十								
二十二	五	六	三十	二十八	〇	三	五十								
二十五		五	三十	四十六	〇	三	十								
二十		四	五十	五十七	〇	二	三十								
三十三	〇	四	二十	六十三	〇	二	十								
三十四	十	四	[3]	七十	〇	二	〇								

1 天理本作“〇”。
2 天理本“九”作“六”。
3 天理本作“〇”。

北極出地度每節氣每時直景倒景度分

夏至　芒種　小滿　立夏　穀雨　清明　春分　驚蟄　雨水　立春　大寒　小寒
小暑　大暑　立秋　處暑　白露　秋分　寒露　霜降　立冬　小雪　大雪　冬至

北极出地度每節氣每時直景倒景度分	午正				午未初				巳未正			
	直景		倒景		直景		倒景		直景		倒景	
	度	分	度	分	度	分	度	分	度	分	度	分
夏至												
芒種　小暑												
小滿　大暑												
立夏　立秋												
穀雨　處暑												
清明　白露												
春分　秋分												
驚蟄　寒露												
雨水　霜降												
立春　立冬												
大寒　小雪												
小寒　大雪												
冬至												

巳申初　直景 度分　倒景 度分
辰申正　直景 度分　倒景 度分
辰酉初　直景 度分　倒景 度分
卯酉正　直景 度分　倒景 度分

日晷各圖法　卷三

巳申初				辰申正				辰酉初				卯酉正			
直景		倒景		直景		倒景		直景		倒景		直景		倒景	
度	分	度	分	度	分	度	分	度	分	度	分	度	分	度	分

北极出地三十度每節氣每時直景倒景度分	午正				午未初				巳未正			
	直景		倒景		直景		倒景		直景		倒景	
	度	分	度	分	度	分	度	分	度	分	度	分
夏至	一	二十	一百五	十	三	二十五	四十	○	六	二十五	二十二	五十
芒種　小暑	一	三十	九十五	○	三	四十	三十九	十	六	三十五	二十二	○
小滿　大暑	二[1]	○	七十一	○	三	五十五	三十六	五十	六	四十五	二十一	三十
立夏　立秋	三	五十	五十一	十	四	二十五	三十二	四十	七	十	二十	○
穀雨　處暑	四	○	五十六	四十	五	十五	二十七	二十	八	○	十八	五
清明　白露	五	十	二十七	十	六	二十五	二十二	五十	九	五	十六	○
春分　秋分	六	五十	二十	四十	八	五	十七	四十	十	四十	十三	二十五
驚蟄　寒露	八	四十	十六	三十	九	五十五	十四	三十	十二	三十	十一	三十五
雨水　霜降	十	三十	十三	三十	十二	○	十二	○	十四	五十	九	四十五
立春　立冬	十二	三十	十一	三十	十四	○	十	二十	十七	五	八	二十
大寒　小雪	十四	二十	十	○	十六	○	九	五	二十	○	七	五十
小寒　大雪	十五	五十	九	十	十七	二十五	八	十五	二十一	四十	六	二十
冬至	十六	十	八	五十	十八	○	八	○	二十二	二十	六	五十[2]

1 天理本“二”作“三”。
2 天理本“五十”作“九十”。

日晷圖法　卷三

巳申初				辰申正				辰酉初				卯酉正			
直景		倒景		直景		倒景		直景		倒景		直景		倒景	
度	分	度	分	度	分	度	分	度	分	度	分	度	分	度	分
十	二十	十二[1]	五十[2]	十六	十	八	五十	二十七	五十	五	十	六十	○	二	二十五
十	三十	十二	四十	十六	三十	八	四十	二十八	十五	五	○	六十二	○	二	十五
十	五十	十三	二十	十七	五	八	二十五	二十九	四十	四	五十	六十八	○	二	五
十	二十	十二	四十	十八	○	八	○	三十二	五	四	三十五	八十五	○	一	四十
十二	二十五	二十一	三十三	十九	五十	七	十五	二十一	三十	三	十五	二百十四	○	一	十五
十三	四十五	十	二十五	二十二	○	六	二十	四十二	二十	二	三十				
十五	四十	九	十	二十五	四十	五	三十五	五十二	○	二	四十五				
十八	五	八	○	三十	三十	四	四十	六十八	○	二	五				
二十一	十	六	四十五	三十六	四十	五	○	九十七	○	一	三十				
二十四	三十五	五	五十	四十三	○	三	三十								
二十八	十五	五	五	五十二	○	二	四十五								
二十一	○	四	四十	五十九	○	一	二十五								
二十一	四十	四	三十	六十二	○	二	十五								

1 天理本“十二”作“十三”。

2 天理本“五十”作“九十”。

北极出地度每節氣每時直景倒景度分	午正				午未初				巳未正			
	直景		倒景		直景		倒景		直景		倒景	
	度	分	度	分	度	分	度	分	度	分	度	分
夏至												
芒種　小暑												
小滿　大暑												
立夏　立秋												
穀雨　處暑												
清明　白露												
春分　秋分												
驚蟄　寒露												
雨水　霜降												
立春　立冬												
大寒　小雪												
小寒　大雪												
冬至												

巳申初 直景 度分 倒景 度分 辰申正 直景 度分 倒景 度分 辰酉初 直景 度分 倒景 度分 卯酉正 直景 度分 倒景 度分

日晷圖法 卷三

巳申初				辰申正				辰酉初				卯酉正			
直景		倒景		直景		倒景		直景		倒景		直景		倒景	
度	分	度	分	度	分	度	分	度	分	度	分	度	分	度	分

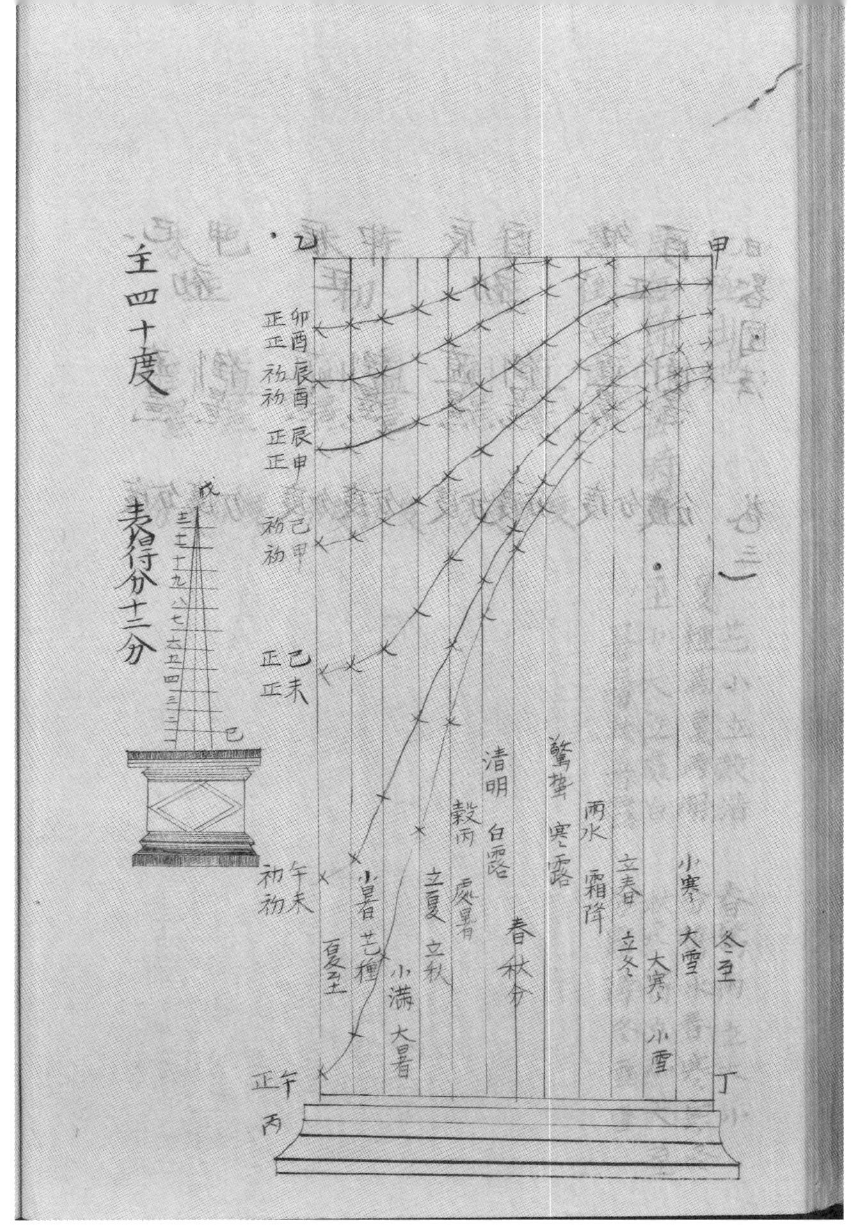

壬四十度
表自得分十二分
甲
乙
卯酉正正
辰酉初初
辰申正正
巳申初初
巳未正正
午未初初
午正
丙
丁
冬至
小寒 大雪
大寒 小雪
立春 立冬
雨水 霜降
驚蟄 寒露
春 秋分
清明 白露
穀雨 處暑
立夏 立秋
小暑 芒種
小滿 大暑
夏至

假如甲乙丙丁為圓柱其甲乙等附柱十三直線則二十
四節気線也戊己表度十二平分也若于夏至線欲定午
正檢上圖夏至倒景于午正得表之四十度三十一分即
規取戊己表之四十度三十一分于柱之夏至線上自乙
向丙移量之得午正初刻也午初未初倒景得三十度二
十八分亦如之諸時諸節気俱如之
安表法晷之上端為樞表體之長信其度長為空于餘表
而入之樞令表之度皆在晷体之外也表之末与樞之心
為一直線用時以晷与表各展轉就日而測之

日晷圖法　卷三

假如甲乙丙丁爲圜柱，其甲乙等附柱十三直線，則二十四節氣線也。戊己表度，十二平分也。若于夏至線，欲定午正，檢上圖夏至倒景于午正，得表之四十度三十一分，即規取戊己表之四十度三十一分，于柱之夏至線上。自乙向丙移量之，得午正初刻也，午初未初倒景得三十度二十八分，亦如之。諸時諸節氣，俱如之。

安表法：晷之上端爲樞，表體之長信，其度長爲空，于餘表而入之樞，令表之度皆在晷體之外也。表之末與樞之心爲一直線。用時，以晷與表各展轉，就日而測之。

用法：視本日爲某節氣第幾日，轉表加于晷端界第幾日上。次轉晷承日景，令表景與節氣線平行，視表末所至，得時刻。造方晷以倒景，其法同也。其節氣線以分黄道，法爲疎密。

圜中晷

用堅木作甲乙丙丁直方形，約長四寸五分，廣三寸五分，厚五分，稍上刳一圓孔，約徑二寸六分，圜圍内側從角斜分四點，爲戊、己、庚、辛。自庚至辛至戊兩邊，各留分許，刳去中三分，深半分，以便施放時刻條子。次于甲角上左側，從

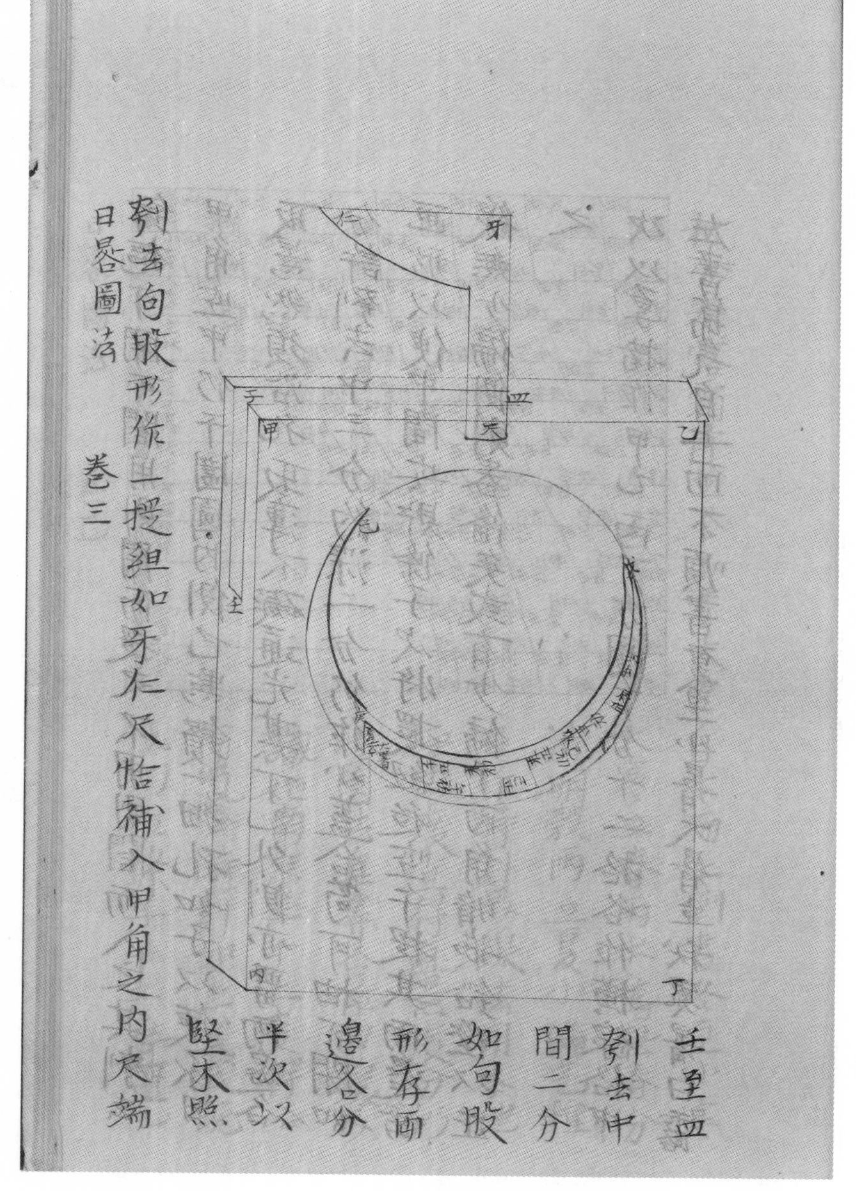
壬至皿剞去中間二分如句股形存兩邊各分半次以堅木照剞去句股形作一提組如牙仁尺恰補入甲角之内尺端

日晷圖法　卷三

壬至皿，剞去中間二分，如句股形，存兩邊，各分半。次以堅木照剞去句股形，作一提組，如牙仁尺，恰補入甲角之内尺端。

釘樞可開、可閤。用則開，而提之。不用則閤，而入之。其剗去甲角空中，仍于圍圓内側已點，鑽一細孔如子，以便承日取景。然須沿孔取薄，不礙通光，其丁乙外側，亦留兩邊各分許，剗去中三分，約深二分，仍作小蓋合筍，可抽可閉，如匣形，以便中間安貯條子。次将提紐從空午提，其兩邊垂線無少偏側，則器備矣。或有少偏，于丙角暗嵌鉛墜以正之。

次以厚楮作甲乙丙丁方圖，十[1]分十二格。各作横線，格中左書節氣。自上而下，順書夏至、小暑、大暑、立秋、處暑、白露、

1 天理本“十”作“平”，當作“平”。

秋分、寒露、霜降、立冬、小雪、大雪；自下而上，倒書冬至、小寒、大寒、立春、雨水、驚蟄、春分、清明、穀雨、立夏、小滿、芒種。右作時刻界線法，用本地極出度。查得直景度分，仍以圖法準筭，各作曲線界識，如南京三十二度，得各節氣、各時刻，如上式。式既成，切作條子十二叠，置乙丁外側函之。用時，檢本節氣條子，左端從庚，右端從己，施放圓圜内側。隨將提紐提起，以細孔對日，驗圜内無景，則子孔日景漏出所值時刻，即爲本日時刻也。

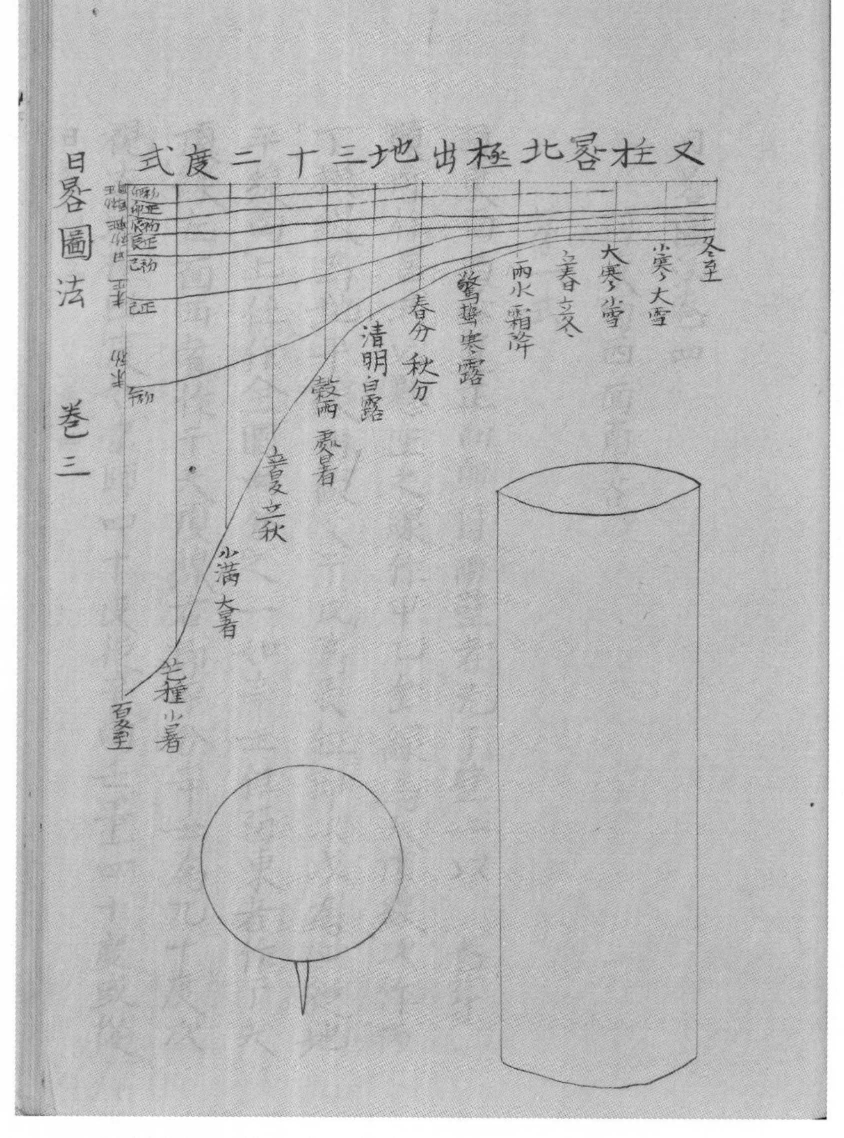

又柱晷北極出地三十二度式。

日晷圖法卷四

面東面西面南晷

第一式

面東面西晷置正向卯酉兩壁者先于壁上以　卷第　題所作器式以懸空之線作甲乙垂線爲天頂線次作丙丁横線爲地平線兩線交于戊爲表位即以戊爲心從地平線向上任作全圈四分之一如辛壬但面東者作于天頂線左面西者作于天頂線右即平分辛壬爲九十度次視本地極出度如京師四十度從辛向壬量四十度或從

日晷圖法　卷四　一

《日晷圖法》卷四

面東面西面南晷

第一式

面東面西晷，置正向卯酉兩壁者，先于壁上以　卷第　題所作器式。以懸空之線作甲乙垂線，爲天頂線。次作丙丁横線，爲地平線。兩線交于戊，爲表位。即以戊爲心，從地平線向上任作全圜四分之一，如辛壬。但面東者作于天頂線左，面西者作于天頂線右，即平分辛壬爲九十度。次視本地極出度，如京師四十度，從辛向壬量四十度，或從

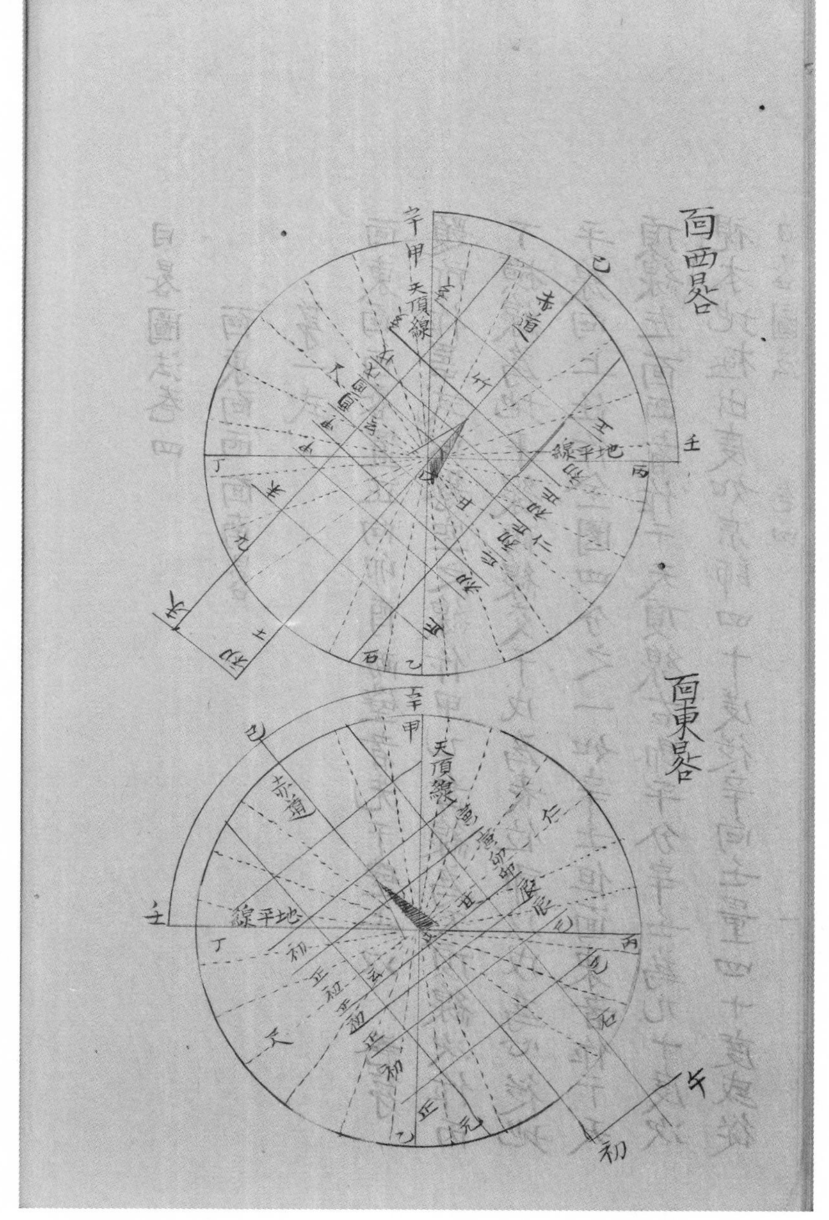

面西晷。

面東晷。

壬向辛量極出餘度五十度于已次作戊已線即赤道線
也次從戊作赤道之垂線仁尺即卯酉線次量晷大小任
取戊作為表長以表長為度從戊于卯酉線上右得甘左
得云即從甘云俱作虛線与赤道平行者如甘石如云元
次以戊為心任作甲乙丙丁全圜平分為九十六刻次以
戊与圜分相望每至甘石云元兩線交處即作識次以兩
線与諸識平望俱作直線与卯酉線平行即時刻線也其
卯酉以上下十二刻必与表長之戊竹相等稍差必不准
也次立表于戊以視日晷即得但比二晷之壁面与午線

壬向辛量極出餘度五十度于已。次作戊己線，即赤道線也。次從戊作赤道之垂線仁尺，即卯酉線。次量晷大小，任取戊作爲表長，以表長爲度，從戊于卯酉線上，右得甘，左得云。即從甘云俱作虛線，與赤道平行者，如甘石，如云元。次以戊爲心，任作甲乙丙丁全圜，平分爲九十六刻。次以戊與圜分相望，每至甘石、云元兩線交處，即作識。次以兩線與諸識平望，俱作直線，與卯酉線平行，即時刻線也。其卯酉以上下十二刻，必與表長之戊竹相等，稍差必不準也。次立表于戊，以視日晷，即得。但此二晷之壁面，與午線

平行日至午正初刻表景即無窮不能射壁面故皆無午正時也

第二式

若欲并得午正諸刻宜別作面南赤道晷但前二晷面東西者正對天頂而此晷者正對北極故如赤道晷因其向南之邊正對赤道故曰赤道晷此晷向北之邊正對北極故名曰極晷若所用畫晷之体定不移則先須量其面上邊正与北極對否試如甲乙丙丁為畫晷體乙戊線為地平以乙為心任作戊己圜分從地平向上量本地極出度

平行，日至午正初刻表景即無窮，不能射壁面，故皆無午正時也。

第二式

若欲并得午正諸刻，宜別作面南赤道晷，但前二晷面東西者，正對天頂。而此晷者正對北極，故如赤道晷。因其向南之邊正對赤道，故曰赤道晷。此晷向北之邊，正對北極，故名曰極晷。若所用畫晷之體定不移，則先須量其面上邊，正與北極對否。試如甲乙丙丁爲畫晷體，乙戊線爲地平，以乙爲心，任作戊己圜分。從地平向上量本地極出度

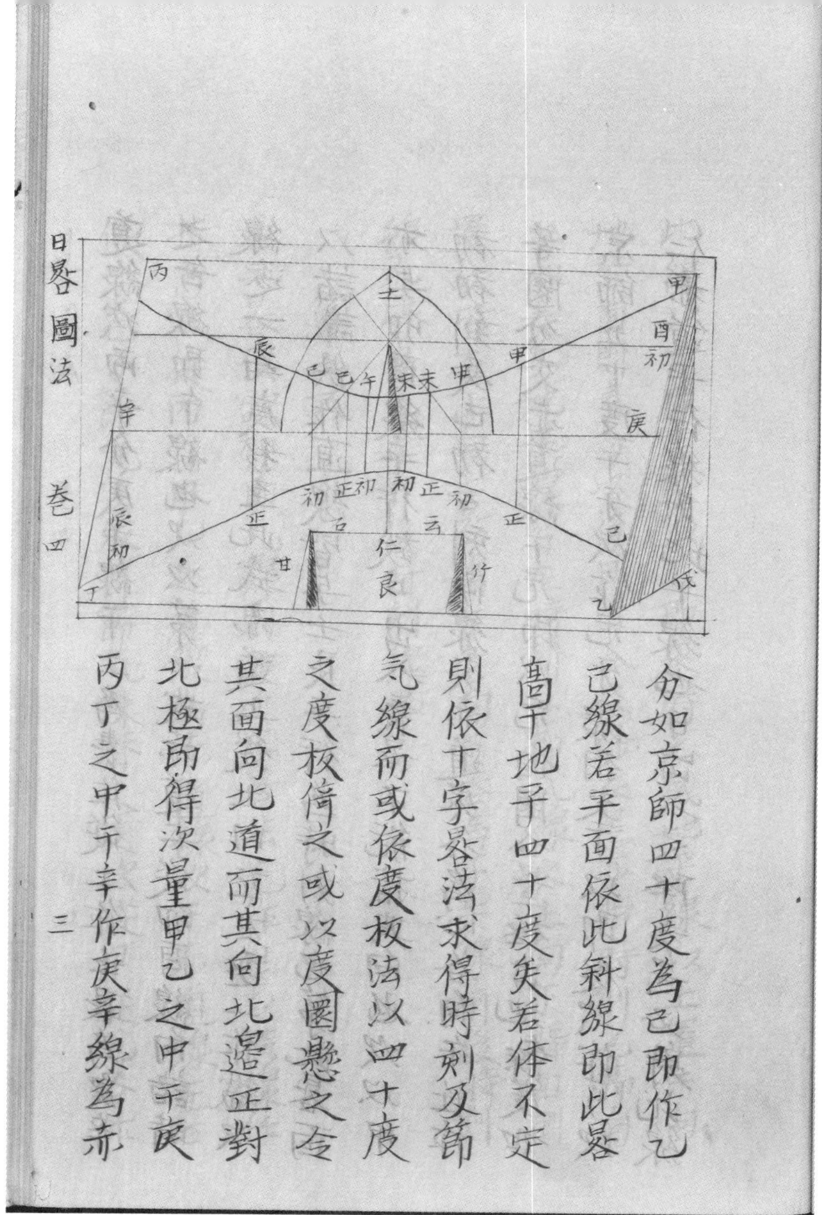

分，如京師四十度爲己，即作乙己線。若平面，依此斜線，即此晷高于地平四十度矣。若體不定，則依十字晷法，求得時刻及節氣線，而或依度板法，以四十度之度板倚之，或以度圜懸之，令其面向北道[1]，而其向北邊正對北極，即得。次量甲乙之中，于庚丙丁之中，于辛作庚辛線，爲赤

1"北道"當作"赤道"。

道線。次兩平分庚辛線于土，爲表位，從土作壬艮爲庚辛之垂線，即午線也。次以第一式赤道上從卯酉線向諸時線，逐一爲度，移至此式，赤道上從上向左右，逐一作識。次以諸識，俱作直線，皆與壬艮平行，爲時刻線也。第此晷面，亦與卯酉線平行，故日出入表景，不能指其向也。次以申初初刻及巳初初刻兩線交赤道處，各爲心，各向午任作等圜分，交赤道線于元，即以元循圜，各量極出地餘度。如京師五十度于牙，次作元牙線，相交于以[1]，即從次[2]作弓坎仁，赤道平行線，即地平線也。日出入之際，表景必射此線。

1“以”當作“坎”。
2“次”當作“坎”。

此線以下，即晝晷以上，即夜時也。截地平線以上，置于向地背面，則春分以後，日出入之際，表景亦指時刻也。節[1]向上晷表與地平線，皆在時刻及節氣線之上，向下背面倒置，故皆在上，向上晷爲午者，向下晷爲子午線，前後時刻線，亦皆易爲子前後時刻線也。

第三式

若三晷俱欲加節氣線，則如十字晷法。先作甲乙横線，任指丙點。從丙作甲乙之垂線，爲赤道線。次于赤道線左右，依一卷分節氣法，求得節氣疏密之度。次從甲、從乙各作

1 天理本“節”作“第”，當作“第”。

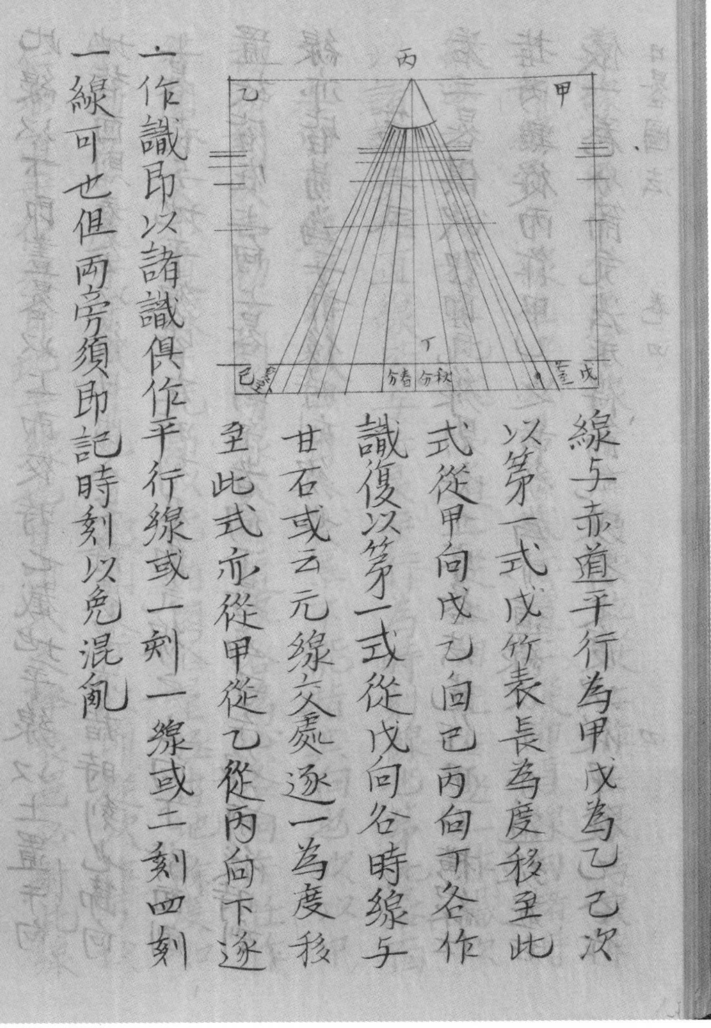

線，與赤道平行，爲甲戊，爲乙己。次以第一式戊竹表長爲度，移至此式，從甲向戊，乙向己、丙向丁，各作識。復以第一式，從戊向各時線，與甘石或云元線交處，逐一爲度，移至此式。亦從甲、從乙、從丙向下，逐一作識，即以諸識，俱作平行線，或一刻一線，或二刻、四刻一線可也。但兩旁須即記時刻，以免混亂。

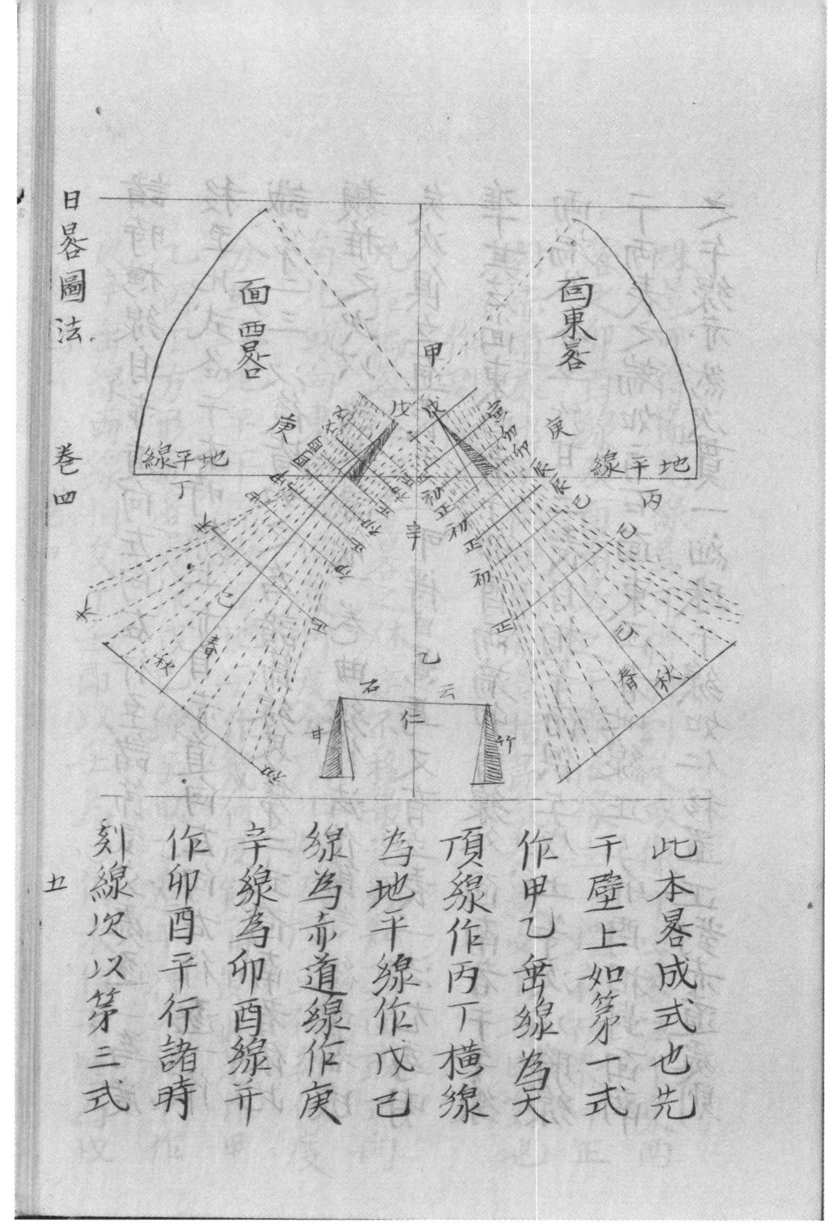

此本晷成式也，先于壁上如第一式，作甲乙垂線，爲天頂線；作丙丁横線，爲地平線；作戊己線，爲赤道線；作庚辛線，爲卯酉線，并作卯酉平行諸時刻線。次以第三式

諸時横線，自赤道向左向右行，至諸節氣交處，逐一爲度，移至此式。各于本時線上，亦自赤道向左向右行，逐一作識，第二、三以後，皆如之。爲諸節線界。第二式面南者，依此類推之。次以諸界識，依一卷曲線作法，作節氣線，而晷成矣。次俱立直表于土，可得日景焉。又有立表一法，尤爲明準。其法：面東西者于卯酉兩端卯酉線外，面南者于午線兩端外，各立竹甘二表，自相等而俱與戊土等。次以聯線于兩表之端，如云石面東西者，此線正與卯酉相對，面南之午線亦然。次貫一細珠于線，如仁，移置正對赤道處，則珠景可得節氣線景，可得時刻矣。或倣十字晷法，于東西晷之卯酉線及面南晷之午線，依線立一濶表，而表中正對赤道處，出于微鋭，則鋭景指節氣，表景必自指時刻也。

作測偏度法

凡作偏晷，若欲畫晷之體定不移，最先須知其面，或正向南北，或向東西，或偏幾何度分；或正對天頂，或偏幾何度分；或與地平平行，或與地平作幾何度鋭角。測此，先作甲乙丙丁方形，近邊處作戊己線，與甲乙邊平行。次從中作庚辛垂線，兩線相交于壬，即以壬爲心，儘木作半圜爲戊

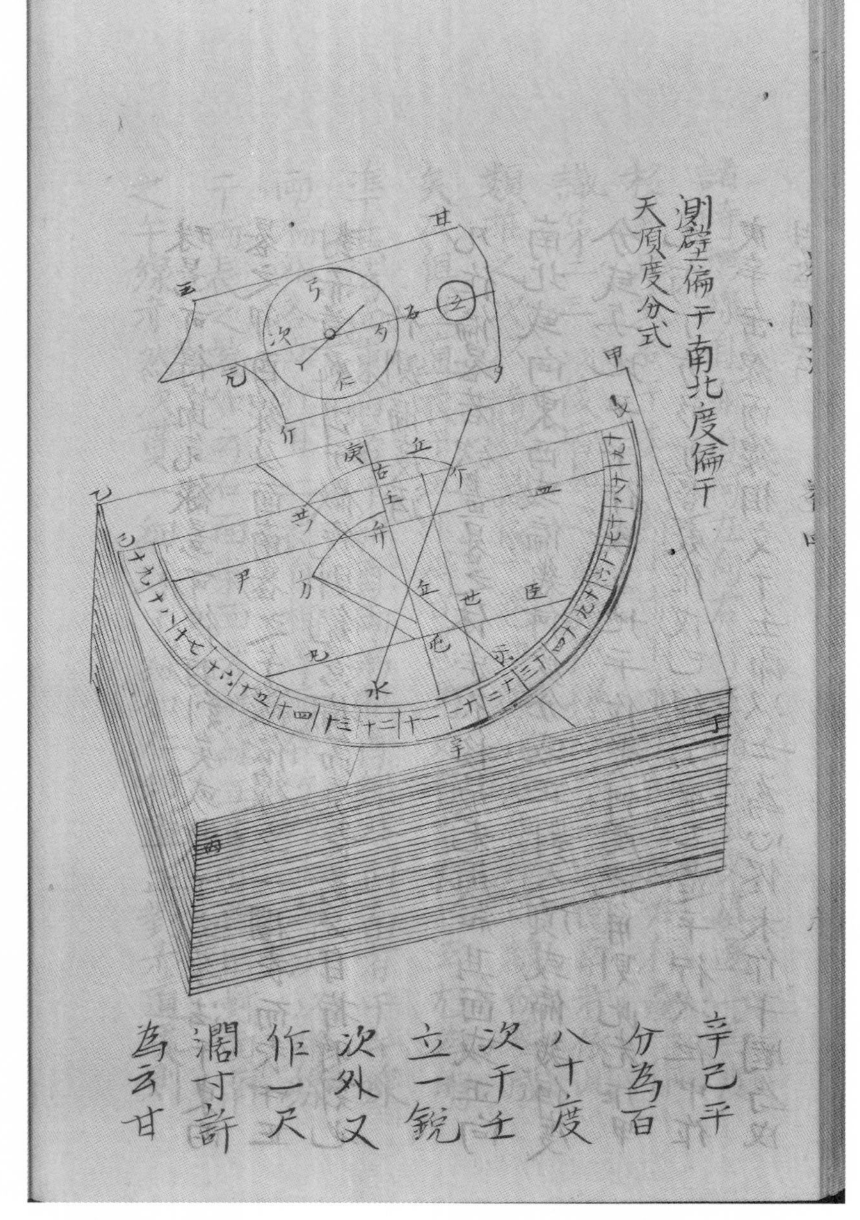

辛己，平分爲百八十度。次于壬立一鋭，次外又作一尺，濶寸許爲云甘

夕斤，尺中作一線，爲石元。次從元至尺末，剗去石元線，或左或右，次石上開弓坎仁勺一井，其中對石元線兩端處，安羅經針。次于石元線上作一空，爲互，以入壬鋭，但須可任轉動，而測器畢矣。欲以測壁偏度時，先于壁上用懸空線，畫一垂線，次畫一横線爲直角。次以本器甲乙邊合壁面横線轉尺，令羅經兩端正對石元線。視元線所指，若切指庚辛線上，即面上向，或南或北。若指戊己，即正向，或東或西，俱無偏度也。若指辛己，或辛戊間之度，則有偏度。視從庚辛線至尺所指處度分，即壁偏東西之度分也。若面向南而指，辛戊之間則偏西，辛己之間則偏東，若面向北，及[1]是，用此法無論早晚，隨時可測。

若不用羅經，必須俟正午時方可測也。于尺上石元線上，任立一直表，俟日正午轉度尺，令表景正射石元線，如前法。視尺元端所指，即知面或正向南北、東西，或偏東西幾何度分也。

或不用度尺，止于器面庚辛線上，任立一直表于屯。俟正午時，若表景直射庚辛線，即面正向南北，射巨凡線，正向東西。若面向南而射，從庚辛線向戊，即偏東，向己即偏西，

1 天理本“及”作“反”，當作“反”。

向北及是欲知偏幾何度分則視從表端景至庚辛線度
分即壁偏于正南或北度分也試如屯方爲立表其景端
在方即以屯爲心方爲界作方升圜分以　卷第　測
方升爲幾何度圜分即壁偏度分也
或不用立表第用一懸空垂線午正初刻時令垂線景射
器面視所射若庚辛或與庚辛平行如缶世線即面正向
南若射戊己線或與之平行者如尹皿即正向東西若垂
線景與庚辛線相交成角如示共或水介線交庚辛線于
丘即有偏度欲知偏幾何度則以交處丘爲心任作共古

日晷圖法　卷四　八

向北，及[1]是。欲知偏幾何度分，則視從表端景，至庚辛線度分，即壁偏于正南，或北度分也。試如屯方爲立表，其景端在方，即以屯爲心，方爲界，作方升圜分，以　卷第　測方升爲幾何度圜分，即壁偏度分也。

或不用立表，第用一懸空垂線。午正初刻時，令垂線景射器面。視所射，若庚辛或與庚辛平行，如缶世線，即面正向南；若射戊己線，或與之平行者，如尹皿，即正向東西；若垂線景與庚辛線相交成角，如示共或水介線，交庚辛線于丘，即有偏度。欲知偏幾何度，則以交處丘爲心，任作共古

1 天理本“及”作“反”。

介圜分。次以　卷第　量自古至介至共隔幾何度分，即壁面偏于正南之度分也。

俯度即面向上、向下，而俯于地平度分，亦以是可測也。第壬心須繫一線，或一活鋭，能自旋轉，即以甲乙或以丙丁邊，丙向上，丁向下，或反合面。若垂線，或活鋭正如戊己線上，即面直立于地平上與爲直角，無偏度也。若面偏而向上，即以丙丁邊合，約晝晷之面，視自垂線所加度分，至庚辛線隔幾何度分，即面偏于地平度分也。若面俯偏而向下，則以甲乙邊合面，亦視重線所加度分，至度[1]辛線隔幾

1 天理本"度"作"庚"，當作"庚"。

何度分，即本壁面偏于地平度分也。

若欲和[1]晝平晷之面與地平平否，則以器丙丁面合平面，如垂線或活鋭指庚辛線，則至平，否則須再正之。凡命壁上作垂線或横線，則以器下面合壁面展轉之，令垂線或活鋭切加庚辛線上，依器或上或下邊作線，必與地平平行線，依器兩旁邊作線，即地平垂線。

面南北偏東西晷

第一式

此晷若不用節氣，則此式爲成晷。若更如[2]節氣，則此式分

1“和”當作“知”。
2 天理本“如”作“加”。

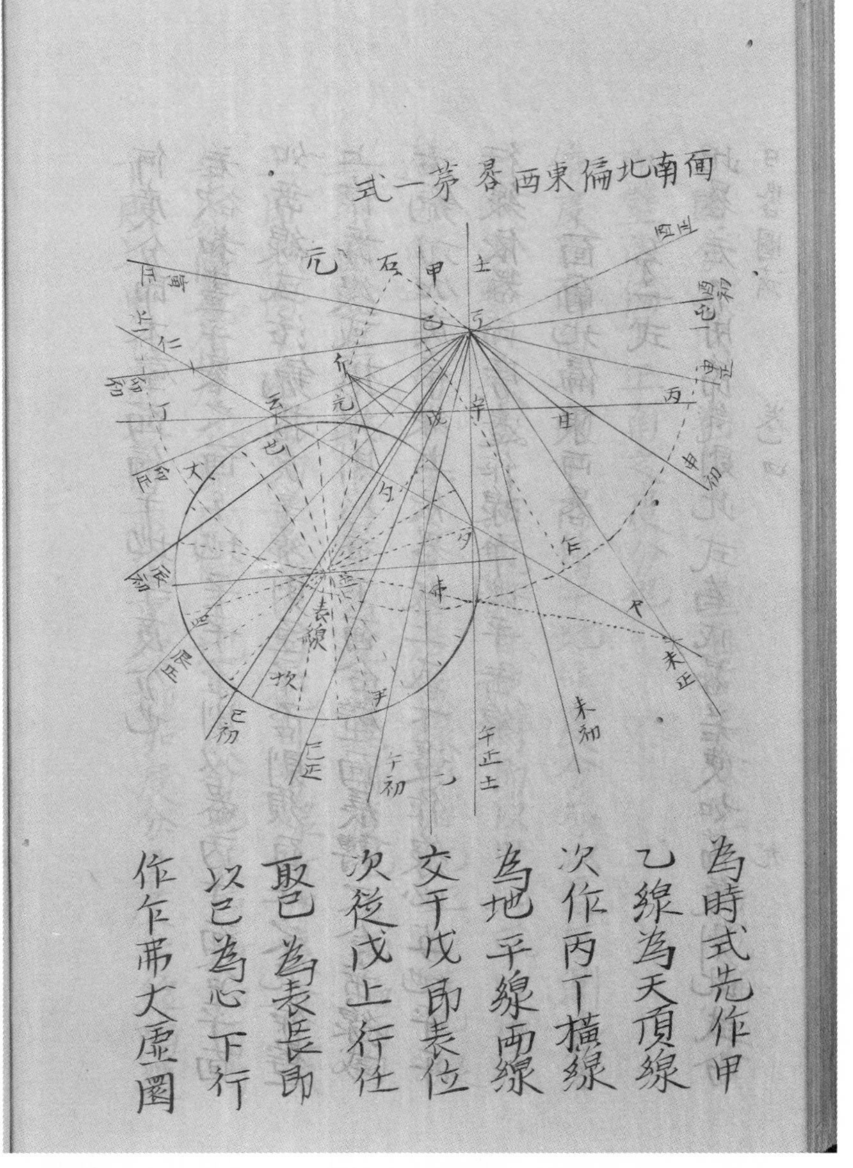

爲時式。先作甲乙線，爲天頂線，次作丙丁横線，爲地平線。兩線交于戊，即表位，次從戊上行任取己爲表長，即以己爲心，下行作乍弗大[1]虛圜

1 天理本“大”作“丈”。

分次循圜從甲乙線或左或右量晝晷面偏度于正南北
面南偏東面北偏西者量之甲乙線右面南偏西面北偏
東北者量之甲乙線左此式即面南偏東三十度故作甲
乙線右量三十度得乍即乍与己相望作線与丙丁線交
于辛次即從辛作辛壬辛土線甲乙平行者為子午線次
從甲乙隨晷或左或右行量偏餘度如此六十度得丈亦
与己相望作線与地平線交于云次以辛至己為度從辛
任右行得甘即以甘為心向甲乙線任作圜分為石元次
循圜從地平線上量極出地度如京師四十度得石甘石

分。次循圜，從甲乙線，或左或右，量晝晷面偏度于正南北，面南偏東、面北偏西者，量之甲乙線右；面南偏西、面北偏東北者，量之甲乙線左。此式即面南偏東三十度，故作甲乙線，右量三十度得乍，即乍與己相望，作線與丙丁線交于辛，次即從辛作辛壬、辛土線，甲乙平行者，爲子午線。次從甲乙隨晷，或左或右行，量偏餘度。如此六十度得丈，亦與己相望作線，與地平線交于云。次以辛至己爲度，從辛任右行得甘。即以甘爲心，向甲乙線任作圜分，爲石元。次循圜，從地平線上量極出地度。如京師四十度得石，甘石相望作線，與壬土午線交于弓，弓點即晷心，衆時刻所聚者也。次以弓與戊相望，作弓戊坎線，爲表線。坎[1]從云作弓坎線之垂線云仁、云尺線，爲赤道線。弓坎線加于勺，子午線交于夕。次以戊己表長爲度，從戊作戊斤線，與赤道平行，爲表線之垂線。次以弓與斤相望作一線，名曰地樞線。斤與勺相望作線，兩線定交爲垂線，而成一直角，稍差即不準也。次以斤至勺爲度，從勺循弓坎線下行得缶，即以缶爲心，任作世皿夕一圜，爲時圜。次以圜心與云相望，作一徑線。復以圜心與夕相望，作一徑線。兩線定交爲垂線，

1 天理本“坎”作“次”，當作“次”。

而成四直角，圜亦分成四平分。稍差，即不準也。次以圜角，每角分爲二十四分，合成九十六分。即以圜分穿心對望，每至仁尺，赤道線交處，即作識。次從弓與赤道線諸識相望，俱作線，則午線左爲午前時線，午線右爲午後時線也。其卯正線定，與赤道地平三交于云。稍差，即不準也。但有時線與赤道相遇甚遠者，較難耳。更有一法，以己爲心，任作一圜分，如屯乍弗水，即依此圜度，第二卷第一平晷第一式，時心甘作圜。次以平晷圜上，從午線向各時，逐一爲度，移之本晷圜上，從己作線向左右，逐一作識。次以己與各識相望，每至地平線交處，即作識。次從弓與各識相望，俱作線，即與前法所作時刻線同也。次立表有兩法，或以戊斤直表中立于戊，而以斤景測時爲一法，或以弓戊斤三角表立于弓戊表線上，而以斤景端指節氣，以弓斤線指時刻爲二法也。

第二式

前式未分節氣，今欲帶節作晷，故又爲第二、第三式。先作甲乙横線，爲極線；次作丙丁垂線，爲赤道線。斤點兩線相遇各節中，次倣一卷第　亞納楞馬法，以斤爲心，從赤道左右，分諸節氣線。次以第一式弓至斤爲度，此式從斤右行，得弓名時中。次以第一式斤至勺爲度，從斤下行亦得勺，即與弓相望作斜線，爲表線。而此弓斤勺三角形，即與第一式弓斤勺三角形等。次以第一式缶至勺，左右赤道上諸識，逐一爲度，從斤下行，逐一作識。即以弓與各識相望，逐一作線，每作一線，即記爲午前後某時線。緣時線俱錯雜無序，故記之，以查閱也。若以第一式弓至勺左右赤道線記爲度，從弓向丙丁線驗之，兩法必相合。稍差，即不準也。其錯線中有不與赤道交，而爲平行，即不平行，而太

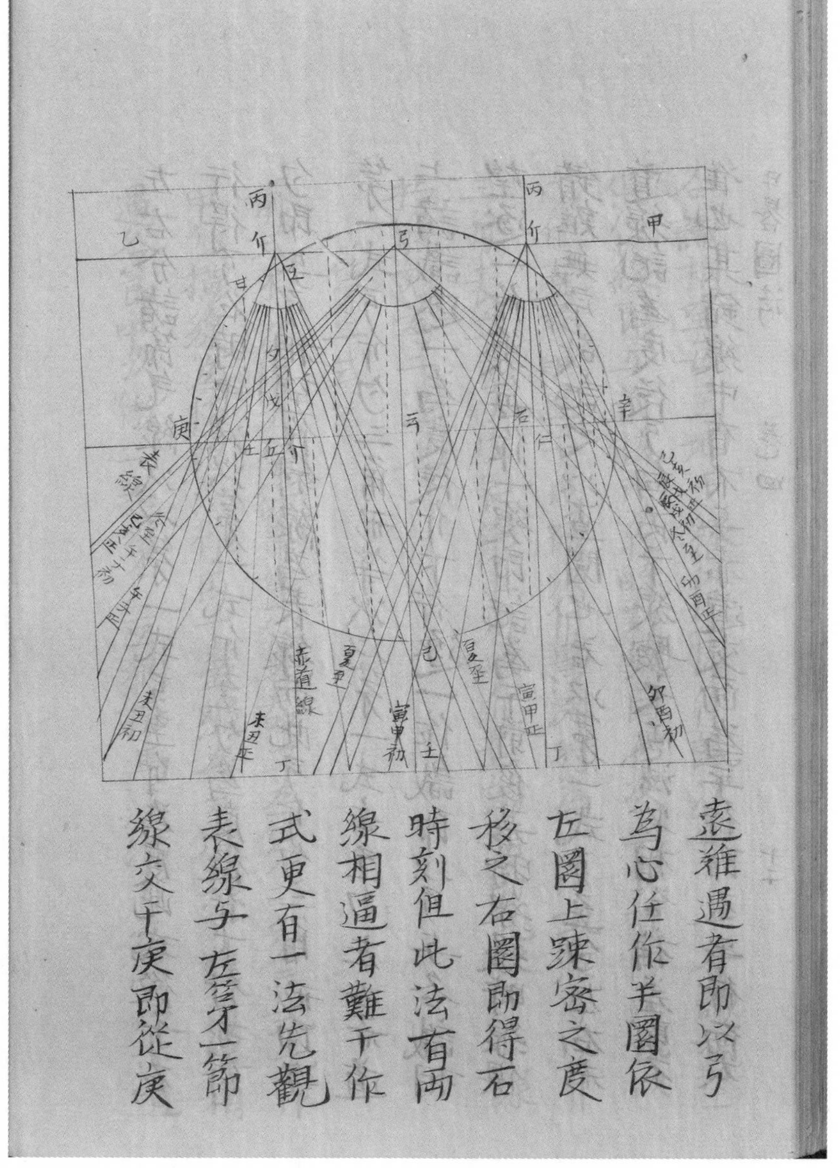

遠難遇者，即以弓爲心，任作半圜。依左圜上踈密之度，移之右圜，即得右時刻。但此法有兩線相逼者，難于作式。更有一法，先觀表線，與左第一節線交于庚，即從庚

作庚辛横線与甲乙線平行次從弓作弓壬垂線与丙丁
線平行両線相交于云即以云為心庚為界作庚己辛弓
圜分為十二平分即十二時或九十六分即九十六刻本
圖止分二十四分即每分四刻以第一式缶至夕為度從
斤下行得戊即与弓相望作斜線為子午線与庚辛線交
于土即于土上立一線与丙丁線平行至圜得甘次從甘
起分圜為二十四分也若土甘線交甘太斜難以準定則
以第一式任從缶至赤道上一線如未初線即以缶至未
初線交赤道處為度移之本式赤道線上從斤至丘即作

作庚辛横線，與甲乙線平行。次從弓作弓壬垂線，與丙丁線平行，兩線相交于云。即以云爲心，庚爲界，作庚己辛弓圜，分爲十二平分，即十二時，或九十六分，即九十六刻。本圖止分二十四分，即每分四刻。以第一式缶至夕爲度，從斤下行得戊，即與弓相望，作斜線爲子午線，與庚辛線交于土，即于土上立一線，與丙丁線平行至圜，得甘。次從甘起，分圜爲二十四分也。若土甘線交甘太斜，難以準定，則以第一式，任從缶至赤道上一線。如未初線，即以缶至未初線交赤道處爲度，移之本式赤道線上，從斤至丘，即作弓丘線，交庚辛線于介。次以介立一線，爲庚辛垂線，交圜于互，即從互起分，亦可也。全圜既分定，即以庚辛上下兩半圜上諸識，各作垂線，皆至庚辛線止。其作法：若晷之表線，與時線合一，則圜上下識正對垂線，亦必合。若表線與時線不合，一則上下識不平，對線亦不合，故須以庚辛以上半圜諸實識，從庚辛線，逐一爲度，移之下半圜，從庚辛線下，逐一作虚識，下半圜實識，亦移于上半圜，作虚識。次以實虚識相望，作工下線，即得其線。亦皆爲庚辛垂線，丙丁平行線也。其上線定爲第一式，表線左諸線，如卯辰已等也。次以弓與庚辛上諸垂線記相望，俱作線，即得時刻也。但以上下垂線，各從弓畫垂線，恐線多易混，則弓壬線左右，各作赤道線，各分節氣線。庚辛線上，止用上垂線記，與弓相望作斜線，而十二時線悉得，線少且疎，尚可畫刻線也。蓋云庚線上線記與云辛線下線記度等，云辛上線記與云庚線下線記亦等。交左節氣時線者，即第一式表線右時線，交右節氣時線者，即第一式表線左時線也。若以第一式缶至云爲度，從斤下行，得石亦與弓相望作斜線，與庚辛線交于仁，爲卯線。與前所求卯酉線必合。稍差，即不準也。若先求卯線，次以午線合驗之，亦可。即任先求一時線，次任取一時線合驗之，亦可也。

第三式

此帶節偏晷成式也。先作甲乙垂線，爲子午線，次作丙丁横線，爲地平線，兩線交于辛。次以第一式辛至方[1]爲度，本式從辛上行，亦得弓。即于第一式，以弓爲心，任作一圜分。依此圜度，亦以弓爲心，亦作一圜分，即以第一式子午線左右圜上各線，逐一爲度。亦與本式，從子午線左右圜上，逐一作識，即以弓與圜諸記相望，俱作斜線，而表線、時線

1 天理本"方"作"弓"。

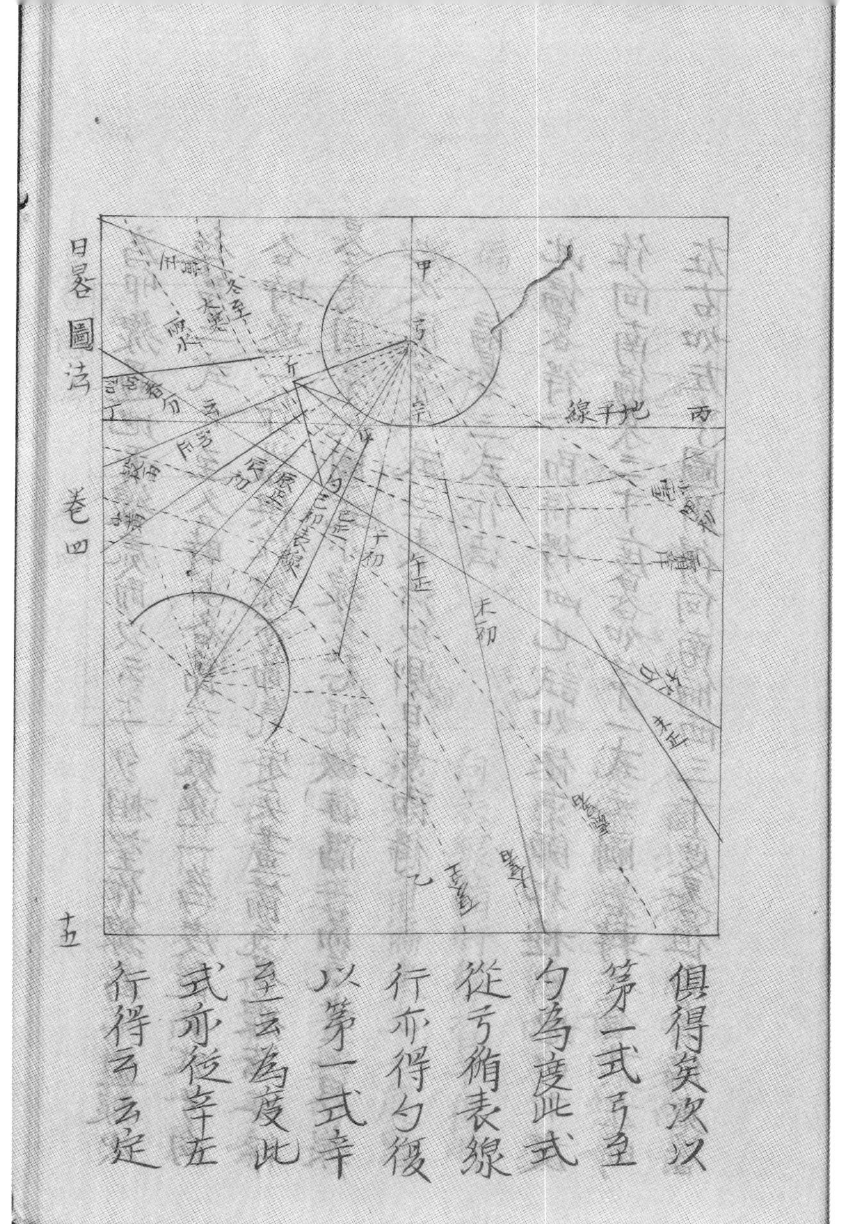

俱得矣。次以第一式弓至勺爲度，此式從弓循表線行亦得勺。復以第一式辛至云爲度，此式亦從辛左行得云，云定

為卯線遇地平線處即以云与勺相望作線為赤道線次從第二式弓至各時与各節交處逐一為度從本式弓向各時逐一作識俱作線而節氣定矣畫節氣界線法与平晷悉同第此圖式小線多恐混故每隔二節氣畫一界線也次依第一式立表法以測日景即得

偏晷三式作法

此偏晷得一即併得四也試如依京師北極出地四十度作向南偏東三十度晷如第一式元圖若轉之令其左時在右如左亨圖則得向南偏西三十度晷但向南偏東晷

爲卯線。遇地平線處，即以云與勺相望作線，爲赤道線。次從第二式弓至各時，與各節交處，逐一爲度，從本式弓向各時，逐一作識，俱作線，而節氣定矣。畫節氣界線法，與平晷悉同，第此圖式小，線多恐混。故每隔二節氣，畫一界線也。次依第一式立表法，以測日景，即得。

偏晷三式作法

此偏晷得一，即并得四也。試如依京師北極出地四十度，作向南偏東三十度晷，如第一式元圖。若轉之，令其左時在右，如左亨圖，則得向南偏西三十度晷。但向南偏東晷，

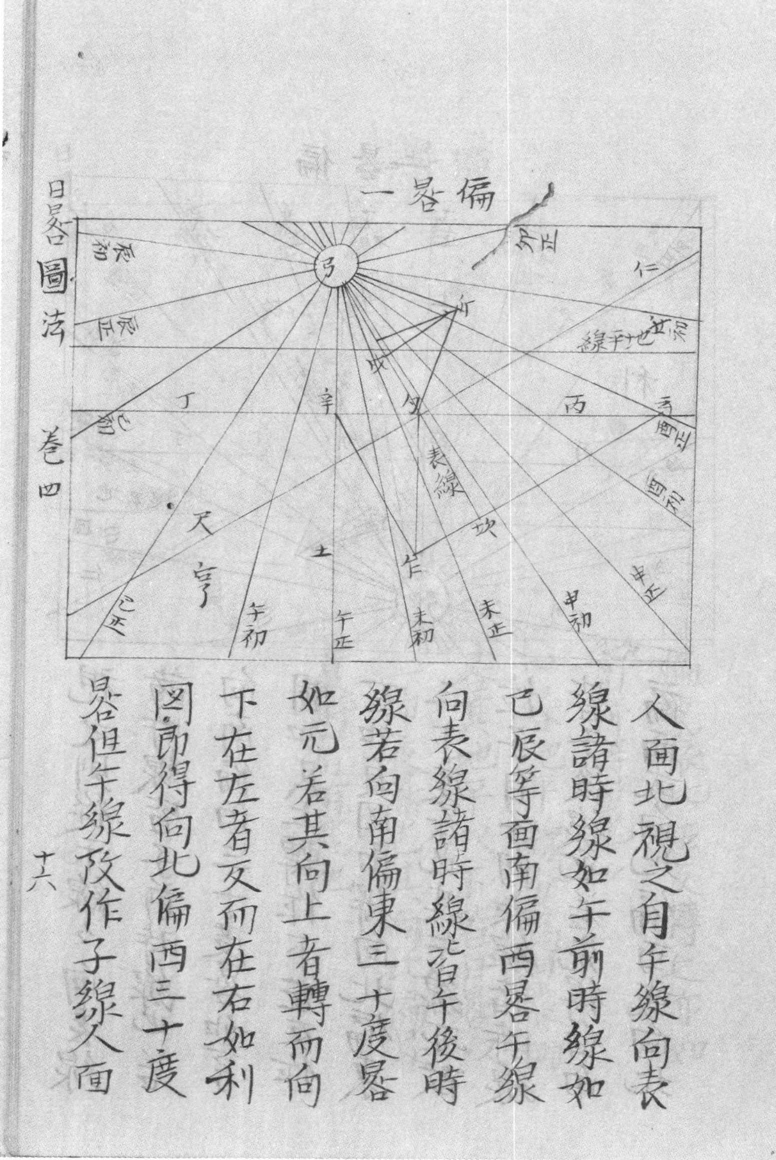

人面北視之，自午線向表線諸時線，如午前時線，如己辰等面南偏西晷，午線向表線諸時線，皆午後時線。若向南偏東三十度晷，如元若其向上者，轉而向下，在左者反而在右，如利圖，即得向北偏西三十度晷。但午線改作子線，人面

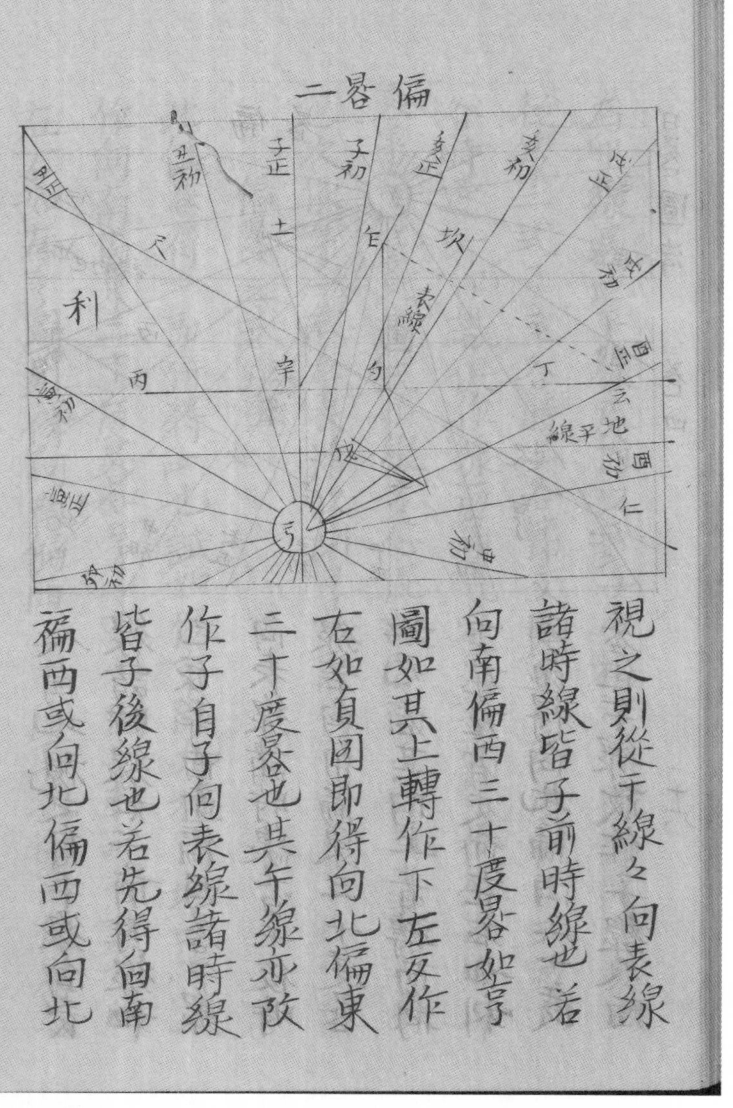

視之，則從子線線向表線諸時線，皆子前時線也。若向南偏西三十度，晷如亨圖，如其上轉作下，左反作右，如貞圖，即得。向北偏東三十度晷也，其午線亦改作子，自子向表線諸時線，皆子後線也。若先得向南偏西，或向北偏西，或向北

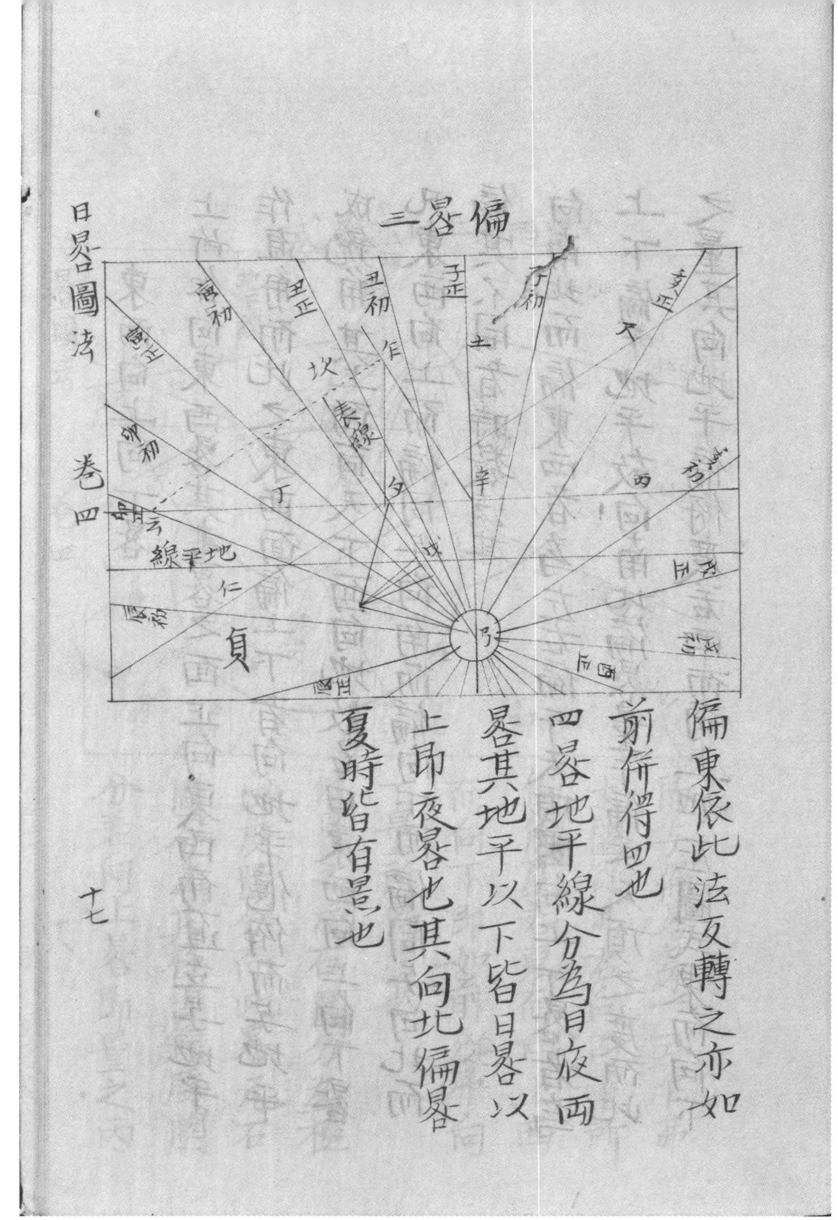

偏東，依此法反轉之，亦如前，并得四也。

四晷地平線，分爲日夜兩晷。其地平以下皆日晷，以上即夜晷也。其向北偏晷，夏時皆有景也。

東西向上向下晷

上所作向東西晷，其晝晷之面正向東西而直立，與地平作直角，而此之東西面偏上下者，向地平偃俯，而與地平成鋭角，其上面向天，下面向地，故名曰東西向上向下晷。凡東西向上而偏同，與向南而偏向下而偏同，與向北而偏其不同者，時[1]數法耳。

向南北而偏東西者，爲左右偏于天頂圜，向上下晷者，爲上下偏于地平。故向南北偏晷量于偏于天頂之度，而此之量其向地平偏俯度。若西而向上，如左圖式。東而向下，

1 天理本“時”作“特”。

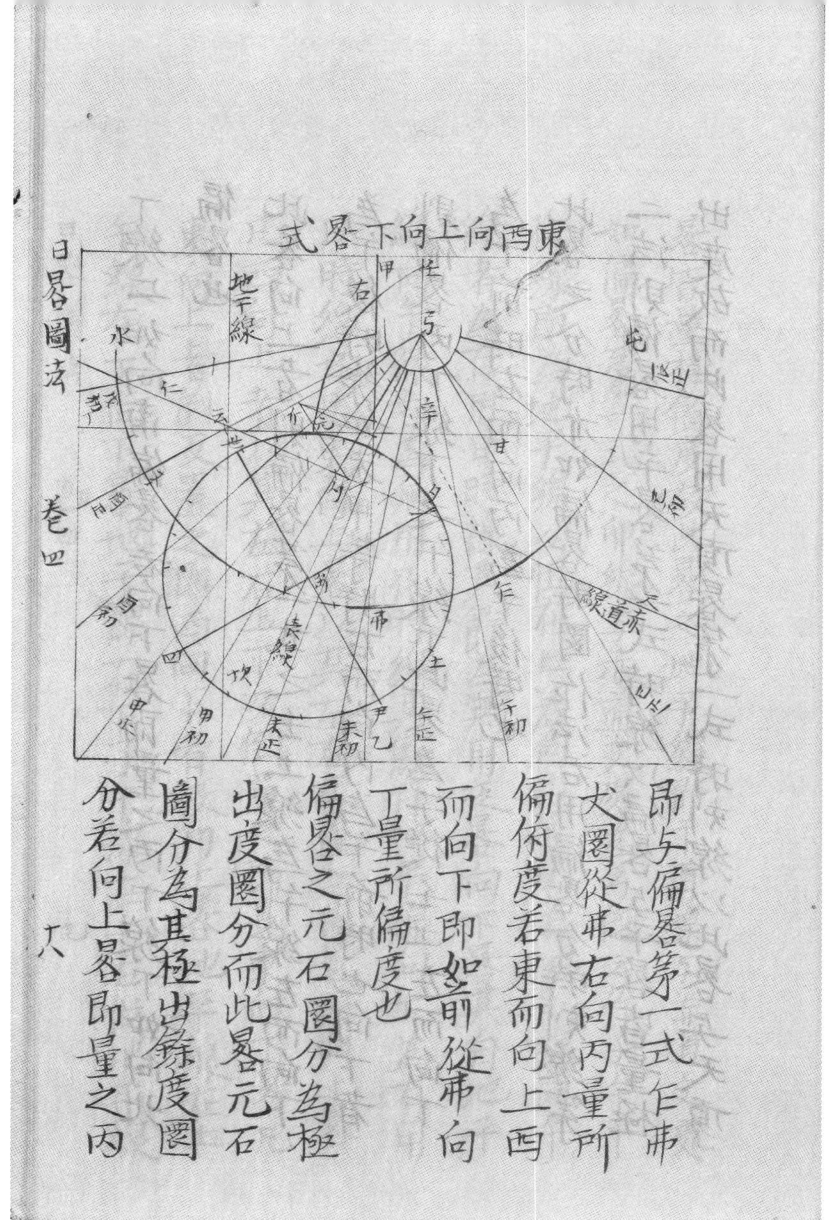

即與偏晷第一式，乍弗丈圜，從弗右向丙量所偏俯度。若東而向上西而向下，即如前從弗向丁量所偏度也。

偏晷之元石圜分，爲極出度圜分，而此晷元石圖[1]分，爲其極出餘度圜分。若向上晷，即量之丙

1 天理本“圖”作“圜”。

丁線上，如向南偏晷；若向下晷，即量之丙丁線下，如向北偏晷也。

此晷向上者，則偏晷第一式之壬土線，爲午線左，而向丁爲午後時線。如未申等時，右而向丙爲午前時也。向下者，則偏晷丙丁線下之午線。于此晷爲子，從壬上左而向丁爲午前時，右而向丙爲午後時也。

此晷之分時，亦如偏晷時圜作法，若用偏晷分時刻線第二法，則偏晷用平晷第一式時線，以偏晷與平晷皆量極出度。故而此晷用天頂晷第一式時刻線，以此晷與天頂

晷皆量極餘度故此晷之地平線即于酉線與赤道交處
如偏晷第一式之卯線與赤道交處爲云從云作子午平
行線即爲地平線〻恒在上若向上晷則自地平線向午
線者爲有用日時線其餘爲無用夜晷向下晷其自地平
線向午線者爲無用夜時線其餘自地平線向下爲有用
日時線也凡東向上晷以其左右反置之即是西向上晷
凡西向上者以其左右上下反倒置之即是東向下晷凡
東向上者倒反置之即西向下者故向上晷地平線在上
午線在下向下晷地平線在下子午線在上若從地平線

晷，皆量極餘度，故此晷之地平線，即于酉線與赤道交處。如偏晷第一式之卯線，與赤道交處爲云，從云作子午平行線，即爲地平線。線恒在上，若向上晷，則自地平線向午線者，爲有用日時線，其餘爲無用夜晷。向下晷，其自地平線向午線者，爲無用夜時線，其餘自地平線向下，爲有用日時線也。凡東向上晷，以其左右反置之，即是西向上晷。凡西向上者，以其左右上下反倒置之，即是東向下晷。凡東向上者，倒反置之，即西向下者。故向上晷地平線在上，午線在下，向下晷地平線在下，子午線在上。若從地平線

分去其無用時線則地平線定在上

若晷不定欲用時安晷法先于所安處求正午線次以地平子午線正合之則晷正向東西矣

凡上晷其衆時所聚之晷心必向南而時線皆在北下晷其衆時所聚之晷心必向北而時線俱在南也

南北向下向上晷作法

凡此四晷各自相對南而向上北而向下爲一對南而向下北而向上爲一對其以六箴論之

第一

分去其無用時線，則地平線定在上。

若晷不定，欲用時安晷法。先于所安處，求正午線。次以地平子午線正合之，則晷正向東西矣。

凡上晷，其衆時所聚之晷心，必向南，而時線皆在北。下晷，其衆時所聚之晷心，必向北，而時線俱在南也。

南北向下向上晷作法

凡此四晷各自相對，南而向上，北而向下爲一對；南而向下，北而向上爲一對。其以六箴論之。

第一

凡南而向上北而向下若其北邊俯偏度與本地極出地
度等則其晷亦極與晷　卷第　同
第二
若上北邊俯偏度少于極出度減去俯偏度于極出度取
其餘以作平晷如極出地四十度俯偏三十度減去三十
度于四十存十即依　卷第　作極出地十度平晷而得
也
安法先求午線次作横線與地平平行與午線為直角用
晷之午線對于午線用晷之赤道合于横線
日晷圖法　　卷四　　二十

凡南而向上，北而向下。若其北邊俯偏度與本地極出地度等，則其晷亦與極晷　卷第　同。

第二

若上[1]北邊俯偏度少于極出度，減去俯偏度于極出度，取其餘以作平晷。如極出地四十度，俯偏三十度，減去三十度于四十，存十。即依　卷第　，作極出地十度，平晷而得也。

安法：先求午線，次作横線，與地平平行，與午線爲直角。用晷之午線對于午線，用晷之赤道合于横線。

1 天理本“上”作“其”，當作“其”。

晷南向上，而人北面視之，則子後時在左，午後時在右。北而向下者，反之。

南而向上，則北。節氣皆在晷心與赤道間。北而向下者，反之。

第三

若俯偏度多于極出度，減去極出度于俯偏度，取其餘以作平晷。如極出四十度，俯偏五十度，減去極度四十于偏度五十，則存十。亦以　卷第一，作極出十度，平晷也。

安法：與前無異，其所異者，南而向上，晷心在赤道上，如上晷向南北。而向下者，及[1]之。

南而向上，則南。節氣在晷心與赤道間，北而向下者，反之。時刻次第與前晷同。

第四

北而向上，南而向下。若南邊俯偏度與極出地餘度等，則其晷與　卷第　赤道晷同。

第五

若俯偏度少于極餘度，即以俯偏度加于極出度，以作平晷。如極餘五十度，俯偏三十度。九十餘[2]五十，存四十，爲極

1 天理本“及”作“反”。

2 天理本“餘”作“除”，當作“除”。

出度四十加三十得七十即作極出七十度平晷

安法与第二無異其北而向上者晷心在赤道上南而向下者反之

晷北向上而我南面視之則右時皆午前時左時皆午後時南而向下者反之

北而向上則北節氣在晷心与赤道同南而向下者反之

第六

若俯偏度多于極餘度即以俯餘度加于極餘度以作平晷如極餘五十度俯偏七十度九十除七十存二十加五

出度。四十加三十，得七十，即作極出七十度平晷。

安法：與第二無異，其北而向上者，晷心在赤道上。南而向下者，反之。

晷北向上而我南面視之，則右時皆午前時，左時皆午後時。南而向下者，反之。

北而向上，則北。節氣在晷心與赤道同，南而向下者，反之。

第六

若俯偏度多于極餘度，即以俯餘度加于極餘度，以作平晷。如極餘五十度，俯偏七十度。九十除七十，存二十。加五

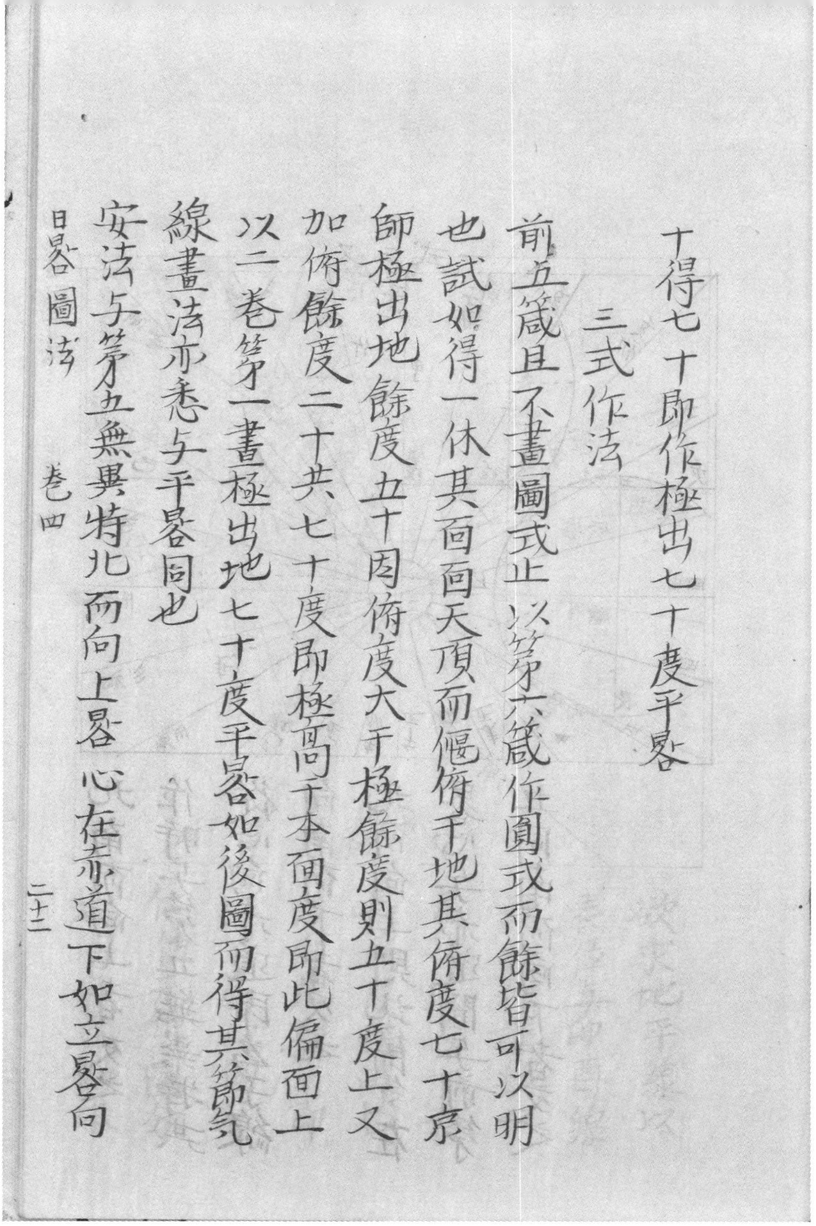

十得七十，即作極出七十度平晷。

三式作法

前五箴且不畫圖式，止以第六箴作圖式，而餘皆可以明也。試如得一休[1]，其面面[2]天頂而偃俯于地。其俯度七十，京師極出地餘度五十，因俯度大于極餘度，則五十度上，又加俯餘度二十，共七十度，即極高于本面度。即此偏面上，以二卷第一，晝[3]極出地七十度平晷，如後圖而得其節氣線，畫法亦悉與平晷同也。

安法：與第五無異，特北而向上，晷心在赤道下，如立晷向

1 天理本“休”作“體”。
2 天理本“面”作“向”。
3 天理本“晝”作“畫”，當作“畫”。

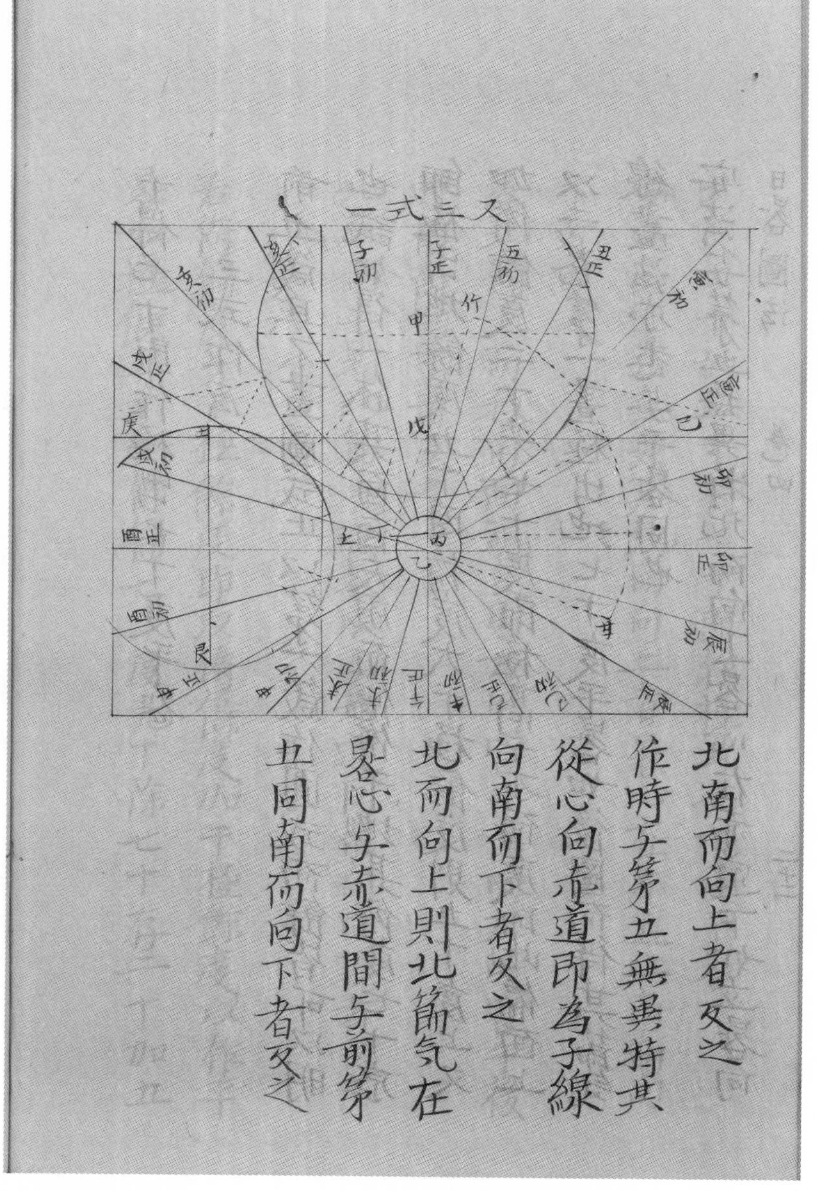

北，南而向上者，反之。作時與第五無異，特其從心向赤道，即爲子線。向南而下者，反之。北而向上，則北節氣在晷心與赤道間，與前第五同。南而向下者，反之。

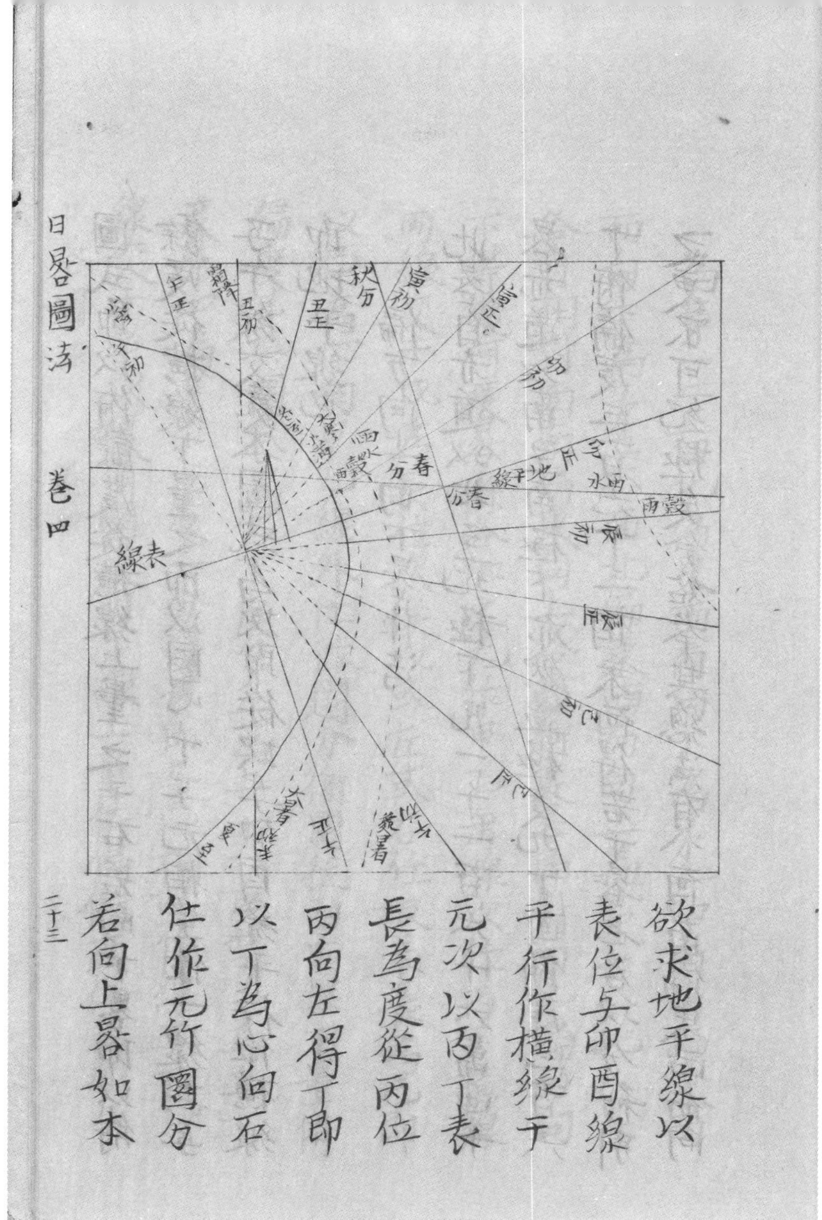

欲求地平線，以表位與卯酉線平行，作横線于元，次以丙丁表長爲度，從丙位丙向左得丁，即以丁爲心，向石任作元竹圜分。若向上晷，如本

圖式，即以俯餘度，從横線上量之于石。若向下晷，即以俯餘度，從横線下量之，即以圜心丁與元相望作一線，其與子午線交處，本圖式爲坎，即從坎與卯酉線平行作横線，即地平線也。

偏方向上向下晷作法

此晷自赤道以北至北極下，凡一千一百六十六萬四千，晷赤道以南至南極下，亦然。蓋極度九十面偏度三百六十，俯偏度三百六十三相乘，而得若干晷也。若以分秒别之，更不可紀極矣。今姑舉其總法有八，面南偏東西而向上爲第一、二；面北偏東西而向下爲第三、四；面南偏東西而向下爲第五、六；面北偏東西而向上爲第七、八。此八晷各自相對，面南偏東向上各幾何度晷，即對面北偏西向下等幾何度晷，餘各加之。先作甲乙垂線，次作丙丁横線，兩線交于戊，爲表位。次從戊，或左或右，任取表長爲己，即以己爲心，向甲乙線外，任作圜分。循圜從丙丁線下量俯偏度，第一圜式爲七十度，第二爲五十一度，第三爲三十度，第四爲五十二度，三分得庚，即與己相望作線，與甲乙線交于辛。次復循圜，從丙丁線上量俯偏餘度，得壬，亦與

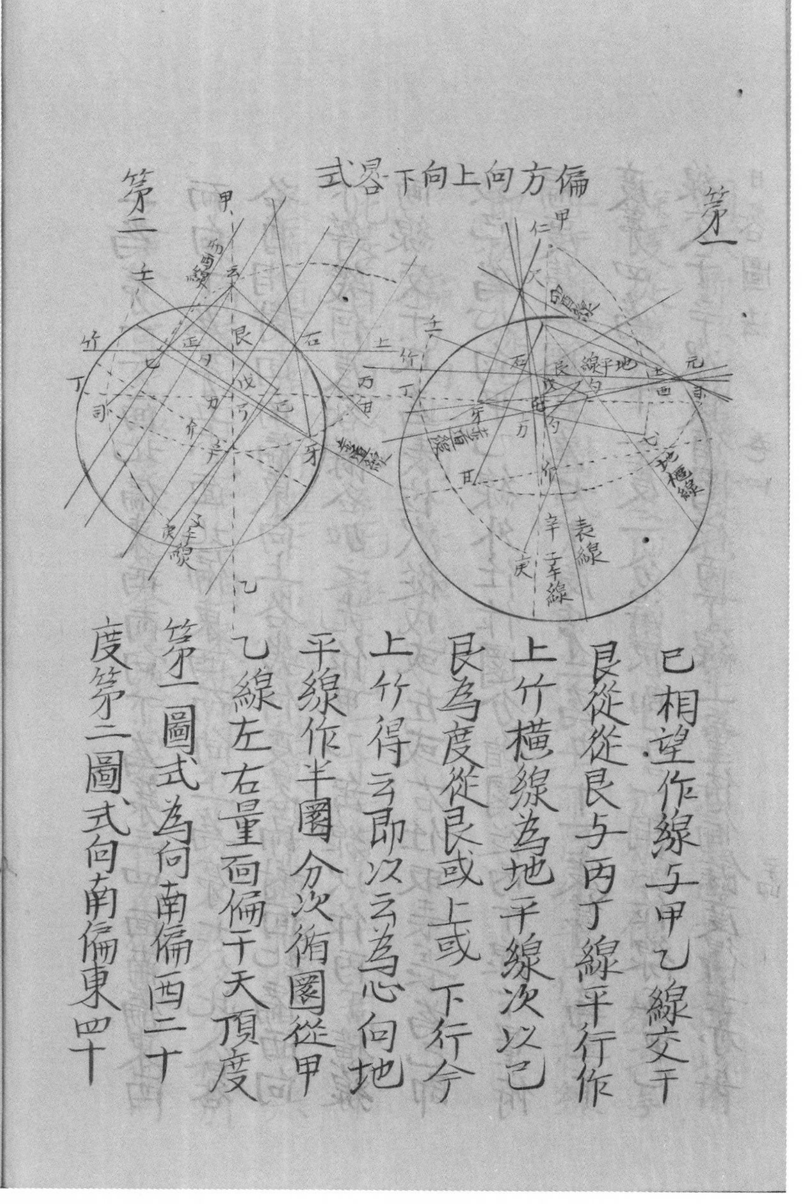

己相望作線，與甲乙線交于艮。從艮與丙丁線平行，作土竹横線爲地平線，次以己艮爲度，從艮或上或下行，今上竹得云，即以云爲心，向地平線作半圜分。次循圜，從甲乙線左右，量面偏于天頂度。第一圖式爲向南偏西二十度，第二圖式向南偏東四十

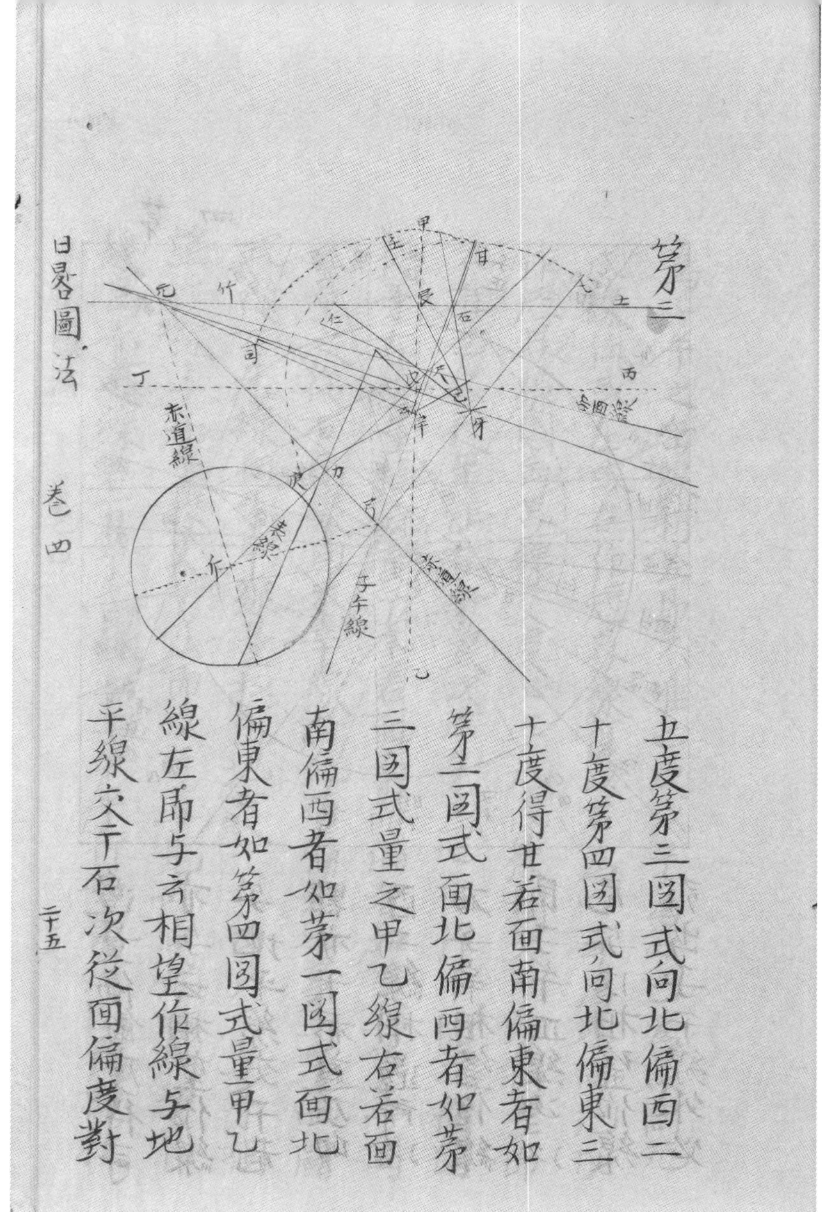

五度，第三圖式向北偏西二十度，第四圖式向北偏東三十度，得甘。若面南偏東者，如第二圖式，面北偏西者，如第三圖式，量之甲乙線右。若面南偏西者，如第一圖式，面北偏東者，如第四圖式，量甲乙線左，即與云相望作線，與地平線交于石。次從面偏度對

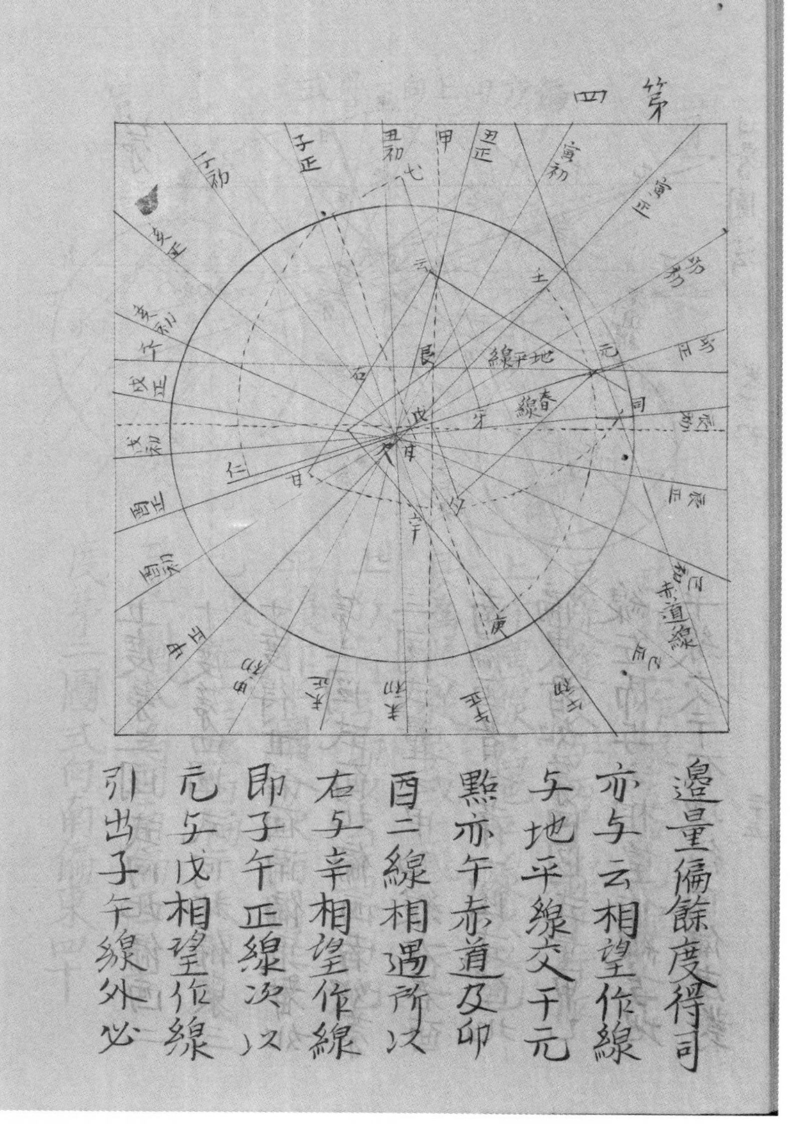

邊量偏餘度，得司。亦與云相望作線，與地平線交于元點，亦午[1]赤道及卯酉二線相遇，所以石與辛相望作線，即子午正線。次以元與戊相望作線，引出子午線外，必

1 天理本"午"作"與"。

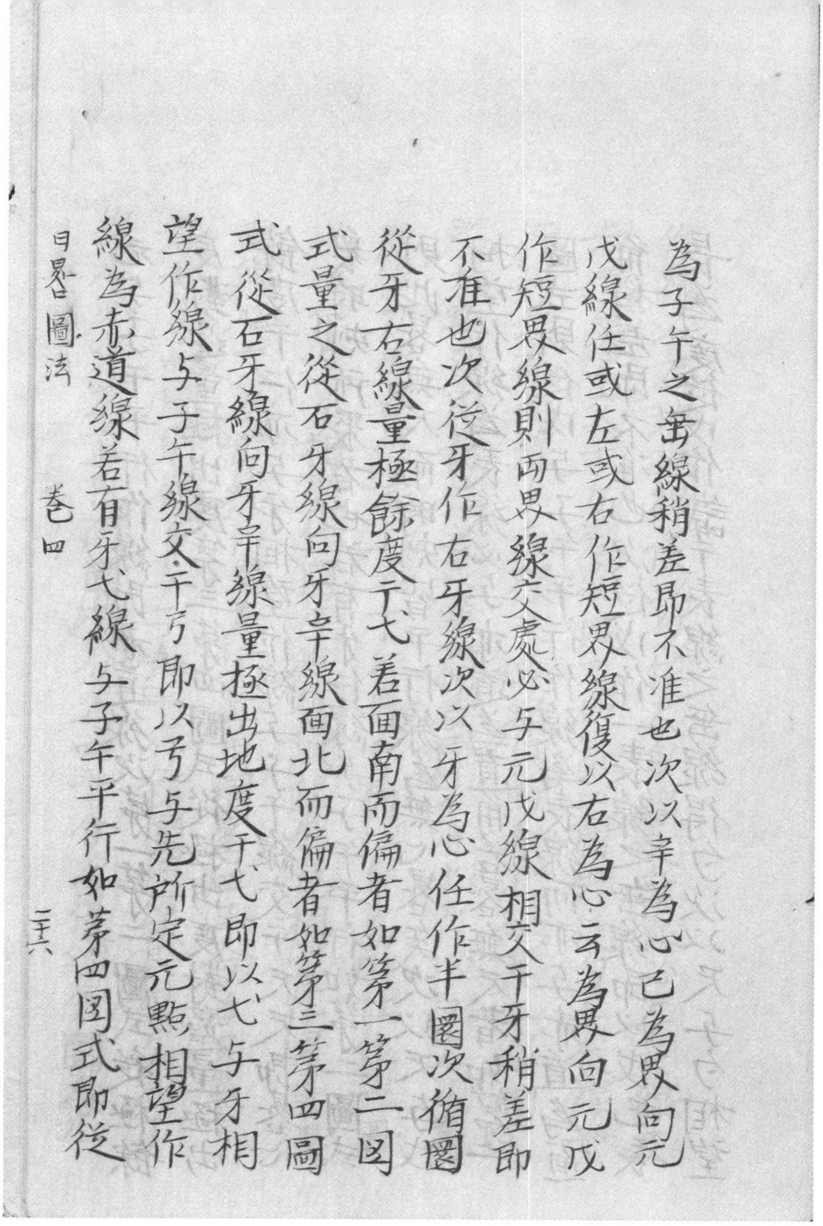

爲子午之垂線。稍差，即不準也。次以辛爲心，己爲界，向元戊線，任或左或右，作短界線。復以右[1]爲心，云爲界，向元戊作短界線，則兩界線交處，必與元戊線相交于牙。稍差，即不準也。次從牙作石牙線，次以牙爲心，任作半圜。次循圜，從牙石線量極餘度于弋。若面南而偏者，如第一、第二圖式，量之從石牙線向牙辛線；面北而偏者，如第三、第四圖式，從石牙線向牙辛線，量極出地度于弋，即弋與牙相望作線，與子午線交于弓。即以弓與先所定元點相望作線，爲赤道線。若有牙弋線與子午平行，如第四圖式，即從

1 天理本“右”作“石”。

元与子午平行作線即赤道線次第一第二圖式從極餘度對邉量極出度第三第四圖式從極出度對邉量極出餘度于仁亦与牙相望作線与子午線交于尺尺即晷心衆時刻所聚者也若有牙仁線与子午平行如第二圖式則此晷無尺而時刻皆平行線為無心晷矣次以尺与戊相望作線為表線必与赤道為直角若晷無尺者如第二圖式則從戊与子午平行作線為表線而亦与赤道為直角稍差即不准也次從戊作一表線之垂線即以戊已表長為度從戊作識于表線之垂線得勺次以尺与勺相望

元與子午平行作線，即赤道線次。第一、第二圖式從極餘度對邊量極出度，第三、第四圖式從極出度對邊量極出餘度于仁，亦與牙相望作線，與子午線交于尺，尺即晷心，衆時刻所聚者也。若有牙仁線，與子午平行，如第二圖式，則此晷無尺，而時刻皆平行線，爲無心晷矣。次以尺與戊相望作線，爲表線，必與赤道爲直角。若晷無尺者，如第二圖式，則從戊與子午平行作線，爲表線。而亦與赤道爲直角。稍差，即不準也。次從戊作一表線之垂線，即以戊己表長爲度，從戊作識于表線之垂線得勺。次以尺與勺相望作線，名爲地樞線。復以勺作尺勺線之垂線，必與表線及赤道線三交于力。若晷無尺，如第二圖，則從勺與表線平行作線，而此線與表線之垂線俱，即赤道線。其一線相交之力點，亦即表位之戊點。稍差，即不準也。次以勺至力爲度，從力循表線，式[1]上式下行得斤。即以斤爲心，任作一圜。次以斤與弓相望，作圜徑線，復以斤與元相望，作圜徑線，兩線必交爲垂線，而必爲切直角圜，爲四平分。若晷無弓者，如第四圖，則從斤與子午平行作圜徑線，其線與元斤線亦必交爲直角，而圜亦分爲四平分。次復細分圜爲九

1 天理本“式”作“或”。

十六分，即以各分穿心斤對望，每至赤道交處，即作識。次從尺與各識相望，俱作斜線，即得衆時刻。或如偏晷法，用平晷第一式，時線移用之，以云爲心，任作圜，即以此圜度作之平晷後，依彼圜線移之此圜。而又必以此晷之云石線，當平晷之子午線，以平晷子午線之左右分，作此晷云石線之左右分。次以云與圜分相望，每至地平線交處，即作識。次以尺與各識相望，亦得衆時刻線，而更便也。若晷無尺，則以石爲心作圜，從子午線起，分爲九十六分，即于子午左右以圜分，兩兩相對，俱作平行線，即得衆時刻矣。

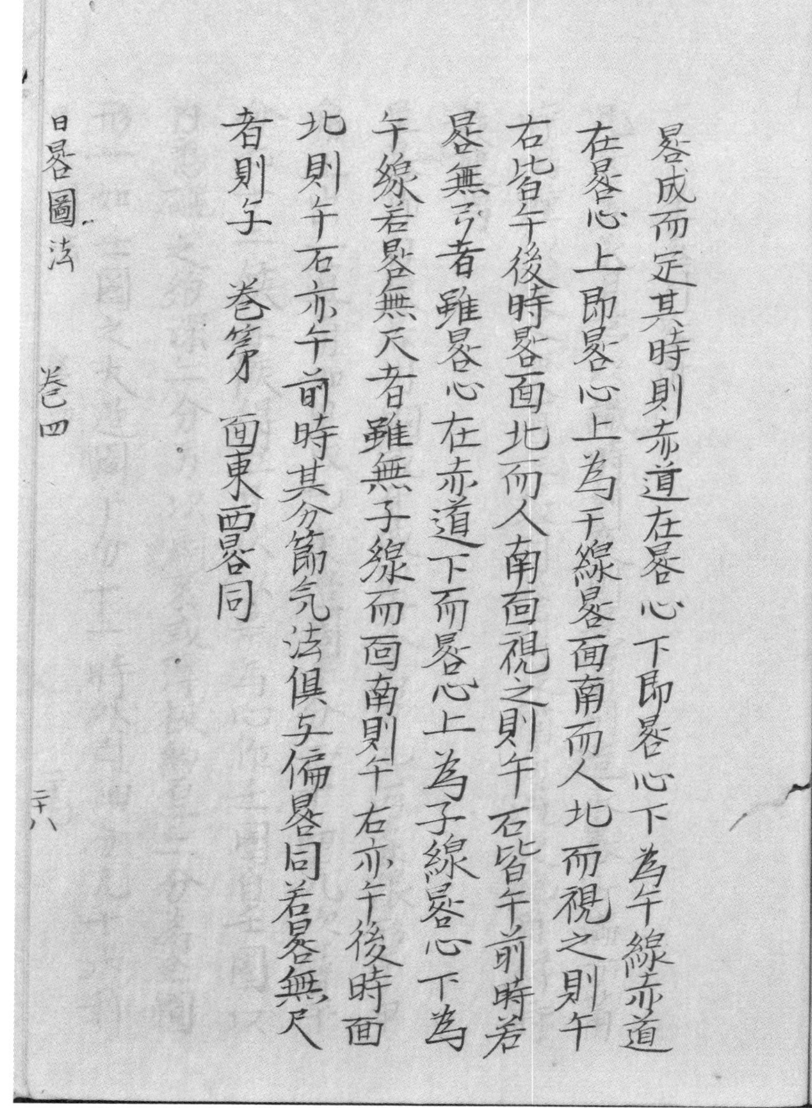

晷成而定其時，則赤道在晷心下，即晷心下爲午線；赤道在晷心上，即晷心上爲午線。晷面南，而人北而[1]視之，則午右皆午後時；晷面北，而人南面視之，則午石[2]皆午前時。若晷無弓者，雖晷心在赤道下，而晷心上爲子線，晷心下爲午線。若晷無尺者，雖無子線，而面南，則午右亦午後時；面北，則午右亦午前時，其分節氣法俱與偏晷同。若晷無尺者，則與　卷第　面東西晷同。

1 天理本“而”作“面”。
2 天理本“石”作“右”。

星晷月晷附

凡晷晝承日景，以識時刻。夜則景窮，別造水晷、沙滿[1]、方箭、時鳴鐘，以定之更。有星晷、月晷，制度簡易，遇夜施用，得時最捷焉。

星晷即句陳晷，用銅或牙、或堅木爲甲乙丙象限，形于甲角上出一直角，如甲戊己庚，邊周平分二十四氣，次層平分七十二候，每候得五日。次以辛爲心，作壬圈，自壬圈以內，悉礲之，約深二分。另以銅葉或薄板約厚二分爲全圓形，一如壬圈之大，邊周平分十二時，外周細分九十六刻，

1 天理本“滿”作“漏”，當作“漏”。

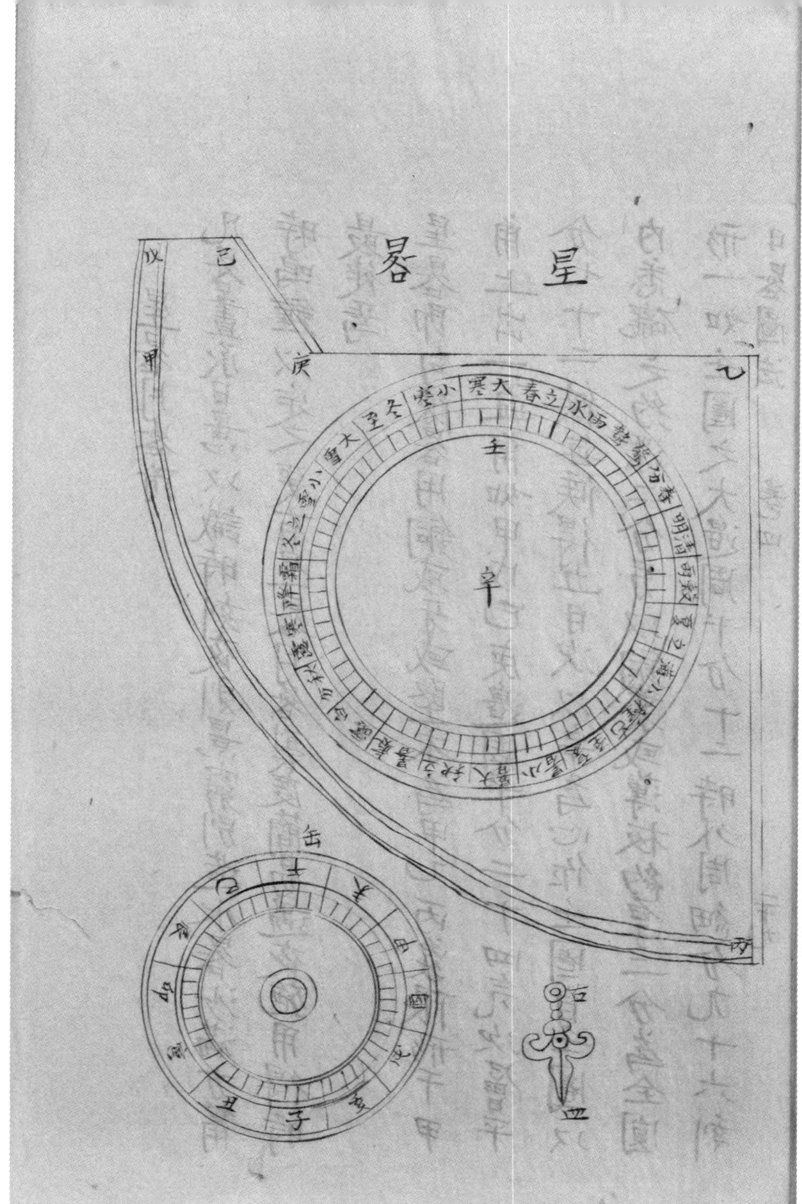
星晷

嵌入礲去壬圈之中，午位上釘一小銅如缶，以便移動。再用銅作一垂針如古皿，古端鑽眼，皿端極鋭，乃以古孔對準晷心銅釘釘定。第古孔寧寬一[1]涉[2]，使其易于流轉。夜中測時，將内盤旋轉，令銅柱與節氣本日正對，映看微垣。以乙當帝星，庚當句陳次星，乙[3]當句陳大星，戊當句陳角星，申當句陳勾星，垂表下墜，其皿端所指，即爲本時刻也。

月晷即太陰晷，用銅或牙、或堅木爲甲乙丙丁全圜形，以戊爲心，作己圜。自己圜以内，悉礲去之，約深二分，邊周平分三十，自左而右，書每月三十日日數。復以戊爲心，作庚

1 天理本“一”作“毋”。
2 天理本“涉”作“深”。
3 天理本“乙”作“己”。

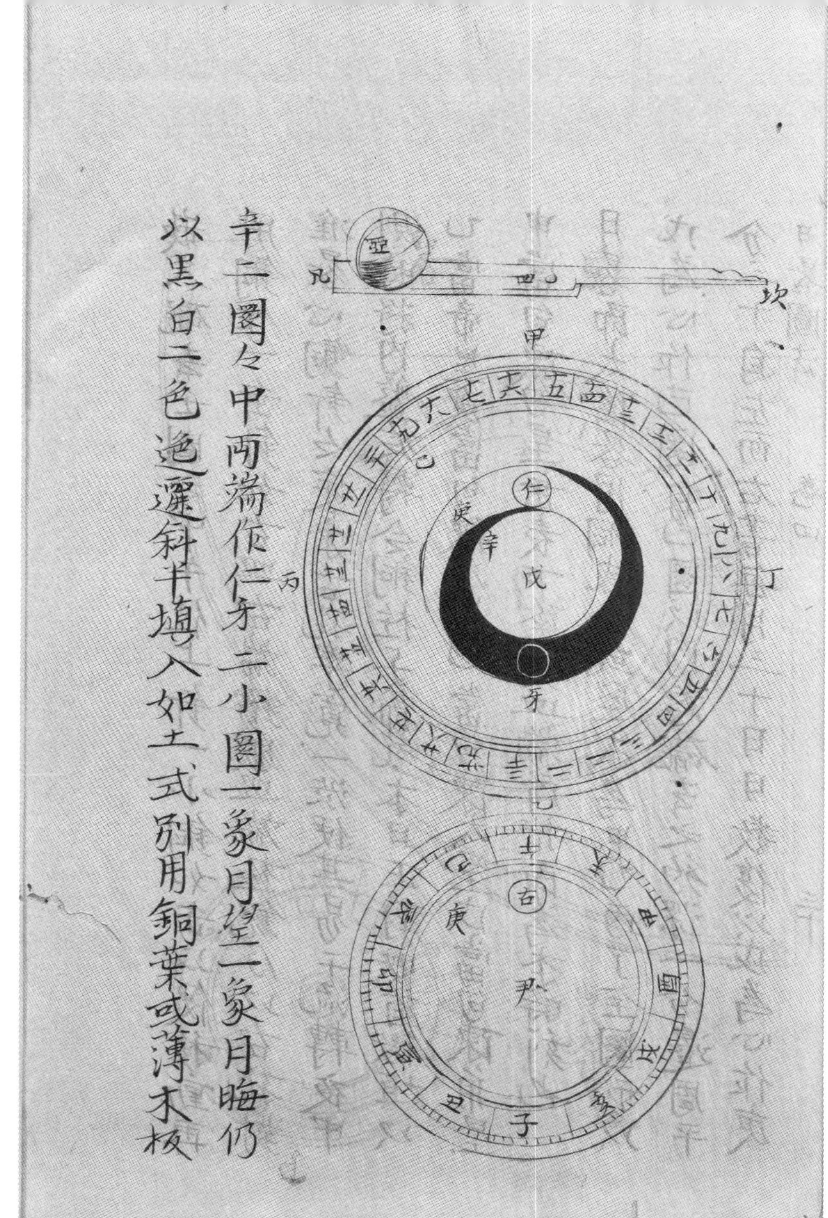

辛二圜，圜中兩端作仁牙。二小圜一象月望，一象月晦，仍以黑白二色迤邐斜半填入，如上式。別用銅葉或薄木板

為全圈形一如已圈之大邊周平分十二時從尹心作一
虛圈照庚圈之大貼近庚線内午位剞一小圓孔為古大
小如仁牙嵌入礲去已圈之中再用薄銅作一景尺如凡
坎濶二分長准晷徑中作凡坎皿直線自皿至坎剞去其
半次端取鋭凡端承景圈如亞与景尺兩邊平行次以皿
心疊加尹心戊心之上銅釘釘定令皿尹二心俱可旋轉
器斯備矣臨測將古孔對准本日日數其孔内映出黑白
二色一如本日太陰盈虧之象然後放平恒令子在北午
在南次將景尺旋轉對月令景圈中不受月景則坎端所

日晷圖法　卷四　三十

爲全圜形。一如已圜之大，邊周平分十二時，從尹心作一虚圈。照庚圜之大，貼近庚線内午位，剞一小圓孔爲古，大小如仁，牙嵌入礲，去已圜之中。再用薄銅作一景，尺如凡坎，濶二分長，準晷徑中作凡坎皿直線，自皿至坎，剞去其半，次端取鋭。凡端承景圈如亞，與景尺兩邊平行，次以皿心叠加尹心，戊心之上銅釘釘定，令皿尹二心，俱可旋轉，器斯備矣。臨測將古孔對準本日日數，其孔内映出黑白二色，一如本日太陰盈虧之象。然後放平，恒令子在北，午在南，次將景尺旋轉，對月令景圈中，不受月景，則坎端所

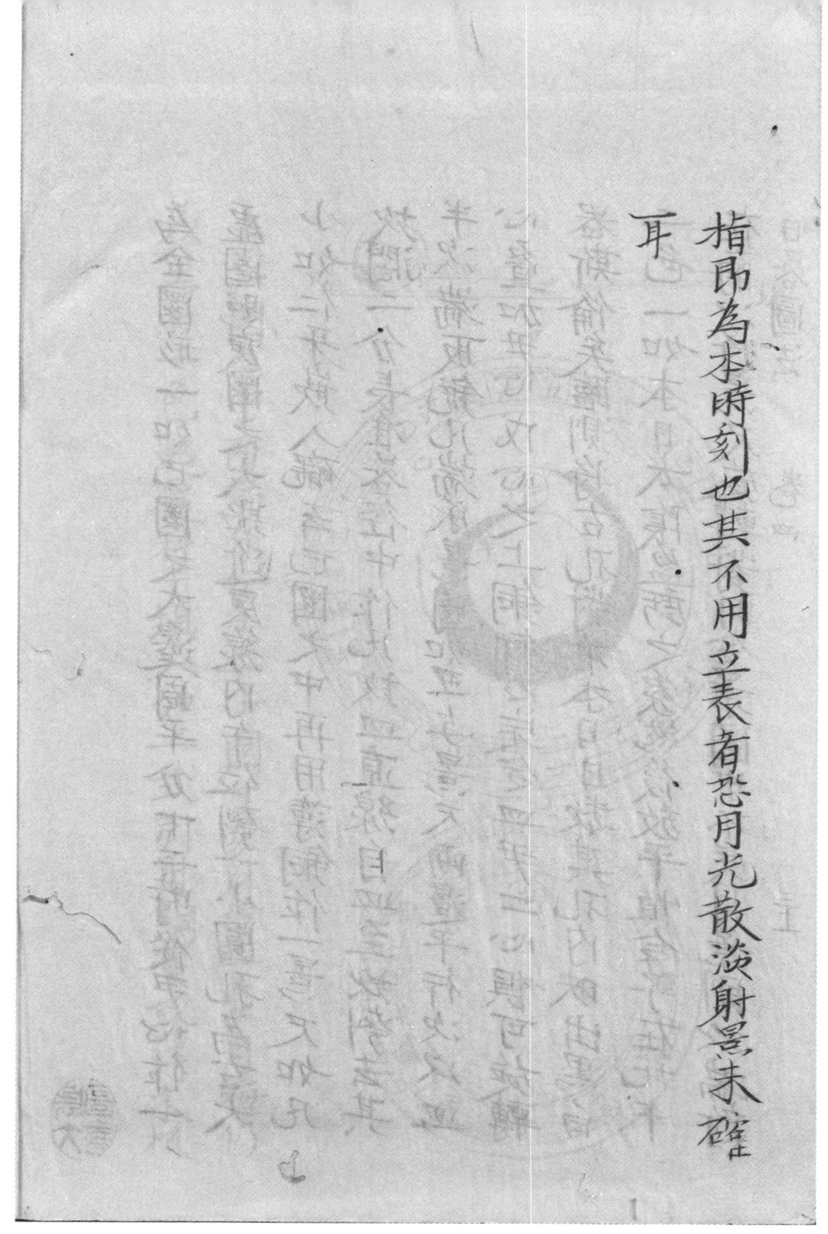

指，即为本時刻也。其不用立表者，恐月光散淡，射景未確耳。

圖書在版編目（CIP）數據

崇禎曆書未刊與補遺彙編 / ［明］徐光啟，李天經等撰；李亮整理. — 長沙：湖南科學技術出版社，2021.8

（中國科技典籍選刊. 第五輯）

ISBN 978-7-5710-0563-4

Ⅰ. ①崇… Ⅱ. ①徐… ②李… ③李… Ⅲ. ①曆書－中國－明代 Ⅳ. ①P194.3

中國版本圖書館 CIP 數據核字(2020)第 064098 號

中國科技典籍選刊（第五輯）

CHONGZHEN LISHU WEIKAN YU BUYI HUIBIAN

崇禎曆書未刊與補遺彙編

撰　　者：[明]徐光啟　李天經等

整　　理：李　亮

責任編輯：楊　林

出版發行：湖南科學技術出版社

社　　址：長沙市芙蓉中路一段 416 號

http://www.hnstp.com

郵購聯係：本社直銷科 0731-84375808

印　　刷：長沙鴻和印務有限公司

（印裝質量問題請直接與本廠聯係）

廠　　址：長沙市望城區普瑞西路 858 號

郵　　編：410200

版　　次：2021 年 8 月第 1 版

印　　次：2021 年 8 月第 1 次印刷

開　　本：787mm×1092mm　1/16

印　　張：44

字　　數：906000

書　　號：ISBN 978-7-5710-0563-4

定　　價：360.00 圓（共兩冊）

中國科技典籍選刊

叢書主編：孫顯斌

島根大學圖書館藏本

崇禎曆書未刊與補遺彙編

【下】

[明]徐光啟　李天經等◇撰　李亮◇整理

湖南科學技術出版社

國家古籍整理出版專項經費資助項目

中國科技典籍選刊

中國科學院自然科學史研究所組織整理

叢書主編　孫顯斌

編輯辦公室　高　峰　程占京

學術委員會　（按中文姓名拼音爲序）

陳紅彦（中國國家圖書館）

馮立昇（清華大學圖書館）

韓健平（中國科學院大學）

黄顯功（上海圖書館）

雷　恩（Jürgen Renn 德國馬克斯普朗克學會科學史研究所）

李　雲（北京大學圖書館）

林力娜（Karine Chemla 法國國家科研中心）

劉　薔（清華大學圖書館）

羅桂環（中國科學院自然科學史研究所）

羅　琳（中國科學院文獻情報中心）

潘吉星（中國科學院自然科學史研究所）

田　淼（中國科學院自然科學史研究所）

徐鳳先（中國科學院自然科學史研究所）

曾雄生（中國科學院自然科學史研究所）

張柏春（中國科學院自然科學史研究所）

張志清（中國國家圖書館）

鄒大海（中國科學院自然科學史研究所）

《中國科技典籍選刊》總序

我國有浩繁的科學技術文獻，整理這些文獻是科技史研究不可或缺的基礎工作。竺可楨、李儼、錢寶琮、劉仙洲、錢臨照等我國科技史事業開拓者就是從解讀和整理科技文獻開始的。二十世紀五十年代，科技史研究在我國開始建制化，相關文獻整理工作有了突破性進展，涌現出许多作品，如胡道静的力作《夢溪筆談校證》。

改革開放以來，科技文獻的整理再次受到學術界和出版界的重視，這方面的出版物呈現系列化趨勢。巴蜀書社出版《中華文化要籍導讀叢書》（簡稱《導讀叢書》），如聞人軍的《考工記導讀》、傅維康的《黄帝内經導讀》、繆啓愉的《齊民要術導讀》、胡道静的《夢溪筆談導讀》及潘吉星的《天工開物導讀》。上海古籍出版社與科技史專家合作，爲一些科技文獻作注釋并譯成白話文，刊出《中國古代科技名著譯注叢書》（簡稱《譯注叢書》），包括程貞一和聞人軍的《周髀算經譯注》、聞人軍的《考工記譯注》、郭書春的《九章算術譯注》、繆啓愉的《東魯王氏農書譯注》、陸敬嚴和錢學英的《新儀象法要譯注》、潘吉星的《天工開物譯注》、李迪的《康熙幾暇格物編譯注》等。

二十世紀九十年代，中國科學院自然科學史研究所組織上百位專家選擇并整理中國古代主要科技文獻，編成共約四千萬字的《中國科學技術典籍通彙》（簡稱《通彙》）。它共影印五百四十一種書，分爲綜合、數學、天文、物理、化學、地學、生物、農學、醫學、技術、索引等共十一卷（五十册），分别由林文照、郭書春、薄樹人、戴念祖、郭正誼、唐錫仁、苟翠華、范楚玉、余瀛鰲、華覺明等科技史專家主編。編者爲每種古文獻都撰寫了『提要』，概述文獻的作者、主要内容與版本等方面。自一九九三年起，《通彙》由河南教育出版社（今大象出版社）陸續出版，受到國内外中國科技史研究者的歡迎。近些年來，國家立項支持《中華大典》數學典、天文典、理化典、生物典、農業典等類書性質的系列科技文獻整理工作。類書體例容易割裂原著的語境，這對史學研究來説多少有些遺憾。

總的來看，我國學者的工作以校勘、注釋、白話翻譯爲主，也研究文獻的作者、版本和科技内容。例如，潘吉星將《天工開物校注及研究》分爲上篇（研究）和下篇（校注），其中上篇包括時代背景，作者事跡，書的内容、刊行、版本、歷史地位和國際影響等方面。

《導讀叢書》、《譯注叢書》和《通彙》等爲讀者提供了便于利用的經典文獻校注本和研究成果，也爲科技史知識的傳播做出了重要貢獻。不過，可能由於整理目標與出版成本等方面的限制，這些整理成果不同程度地留下了文獻版本方面的缺憾。《導讀叢書》、《譯注叢書》和其他校注本基本上不提供保持原著全貌的高清影印本，并且録文時將繁體字改爲簡體字，改變版式，還存在截圖、拼圖、換圖中漢字等現象。《通彙》的編者們儘量選用文獻的善本，但《通彙》的影印質量尚需提高。

歐美學者在整理和研究科技文獻方面起步早於我國。他們整理的經典文獻爲科技史的各種專題與綜合研究奠定了堅實的基礎。有些科技文獻整理工作被列爲國家工程。例如，萊布尼茲（G. W. Leibniz）的手稿與論著的整理工作於一九〇七年在普魯士科學院與法國科學院聯合支持下展開，文獻内容包括數學、自然科學、技術、醫學、人文與社會科學，萊布尼茲所用語言有拉丁語、法語和其他語種。該項目因第一次世界大戰而失去法國科學院的支持，但在普魯士科學院支持下繼續實施。第二次世界大戰後，項目得到東德政府和西德政府的資助。迄今，這個跨世紀工程已經完成了五十五卷文獻的整理和出版，預計到二〇五五年全部結束。

二十世紀八十年代以來，國際合作促進了中文科技文獻的整理與研究。我國科技史專家與國外同行發揮各自的優勢，合作整理與研究《九章算術》、《黄帝内經素問》等文獻，并嘗試了新的方法。郭書春分别與法國科研中心林力娜（Karine Chemla）、美國紐約市立大學道本周（Joseph W. Dauben）和徐義保合作，先後校注成中法對照本《九章算術》（*Les Neuf Chapters*，二〇〇四）和中英對照本《九章算術》（*Nine Chapters on the Art of Mathematics*，二〇一四）。中科院自然科學史研究所與馬普學會科學史研究所的學者合作校注《遠西奇器圖説録最》，在提供高清影印本的同時，還刊出了相關研究專著《傳播與會通》。

按照傳統的説法，誰占有資料，誰就有學問，我國許多圖書館和檔案館都重『收藏』輕『服務』。在全球化與信息化的時代，國際科技史學者們越來越重視建設文獻平臺，整理、研究、出版與共享寶貴的科技文獻資源。德國馬普學會（Max Planck Gesellschaft）的科技史專家們提出『開放獲取』經典科技文獻整理計劃，以『文獻研究+原始文獻』的模式整理出版重要典籍。編者盡力選擇稀見的手稿和經典文獻的善本，向讀者提供展現原著面貌的複製本和帶有校注的印刷體轉録本，甚至還有與原著對應編排的英語譯文。同時，編者爲每種典籍撰寫導言或獨立的學術專著，包含原著的内容分析、作者生平、成書與境及參考文獻等。

任何文獻校注都有不足，甚至引起對某些内容解讀的争議。真正的史學研究者不會全盤輕信已有的校注本，而是要親自解讀原始文獻，希望看到完整的文獻原貌，并試圖發掘任何細節的學術價值。與國際同行的精品工作相比，我國的科技文獻整理與出版工作還可以精益求精，比如從所選版本截取局部圖文，甚至對所截取的内容加以『改善』，這種做法使文獻整理與研究的質量打了折扣。

實際上，科技文獻的整理和研究是一項難度較大的基礎工作，對整理者的學術功底要求較高。他們須在文字解讀方面下足够的功夫，并且準確地辨析文本的科學技術内涵，瞭解文獻形成的歷史與境。顯然，文獻整理與學術研究相互支撑，研究決定着整理的質量。隨着研究的深入，整理的質量自然不斷完善。整理跨文化的文獻，最好藉助國際合作的優勢。如果翻譯成英文，還須解決語言轉换的難題，找到合適的以英語爲母語的合作者。

在我國，科技文獻整理、研究與出版明顯滯後於其他歷史文獻，這與我國古代悠久燦爛的科技文明傳統不相稱。相對龐大的傳統科技遺産而言，已經系統整理的科技文獻不過是冰山一角。比如《通彙》中的絶大部分文獻尚無校勘與注釋的整理成果，以往的校注工作集中在幾十種文獻，并且没有配套影印高清晰的原著善本，有些整理工作存在重複或雷同的現象。近年來，國家新聞出版廣电總局加大支持古籍整理和出版的力度，鼓勵科技文獻的整理工作。學者和出版家應該通力合作，借鑒國際上的經驗，高質量地推進科技文獻的整理與出版工作。

鑒於學術研究與文化傳承的需要，中科院自然科學史研究所策劃整理中國古代的經典科技文獻，并與湖南科學技術出版社合作出版，向學界奉獻《中國科技典籍選刊》。非常榮幸這一工作得到圖書館界同仁的支持和肯定，他們的慷慨支持使我們倍受鼓舞。國家圖書館、上海圖書館、清華大學圖書館、北京大學圖書館、日本國立公文書館、早稻田大學圖書館、韓國首爾大學奎章閣圖書館等都對「選刊」工作給予了鼎力支持，尤其是國家圖書館陳紅彦主任、上海圖書館黄顯功主任、清華大學圖書館馮立昇先生和劉薔女士以及北京大學圖書館李雲主任還慨允擔任本叢書學術委員會委員。我們有理由相信有科技史、古典文獻與圖書館學界的通力合作，《中國科技典籍選刊》一定能結出碩果。這項工作以科技史學術研究爲基礎，選擇存世善本進行高清影印和録文，加以標點、校勘和注釋，排版採用圖像與録文、校釋文字對照的方式，便於閱讀與研究。另外，在書前撰寫學術性導言，供研究者和讀者參考。受我們學識與客觀條件所限，《中國科技典籍選刊》還有諸多缺憾，甚至存在謬誤，敬請方家不吝賜教。

我們相信，隨着學術研究和文獻出版工作的不斷進步，一定會有更多高水平的科技文獻整理成果問世。

張柏春　孫顯斌

於中關村中國科學院基礎園區

二〇一四年十一月二十八日

目録

導　言……〇〇一
《夜測時法》校注……〇二一
《諸方晝夜晨昏論及其分表》校注……〇六三
《通率表》校注……一一五
《七政蒙求》校注……一四五
《日晷圖法》校注……二〇七
《天漢經緯表》校注……四五一
《交食表》校注……五〇七
《開方簡法》校注……五八七
後　記……六八五

《天漢經緯表》校注

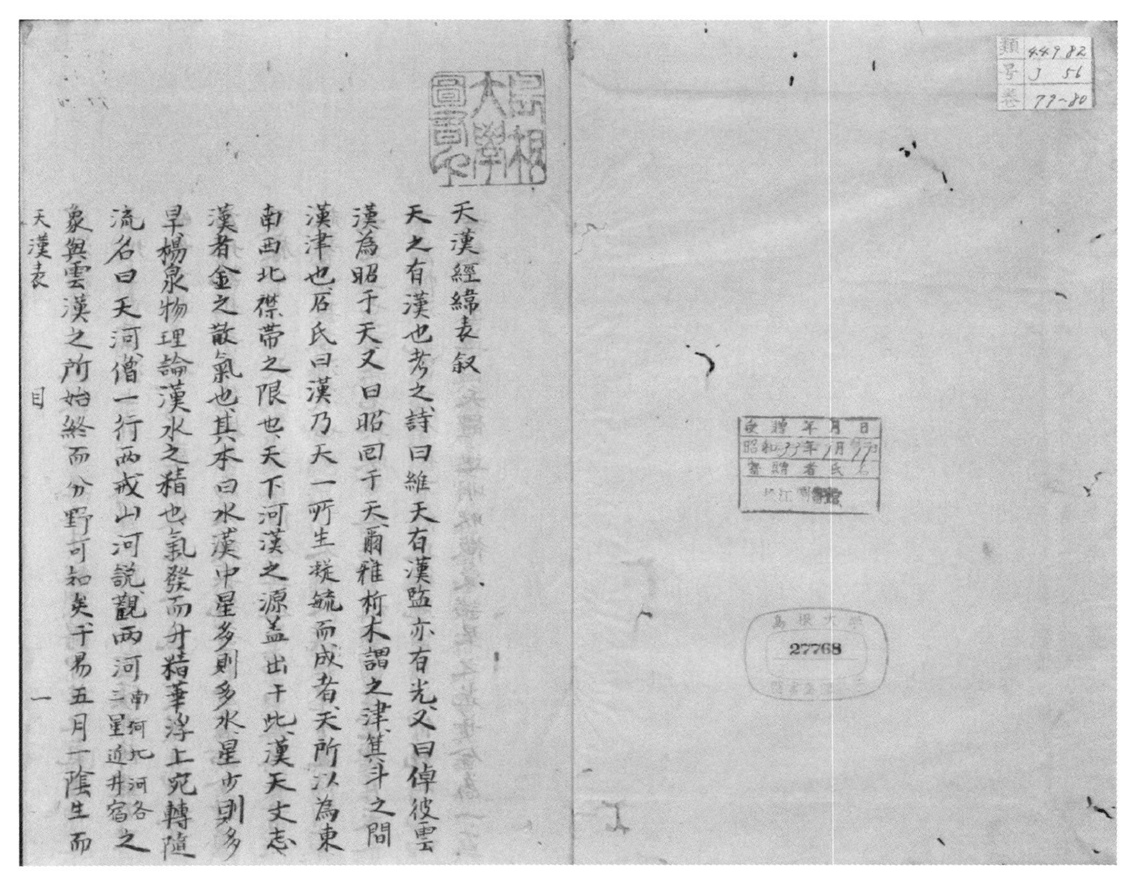
天漢經緯表叙
天之有漢也考之詩曰維天有漢監亦有光又曰倬彼雲
漢爲昭于天又曰昭回于天爾雅析木謂之津箕斗之間
漢津也石氏曰漢乃天一所生凝毓而成者天所以爲東
南西北襟帶之限也天下河漢之源盖出于此漢天文志
漢者金之散氣也其本曰水漢中星多則多水星少則多
旱楊泉物理論漢水之精也氣發而升精華浮上宛轉隨
流名曰天河一行兩戒山河說觀兩河（南河北河各二星[illegible]井宿之）
象與雲漢之所始終而分野可知矣于易五月一陰生而
天漢表　目　一

天漢經緯表叙

天之有漢也考之詩曰維天有漢監亦有光又曰倬彼雲漢爲昭于天又曰昭回于天爾雅析木謂之津箕斗之間漢津也石氏曰漢乃天一所生凝毓而成者天所以爲東南西北襟帶之限也天下河漢之源蓋出于此漢天文志漢者金之散氣也其本曰水漢中星多則多水星少則多旱楊泉物理論漢水之精也氣發而升精華浮上宛轉隨流名曰天河僧一行兩戒山河說觀兩河南河北河各三星近井宿之象與雲漢之所始終而分野可知矣于易五月一陰生而

天漢表　目　一

《天漢經緯表》叙

天之有漢也，考之《詩》曰:“維天有漢，監亦有光。”又曰:“倬彼雲漢爲昭于天。”又曰:“昭回于天。”《爾雅》析木謂之津，箕斗之間漢津也。”石氏曰:“漢乃天一所生，凝毓而成者。天所以爲東南西北，襟帶之限也。天下河漢之源，蓋出于此。”《漢·天文志》:“漢者，金之散氣也。”其本曰水，漢中星多則多水，星少則多旱。楊泉《物理論》:“漢，水之精也。氣發而升，精華浮上，宛轉隨流，名曰天河。”僧一行《兩戒山河》説:“觀兩河南河、北河各三星，近井宿。之象，與雲漢之所始終，而分野可知矣。”“于《易》，五月一陰生，而雲漢潛萌于天稷之下，進及井、鉞間，得坤維之氣，陰始連于地上，而雲漢上升"，"十一月一陽生，而雲漢漸降，退及艮維，始下接于地，主[1]斗、建間，復與列舍氣通。雲漢自坤抵艮爲地紀，北斗自乾攜巽爲天綱"。其説詳載《唐書》論分野，頗可據。今天子命諸臣修曆，且進西儒而定之，其書超越曩古。其言"河漢"也，則曰:"古人以天漢非星，不置諸列宿天之上也。意其光與映日之輕雲相類，謂在空中月天之下，爲恒清氣而已。今則不然。遠鏡既出，用以仰窺，明見爲無數小星，蓋因天體通明映徹，受諸星之光，并合爲一直，

1 天理本"主"作"至"。

似清白之氣與鬼宿積尸氣同理不藉此器其誰知之然
後思天漢果為氣類與星天異體者安能亘古長存且所
當星宿又安在古今寰宇覯若畫一哉甚矣天載之玄而
人智之淺也攷之古說漢固氣類也攷之今言漢則繁星
也謨從遠鏡一窺未異恒目所見豈其器殊與然氣清則
清氣濁則濁月晦則濃月望則淡陰生始濃始清陽生始
淡始濁古今兩途未審所實也若曰氣類不能亘古存則
日月積氣所成非耶姑俟異日詳焉戊寅秋仲作尋尺星
圖依測定經緯表點誌獨河漢無落筆處爰草此表得見
天漢表 目 二

似清白之氣，與鬼宿、積尸氣同理，不藉此器，其誰知之。然後思天漢果爲氣類，與星天異體者，安能亘古長存？且所當星宿又安在？古今寰宇，覯[1]若畫[2]一哉。甚矣，天載之玄，而人智之淺也。”[3]攷之古説，漢固氣類也，攷之今言，漢則繁星也。謨從遠鏡一窺，未異恒目，所見豈其器殊與，然氣清則清，氣濁則濁，月晦則濃，月望則淡，陰生始濃始清，陽生始淡始濁，古今兩途未審所實也。若曰氣類不能亘古存，則日月積氣所成非耶？姑俟異日詳焉。戊寅秋仲，作尋尺星圖，依測定《經緯表》點誌，獨河漢無落筆處，爰草此表，得[4]見

1“覯”當作“斠”。
2 天理本“晝”作“畫”。
3 出自《崇禎曆書・恒星曆指》。
4 天理本“得”作“俾”。

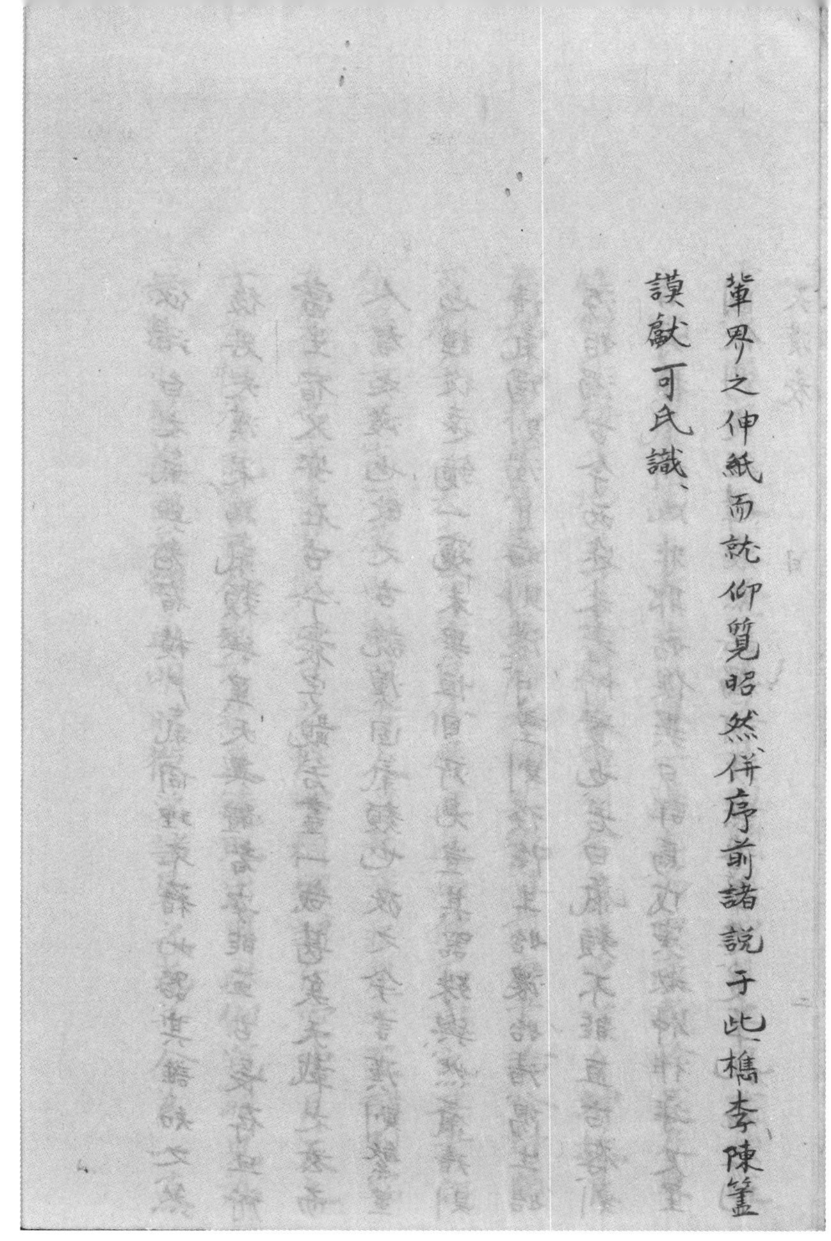
輩界之伸紙而就仰覽昭然併序前諸說于此檇李陳藎
謨獻可氏識

輩界之伸紙，而就仰覽昭然，并序前諸說于此。

檇李陳藎謨[1]獻可氏識

1 陳藎謨（？—1679），字獻可，號礵庵，浙江檇李（今嘉興）人。爲明末諸生，曾拜師于黄道周（1585—1646）門下，擅長象數之學，精于“步算”和“占驗”之術。

天漢經緯表

檇李陳藎謨獻可氏定

後學朱𣉛素臣氏校

天漢経緯表 三

《天漢經緯表》

檇李陳藎謨獻可氏定

後學朱𣉛素臣氏校

降婁宮

降婁宮	北條北際 黄道北度	北條南際	南條北際	南條南際	入河經星
	十度十分	十度十分 經初際	十度十分	十度十分	
一度　經度		六六五〇	六五一〇	六〇一〇	
二度		六六〇〇	六四〇〇	五八三〇	
三度		六六〇〇	六四〇〇	五九〇〇	
四度		六七〇〇	六三五〇	五八五〇	
五度		六七〇〇	六三二〇	五八三〇	
六度		六六〇〇	六三二〇	五八一〇	造父六
七度		六五五〇	六二五五	五七四五	

八度　六五四〇六二五〇五七三五　造父三
九度　六五三〇六二一〇五六五〇　造父四
十度　六五二〇六二〇五五六四〇　造父二
十一度　六五一五六一五〇五六三〇
十二度　六五一〇六一五〇五六二八　造父五
十三度　六六〇〇六四三五六一三五五六〇〇
十四度　六五五〇六四一〇六一二五五五四五
十五度　六五四五六三三五六〇三五五四三〇
十度十分十度十分十度十分十度十分

天漢經緯表　四

八度		六五四〇	六二五〇	五七三五	造父三
九度		六五三〇	六二一〇	五六五〇	造父四
十度		六五二〇	六二〇五	五六四〇	造父二
十一度		六五一五	六一五〇	五六三〇	
十二度		六五一〇	六一五〇	五六二八	造父五
十三度	六六〇〇	六四三五	六一三五	五六〇〇	
十四度	六五五〇	六四一〇	六一二五	五五四五	
十五度	六五四五	六三三五	六〇三五	五四三〇	
	十度十分	十度十分	十度十分	十度十分	

降婁宮	北條北際 黄道北度	北條南際	南條北際	南條南際	入河經星
	十度十分	十度十分	十度十分	十度十分	
十六度	六五四四	六二五五	六〇三〇	五四〇八	
十七度	六五〇八	六二五三	六〇〇五	五四二五	
十八度	六五〇〇	六二三五	六〇〇二	五四二五	
十九度	六四三〇	六二三四	六〇〇一	五四二〇	
二十度	六四〇〇	六一四〇	五九五〇	五一〇〇	
二十一度	六三四〇	六一〇五	六〇〇〇	四九五〇	
二十二度	六三四〇	六〇五五	五九五〇	四八三五	

天漢經緯表

五

二十三度	六三〇二	經度止 六〇五〇	經度止 五九五五	四七四〇	
二十四度	六二五五			四六五〇	
二十五度	六二三〇			四六四〇	軒轅三六
二十六度	六二三〇	經初際 五六〇〇	經初際 五五〇〇	四五〇三	軒轅四五
二十七度	六二〇七	五六一〇	五一四五	四五〇〇	
二十八度	六二〇二	五五五五	四九二〇	四五〇〇	
二十九度	六一〇三	五五四〇	四七五〇	四四〇〇	
三十度	六〇四〇	五五二〇	四七三〇	四三四五	王良五附路
	十度十分	十度十分	十度十分	十度十分	

大梁宮

大梁宮	北條北際 黄道北度	北條南際	南條北際	南條南際	入河經星
	十度十分	十度十分	十度十分	十度十分	
一度	六〇三〇	五四三〇	四七二五	四二五五	王良一
二度	五七〇五	五三五〇	四六〇三	四二〇三	
三度	五六五〇	五三一五	四六〇〇	四一四〇	王良四
四度					
五度	五五五九	五三一二	四五五五	四〇二五	王良三
六度	五四一〇	五一五五	四五二〇	三八五五	
七度	五三四五	五〇四八	四五〇八	三八三五	閣道四

八度	九[1]三四五	五〇一八	四五〇二	三八一八	王良二
九度	五三〇三	四九五六	四五〇五	三七四五	策
十度	五二一六	四九四〇	四四五五	三七三二	閣道八
十一度	五一三五	四九三五	四四二五	三七〇三	
十二度	五一一五	四九二三	四四二〇	三六五六	
十三度	五一〇一	四九〇二	四四二〇	三六三八	閣道三
十四度	五〇三五	四八三五	四四〇四	三五〇〇	
十五度	五〇〇五	四八〇七	四三五六	三四三〇	
	十度十分	十度十分	十度十分	十度十分	

1 天理本“九”作“五”，當作“五”。

大梁宫	北條北際 黄道北度	北條南際	南條北際	南條南際	入河經星
	十度十分	十度十分	十度十分	十度十分	
十六度	五〇〇七	四七五五	四三三七	三三三〇	
十七度	四九四五	四六五六	四三三八	三二二〇	
十八度	四九一五	經度止 四五〇三	經度止 四三五二	三一三〇	
十九度	四八五〇			二九四八	大陵一
二十度	四八三〇			二八二五	閣道二
二十一度	四八二〇			二六五五	
二十二度	四七四五			二五二八	大陵二

天漢經緯表 七

二十三度	四六四〇			二四五六	大陵三
二十四度	四五三〇			二三四五	天船一 大陵四
二十五度	四五二〇			二二五〇	天船二
二十六度	四四四五			二二三〇	
二十七度	四四二〇			二二一〇	天船三
二十八度	四三五五			二一四五	傳舍三
二十九度	四二四二			二一三五	天船四
三十度	四〇三八			二〇四〇	天船五
	十度十分	十度十分	十度十分	十度十分	

實沈宮	北條北際 黃道北度	北條南際	南條北際	南條南際	入河經星
	十度十分	十度十分	十度十分	十度十分	
一度	三六五五			一九四〇	
二度	三六二〇			一九〇五	
三度	三五一五			一八二五	
四度	三四五八			一七五八	
五度	三三五八			一六五〇	積水六
六度	三二〇三			一六〇三	積水七
七度	三二一〇			一五〇四	積水八

天漢經緯表　八

八度	三一五五			一四四五	
九度	三〇二二			一四一〇	
十度	二九三五			一三三八	
十一度	二八一五			一二三五	
十二度	二七〇八			一一五〇	五車 一
十三度	二五二〇			一〇三〇	
十四度	二四〇四			〇九〇八	桂[1] 六七
十五度	二三〇〇			〇七五五	桂[2] 八
	十度十分	十度十分	十度十分	十度十分	

1 天理本“桂”作“柱”。
2 天理本“桂”作“柱”。

實沈宮	北條北際黄道北度	北條南際	南條北際	南條南際	入河經星
十六度	二〇三〇			〇七二五	天潢三
十七度	一九三〇			〇六〇〇	
十八度	一九〇三			〇五四五	天潢一四
十九度	一八五九			〇〇四〇	柱十二
二十度	一六五六			〇三黄道南三〇	柱天關
二十一度	一五五〇			〇七一〇	柱諸王二
二十二度	一四二五			〇八五五	

天漢經緯表

九

二十三度	一三四〇			一〇五六	
二十四度	一三〇〇			一二三〇	諸王一 司怪四
二十五度	一一五五			一三一五	司怪一
二十六度	〇九四二			一五三〇	司怪 二三
二十七度	〇七〇二			一七四〇	水府 二
二十八度	〇五〇〇			一九四五	水府 一三
二十九度	〇三〇〇			二一二〇	鉞 水府四
三十度	〇〇四〇			二二二〇	
	十度十分	十度十分	十度十分	十度十分	

鶉首宫	北條北際 黄道北度	北條南際	南條北際	南條南際	入河經星
	十度十分	十度十分	十度十分	十度十分	
一度	〇三〇三			二二四〇	井宿 一
二度	〇三五五			二五〇〇	井宿二 四瀆四
三度	〇四〇三			二四五〇	
四度	〇五〇八			二六二五	四瀆三
五度	〇八一〇			三〇二五	井宿三
六度	一一〇三			三二一五	
七度	一一四五			三二二五	井宿四 四瀆二

八度	一三五〇			三二四五	闕丘一
九度	一五二二			三三〇〇	
十度	一七四五			三五五五	
十一度	一九五五			三六五〇	
十二度	二〇五五			三七三五	
十三度	二二三〇			三八一八	
十四度	二三一八			三九二〇	
十五度	二四五二			四〇〇〇	
	十度十分	十度十分	十度十分	十度十分	

鶉首宮

鶉首宮	北條北際黄道北度	北條南際	南條北際	南條南際	入河經星
	十度十分	十度十分	十度十分	十度十分	
十六度	二六〇二			四一二五	
十七度	二七五七			四二一〇	
十八度	二八五八			四四〇〇	
十九度	三〇〇八			四四三〇	
二十度	三一五八			四五一八	
二十一度	三二一〇			四五五〇	
二十二度	三三〇八			四六三〇	

二十三度	三四〇七			四七一〇	
二十四度	三四五五			四八二五	
二十五度	三五二〇			四八四〇	
二十六度	三五五八			五〇二二	
二十七度	三六二五			五一〇〇	弧矢 十
二十八度	三六五六			五一一五	
二十九度	三七〇〇			五二〇二	弧矢六
三十度	三七四八			五三四五	
	十度十分	十度十分	十度十分	十度十分	

鶉火宫	北條北際黄道北度	北條南際	南條北際	南條南際	入河經星
	十度十分	十度十分	十度十分	十度十分	
一度	三三二五			五八二五	弧矢五
二度	三四〇五			五九〇五	
三度	三四四〇			五九二五	
四度	三五二八			五九四〇	
五度	三六四〇			五九五〇	
六度	三九〇六			五九三〇	
七度	三九四五			五九五〇	弧矢一四

天漢経緯表　十二

八度	四一一〇			六〇二五	
九度	四二二〇			六〇四三	
十度	四三二〇			六一一五	卧矢二
十一度	四三五五			六一二〇	
十二度	四四〇〇			六一二五	
十三度	四四五〇			六一四五	卧矢一
十四度	四五一六			六二一五	
十五度	四五三〇			六二三〇	卧矢三
	十度十分	十度十分	十度十分	十度十分	

鶉火宮	北條北際 黄道北度	北條南際	南條北際	南條南際	入河經星
十六度	四六〇〇			六二四二	
十七度	四六三〇			六三〇〇	
十八度	四六四三			六三三〇	
十九度	四七一二			六三五七	
二十度	四七二三			六四二二	天狗 六
二十一度	四七三〇			六四四八	天狗 五
二十二度	四七三五			六四五二	天狗七四 天社一

天漢經緯表

二十三度	四七五三			六五〇〇	
二十四度	四八四八			六五〇五	
二十五度	四八三〇			六五一二	
二十六度	四八五四			六五二〇	天狗三
二十七度	四九〇三			六五二五	
二十八度	四九三二			六五二八	天狗 一二
二十九度	四九五四			六五三五	
三十度	四〇一三			六五三〇	
	十度十分	十度十分	十度十分	十度十分	

鶉尾宮	北條北際 黄道北度	北條南際	南條北際	南條南際	入河經星
	十度十分	十度十分	十度十分	十度十分	
一度	五一一三			六五五〇	天社 二
二度	五一四〇			六五五〇	
三度	五二一五			六五五九	
四度	五二四〇			六六〇三	
五度	五三〇〇			六六〇〇	
六度	五三二〇			六六〇七	
七度	五三四五			六六二〇	天記 天社三

天漢經緯表　十四

八度	五三四九			六六三五	
九度	五四一八			六六四二	
十度	五四三七			六六五二	
十一度	五四三〇			六六四七	
十二度	五四二七			六六三〇	
十三度	五四三二			六六三二	
十四度	五四三八			六六四三	
十五度	五〇〇〇			六六四六	
	十度十分	十度十分	十度十分	十度十分	

鶉尾宮	北條北際 黄道北度	北條南際	南條北際	南條南際	入河經星
	十度十分	十度十分	十度十分	十度十分	
十六度	五四五七			六六四五	
十七度	五四四五			六六五六	
十八度	五四四〇			六七〇〇	天社 四
十九度	五四三二			六七一〇	
二十度	五四四〇			六七一五	
二十一度	五四四三			六七二〇	
二十二度	五四三七			六七二六	

二十三度	五四四七			六七三〇	天社五
二十四度	五四五〇			六七三六	
二十五度	五五〇〇			經度止 六七三九	
二十六度	五五〇二				
二十七度	五五一〇				
二十八度	五五〇二				
二十九度	五〇〇〇				
三十度	五四五五				天社六
	十度十分	十度十分	十度十分	十度十分	

天漢經緯表 十五

壽星宮	北條北際 黃道北度	北條南際	南條北際	南條南際	入河經星
	十度十分	十度十分	十度十分	十度十分	
一度	五四三六				
二度	五四五〇				
三度	五四四〇				
四度	五四四五				
五度	五四三八				
六度	五四一八				
七度	五四一〇				

八度	五三四五				
九度	五三四九				
十度	五三三四				
十一度	五三二九				
十二度	五三三〇				
十三度	五三一五				
十四度	五三〇〇				
十五度	五三一〇				海山 三
	十度十分	十度十分	十度十分	十度十分	

壽星宮	北條北際 黄道北度	北條南際	南條北際	南條南際	入河經星
	十度十分	十度十分	十度十分	十度十分	
十六度	五三二〇				南船 二
十七度	五三三四				
十八度	五三五二				
十九度	五三四九				南船 一
二十度	五三四二			經初際 六七二一	
二十一度	五三四〇			六七一〇	
二十二度	五三三六			六七〇三	

二十三度　五三〇二　六七〇〇
二十四度　五三〇七　六六五四
二十五度　五三一二　六七〇〇
二十六度　五二五七　六七〇〇
二十七度　五二四七　六六五〇　南船三
二十八度　五二五二　六六三七
二十九度　五二二七　六六〇〇　海山四
三十度　五二一八　六五五七
十度十分十度十分十度十分十度十分
天漢經緯表　十七

二十三度	五三〇二			六七〇〇	
二十四度	五三〇七			六六五四	
二十五度	五三一二			六七〇〇	
二十六度	五二五七			六七〇〇	
二十七度	五二四七			六六五〇	南船 三
二十八度	五二五二			六六三七	
二十九度	五二二七			六六〇〇	海山 四
三十度	五二一八			六五五七	
	十度十分	十度十分	十度十分	十度十分	

四八五

大火宫	北條北際 黄道北度	北條南際	南條北際	南條南際	入河經星
	十度十分	十度十分	十度十分	十度十分	
一度	五二三〇			六五五〇	海山 五
二度	五一五七			六五三〇	
三度	五〇〇〇			六五二三	十字架 四
四度	五〇五七			六五一八	
五度	五〇三〇			六五一三	
六度	五〇二八			六四五七	十字架 一
七度	五〇二〇			六四四〇	十字架三 海山六

天漢經緯表

十八

八度	五〇一七			六四三〇	
九度	四九三〇			六三四〇	
十度	四九〇〇			六三二〇	
十一度	四七三〇			六二五〇	
十二度	四六四三			六二〇〇	
十三度	四五〇〇			六一四七	
十四度	四四三四			六一二七	
十五度	四三四九			六一一八	
	十度十分	十度十分	十度十分	十度十分	

大火宫	北條北際黄道北度	北條南際	南條北際	南條南際	入河經星
	十度十分	十度十分	十度十分	十度十分	
十六度	四三三〇			六〇三六	馬腹二
十七度	四二四八			五九三五	
十八度	四二四〇			五九二七	
十九度	四二三〇			五八四二	
二十度	四二一八			五八二二	
二十一度	四二[1]四二			五八一八	
二十二度	四〇三九			五七三九	

1 天理本“二”作“一”，當作“一”。

二十三度	三九四九			五七二四	
二十四度	三九〇〇			五七〇〇	
二十五度	三八三〇			五六三八	小斗四
二十六度	三八〇〇			五六三二	小斗一
二十七度	三七二〇			五六一九	
二十一[1]度	三六三〇			五六一八	
二十九度	三五四二			五六二五	
三十度	三五〇〇			五六一五	南門
	十度十分	十度十分	十度十分	十度十分	

1 天理本"二十一"作"二十八"，當作"二十八"。

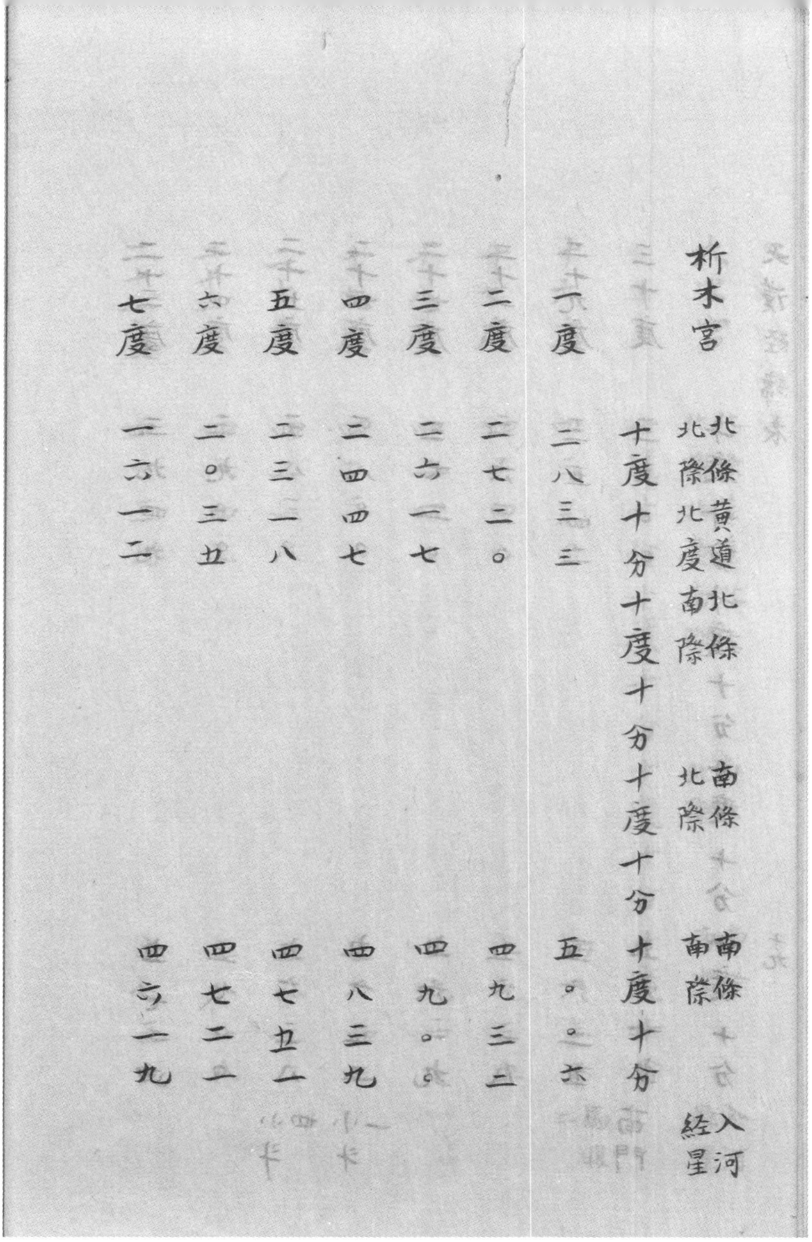

析木宫	北條北際 黄道北度	北條南際	南條北際	南條南際	入河經星
	十度十分	十度十分	十度十分	十度十分	
一度	二八三三			五〇〇六	
二度	二七二〇			四九三二	
三度	二六一七			四九〇〇	
四度	二四四七			四八三九	
五度	二三一八			四七五一	
六度	二〇三五			四七二一	
七度	一六一二			四六一九	

天漢經緯表

二十

八度	一〇一二			四六三〇	
九度	〇七五八			四五五八	
十度	〇二一一			四四四九	尾宿二 三角形二
十一度	黄道北度 〇一五八			四三四八	尾宿[1]
十二度	〇三〇二			四二二九	神宫 尾宿三 天龜一
十三度	〇四三〇	一〇〇五	七[2]七五八	四一三〇	天龜 四
十四度	〇八〇〇	〇八二二	一七〇三	四〇〇三	
十五度	〇八五二	〇六〇〇	一五〇〇	二[3]七三八	天江 一
	十度十分	十度十分	十度十分	十度十分	

1 天理本作“尾宿一”。
2 天理本“七”作“一”，當作“一”。
3 天理本“二”作“三”。

析木宫	北條北際 黄道北度	北條南際	南條北際	南條南際	入河經星
	十度十分	十度十分	十度十分	十度十分	
十六度	一〇〇二	〇五五七	一三四五	三三四二	
十七度	一二五二	〇二二〇	一二四〇	三二三五	天江五魚二 尾宿四
十八度	一四五八	黄道北度 〇〇四五	一〇二五	二九二九	天江三
十九度	一七〇八	〇七一五	〇八五九	二七三七	天江四 尾宿九 八五
二十度	二九三五	一二四〇	〇七三〇	二五一八	宗正一 市樓二 南海
二十一度	二九五七	一二一八	〇六二〇	二二三三	市樓一 尾宿七
二十二度	三〇〇八	一六一八	〇四〇〇	二〇三〇	宗正二 尾宿六

二十三度	三〇四五	一九四〇	〇一五八	一九四〇	傳説
二十四度	三一一〇	二二三〇	黄道北度 〇〇一〇	一八四二	
二十五度	三一三二	二二四〇	〇一二〇	一八三〇	宗人 一二三 燕
二十六度	三一五八	二二五〇	〇二〇〇	一六三〇	宗人四 箕[1]
二十七度	三二〇〇	二三〇〇	〇三四二	一四〇〇	
二十八度	三一二〇	二三五五	〇八一八	一三四五	箕宿 四
二十九度	三三三八	二五二二	〇九五一	一一五〇	斗宿 三
三十度	三四三三	二七四五	一一二三	一〇二〇	箕宿 二三
	十度十分	十度十分	十度十分	十度十分	

1 天理本“箕”作“箕一”。

星紀宮	北條北際黄道北度	北條南際	南條北際	南條南際	入河經星
	十度十分	十度十分	十度十分	十度十分	
一度	三五三六	二九〇〇	一五〇三	〇八二〇	南海
二度	三七二二	二九四〇	一六二〇	〇七三〇	斗宿二
三度	三八二五	三〇三〇	一九一〇	〇五一五	
四度	三七三五	三一〇〇	二一五五	〇三三八	天弁九
五度	四〇四八	三二三五	二二二〇	〇二二三	天弁八
六度	四〇三二	三三一五	二二四〇	〇一〇一	
七度	四二四二	三三四五	二三〇五	〇〇四五	天弁七

天漢經緯表

二十二

八度	四三二〇	三四三八	二三一六	〇二五二	天弁 六
九度	四四二八	三六〇〇	二三三五	〇四三〇	
十度	四四五〇	三六三八	二四〇四	〇六四一	宗星一二 天弁五
十一度	四五三一	三七五五	二六〇二	〇八一八	天弁四 徐
十二度	四五五四	三八三二	二六三三	一〇五八	
十三度	四六二五	三九二〇	二七五二	一三三二	天弁 一二三
十四度	四六五八	四〇〇四	二八二三	一五五七	
十五度	四七五五	四〇四五	二九一八	一七五九	吴越
	十度十分	十度十分	十度十分	十度十分	

星紀宫 北條北際黄道北度 北條南際 南條北際 南條南際 入河經星
十度十分 十度十分 十度十分 十度十分
十六度 四八二一 四一一八 三〇二八 一九三〇
十七度 四九〇〇 四二〇一 三一二五 二一〇五
十八度 五〇〇〇 四二二八 三二二八 二二二五
十九度 五〇一九 四三〇二 三三一五 二三一〇 右旗三
二十度 五一〇〇 四三二〇 三三四〇 二三三〇
二十一度 五一二六 四三五〇 三五二三 二四二五
二十二度 五一五四 四四三八 三六〇〇 二五〇〇 右旗一

星紀宫	北條北際 黄道北度	北條南際	南條北際	南條南際	入河經星
	十度十分	十度十分	十度十分	十度十分	
十六度	四八二一	四一一八	三〇二八	一九三〇	
十七度	四九〇〇	四二〇一	三一二五	二一〇五	
十八度	五〇〇〇	四二二八	三二二八	二二二五	
十九度	五〇一九	四三〇二	三三一五	二三一〇	右旗 三
二十度	五一〇〇	四三二〇	三三四〇	二三三〇	
二十一度	五一二六	四三五〇	三五二三	二四二五	
二十二度	五一五四	四四三八	三六〇〇	二五〇〇	右旗 一

二十二[1]度	五一五六	四五〇六	三六五〇	二五五五	右旗二
二十四度	五二〇〇	四五三一	三七三二	二六二八	
二十五度	五二二八	四五五四	三八五二	二六五〇	
二十六度	五三三〇	四六〇四	三九四八	二七四〇	左旗三四 河鼓三
二十七度	五三四〇	四七〇〇	四〇三八	二八二〇	河鼓二
二十八度	五四三五	四七五八	四一〇一	三〇〇〇	河鼓 一
二十九度	五四五八	四八三五	四一三〇	三〇〇三	左旗 二
三十度	五五三三	四九〇〇	四二一八	三一〇一	左旗 五
	十度十分	十度十分	十度十分	十度十分	

1 天理本"二十二"作"二十三"，當作二十三"。

玄枵宫	北條北際 黄道北度	北條南際	南條北際	南條南際	入河經星
	十度十分	十度十分	十度十分	十度十分	
一度	五八五五	五二四五	四四四五	三三三八	
二度	五八五八	五二五四	四五〇四	三三五八	左旗 二
三度	五八五九	五二四五	四五三〇	三四二五	
四度	五九三八	五二三八	四五四三	三五四二	左旗 六
五度	五九三〇	五二三〇	四五五八	三六三八	
六度	五九五四	五二三五	四六〇一	三七四八	
七度	五九五九	五二四〇	四六五九	三九四八	

八度　六〇〇四五二五七四七二五四〇〇八
九度　六〇二八五三五四四七五七四一三八
十度　六〇二五五三二二四七三八四二二二
十一度　六〇二三五四三〇四七五六四三二八　天津二
十二度　六〇四八五四一九四八一八四三五四
十三度　六一〇二五四三一四八二八四四二二
十四度　六一二三五四四九四八四五四四五〇
十五度　六一二五五五〇〇四九〇四四五二五
十度十分十度十分十度十分十度十分

天漢經緯表

二十四

八度	六〇〇四	五二五七	四七二五	四〇〇八	
九度	六〇二八	五三五四	四七五七	四一三八	
十度	六〇二五	五三二二	四七三八	四二二二	
十一度	六〇二三	五四三〇	四七五六	四三二八	天津 二
十二度	六〇四八	五四一九	四八一八	四三五四	
十三度	六一〇二	五四三一	四八二八	四四二二	
十四度	六一二三	五四四九	四八四五	四四五〇	
十五度	六一二五	五五〇〇	四九〇四	四五二五	
	十度十分	十度十分	十度十分	十度十分	

玄枵宫	北條北際 黄道北度	北條南際	南條北際	南條南際	入河經星
	十度十分	十度十分	十度十分	十度十分	
十六度	六一三八	五四五八	四九一二	四五三〇	
十七度	六一四〇	五五〇六	四九一六	四六〇〇	
十八度	六一五〇	五五二八	四九四五	四六二三	
十九度	六一五六	五五四〇	四九五九	四六五九	
二十度	六二〇〇	五五五五	五〇二〇	四七〇〇	天津 一
二十一度	六二一八	五六一八	五〇〇四	四七三〇	
二十二度	六二三〇	五六四八	五〇一五	四七五〇	

天漢經緯表

二十五

二十三度	六二五〇	五七一八	五一〇七	四七五八	天津 九
二十四度	六二五二	五七四九	五〇〇六	四七五六	
二十五度	六三〇七	五八〇八	五一二八	四八〇〇	天津 三
二十六度	六三〇七	五八二二	五一三二	四八〇七	
二十七度	六三一八	五八五〇	五〇一二	四八二八	
二十八度	六三三〇	五九四〇	五一〇〇	四八三九	
二十九度	六三四〇	六〇〇〇	五一一二	四九〇四	天津 八
三十度	六三五八	六〇三〇	五一三〇	四九〇八	
	十度十分	十度十分	十度十分	十度十分	

娵訾宮	北條北際黄道北度	北條南際	南條北際	南條南際	入河經星
	十度十分	十度十分	十度十分	十度十分	
一度	六四〇〇	六一〇二	五一五八	四九二〇	天津 四
二度	六四一二	六一〇四	五二二八	四九二五	天津 五七
三度	六四三二	六〇五七	五三〇二	四九四〇	
四度	六四五〇	六〇〇一	五四二〇	四九三五	天津 六
五度	六四四五	五七經度止	五五經度止	四九四二	
六度	六五〇〇			四九五〇	
七度	六五二二			四九五八	車府 四

八度	六五〇〇			五〇〇四	
九度	六五三〇			五〇二八	
十度	六五三二			五〇四八	車府 五三
十一度	六五三五			五一四〇	
十二度	六五五二			五一四二	
十三度	六五四五			五二〇八	車府 二
十四度	六五四〇			五二四〇	
十五度	六五四二			五三一一	
	十度十分	十度十分	十度十分	十度十分	

娵訾宫	北條北際 黄道北度	北條南際	南條北際	南條南際	入河經星
	十度十分	十度十分	十度十分	十度十分	
十六度	六五五〇			五三三八	
十七度	六五五六			五三三八	
十八度	六六〇〇			五三五六	
十九度	六六〇八			五四四〇	螣蛇 一二
二十度	六六三〇			五四五八	
二十一度	六六三〇			五五一三	
二十二度	六六五〇			五五三〇	

二十三度	六七〇〇			五五四二	
二十四度	經度止 六七三〇			五五五六	
二十五度				五六〇〇	螣蛇三
二十六度				五六〇八	
二十七度				五六二〇	
二十八度				五六二八	
二十九度				五六三〇	
三十度				五六三〇	
	十度十分	十度十分	十度十分	十度十分	

天漢經緯表

二十七

《交食表》校注

求太陽均度

以太陰引数八宮二十五度下查表得二度。二分一十九秒以較分一十四秒為二率以引数小餘二十六分一三化作一千五百七十三秒為三率得二二。二二以六十分化作三百六十秒為一率得三十六秒以後度少減二度。二分一十九秒餘二度一分四十三秒為太陽均度（依號為減）

求太陰均度

以太陰引数四宮六度下查表得四度。五分四十五秒以較分三分三秒為二率以引数小餘三十一分一十五秒為三率以六十分為一率過位得一分三十五秒以加四度。五分四十五秒得四度。七分二十秒為太陰均度（依號為減）

求日月相距弧（皆號為減當相減）

以太陽均度二度。一分四十三秒減太陰均度四度。七分二十秒餘二度五分三十七秒為相距弧

求日月相距日

查四行時表下二度。五分三七得四時餘三分四十三

三

《交食表》十卷 筭法

萬曆丙申八月朔日食新法

求交周

六十五甲子下，一十一宫二十四度四七二二。三十二年丙申下，八宫二十五度三一五二。九月策，九宫〇六度〇二〇五。以滿周十二宫除之，以滿三十度進一宫。得五宫二十六度二一二。入食限。

求首朔

六十五甲子下，三日一十〇時五七一四。丙申三十二年下，五日〇二時四四五二。八月九朔策下，二百六十五日一十八時三十六分二八，共二百七十四日八時二[1]十八分三四。六十五甲子下，紀日四。三十二與[2]下，紀日四十八。共五十二，以加前總數，得三百二十六日。以紀法去之，餘二十六日，得庚寅日。

求太陽引數

六十五甲子下，得一十一宮二十七度三六三九。丙申三十二年下，五度五二二八。九月朔策，八宮二十一度五

1 東北本“二”作“一”。
2 東北本“與”作“年”，當作“年”。

七〇六，得八宫二十五度二六一三，爲太陽引數。

求太陰引數

六十五甲子下，三宫二十度四五四二。丙申三十二年下，四宫二十三度二四三二。八月九月策下，七宫二十二度二一〇一，得四宫〇六度三一一五，爲太陰引數。

求太陽經度

六十五甲子下，二度四八三二。丙申三十二年下，六度一六三二。八月九月策下，八宫二十一度五七三九，得九宫一度〇二分四三，爲太陽經度。

求太陽均度

以太陰引數八宮二十五度下查表，得二度〇二分一十九秒，以較分一十四秒爲二率，以引數小餘二十六分一三化作一千五百七十三秒爲三率，得二二〇二二。以六十分化作三百六十秒爲一率，得三十六秒，以後度少，減二度〇二分一十九秒，餘二度一分四十三秒，爲太陽均度。依號爲減。

求太陰均度

以太陰引數[1]四宮六度下查表，得四度〇五分四十五秒，

1 東北本“數”作“度”，當作“數”。

以較分三分三秒爲二率，以引數小餘三十一分一十五秒爲三率，以六十分爲一率，過位得一分三十五秒，以加四度〇五分四十五秒，得四度〇七分二十秒，爲太陰均度。依號爲減。

求日月相距弧皆號爲減，當相減

以太陽均度二度〇一分四十三秒，減太陰均度四度〇七分二十秒，餘二度五分三十七秒，爲相距弧。

求日月相距日

查四行時表下二度〇五分三七，得四時餘三分四十三

秒查時得七分餘七秒得十四秒以加首朔小餘共十二時二十五分四十八秒爲日月相距時刻

求太陽次引數

查四時下太陽引數九分五十一秒二三又七分下一十七秒共一十〇分十秒以加前引數得八宫二十五度三十七分三六爲次引數

求太陰次引數

查四時下四行時表太陰引數得二度一十〇分三十九秒又七分下得三分四十八秒共之得二度一十八分一

秒。查時得七分餘七秒，得十四秒，以加首朔小餘，共十二時二十五分四十八秒，爲日月相距時刻。

求太陽次引數

查四時下太陽引數，九分五十一秒二三又七分下一十七秒，共一十〇分十秒。以加前引數，得八宫二十五度三十七分三六，爲次引數。

求太陰次引數

查四時下四行時表太陰引數得二度一十〇分三十九秒又七分下得三分四十八秒，共之得二度一十八分一十八秒。以加前引數四宫〇六度三一一五，得四宫〇八度四九三三，爲太陰次引數。

求太陽次均度

太陽加減表八宫二十五度下，得三[1]度二分一七九，以較分十四秒爲二率，次引數小餘三十七分三十六爲三率，得三一五八四，以六十分化三千六百爲一率，得八秒二五。以後度少，名減，以減二度二分十九秒，得二度三分一十〇秒，爲太陽次均度，爲減。

求太陰次均度

1 東北本“三”作“二”。

太陰加減表四宫八度下，得三度五十九分三五，較分三分一十二秒爲二率，引數小餘四十九分三三爲三率，得五十七萬〇八百一十六秒。以六十化三千六百爲一率，得一分五十八秒，以加均度，得四度〇一分三十三秒，爲減。

求日月次距弧

以太陰均度四度〇一分三十三秒，減太陽均度二度二分一十秒，得一度五十九分二十三秒，爲日月次距弧。

求日月實距日月在日前時宜加

四行時表月距日三時下，得一度三十一分二五五，餘二十七分五七五五十五分下，得二十七分五十六秒，餘一秒五得三秒。并之得三時五十五分三秒，以加首朔小餘八時一十八分三十四秒，爲一十二時一十三分三十七秒，爲日月實相距時。

求日月實會時距度

置交周五宫二十六度二十一分二十秒，差時，中會與實會差。三時五十五分三秒，查四行時交周表三時，得一度三十九分一十四秒，五十五分得三十分一十九秒，三秒得二秒。并之得二度九分三十五秒，以加交周五宫二十六度二

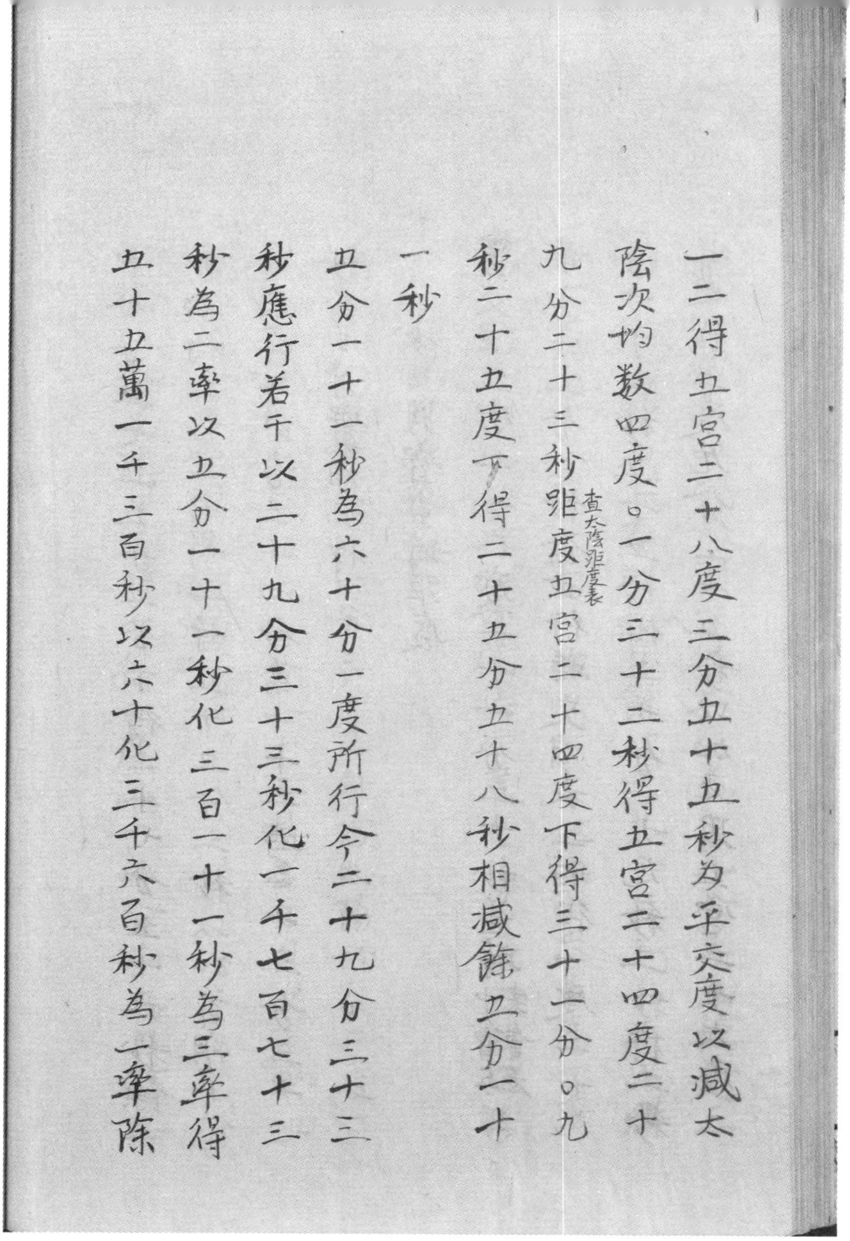

一二，得五宫二十八度三分五十五秒，爲平交度。以減太陰次均數四度〇一分三十二秒，得五宫二十四度二十九分二十三秒。查太陰距度表，距度五宫二十四度下，得三十一分〇九秒二十五度下，得二十五分五十八秒，相減餘五分一十一秒。

五分一十一秒，爲六十分一度所行。今二十九分三十三秒，應行若干，以二十九分三十三秒，化一千七百七十三秒，爲二率。以五分一十一秒，化三百一十一秒，爲三率。得五十五萬一千三百秒，以六十化三千六百秒爲一率，除之得一千五百三十秒。又以六十化之，得二分三十三秒，以減三十一分九秒，餘二十八分三十六秒，爲日月實距度。

求太陽實會度

置太陽經度九宫一度〇二分四三，以減太陽次均度二度〇十二分一十秒，餘八宫二十八度五十〇分三十三秒，爲實經度。雙女宫。

求應時

雙女宫二十八度下，一十一時五十五分，以加實距時一十二時十三分三十七秒，共二十四時八分三十七秒，爲距子丑[1]時如[2]十二時，爲距午正。以滿一〇除之，餘一十二時八分三十七秒，爲應時。

求距頂限及距地平高度

以距午一十二時八分查表，得距頂限三十六度四十九分，以減九十度餘五十三度一十一分，爲距地平高度九十限一十三度一，距子午十八度五九。

求太陰距地及視高差及日月半徑

以太陰引數四宫八度查表，得五十五地半徑三十六分。

1 東北本“丑”作“正”，當作“正”。
2 東北本“如”作“加”，當作“加”。

月半徑，一十六分五十三秒。

以太陰引數八宮二十七度查表，得五十五地半徑下，得視差六十二分。因日在中距，減日差二分，得六十分，爲最大視差。

求氣差

以大高差六十從上，以距頂限三十六度從右，得三十五分一十六秒。又以六十分從上，以距頂度小餘四十九分從右，得四十五秒一十七微，并得三[1]十六分一秒，爲氣差。

求時差

1 東北本“三”作“一”。

以六十從上以地平高限五十三度從右得四十七分五十五秒又以六十從上以地平高小餘一十一分從右得一十二秒並之得四十八分七秒爲時差

又

太陽實會經度八宫二十八度六十分三十三秒以十二時所得九十度限雙女宫一十三度一十分減之餘一十五度五十〇分三十三秒則復查表以最大時差四十八分從上以一十五度從右得一十二分二十五秒又以五十〇分從右得三十六秒四六又以三十三秒從右得三

以六十從上，以地平高限五十三度從右，得四十七分五十五秒。又以六十從上，以地平高小餘一十一分從右，得一十二秒，并之得四十八分七秒，爲時差。

又太陽實會經度八宫二十八度六十分三十三秒，以十二時所得九十度限，雙女宫一十三度一十分減之，餘一十五度五十〇分三十三秒，則復查表以最大時差四十八分從上，以一十五度從右，得一十二分二十五秒。又以五十〇分從右，得三十六秒四六，又以三十三秒從右，得三

秒並之得一十三分四秒為時差
求時分
時差十三分一秒　太陰四宮八度實行一小時三十二
分十秒
三十二分十一秒行一小時今十三分一秒應行若干以
十三分一秒化之得七百八十三秒為三率次一時化之
得三千六百秒為二率得二百八十一萬七二以三十二
分一十一秒化之得一千九百三十一秒為一率除之得
一四五一以六十除之得二十四分一十五秒為時差
交食表十卷　八

秒，并之得一十三分四秒，爲時差。

求時分

時差，十三分一秒。太陰四宫八度，實行一小時三十二分十秒。三十二分十一秒行一小時。今十三分一秒應行若干，以十三分一秒化之，得七百八十三秒，爲三率。以一時化之，得三千六百秒，爲二率。得二百八十一萬七二。以三十二分一十一秒化之，得一千九百三十一秒，爲一率。除之，得一四五一。以六十除之，得二十四分一十五秒，爲時差。

求食甚

置定朔十二時十三分三十七秒内減時差二十四分二十五秒得一十一時四十九分二十二秒得午初三刻四分二十二秒在定朔前

求食分

以日月實距度五宫二十四度二十九分二十三秒又減時差二十四分一十五秒交周行一十三分一十四秒共五宫二十四度一十六分十秒得二十九分八十秒以氣差三十六分一秒減之餘六分二十秒爲視距度以前所

求食甚

置定朔十二時十三分三十七秒，内減時差二十四分二十五秒，得一十一時四十九分二十二秒，得午初三刻四分二十二秒，在定朔前。

求食分

以日月實距度五宫二十四度二十九分二十三秒，又減時差二十四分一十五秒。交周行一十三分一十四秒，共五宫二十四度一十六分十秒，得二十九分八十秒。以氣差三十六分一秒減之，餘六分二十秒，爲視距度。以前所

求太陰半径十六分五十三秒太陽半径一十五分一十
五秒并之得三十二分〇八秒以六分二十秒減之餘二
十五分四十八秒以太陽本視半徑并之得三十分〇三
十秒為法而一得八分三十秒為日食分數距度過黄道
南日食猶在陰曆黄道北
求初虧
置定朔應時十二時八分約用前四刻減之餘一十一時
八分度限在雙女宮一度五分即午後一十四度五十五
分距頂限三十一度二十五分距地平五十八度二十五
交食表十卷　九

求太陰半徑十六分五十三秒，太陽半徑一十五分一十五秒，并之得三十二分〇八秒。以六分二十秒減之，餘二十五分四十八秒。以太陽本視半徑并之，得三十分〇三十秒，爲法而一，得八分三十秒，爲日食分數。距度過黄道南，日食猶在陰曆黄道北。

求初虧

置定朔應時十二時八分，約用前四刻減之，餘一十一時八分，度限在雙女宮一度五分，即午後一十四度五十五分，距頂限三十一度二十五分，距地平五十八度二十五

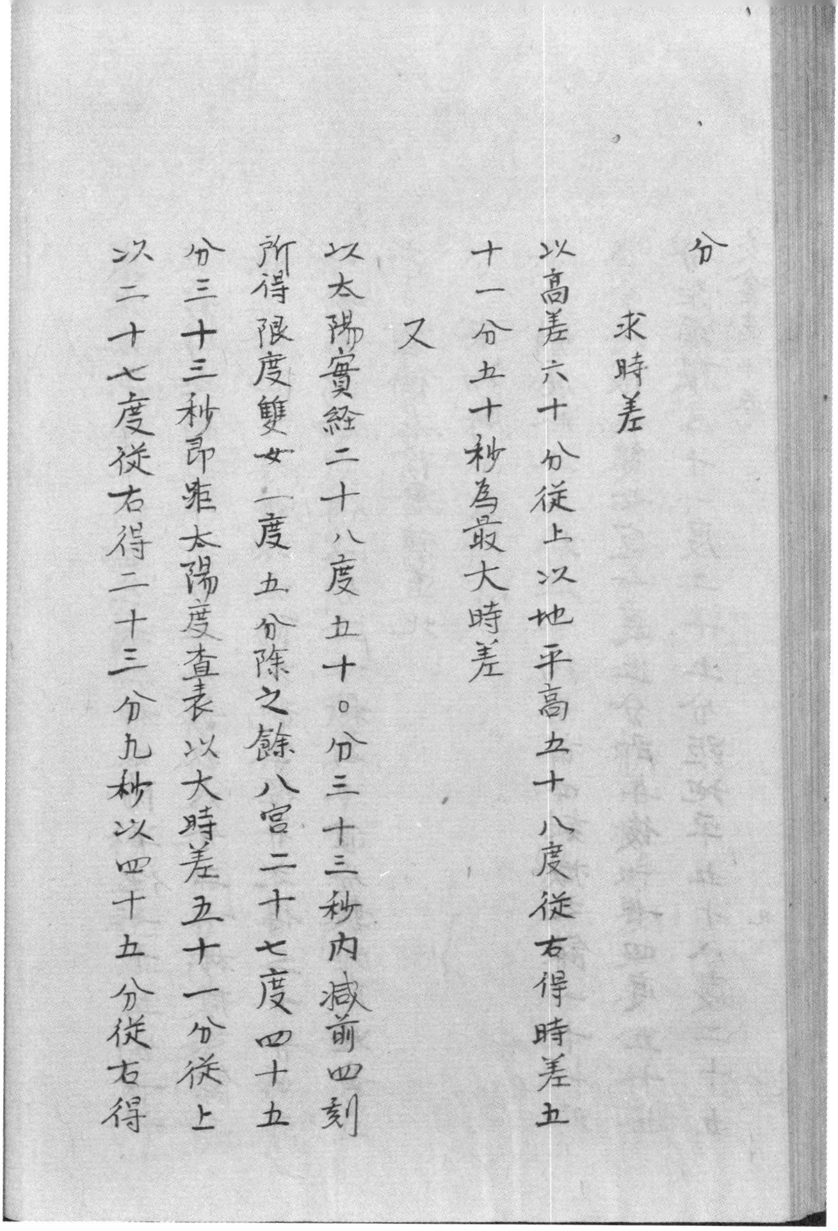
分

求時差

以高差六十分從上以地平高五十八度從右得時差五十一分五十秒為最大時差

又

以太陽實經二十八度五十〇分三十三秒内減前四刻所得限度雙女一度五分除之餘八宫二十七度四十五分三十三秒即距太陽度查表以大時差五十一分從上以二十七度從右得二十三分九秒以四十五分從右得

分。

求時差

以高差六十分從上，以地平高五十八度從右，得時差五十一分五十秒，爲最大時差。

又以太陽實經二十八度五十〇分三十三秒，内減前四刻所得限度雙女一度五分除之，餘八宫二十七度四十五分三十三秒，即距太陽度。查表以大時差五十一分從上，以二十七度從右，得二十三分九秒。以四十五分從右，得

三十六秒三又以五十秒從上以二十七度從右得二十
四秒並之得二十四分九秒
以二十四分太陰行較前得太陰行一十三分〇四秒餘
一十一分以四宮八度一小時太陰實行三十二分十秒
除之餘二十一分為四刻中太陰視行今二十一分行四
刻若自初虧至食甚太陰當行三十一分為時幾何法以
四刻作三千六百秒為二率以三十一分化作一千八百
六十秒為三率得六百六十九萬六千秒以二十一分化
一千三百六十秒除之得五百三十一秒以六十除之得

三十六秒三，又以五十秒從上，以二十七度從右，得二十四秒，并之得二十四分九秒。

以二十四分太陰行，較前得太陰行一十三分〇四秒，餘一十一分。以四宮八度一小時太陰實行三十二分十秒除之，餘二十一分，爲四刻中太陰視行。今二十一分行四刻，若自初虧至食甚，太陰當行三十一分，爲時幾何，法以四刻作三千六百秒，爲二率。以三十一分化作一千八百六十秒，爲三率，得六百六十九萬六千秒。以二十一分化一千三百六十秒除之，得五百三十一秒。以六十除之，得八十八分五十五秒。以十五爲刻而一，得五刻一十三分五十五秒。以減食甚一十一時四十九分二十二秒，得一十〇時三十五分二十七秒，爲初虧，在巳正二刻五分二十七秒。

求復圓

置定朔後四刻，以定朔應時十二時八分二十七秒加之，得十三時八分二十七秒，度限在雙女二十五度二十四分，即午後二十二度三十二分，以減太陽經度二十八度五十分三三，得三度一十六分三十三秒，距頂四十二度三十五分，以九十減之，餘地平高四十八度二十五分。

求時差

以六十從上，以地平高四十八度從右，得四十四分三五，又以二十上[1]分從右，得三秒。并之，得四十四分三秒，爲大視差。

以四十四分從上，以三度從右，得二分十八秒，又以[2]十六分從右，得十二秒，共二分三十秒，爲時差。

以〇二分三十秒太陰行，較一十三分〇四秒太陰行，餘十分四十秒，以四宫八度太陰實行三十二分十秒減之，

1 東北本“上”作“五”。
2 東北本“以”作“四”。

餘二十一分三十秒，爲四刻間太陰行。

太陰行四刻，得二十一分三十〇秒，今行三十一分，當爲時若干，以四刻化三千六百秒，爲二率。以三十一分化一千八百六十秒，爲三率，得六百九十九萬六千秒。以二十一分三十秒化一千二百九十秒，除之，得五萬二千六百秒。以六千秒除之，得八十七分六十五秒，以十五分爲刻而一，得五刻一十三分四秒，以加食甚，得十三[1]時一十七分二十六秒，未初一刻二分二十六秒。

求起復方位

1 東北本“十三”作“一十三”。

置視距度六分二十秒入表得六宮一度一十二分又自
初虧至食甚太陰行三十一分七秒與交周相減得初虧
交六宮〇四十一分五十一秒相加得復圓交六宮一度
四十三分〇五秒得初虧距度三分三十三秒復圓距度
八分五十三秒

崇禎壬申三月望月食

會時一百三十三日一十三時四十三分三六紀日癸丑

太陽引數四宮〇六度三〇四八

太陰引數五宮〇八度四六〇八

交食表十卷

十二

置視距度六分二十秒入表，得六宮一度一十二分，又自初虧至食甚太陰行三十一分七秒。與交周相減，得初虧交六宮〇四十一分五十一秒，相加得復圓，交六宮一度四十三分〇五秒，得初虧距度三分三十三秒，復圓距度八分五十三秒。

崇禎壬申三月望月食

會時一百三十三日一十三時四十三分三六，紀日癸丑。

太陰引數，四宮〇六度三〇四八，

太陰引數，五宮〇八度四六〇八。

太陽經度，四宮一十二度三十四分〇二秒。
交周，六宮〇六度四十三分一四。
太陽均度，一度五七，加。
太陰均度，一度五十一分一五，減。
日月相距弧，三度三十六分。
日月相距日，二十〇時三十三分三六。
太陽次引，四宮〇六度四十七分三八。
太陰次引，五宮一十二度二九一九。
太陽次均，一度三十六分四五，加。

太陰次均一度三十二分五五減
日月次距弧三度九分四十秒
日月次距日一十九時五十六分五四
太陰實望距度四十四分在黃道南
食分太陰引數求月半徑一十七分一五地景四十六分
五十秒並減距度餘一十九分六十四秒以十乘之以
太陰視徑三十四分三十秒為法得月食五分六十秒
食時以太陽在中距以太陰次引五宮一十二度入表得
食甚一時五十三分二十五秒食既五十九分三十三

交食表十卷

十三

太陰次均，一度三十二分五五，減。

日月次距弧，三度九分四十秒。

日月次距日，一十九時五十六分五四。

太陰實望距度，四十四分，在黃道南。

食分，太陰引數，求月半徑一十七分一五。地景，四十六分五十秒。并減距度餘一十九分六十四秒，以十乘之。以太陰視徑三十四分三十秒爲法，得月食五分六十秒。食時以太陽在中距，以太陰次引五宮一十二度入表，得食甚一時五十三分二十五秒，食既五十九分三十三秒。

起復方位，初虧月在黄道南三十八分，復圓月在黄道南五十分。

月食經度，以太陽經度加太陽次均度，又以太陽經行四分三十八秒半之，并加，得四宫一十四度一十一分〇六秒，對宫爲十宫一十四度三分〇六秒。氐四度一十九分〇六秒。以定望一十九時五十六分五四加食既，得二十〇時五十〇分一十九秒，復圓亥初二刻一十九分九秒。

減食甚得初虧一十九時〇三分二九，酉正三刻一十二

分二九
食甚戌初三刻一十一分五十四秒
依廣与圖每度應時四分順天府以東加之以西減之得
各省直見食時刻凡十五分為一刻

十四

分二九。

食甚，戌初三刻一十一分五十四秒。

依廣與圖，每度應時四分，順天府以東加之，以西減之，得各省直見食時刻，凡十五分，爲一刻。

庚寅，順治七年。十月日食　江寧

日數　　　日時分秒　　　日時分秒

六十六甲子，首朔，〇〇四〇〇三四八。二十六年，一二二五一〇四八。

十月，二百九十五日〇七時二十分三十一秒。并三百〇六日三十一時二九三七。甲子紀日，五五。二十六年紀日，一六。總一十八日〇七時二九三七。江寧加八分，爲七時三十七分三七。

太陽引數

六十六甲子，二二〇〇一四四八。年，〇一〇五〇二二八。月，〇二〇二九一三七。并九宫二十七度一三四三。減一度五十一分。一一。較。五七。

較分五十七秒，引數小餘一十四分三三，化八百七十三秒。乘四千九百七六一，以三十六餘[1]，爲一三八二，以六乘秒，得二十一秒。減二十七度，減差一度上[2]十一分三三，得一度五十一分一十一。

太陰引數

六十六甲子，宫○四二六六四○。年，○○五二一二八六。月，○一一○八八○一。并○二五三七二四七，減四度二十七分二十八秒，較。二分一十八秒。

二分一八化一百三十八秒，引數小餘五十二分四十七秒，化三千一百六十七秒。乘四三七一三百六十，除

1 東北本"餘"作"除"，當作"除"。
2 東北本"上"作"五"，當作"五"。

得一二一四，以六十成分，得二分一秒。減二十七度，加分四度二十九分二九，爲四度二十七分二八。

交周

六十六甲子，〇一一一二二九三。年，〇〇五四五五四二。月，一〇四一〇六二九。并五宫二十四度。五一六四。

太陽經度

六十六甲子，〇〇〇〇〇〇一五。年，〇一二三〇二二二。月，〇二〇〇九一四五。并十宫三度二十七分四十二秒。

日月相距日

日月均度相减，得二度三十六分一七。距日得五時〇十七分四十秒。

四行時表五時得二度三二分二十三秒，七分得三分三十三秒，四十秒得二十〇秒一九。并之，二度三十六分一十七秒。

太陰引數五時〇十七分四，得二度四十七分四五，并〇〇四〇四三〇四。次均减四度二十二分一十八秒。

太陽引數五時〇七分四，得十二分三七，并〇二二三九七六〇，次均减一度五十一分〇七。

二均度相減，得二度三十一分一十一秒，實距時四時五十七分三十八秒。

加首朔時，得十二時三十五分一十五秒。午正二刻五分一十五秒。

定朔加卯一度四十九分，得十三時五十七分，加十二時得一十四時三一二五，爲應時距午正。

太陽經度，一〇四四〇三〇二，減。減差得，一〇四三〇一九五。

月引，〇〇四四四〇五二，得地半徑五十五分五十秒。

應時十四時三一二五，距天頂四十三度五十九分，距地平四十六度〇一分，九十度限天平二十一度五十三分，距子午十八度三十六分。

太陰高卑差，以五十五分五查表，得最大視差六十一分，地半徑[1]五十五分五，地平初度，地平漸高漸減。減日在中距二分，得五十九分。

求氣差

查表以五十九分從上，以距天頂四十三度從右，得四十分一十四秒。又以小餘五十九分從右，得五十秒，并之四十一分〇四秒爲氣差。

求時差

1 東北本“地半徑”作“半徑”。

查表以五十九分從上，以距地平四十六度從右，得四十二分二十七秒。又以小餘一分從右，得一秒，并之四十二分二十八秒，爲距地平時差。

實經十宫一度四十九分，減天平二十一度五十三分，得距太陽九度五十六分。查表以四十二分從上，以九度從右，得六分三十四秒。又以五十六分從右，得三十五秒，并之得七分九秒，爲距太陽時差。

太陰引數四宫〇〇四十五分，查實行三十一分五十一秒，化一千九百一十一秒。今行七分九秒，化四百二十九秒。當行幾時四百二十九秒乘一時，三千六百秒。得一百五十四萬四千四百。以一千九百一十一除，得八〇八，以六成〇分，爲十三分四十八秒。

減定朔午正二刻〇五分，得午正一刻七分食甚。

求食分

太陽實引九宫二十七度，得太陽半徑十五分〇八秒。

太陰實引四宫〇〇四十五分，得太陰半徑十六分四十六秒。太陽全徑三十〇分一十六秒，日月二半徑三十一分五十四秒。

经朔交周五宫二十四度五十六分一十四秒四時五十七分三十八秒行二度四十四分〇四减〻差四度二十二分一八减東西差七分九秒並之五宫二十三度一十〇分五十秒 距度三十六分一十九秒以减氣差四十一分〇四秒得四分四十九秒为視距度以减二半径并数三十一分五十四秒得二十七分〇六秒为餘距度
以日全径三十分一十六秒化一八一六除餘距度二十七分〇秒化一六二五得八分九十四秒 查表餘距度三十十九

經朔交周五宫二十四度五十六分一十四秒，加實會四時五十七分三十八秒，行二度四十四分〇四，減減差四度二十二分一八，減東西差七分九秒，并之五宫二十三度一十〇分五十秒。

距度三十六分一十九秒，以減氣差四十一分〇四秒，得四分四十九秒，爲視距度。以減二半徑，并數三十一分五十四秒，得二十七分〇六秒，爲餘距度。

以日全徑三十分一十六秒化一八一六，除餘距度二十七分〇秒，化一六二五，得八分九十四秒，查表餘距度三十七分，日全徑三十分，得九分。

求初虧

應時減一小時，得十三時三二一五。度限天平六度四十分，距与[1]十八度〇五分。距天頂二十八度〇六分，距地平六十一度五十四分。

求時差

查表得五十二分一十四秒爲距地平時差。

實經卯一度四分，減天平六度四十分，得距太陽二十五度九[2]分，查表得二十二分七秒爲距太陽時差。

1 東北本“与”作“午”，當作“午”。

2 東北本“九”作“〇九”。

以二十二分七秒減食甚時，差七分九秒，得十四分五十八秒，曆[1]一時太陰視行。

較月一時實行三十一分五十一秒化八百九十八秒，以十五刻而一，得五刻〇一分。減食甚五十一刻五分，得午初四分初虧。

求復圓

應時加一小時得十五時三二一五，度限天蝎八度五十七分，距午十六度四十二分，距天頂四十九度一十分，距地平四十度五十[2]。

1 東北本“曆”作“爲”。

2 東北本“五十”作“五十分”。

求時差

查度得三十八分四十秒，爲距地平時差。

實經卯一度四九，減天蝎八度五十七分，得距太陽七度〇九分，查表得四分四十三秒，爲距太陽時差。

以四分四十三秒減食甚時，差七分九秒，得二分二十六秒，以減實行三十一分五十一秒，餘二十九分一十五秒，爲太陰一時視行。

一時行三十一分五十一秒，今行二十九分二五，行幾時乘除，得三九。以六十成之，爲六五，以十五而一，得四刻九分，以加食甚五十一刻七分，得未初二刻一分復圓。

起復方位

距度四分四十九表入表得六宫初度五十四分六七，減月交一時行三十二分一十秒，得初虧六宫初度二十二分。加之得復圓六宫一度二十七分，四分四十九秒化二八九，以三百六十，乘得一〇四〇四，以五分化三除之，得三四六七，以六成分，爲五十四分六十七。

初虧距度一分五十八秒，二十二分化一三二，乘一度化三千六百，得四七五二。以距度五分化三，除得一分五十八秒。正西。

復圓距度七分三十七秒，小餘三十七分化一六二，以三千六百乘，得五八三二。以五分化三除之，得一九四，爲二分三十四秒，四一度，距度五分，共七分三十四秒。正東。

康熙十五年丙辰五月朔日食

求交周

查二百恒年表内丙辰年，交周度〇宫二十四度〇八三七，又查十三月表内第五月，交周五宫〇三度二一〇九，并之得五宫二十七度二九四六，入食限。

求首朔

丙辰年首朔二十四日二〇三四，紀日二十七日。又取十三月表内五，朔實一百四十七日一五四〇一六，并之共得一百九十八日三五七四一六日下刻數，滿二十四時收爲一日，以六十去餘一十九日一二一四一六，亦爲中會。

求太陽引數

丙辰年下〇宫一十八度一〇〇四，又十三月表内第五月下四宫二十五度三一四三，并之得五宫一十三度四一四七。

求太陰引數

丙辰年下八宫一十二度四一二二，又十三月表内第五月下四宫〇九度〇五〇〇，并之得十二宫二一四六二一。去周天，餘〇宫二十一度四六二二。

求太陽經度

丙辰年下〇宮二十四度四六〇九，又十三月表内第五月下四宮二十五度三二〇二，并之得五宮二十〇度一八一一。

求太陽均度

以太陽引數五宮一十三度下查加減度表，兩取到〇度三十四分四九。以較分〇一分五九，爲二率。以引數小餘四十一分四七化作二千五百〇七秒，爲三率。以較分化作一百一十九秒，乘之，得二十九萬八千三百三十三秒。

以六十分化作三千六百秒，定法而一，得八十二秒八七〇一。滿六十秒收爲一分，得一分二十三秒一七〇一，前少後多加，前多後少減。因後行數少，減去兩取到均度，内餘〇度三十三分二五二三，因五宫在順數，依號爲加，均度即加減度。

求太陰均度

以太陰引數〇宫二十一度下查加減度表，兩取到一度四四一八以較分四分四十五秒，爲二率。以引數小餘四十六分二二化作二千七百八十二秒，爲三率。以較分化作二百八十五秒，乘之，得七十九萬二千八百七十秒。以三千六百秒爲一率，而得二百二十〇秒二四一，滿六十秒收爲三分四十〇秒二四。因後行數多，加入兩取到均度内，共得一度四十七分五八二四。因〇宫在順數，依號爲減。兩均度一加一減，宜相加，説見《曆指》二卷。

求日月相距日

以二度二一二三五七入四行時表内，挨數查得月距日二度〇一分五四二七，減之，餘一十九分二九三，其上即得四時。又挨數查得一十九分一八〇七〇〇，減之，餘一十一秒二三，其上即得三十八分。再挨數查得一十一秒一〇二九二八，減之，餘一十二微，其上即得二十二秒。各并之共得四時三十八分二十二秒，以加首朔得一十九日一十六時五二三八，爲日月相距時刻，該申正三刻七分三十八秒。係壬午日，太陰爲減，太陽爲加，則所化時刻恒加于中會時刻，否則恒減于中會時刻，説在《曆指》二卷。

求太陽次引數

查四行時表，四時下太陽平行九分五一二三，又三十八分下一分三四，又二十二秒下五十四微一二三八。各并之得一十一分二六一七，加于前引數，共得五宫一十三度五三一三一七。首朔加，則亦加；首朔減，則亦減。

求太陰次引數

查四行時表，四時下太陰引數二度一〇三九，又三十八分二十〇分四一，又二十二秒下一十一秒五八三四。各并之得二度三〇九一五八，加于前引數，共得〇宫二十四度一七五三五八。

求太陽次均度

求太陽加減度表五宫一十三度下〇度三四三九，用三率法求出一分四五五五，因後行數少，以減三十四分四九，餘三十三分〇三〇五，加。前加亦加。

求太陰次均度

查太陰加減度表〇宫二十四度下一度五八二九，用三率法求出一分二三二〇七，因後行數多，以加一度五八二九，得一度五九五二，減。前減亦減。

求日月次距弧

以太陽、太陰兩次均度相加，共得二度三一三二〇五。亦以一加一減，故宜相加。

求日月實距日

以二度三一三二〇五入四行時表内挨數查減如法併
之共得四時五八一九以加首朔得一十九日一二三五
為日月実相距日時得壬午日酉初初刻一十二分即為
定朔
求日月実食時距度
置交周五宮二十七度二九四六差時中會與実會差四時五八
一九查四行時表内交周度四時下得二度一二一九五
十八分下得三十一分五八一十九秒下得一十〇秒二
八二五各併之共得二度四四二七二八以加交周度共

交食表十卷　　二十六

以二度三一三二〇五入四行時表内，挨數查減如法，并之共得四時五八一九。以加首朔得一十九日一二三五，爲日月實相距日，時得壬午日酉初初刻一十二分，即爲定朔。

求日月實食時距度

置交周五宫二十七度二九四六，差時，中會與實會差。四時五八一九，查四行時表内交周度四時下，得二度一二一九五十八分下得三十一分五八，一十九秒下得一十〇秒二八二五，各并之共得二度四四二七二八，以加交周度，共得六宫〇〇度一四一三，爲半交度。因時加度數亦加，若減亦減。以太陰次均度減之，餘五宫二十八度一四二一，入太陰距度表内五宫二十八度，自下而上挨數兩取得一十〇分二十五秒。與上行五分一三相減，餘五分一二。爲六十分一度，所行令一十四分二一，應行若干，以一十四分二一化作八百六十一秒，爲二率。以五分一十二秒化作三百一十二秒，爲三率。乘之得二十六萬八千六百三十二秒。以六十分化作三千六百秒爲一率而一，得七十四秒六二，收爲一分一十五秒〇二，以減一十〇分二十五秒，因後行數少，故減。餘〇度〇九分〇九五八，爲日月實距度，在黄道北。

求太陽實會度

置太陽經度五宫二十〇度一八一一，以加太陽次均度三十三分〇三〇三，次均度依號爲加，故加。共得五宫二十〇度五一一四〇三，爲雙兄宫，申宫。黄道經度入十二宫距宿鈐，揆𡟎眥一十八度三五，自崇禎元年戊辰起至乙卯年積四十八年，每年加五十一秒，共得二千四百四十八秒，約爲四十〇分四十八秒，以加觜鈐得一十九度一五四八，減之餘觜一度三五二六〇三。減本宿得本宿。

求應時

入黄道九十度表查二十〇度下横取，得五時一十六分，與次行五時二十二分相減，餘六分，化作六十秒爲二率。以五十一分一十四秒化作三千〇七十四秒，爲三率，乘之得一百一十〇萬六千六百四十秒。以三千六百秒爲一率，而一得三百〇七秒四，收爲五分〇七四，以加五時一十六分，得五時一十一分〇七四。加于實距時一十七時一二三五，共二十二時三三四二四，爲距子正時，加十二時爲距午正。滿一日二十四時去之，餘一十〇時三三

四二四在福建北極出地二十六度內查
求距頂限及距地平高度
以距午一十〇時三三四二四入黄道九十度表挨數横
查得室女宫一十〇時三十一分與下行一十〇時三十
五分相减餘四分化作二百四十秒為一率又以距頂限
一十五度二十七分與下行一十五度四十六分相减餘
一十九分化作一千一百四十秒為二率以一十〇時三
十一分減本時一十〇時三三四二四餘二分四二四化
作一百六十二秒四為三率乘之得一十八萬五千一百

交食表十卷　　二十八

四二四。在福建北極出地二十六度内查。

求距頂限及距地平高度

以距午一十〇時三三四二四入黄道九十度表，挨數横查得室女宫一十〇時三十一分，與下行一十〇時三十五分相減，餘四分，化作二百四十秒，爲一率。又以距頂限一十五度二十七分與下行一十五度四十六分相減，餘一十九分，化作一千一百四十秒，爲二率。以一十〇時三十一分減本時一十〇時三三四二四，餘二分四二四，化作一百六十二秒四，爲三率。乘之得一十八萬五千一百三十六秒，以一率而一，得七百七十一秒四，收爲一十二分五十一秒四。因下行數多，加之，共得一十五度三九五一，爲距頂限。以減九十度，餘七十四度二〇〇九，即爲地平高度。

求黄道九十度限

以一十〇時三一横查室女宫内獅子宫二十九度四十五分，與下行室女宫初度三十二分相減，加三十度方減。餘四十七分，化作二千八百二十秒，爲三率，與二分四二四化秒之數，爲二率，相乘得四十五萬七千九百六十八秒，以四分化秒之數，爲一率而一，得一千九百〇八秒二，收爲三十一分四八二，以加二十九度四五，得三十〇度一六四八二。滿三十度爲一宮去之，餘室女宮初度一六四八二。

求距子午限

以一十〇時三一橫查室女宮六度一十五分，與次行六度二十八分相減，餘一十三分，化作七百八十秒，爲三率，與二分四二四化秒之數，爲二率，相乘得一十二萬六千六百七十二秒。以四分化秒之數爲一率而一，得五百二十七秒八，收爲八分四十八秒二。因下行數多，加入六度一十五分，共得六度二三四八二。

求太陰距地及視高差并日月半徑分

以太陰次引數〇宫二十四度一七五三查視半徑表，月距地五八〇二，太陰分一十五分二一，以太陽次引數五宫一十三度五三一三下太陽分一十五分二八。以前求到月距地五八〇二，入第九卷黄道九十度限地半徑五十八分下横查，得高下差五十九分。因太陽在最高，應減一分，太陽行最高或近應減一分，最卑應減三分，在高卑之中，應減二分，説見《交食表説》九卷。餘五十八分，爲最大視高差。

求氣差

入時氣減法表以視高差五十八分從上以距頂限一十
五度從右得一十五分四六又以五十八分從上次距頂
限小餘三十九分從右得三十六秒三十微又以五十八
分從上以距頂限小餘五十一秒從右得四十五微〇四
各併之共得一十五分三七一五即南北差

求時差

以視高差五十八分從上以距地平高度七十四度從右
得五十五分四六又以五十八分從上以距地平高小餘

交食表十卷　三十

求氣差

入時氣減法表，以視高差五十八分從上，以距頂限一十五度從右，得一十五分四六。又以五十八分從上，以距頂限小餘三十九分從右，得三十六秒三十微。又以五十八分從上，以距頂限小餘五十一秒從右，得四十五微〇四，各并之共得一十五分三七一五，即南北差。

求時差

以視高差五十八分從上，以距地平高度七十四度從右，得五十五分四六。又以五十八分從上，以距地平高小餘二十分從右，得一十九秒五〇，各并之共得五十六分五五，爲最大[1]時差，即東西差。

又太陽實會經度五宮二十〇度五一一四，以一十〇時所得室女八宮，從子宮筭起。初度一六四八二減之，餘二宮〇九度一五三七，化爲六十九度二五三七，乃九十度限相距之數也。則復查表，以最大時差五十六分從上，六十九度從右，得五十二分一七，又以五十六分從上，以距度小餘二十五分從右，得二十三秒四一。又以五十六分從上，以

1 東北本"太"作"大"，當作"大"。

三十七秒從右，得三十三微四二。又以時差小餘五秒從上，六十九度從右，得四秒四二，各并之，共得五十二分四五五六，爲時差。即前時差。

求時分

以太陰次引數〇宮二十四度一七五三入太陰實行表中橫查，得二十四度下二十七分五七，爲太陰一小時間之實行分也，因下行數少，不用比例法。以時差五十二分四五六六化作三十[1]一百六十五秒五六爲三率，以一時六十分化作三千六百秒爲二率，相乘得一千一百三十九萬六千〇

1 東北本“十”作“千”，當作“千”。

〇一六。以太陰一小時實行二十七分五七化作一千六百七十七秒爲一率，歸除之，得六千七百九十五秒四九，收爲一百一十三分一五四九，以六十分收爲一小時五十三分一五四九。

求食甚

置定朔小餘一十七時一二三五，法曰：中以西則宜加，説見《交食曆指》六卷。加時分一時五三一五四九，共得一十九時〇五分五十〇秒四九，爲戌初初刻五分五〇，食甚在定朔後。

求食分

置日月實距度五宫二十八度一四二一，以時分一時五三一五四九間之交周行，入四行時表内，并得一度日[1]二一。入加之，時分加，故亦加。共得五宫二十九度一六三九。查太陰距度表二十九度下横取，得五分一三，化作三百一十三秒爲三率。又以交周小餘一十六分三九，化作九百九十九秒爲二率，乘之得三十一萬二千六百八七。以三千六百秒爲一率而一，得八十六秒八五七一，收爲一分三七二六。因後行數少，減五分一三，餘三分四五三四，即距度。在黄道北。減氣差一十五分三七一五，餘一十一分五一四

1 東北本“日”作“〇”，當作“〇”。

一爲視距度，在黄道南。以前所求太陰半徑分一十五分二一太陽半徑分一十五分二八并之，得三十〇分四九。以視距一十一分五一四一減之，餘二十八分五七一九。以太陽半徑分自并，得三十〇分五六而一，得六分〇七秒七一，爲日食分。距度過黄道南，日食猶在陰曆黄道北。若視距度大于二徑相并之數，或等者，不食也，小則食矣。

求初虧

置定朔應時一十〇時三三四二四，約用前四刻減之，定法。餘九時三三四二。入三卷獅子宫度内挨數横查，得黄道九十度限獅子宫一十六度二十六分，與下行一十七度一十七分相減，餘五十一分，化作三千〇六十秒爲三率。又以九時三十分減九時三十三分四二，餘三分四二，化作二百二十二秒爲二率，相乘得六十七萬九千三百六十秒。又以九時三十分與下行九時三十四分相減，餘四分，化作二百四十秒，爲一率而一，得二千八百三十〇秒五，收爲四十七分一十〇秒五。因下行數多，加之，得一十七度一十三分一〇五〇。又查距頂限一十〇度三四與下行一十〇度四八相減，餘一十四分，化作八百四十分爲三率，以乘前二百二十二秒二率之數，得一十八萬六千四百八十秒。以二百四十秒一率之數而一，得七百七十七秒，收爲一十二分五十七秒。因下行數多，加之，得一十〇度四六五七，爲距頂限。以減九十度，餘七十九度一三〇三，爲距地平高度。

求時差

以高差五十八分從上，地平高七十九度從右，入九卷時氣簡法表内横查，得五十六分五六。又以五十八分從上，小餘一十三分從右，得一十三秒〇三，并之共得五十七分〇九〇三，爲最大時差。又太陽實經度五宫三十〇度五一一四，以九時所得獅子七宫一十七度二三一〇相減，餘一宫一十六度二五六，化爲五十六度二一五六，乃九十度限相距之數也。入九卷時氣簡法表内，以時差五十七分從上，五十六度從右，横查得四十七分一五。又以五十七分從上，二十一分從右，得二十〇秒二五。又以時差小餘九秒從上，五十六度從右，得七秒二八，并之共得四十七分四二，爲時差，乃後時差。以四十七分四二太陰行較前太陰行五十二分四五五六相減，餘五分〇三五六。

以太陰次引數〇宫二十四度下一小時太陰實行二十七分五七加之，因初虧與食甚皆在九十度西，而初時之東西差大，後時之東西差小，其兩差不等之數用加。如初時之東西差小，後時之東西差大，其兩差不等之數用減。初虧與食甚，食甚與復圓，皆爲一理。見《曆指》六卷。共得三十三分〇〇五六，爲四刻中。太陰視行以四刻化作三千六百秒爲二率，以太陰實行二十七分五七化作一千六百七十七秒爲三率，相乘得六百〇三萬七千二百秒。以三十三分〇〇五六化作一千[1]九百八十〇秒五六，爲一率而一，得三千〇四十三秒二七。收爲五十〇分四三二七，以一十五分爲刻而一，得三刻〇五分四三

1 東北本“十”作“千”，當作“千”。

二七。不滿一小時即以五十〇分四三二七減食甚分一十九時〇五四一，餘一十八時一四五七三三，減去十二時，餘六時一四五七三三，得酉正初刻一十四分，爲初虧分。一十五分爲一刻，四刻爲一小時，二十四時爲一日。

求復圓

置定朔應時一十〇時三三四二四加四刻，定法。共得一十一時三三四二四，入三卷室女宫度内挨數横查，得黄道九十度限室女宫一十二度三四，與下行一十三度二二相減，餘四十八分，化作二十[1]八百八十秒爲三率。又以一

1 東北本"十"作"千"，當作"千"。

十一時三十一分減一十一時三十三分餘二分四十二秒化作一百六十二秒爲二率相乘得四十六萬六千五百六十秒又以一十一時三一與下行一十一時三四相減餘三分化作一百八十秒爲一率而一得一千五百九十二秒收爲四十三分一十二秒因下行數多加之共得一十三度一七一二又查距頂限二十〇度五二與下行二十一度一三相減除二十一分化作一千二百六十秒爲三率以乘前一百六十二秒爲二率之數得二十〇萬四百一十二秒以一百八十秒爲一率之數而一得一千

十一時三十一分減一十一時三十三分，餘二分四十二秒，化作一百六十二秒爲二率，相乘得四十六萬六千五百六十秒。又以一十一時三一與下行一十一時三四相減，餘三分，化作一百八十秒，爲一率而一，得一千五百九十二秒，收爲四十三分一十二秒。因下行數多，加之，共得一十三度一七一二。又查距頂限二十〇度五二，與下行二十一度一三相減，除二十一分，化作一千二百六十秒爲三率，以乘前一百六十二秒，爲二率之數，得二十〇萬四百一十二秒。以一百八十秒爲一率之數而一，得一千

一百三十四秒收為一十八分五十四秒因下行數多加
之得二十一度一〇五四為距頂限以減九十度餘六十
八度四九〇六為距地平高度

求時差

以視高差五十八分從上以地平高六十八度從右入九
卷時氣簡法表内横查得五十三分四七又以五十八分
從上四十九分從右得四十三秒四七并之共得五十四
分三〇四七為最高時差 又太陽實經度五宮二十〇
度五一一四以一十一時所得室女八宮一十三度一七

交食表十卷

三十六

一百三十四秒，收爲一十八分五十四秒。因下行數多，加之，得二十一度一〇五四，爲距頂限。以減九十度，餘六十八度四九〇六，爲距地平高度。

求時差

以視高差五十八分從上，以地平高六十八度從右，入九卷時氣簡法表内横查，得五十三分四七。又以五十八分從上，四十九分從右，得四十三秒四七，并之共得五十四分三〇四七，爲最高時差。又太陽實經度五宮二十〇度五一一四，以一十一時所得室女八宮一十三度一七一二相減，餘二宫二十二度二五五八，化爲八十二度二五五八，乃九十度限相距之數也。入九卷時氣簡法表内，以時差五十四分從上，八十二度從右，得五十三分二八。又以五十四分從上，二十五分從右，得二十二秒五〇。又以時差小餘三十秒從上，八十二度從右，得二十九秒四三。又以三十秒從上，二十五分從右，得一十二微四一，各并之共得五十四分二三四五，爲時差。乃後時差。以五十四分二三四五，太陰行較于太陰行五十二分四五五六相減，餘一分三七四九，以太陰次引數〇宫二十四度下一小

時太陰實行二十七分五七減之餘二十六分一九一一
為四刻中太陰視行以四刻化作三千六百為二率以太
陰實行二十七分五七化作一千六百七千·七秒為三率
相乘得六百。三萬七千二百秒以二十六分一九一一
化作一千五百七十九秒一一為一率而一得三千八百
二十三秒四。五收為六十三分四三四。五以一十五
分為刻而一得四刻。三分四三以加食甚一十九時。
五四一共得二十。時九二四四得戌正初刻九分二四
為復圓分
交食表十卷

時太陰實行二十七分五七減之，餘二十六分一九一一，爲四刻中。太陰視行以四刻化作三千六百，爲二率，以太陰實行二十七分五七化作一千六百七千[1]七秒爲三率，相乘得六百〇三萬七千二百秒。以二十六分一九一一化作一千五百七十九秒一一，爲一率而一，得三千八百二十三秒四〇五，收爲六十三分四三四〇五。以一十五分爲刻而一，得四刻〇三分四三，以加食甚一十九時〇五四一，共得二十〇時九二四四，得戌正初刻九分二四，爲復圓分。

1 東北本“千”作“十”，當作“十”。

求起復方位

置食分内視距度一十一分五一四一入太陰距度表，挨數查得一十〇分二五。因視距在黄道南，便得六宫，上行。〇二度，右行。一十六分。何以知其十六分也？以一十〇分二五減一十一分五一四一，餘一分二六四一。置位以所設一十六分化作九百六十秒爲三率，又以距度一十〇分二五與下行一十五分三六相減，餘五分一十一秒，化作三百一十一秒，爲二率，相乘得二十九萬千五百六十〇秒。以三千六百，爲一率而一，得八十二秒九三，收爲一分

二三與一分二六四一之數不相遠因知交周小餘爲一
十六分也 又自初虧至食甚太陰交行五十〇分四三
二七初虧分內查 查四行時表得五十分下交周行二十七分
三四四十三秒下二十三秒四二二十七微下一十四微
五三各并之共得二十七分五七五六以減交周六宮〇
二度一十六分餘六宮〇一度四八〇二〇四 又自食
甚至復圓太陰交行一時〇三分四三查四行時表得一
時下交周行三十三分〇五三分下一分三九一四四十
三秒下二十三微四二各并之共得三十五分〇七五六

交食表十卷 三十八

二三，與一分二六四一之數不相遠，因知交周小餘爲一十六分也。又自初虧至食甚太陰交行五十〇分四三二七，初虧分內查。查四行時表，得五十分下交周行二十七分三四，四十三秒下二十三秒四二，二十七微下一十四微五三，各并之共得二十七分五七五六，以減交周六宮〇二度一十六分，餘六宮〇一度四八〇二〇四。又自食甚至復圓太陰交行一時〇三分四三，查四行時表，得一時下交周行三十三分，〇五三分下一分三九一四四。十三秒下二十三微四二，各并之共得三十五分〇七五六。

以加交周六宫〇二度一六，得六官〇二度五一〇七，入太陰距度表，查六宫〇一度下距度五分一十三秒，與下行相減餘五分一十二秒，化作二百一十二秒爲二率。又以交周小餘四十八分〇二秒，化作二千八百八十二秒爲三率，相乘得八十九萬九千一百八十四秒。以三千六百秒，爲一率而一，得二百四十九秒七七，收爲四分一十〇秒一七。因下行數多，加之，共得九分二三一七，爲初虧距度，在黄道南。又入太陰距度表六宫〇二度下距度一十〇分二五，與下行相減，餘五分一十二秒，化作三百

1 東北本"二"作"三"。

一十二秒爲二率。又以交周小餘四十八分〇二秒，化作二千八百八十二秒爲三率，相乘得八十九萬九千一百八十四秒。以三千六百秒爲一率而一，得二百四十九秒七七，收爲四分一十〇秒一七。因下行數多，加之，共得九分二三一七，爲初虧距度，在黄道南。又入太陰距度表六宫〇二度下距度一十〇分二五與下行相減，餘五分一十一秒，化作三百一十一秒爲二率。又以交周小餘五十一分〇七化作三千〇六十七秒爲三率，相乘得九十五萬三千八百三十七秒。以三千六百秒爲一率而一，得二百六十四秒九五四七八，爲四分二五三五四七。因下行數多，加之，共得一十四分五〇三五，爲復圓距度，在黄道南。法曰：兩均度一加一減，宜相加，即得日月實望差度。次用四行時表查月距日時，得其差時分秒，或加或減于中會，則不遠于實會。若均度皆號爲加，而太陰所得小于太陽所得；或均度皆號爲減，而太陰所得反大于太陽所得；或太陰爲減，太陽爲加，則所化時刻恒加于中會時刻，否則恒減于中會時刻，以得實時刻。

丙辰年日食起復方位之圖

交食表十卷

丙

乙 壬

甲

丁

己 辛

庚

癸

戊

如乙丁及丙戊兩直線以直角在甲相交指南北東西方乙丁爲黄道甲心爲太陽居其中依前食論其太陽半徑得一十五分二八較太陰半徑一十五分二一僅多八秒甲戊線則并兩輪半徑爲三十〇分四九因太陰食甚在辛甲辛乃當時視距度一十一分五一四一初虧在

四十

如乙丁及丙戊兩直線，以直角在甲，相交指南北、東西方。乙丁爲黄道，甲心爲太陽，居其中。依前食論，其太陽半徑得一十五分二八，較太陰半徑一十五分二一，僅多八秒。甲戊線則并兩輪半徑，爲三十〇分四九。因太陰食甚在辛甲，辛乃當時視距度一十一分五一四一，初虧在

壬卽乙壬與甲乙相等只九分六十三秒復圜在庚得丁
庚與甲癸相等共一十四分五十秒而辛庚壬皆視距南
也

壬，即乙壬。與甲乙相等，只九分六十三秒。復圜在庚，得丁庚與甲癸相等，共一十四分五十秒，而辛庚壬皆視距南也。

《開方簡法》校注

三商立方百〇下除零表
三商立方百十下除零表
四商立方表用法
四商立方千下除百表
四商立方千〇下除十表
四商立方千百下除十表
四商立方千百十下除零表說
開方立成表用法
開方立成表

開方簡法

後學朱雝素臣父補遺

開方一法載左籌算帙中標解明備領會不難乎方有廉有隅以法遞減即得無煩併積故亦無煩置表惟是立方有平廉有長廉有隅三商得九位積至億萬四商得十二位積至千億萬為數紛繽未易分析即以廉隅併算得積猶未知其首位是何大數尾位是何小數一位淆訛萬億舛錯因立簡法且為置表如左首明末位如十與十乘得百百與百乘得萬以至萬與萬乘得億萬萬與億萬乘得

開方簡法目

開方簡法説

乘位鈐

開方積數

起商表尾位定數附

二商立方表用法

二商立方十下除零表

三商立方表用法

三商立方百下除十表

三商立方百〇下除零表
三商立方百十下除零表
四商立方表用法
四商立方千下除百表
四商立方千〇下除十表
四商立方千百下除十表
四商立方千百十下除零表説
開方立成表用法
開方立成表

《開方簡法》

後學朱暀素臣父補遺

開方一法，載在《籌筭》帙中，標解明備，領會不難。平方有廉，有隅，以法遞減即得，無煩并積，故亦無煩置表。惟是立方有平廉，有長廉，有隅，三商得九位，積至億萬；四商得十二位，積至千億萬，爲數紛賾，未易分析。即以廉隅并算得積，猶未知其首尾是何大數，尾位是何小數，一位淆訛，萬億舛錯。因立簡法，且爲置表如左，首明乘位。如十與十乘得百，百與百乘得萬，以至萬與萬乘得億，萬萬與億萬乘得兆萬。則大小之數不致混淆。次明方積，如某數起十，某數起百，以至某數起億萬，某數起兆萬。則初商之根便有定據。又次明起商，如二商起千至七十二萬九千，三商起百萬至七億二千九百萬，以至四商起十億至七千二百九十億，則初商方積易于扣除，此其首務也。後列二商十下除零表，三商百下除十表，三商百十下除零表，四商千下除百表，四商千百下除十表。其不置四商千百十下除零表者，以條頁繁多，不便成帙，且餘尾數小，本易商除耳。後更附開方成表，平方立方，次第并列，方根平立俱起一至九百九十九方積，平方起一至九十九萬八千〇〇一，立方起一至九億九千七百〇〇萬二千九百九十九，舉方積之全數，即得方根之若千[1]。舉方根之若干，即得方積之全數，亦自三商而止，未及四商者，數至億萬以上，且及兆萬不便成帙，總俟學者引而伸之可耳。得此簡法，按表檢筭，雖至無量大數，皆可由是遞推，更可省列籌布筭之煩矣。至三乘方、四乘方以至十乘方、二十乘方，及帶縱雜和諸方種種開法，具載《同文筭指》第　卷中，一覽了然，兹不具贅。

1“千” 當作 “干”。

乘位鈐	言如得	言十得	言百得	言千得
單乘單	單位	十位	百位	千位
十	十位	百位	千位	萬位
百十乘十	百位	千位	萬位	十萬
千　百	千位	萬位	十萬	百萬
萬　千　百乘百	萬位	十萬	百萬	千萬
十萬　萬　千	十萬	百萬	千萬	億萬
百萬　十萬　萬　千乘千	百萬	千萬	億萬	十億
千萬　百萬　十萬　萬	千萬	億萬	十億	百億
億萬　千萬　百萬　十萬　萬乘萬	億萬	十億	百億	千億

立方積数

十 三起　百 五起　千 十起　萬 二十二起

十萬 四十七起　百萬 一百起　千萬 二百一十六起　億萬 四百六十五起

十億萬 一千起　百億萬 二千一百五十起　千億萬 四千六百四十二起　兆萬 一萬起

平方積数

十 四起　百 十起　千 三十二起　萬 一百起

十萬 三百十七起　百萬 一千起　千萬 三千一百六十三起　億萬 一萬起

開方簡法　三

立方積數

十　三起	百　五起	千　十起	萬　二十二起
十萬　四十七起	百萬　一百起	千萬　二百一十六起	億萬　四百六十五起
十億萬　一千起	百億萬　二千一百五十起	千億萬　四千六百四十二起	兆萬　一萬起

平方積數

十四　起	百　十起	千　三十二起	萬　一百起
十萬　三百十七起	百萬　一千起	千萬　三千一百六十三起	億萬　一萬起

二商起十	立方	平方	三商起百	立方	平方
一十	一千	一百	一百	一百萬	一萬
二十	八千	四百	二百	八百萬	四萬
三十	二萬七千	九百	二[1]百	二千七百萬	九萬
四十	六萬四千	一千六百	四百	六千四百萬	一十六萬
五十	一十二萬五千	二千五百	五百	一億二千五百萬	二十五萬
六十	二十一萬六千	三千六百	六百	二億一千六百萬	三十六萬
七十	三十四萬三千	四千九百	七百	三億四千三百萬	四十九萬
八十	五十一萬二千	六千四百	八百	五億一千二百萬	六十四萬
九十	七十二萬九千	八千一百	九百	七億二千九百萬	八十一萬

1 天理本和東北本“二”作“三”。

四商起千 立方 平方 五商起萬 立方 平方

一千十億 一百萬 一萬一兆 一億

二千八十億 四百萬 二萬八兆 四億

三千二百七十億 九百萬 三萬二十七兆 九億

四千六百四十億 一千六百萬 四萬六十四兆 一十六億

五千一千二百五十億 二千五百萬 五萬一百二十五兆 二十五億

六千二千一百六十億 三千六百萬 六萬二百一十六兆 三十六億

七千三千四百三十億 四千九百萬 七萬三百四十三兆 四十九億

八千五千一百二十億 六千四百萬 八萬五百一十二兆 六十四億

九千七千二百九十億 八千一百萬 九萬七百二十九兆 八十一億

開方簡法

四商起千	立方	平方	五商起萬	立方	平方
一千	十億	一百萬	一萬	一兆	一億
二千	八十億	四百萬	二萬	八兆	四億
三千	二百七十億	九百萬	三萬	二十七兆	九億
四千	六百四十億	一千六百萬	四萬	六十四兆	一十六億
五千	一千二百五十億	二千五百萬	五萬	一百二十五兆	二十五億
六千	二千一百六十億	三千六百萬	六萬	二百一十六兆	三十六億
七千	三千四百三十億	四千九百萬	七萬	三百四十三兆	四十九億
八千	五千一百二十億	六千四百萬	八萬	五百一十二兆	六十四億
九千	七千二百九十億	八千一百萬	九萬	七百二十九兆	八十一億

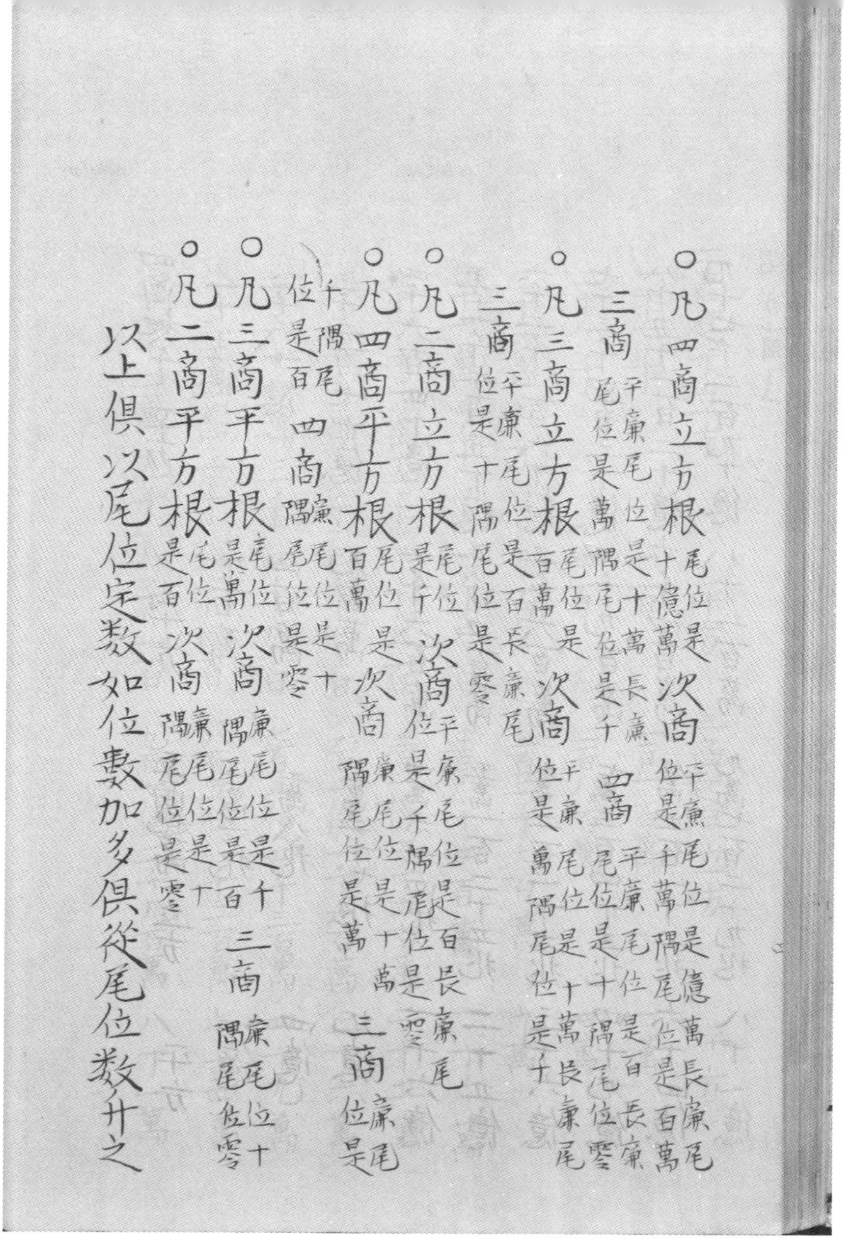

凡四商立方根，尾位是十億萬。次商，平廉尾位是億萬，長廉尾位是千萬，隅尾位是百萬。三商，平廉尾位是十萬，長廉尾位是萬，隅尾位是千。四商，平廉尾位是百，長廉尾位是十，隅尾位零。

凡三商立方根，尾位是百萬。次商，平廉尾位是十萬，長廉尾位是萬，隅尾位是千。三商，平廉尾位是百，長廉尾位是十，隅尾位是零。

凡二商立方根，尾位是千。次商，平廉尾位是百，長廉尾位是千，隅尾位是零。

凡四商平方根，尾位是百萬。次商，廉尾位是十萬，隅尾位是萬。三商，廉尾位是千，隅尾位是百。四商，廉尾位是十，隅尾位是零。

凡三商平方根，尾位是萬。次商，廉尾位是千，隅尾位是百。三商，廉尾位十，隅尾位零。

凡二商平方根，尾位是百。次商，廉尾位是十，隅尾位是零。

以上俱以尾位定數，如位數加多，俱從尾位數升之。

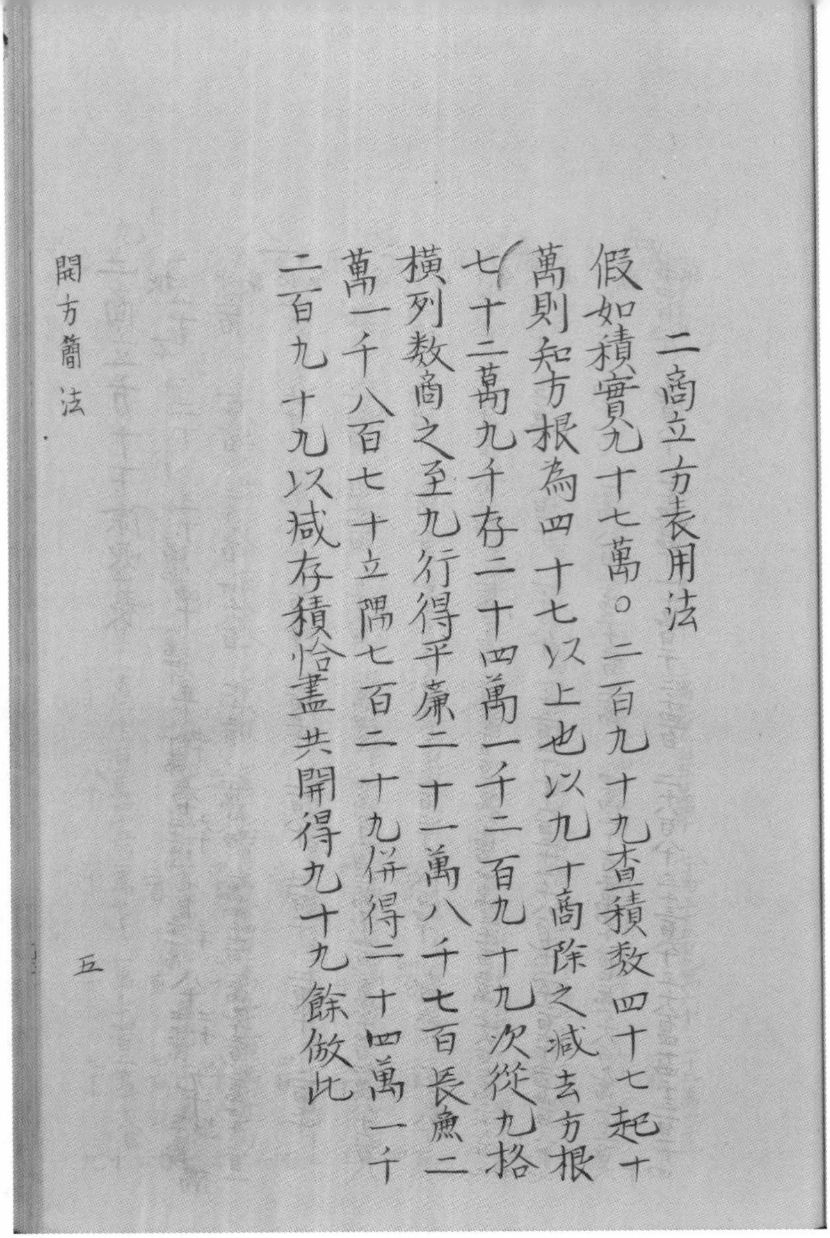

二商立方表用法

假如積實九十七萬〇二百九十九查積數四十七起十萬則知方根為四十七以上也以九十商除之減去方根七十二萬九千存二十四萬一千二百九十九次從九格横列數商之至九行得平廉二十一萬八千七百長廉二萬一千八百七十立隅七百二十九併得二十四萬一千二百九十九以減存積恰盡共開得九十九餘倣此

開方簡法　　五

二商立方表用法

假如積實九十七萬〇二百九十九，查積數四十七起十萬，則知方根爲四十七以上也。以九十商除之，減去方根七十二萬九千，存二十四萬一千二百九十九。次從九格橫列數商之至九行，得平廉二十一萬八千七百，長廉二萬一千八百七十，立隅七百二十九，并得二十四萬一千二百九十九，以減存積，恰盡，共開得九十九，餘倣此。

二商立方十下除零表[1]

四		三		二		一		
長廉	平廉	長廉	平廉	長廉	平廉	長廉	平廉	根
四百八十	一千二百	二百七十	九百	一百二十	六百	三十	三百	一十 一千
九百六十	四千八百	五百四十	三千六百	二百四十	二千四百	六十	一千二百	二十 八千
一千四百四十	一萬〇八百	八百一十	八千一百	三百六十	五千四百	九十	二千七百	三十 二萬七千
一千九百二十	一萬五千二百	一千〇八十	一萬三千四百	四百八十	九千六百	一百二十	四千八百	四十 六萬四千
二千四百	三萬	一千三百五十	二萬二千五百	六百	一萬五千	一百五十	七千五百	五十 一十二萬五千
二千八百八十	四萬三千二百	一千六百二十	三萬二千四百	七百二十	二萬一千六百	一百八十	一萬〇八百	六十 二十一萬六千
三千三百六十	五萬四千八百	一千八百九十	四萬三千一百	八百四十	二萬九千四百	二百一十	一萬四千七百	七十 三十四萬三千
三千八百四十	七萬六千八百	二千一百六十	五萬七千六百	九百六十	三萬八千四百	二百四十	一萬九千二百	八十 五十一萬二千
四千三百一十	九萬七千二百	二千四百三十	七萬二千九百	一千〇八十	四萬八千六百	二百七十	二萬四千三百	九十 七十二萬九千
六十四		二十七		八		一		隅

1《開方簡法》島根抄本數表錯訛較多，部分數值據天理本改正，不再逐一出注。

開方簡法

九		八		七		六		五	
長廉	平廉	長廉	平廉	長廉	平廉	長廉	平廉	長廉	平廉
二千四百三十	二千七百	一千九百二十	二千四百	一千四百七十	二千一百	一千〇八十	一千八百	七百五十	一千五百
四千八百六十	一萬〇八百	三千八百四十	九千六百	二千九百四十	八千四百	二千一百六十	七千二百	一千五百	六千
七千二百九十	二萬四千三百	五千七百六十	二萬一千六百	四千四百一十	一萬八千九百	三千二百四十	一萬六千二百	二千二百五十	一萬三千五百
九千七百二十	四萬三千二百	七千六百八十	三萬八千四百	五千八百八十	三萬三千六百	四千三百二十	二萬八千八百	三千	二萬四千
一萬二千一百五十	六萬七千五百	九千六百	六萬	七千三百五十	五萬二千五百	五千四百	四萬五千	三千七百五十	三萬七千五百
一萬四千五百八十	九萬七千二百	一萬一千五百二十	八萬六千四百	八千八百二十	七萬五千六百	六千四百八十	六萬四千八百	四千五百	五萬四千
一萬七千〇一十	一十三萬二千三百	一萬三千四百四十	一十一萬七千六百	一萬〇二百九十	十〇萬二千九百	七千五百六十	八萬八千二百	五千二百五十	七萬三千五百
一萬九千四百四十	一十七萬二千八百	一萬五千三百六十	一十五萬三千	一萬一千七百六十	一十三萬四千四百	八千六百四十	一十一萬五千二百	六千	九萬六千
二萬一千八百七十	二十一萬八千七百	一萬七千二百八十	一十九萬四千四百	一萬三千二百三十	一十七萬〇一百	九千七百二十	一十四萬五千八百	六千七百五十	一十二萬一千五百
七百二十九		五百一十二		二百四十三		二百一十六		一百二十五	

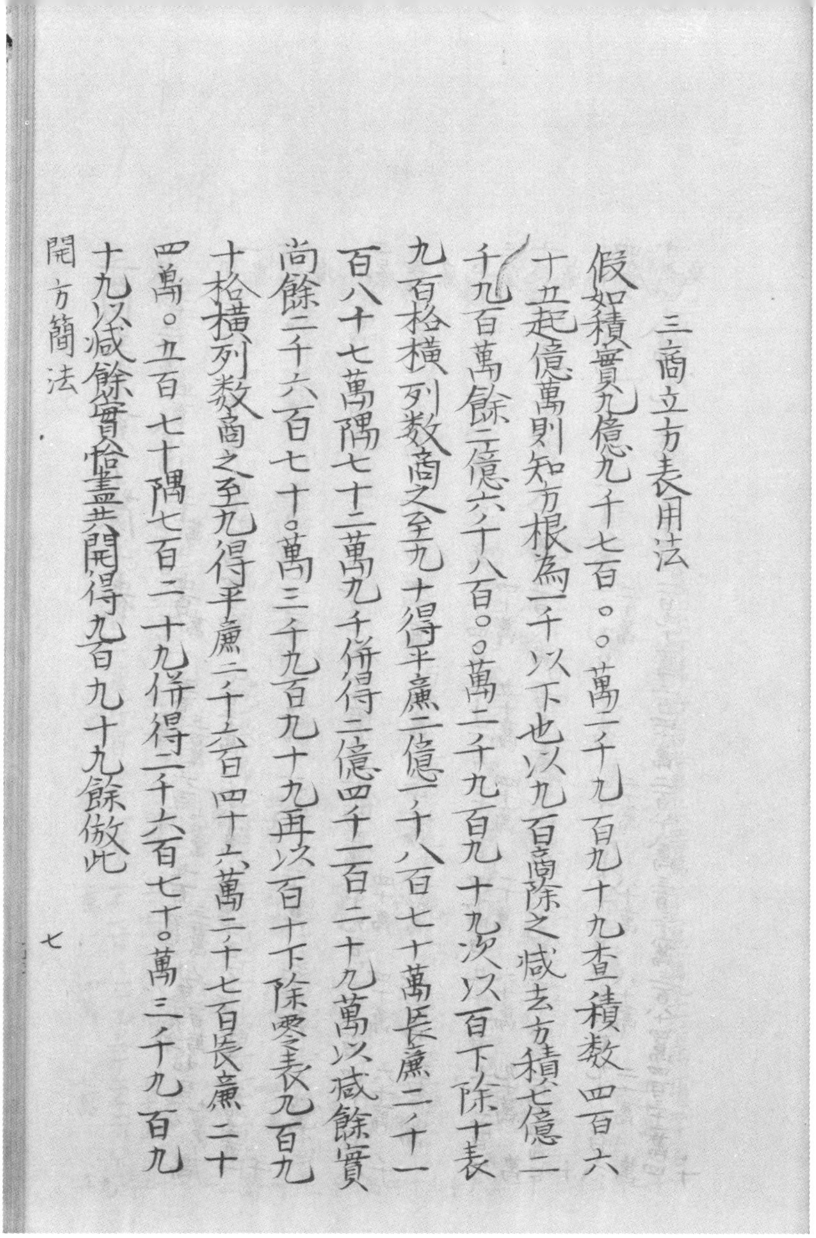

三商立方表用法

假如積實九億九千七百〇〇萬二千九百九十九，查積數四百六十五起億萬，則知方根爲一千以下也。以九百商除之，減去方積七億二千九百萬，餘二億六千八百〇〇萬二千九百九十九。次以百下除十表九百格横列數商之，至九十得平廉二億一千八百七十萬，長廉二千一百八十七萬，隅七十二萬九千，并得二億四千一百二十九萬，以減餘實，尚餘二千六百七十〇萬三千九百九十九，再以百十下除零表九百九十格横列數商之，至九得平廉二千六百四十六萬二千七百，長廉二十四萬〇五百七十，隅七百二十九，并得二千六百七十〇萬三千九百九十九，以減餘實，恰盡，共開得九百九十九，餘倣此。

三商立方百下除十表

四十		三十		二十		一十		
長廉	平廉	長廉	平廉	長廉	平廉	長廉	平廉	根
四十八萬	一百二十萬	二十七萬	九十萬	一十二萬	六十萬	三萬	三十萬	一百 一百萬
九十六萬	四百八十萬	五十四萬	三百六十萬	二十四萬	二百四十萬	六萬	一百二十萬	二百 八百萬
一百四十四萬	一千〇八十萬	八十一萬	八百一十萬	三十六萬	五百四十萬	九萬	二百七十萬	三百 二千七百萬
一百九十二萬	一千九百二十萬	一百〇八萬	一千四百四十萬	四十八萬	九百六十萬	一十二萬	四百八十萬	四百 六千四百萬
二百四十萬	三千萬	一百三十五萬	二千二百五十萬	六十萬	一千五百萬	一十五萬	七百五十萬	五百 一億一千五百萬
二百八十八萬	四千三百二十萬	一百六十二萬	三千二百四十萬	七十二萬	二千一百六十萬	一十八萬	一千〇八十萬	六百 二億一千六百萬
三百三十六萬	五千八百八十萬	一百八十九萬	四千四百一十萬	八十四萬	二千九百四十萬	二十一萬	一千四百七十萬	七百 三億三千三百萬
三百八十四萬	七千六百八十萬	二百一十六萬	五千七百六十萬	九十六萬	三千八百四十萬	二十四萬	一千九百二十萬	八百 五億一千二百萬
四百三十二萬	九千七百二十萬	二百四十三萬	七千二百九十萬	一百〇八萬	四千八百六十萬	二十七萬	二千四百三十萬	九百 七億二千九百萬
六萬四千		二萬七千		八千		一千		隅

開方簡法

八

九十		八十		七十		六十		五十	
長廉	平廉	長廉	平廉	長廉	平廉	長廉	平廉	長廉	平廉
二百四十三萬	二百七十萬	一百九十二萬	二百四十萬	一百四十七萬	二百一十萬	一百〇八萬	一百八十萬	七十五萬	一百五十萬
四百八十六萬	一千〇八十萬	三百八十四萬	九百六十萬	二百九十四萬	八百四十萬	二百一十六萬	七百二十萬	一百五十萬	六百萬
七百二十九萬	二千四百三十萬	五百七十六萬	二千一百六十萬	四百四十一萬	一千八百九十萬	三百二十四萬	一千六百二十萬	二百二十五萬	一千三百五十萬
九百七十二萬	四千三百二十萬	七百六十八萬	三千八百四十萬	五百八十八萬	三千三百六十萬	四百三十二萬	二千八百八十萬	三百萬	二千四百萬
一千二百一十五萬	六千七百五十萬	九百六十萬	六千萬	七百三十五萬	五千二百五十萬	五百四十萬	四千五百萬	三百七十五萬	三千七百五十萬
一千四百五十八萬	九千七百二十萬	一千一百五十二萬	八千六百四十萬	八百八十二萬	七千五百六十萬	六百四十八萬	六千四百八十萬	四百五十萬	五千四百萬
一千七百〇一萬	一億三千二百三十萬	一千三百四十四萬	一億一千七百六十萬	一千〇二十九萬	一億〇二百九十萬	七百五十六萬	八千八百二十萬	五百二十五萬	七千三百五十萬
一千九百四十四萬	一億七千二百八十萬	一千五百三十六萬	一億五千三百六十萬	一千一百七十六萬	一億三千四百四十萬	八百六十四萬	一億一千五百二十萬	六百萬	九千六百萬
二千一百八十七萬	二億一千八百七十萬	一千七百二十八萬	一億九千四百四十萬	一千三百二十三萬	一億七千〇一十萬	九百七十二萬	一億四千五百八十萬	六百七十五萬	一億二千一百五十萬
七十二萬九千		五十一萬二千		三十四萬三千		二十一萬六千		一十二萬五千	

三商立方百〇下除零表

四		三		二		一		
長廉	平廉	長廉	平廉	長廉	平廉	長廉	平廉	根
四千八百	一十二萬	二千七百	九萬	一千二百	六萬	三百	三萬	一百 一百萬
九千六百	四十八萬	五千四百	三十六萬	二千四百	二十四萬	六百	一十二萬	二百 八百萬
一萬四千四百	一百〇八萬	八千一百	八十一萬	三千六百	五十四萬	九百	二十七萬	三百 二千七百萬
一萬九千二百	一百九十二萬	一萬〇八百	一百四十四萬	四千八百	九十六萬	一千二百	四十八萬	四百 六千四百萬
二萬四千	三百萬	一萬三千五百	二百二十五萬	六千	一百五十萬	一千五百	七十五萬	五百 一億二千五百萬
二萬八千八百	四百三十二萬	一萬六千二百	三百二十四萬	七千二百	二百一十六萬	一千八百	一百〇八萬	六百 二億一千六百萬
三萬三千六百	五百八十八萬	一萬八千九百	四百四十一萬	八千四百	二百九十四萬	二千一百	一百四十七萬	七百 三億四千三百萬
三萬八千四百	七百六十八萬	二萬一千六百	五百七十六萬	九千六百	三百八十四萬	二千四百	一百九十二萬	八百 五億一千二百萬
四萬三千二百	九百七十二萬	二萬四千三百	七百二十九萬	一萬〇八百	四百八十六萬	二千七百	二百四十三萬	九百 七億二千九百萬
六十四		二十七		八		一		隅

開方簡法

九		八		七		六		五	
長廉	平廉	長廉	平廉	長廉	平廉	長廉	平廉	長廉	平廉
二萬四千三百	二十七萬	一萬九千二百	二十四萬	一萬四千七百	二十一萬	一萬〇八百	一十八萬	七千五百	一十五萬
四萬八千六百	一百〇八萬	三萬八千四百	九十六萬	二萬九千四百	八十四萬	二萬二千六百	七十二萬	一萬五千	六十萬
七萬二千九百	二百四十三萬	五萬七千六百	二百一十六萬	四萬四千一百	一百八十九萬	三萬二千四百	一百六十二萬	二萬二千五百	一百三十五萬
九萬七千二百	四百三十二萬	七萬六千八百	三百八十四萬	五萬八千八百	三百三十六萬	四萬三千二百	二百八十八萬	三萬	二百四十萬
一十二萬一千五百	六百七十五萬	九萬六千	六百萬	七萬三千五百	五百二十五萬	五萬四千	四百五十萬	三萬七千五百	三百七十五萬
一十四萬五千八百	九百七十二萬	一十一萬五千二百	八百六十四萬	八萬八千二百	七百五十六萬	六萬四千八百	六百四十八萬	四萬五千	五百四十萬
一十七萬〇一百	一千三百二十三萬	一十三萬四千四百	一千一百七十六萬	一十〇萬二千九百	一千〇二十九萬	七萬五千六百	八百八十二萬	五萬二千五百	七百三十五萬
一十九萬四千四百	一千七百二十八萬	一十五萬二千六百	一千五百三十六萬	一十一萬七千六百	一千三百四十四萬	八萬六千四百	一千一百五十二萬	六萬	九百六十萬
二十一萬八千七百	二千一百八十七萬	一十七萬二千八百	一千九百四十四萬	一十三萬二千三百	一千七百〇一萬	九萬七千二百	一千四百五十八萬	六萬七千五百	一千二百一十五萬
七百二十九		五百一十二		三百四十三		二百一十六		一百二十五	

四		三		二		一			三商立方百十下除零表
長廉	平廉	長廉	平廉	長廉	平廉	長廉	平廉		
五千二百八十	一十四萬五千二百	二千九百七十	一十〇萬八千九百	一千三百二十	七萬二千六百	三百三十	三萬六千三百	一百一十	
五千七百六十	一十七萬二千八百	三千二百四十	一十二萬九千六百	一千四百四十	八萬六千四百	三百六十	四萬三千二百	一百二十	
六千二百四十	二十〇萬二千八百	三千五百一十	一十五萬二千一百	一千五百六十	十〇萬一千四百	三百九十	五萬〇七百	一百三十	
六千七百二十	二十三萬五千二百	三千七百八十	一十七萬六千四百	一千六百八十	一十一萬七千六百	四百二十	五萬八千八百	一百四十	
七千二百	二十七萬	四千〇五十	二十〇萬二千五百	一千八百	一十三萬五千	四百五十	六萬七千五百	一百五十	
七千六百八十	三十〇萬七千二百	四千三百二十	二十三萬〇四百	一千九百二十	一十五萬三千六百	四百八十	七萬六千八百	一百六十	
八千一百六十	三十四萬六千八百	四千五百九十	二十六萬〇一百	二千〇四十	一十七萬三千四百	五百一十	八萬六千七百	一百七十	
八千六百四十	三十八萬八千八百	四千八百六十	二十九萬一千六百	二千一百六十	一十九萬四千四百	五百四十	九萬七千二百	一百八十	
九千一百二十	四十三萬三千二百	五千一百三十	三十二萬四千九百	二千二百八十	二十一萬六千六百	五百七十	一十〇萬八千三百	一百九十	
六十四		二十七		八		一		隅	

平一十八萬一千 二十一萬六千 二十五萬三千 二十九萬四千 三十三萬七千 三十八萬四千 四十三萬三千 四十八萬六千 五十四萬一千
廉五百 五百 五百 五百 五百
五 長八千二百五十 九千 九千七百五十 一萬〇五百 一萬一千二百 一萬二千 一萬二千七百 一萬三千五百 一萬四千二百
廉 五十 五十 五十 五十
平二十一萬七千 二十五萬九千二 三十〇萬四千二 三十五萬二千 四十〇萬五千 四十六萬〇 五十二萬〇 五十八萬三千 六十四萬九千
六 廉八百 二百 二百 八百 二百 二百 八百
長一萬一千八百 一萬二千九百 一萬四千〇 一萬五千一百 一萬六千二百 一萬七千二百 一萬八千三百 一萬九千四百 二萬〇五百
廉八十 六十 四十 二十 八十 六十 四十 二十
平二十五萬四千一 三十萬二千四 三十五萬四千四 四十一萬一千 四十七萬二千 五十三萬七千 六十〇萬六千 六十八萬〇 七十五萬八千
七 廉一百 四百 九百 六百 五百 六百 九百 四百 一百
長一萬六千一百 一萬七千六百 一萬九千一百 二萬〇五百 二萬二千〇 二萬三千五百 二萬四千九百 二萬六千四百 二萬七千九百
廉七十 四十 一十 八十 五十 二十 九十 六十 三十
平二十九萬〇 三十四萬五千 四十〇萬五千 四十七萬〇 五十四萬 六十一萬四千 六十九萬三千 七十七萬七千 八十六萬六千
廉四百 六百 六百 四百 四百 六百 六百 四百
八 長二萬一千一百 二萬三千〇 二萬四千九百 二萬六千八百 二萬八千八百 三萬〇七百 三萬二千六百 三萬四千五百 三萬六千四百
廉二十 四十 六十 八十 二十 四十 六十 八十
平三十二萬六千 三十八萬八千 四十五萬六千 五十二萬九千 六十〇萬七千 六十九萬一千 七十八萬〇 八十七萬四千 九十七萬四千
九 廉七百 八百 三百 二百 五百 二百 三百 八百 七百
長二萬六千七百 二萬九千一百 三萬一千五百 三萬四千〇 三萬六千四百 三萬八千八百 四萬一千三百 四萬三千七百 四萬六千一百
廉三十 六十 九十 二十 五十 八十 一十 四十 七十

一百二十五 二百一十六 三百四十三 五百一十二 七百二十九

開方簡法

九		八		七		六		五	
長廉	平廉	長廉	平廉	長廉	平廉	長廉	平廉	長廉	平廉
二萬六千七百三十	三十二萬六千七百	二萬一千一百二十	二十九萬〇四百	一萬六千一百七十	二十五萬四千一百	一萬一千八百八十	二十一萬七千八百	八千二百五十	一十八萬一千五百
二萬九千一百六十	三十八萬八千八百	二萬三千〇四十	三十四萬五千六百	一萬七千六百四十	三十〇萬二千四百	一萬二千九百六十	二十五萬九千二百	九千	二十一萬六千
三萬一千五百九十	四十五萬六千三百	二萬四千九百六十	四十〇萬五千六百	一萬九千一百一十	三十五萬四千九百	一萬四千〇四十	三十〇萬四千二百	九千七百五十	二十五萬三千五百
三萬四千〇二十	五十二萬九千二百	二萬六千八百八十	四十七萬〇四百	二萬〇五百八十	四十一萬一千六百	一萬五千一百二十	三十五萬二千八百	一萬〇五百	二十九萬四千
三萬六千四百五十	六十〇萬七千五百	二萬八千八百	五十四萬	二萬二千〇五十	四十七萬二千五百	一萬六千二百	四十〇萬五千	一萬一千二百五十	三十三萬七千五百
三萬八千八百八十	六十九萬一千二百	三萬〇七百二十	六十一萬四千四百	二萬三千五百二十	五十三萬七千六百	一萬七千二百八十	四十六萬〇八百	一萬二千	三十八萬四千
四萬一千三百一十	七十八萬〇三百	三萬二千六百四十	六十九萬三千六百	二萬四千九百九十	六十〇萬六千九百	一萬八千三百六十	五十二萬〇二百	一萬二千七百五十	四十三萬三千五百
四萬三千七百四十	八十七萬四千八百	三萬四千五百六十	七十七萬七千六百	二萬六千四百六十	六十八萬〇四百	一萬九千四百四十	五十八萬三千二百	一萬三千五百	四十八萬六千
四萬六千一百七十	九十七萬四千七百	三萬六千四百八十	八十六萬六千四百	二萬七千九百三十	七十五萬八千一百	二萬〇五百二十	六十四萬九千八百	一萬四千二百五十	五十四萬一千五百
七百二十九		五百一十二		三百四十三		二百一十六		一百二十五	

三商立方百十下除零表

四		三		二		一		
長廉	平廉	長廉	平廉	長廉	平廉	長廉	平廉	
一萬〇〇八十	五十二萬九千二百	五千六百七十	三十九萬六千九百	二千五百二十	二十六萬四千六百	六百三十	一十三萬二千三百	二百一十
一萬〇五百六十	五十八萬〇八百	五千九百四十	四十三萬五千六百	二千六百四十	二十九萬〇四百	六百六十	一十四萬五千二百	二百二十
一萬一千〇四十	六十三萬四千八百	六千二百一十	四十七萬六千一百	二千七百六十	三十一萬七千四百	六百九十	一十五萬八千七百	二百三十
一萬一千五百二十	六十九萬一千二百	六千四百八十	五十一萬八千四百	二千八百八十	三十四萬五千六百	七百二十	一十七萬二千八百	二百四十
一萬二千	七十五萬	六千七百五十	五十六萬二千五百	三千	三十七萬五千	七百五十	一十八萬七千五百	二百五十
一萬二千四百八十	八十一萬一千二百	七千〇二十	六十〇萬八千四百	三千一百二十	四十〇萬五千六百	七百八十	二十〇萬二千八百	二百六十
一萬二千九百六十	八十七萬四千八百	七千二百九十	六十五萬六千一百	三千二百四十	四十三萬七千四百	八百一十	二十一萬八千七百	二百七十
一萬三千四百四十	九十四萬〇八百	七千五百六十	七十〇萬五千六百	三千三百六十	四十七萬〇四百	八百四十	二十三萬五千二百	二百八十
一萬三千九百二十	一百〇〇萬九千二百	七千八百三十	七十五萬六千九百	三千四百八十	五十〇萬四千六百	八百七十	二十五萬二千三百	二百九十
六十四		二十七		八		一		隅

九		八		七		六		五	
長廉	平廉	長廉	平廉	長廉	平廉	長廉	平廉	長廉	平廉
五萬一千〇三十	一百一十九萬〇七百	四萬〇三百二十	一百〇五萬八千四百	三萬〇八百七十	九十二萬六千一百	二萬二千六百八十	七十九萬三千八百	一萬五千七百五十	六十六萬一千五百
五萬三千四百六十	一百三十〇萬六千八百	四萬二千二百四十	一百一十六萬一千六百	三萬二千三百四十	一百〇一萬六千四百	二萬三千七百六十	八十七萬一千二百	一萬六千五百	七十二萬六千
五萬五千八百九十	一百四十二萬八千三百	四萬四千一百六十	一百二十六萬九千六百	三萬三千八百一十	一百一十一萬〇九百	二萬四千八百四十	九十五萬二千二百	一萬七千二百五十	七十九萬三千五百
五萬八千三百二十	一百五十五萬五千二百	四萬六千〇八十	一百三十八萬二千四百	三萬五千二百八十	一百二十〇萬九千六百	二萬五千九百二十	一百〇三萬六千八百	一萬八千	八十六萬四千
六萬〇七百五十	一百六十八萬七千五百	四萬八千	一百五十萬	三萬六千七百五十	一百三十一萬二千五百	二萬七千	一百一十二萬五千	一萬八千七百五十	九十三萬七千五百
六萬三千一百八十	一百八十二萬五千二百	四萬九千九百二十	一百六十二萬二千四百	三萬八千二百二十	一百四十一萬九千六百	二萬八千〇八十	一百二十一萬六千八百	一萬九千五百	一百〇一萬四千
六萬五千六百一十	一百九十六萬八千三百	五萬一千八百四十	一百七十四萬九千六百	三萬九千六百九十	一百五十三萬〇九百	二萬九千一百六十	一百三十一萬二千二百	二萬〇二百五十	一百〇九萬三千五百
六萬八千〇四十	二百一十一萬六千八百	五萬三千七百六十	一百八十八萬一千六百	四萬一千一百六十	一百六十四萬六千四百	三萬〇二百四十	一百四十一萬一千二百	二萬一千	一百一十七萬六千
七萬〇四百七十	二百二十七萬七百	五萬五千六百八十	二百〇一萬八千四百	四萬二千六百三十	一百七十六萬六千一百	三萬一千三百二十	一百五十一萬三千八百	二萬一千七百五十	一百二十六萬一千五百
七百二十九		五百一十二		三百四十三		二百一十六		一百二十五	

三商百十下除零立方表

四		三		二		一		
長廉	平廉	長廉	平廉	長廉	平廉	長廉	平廉	
一萬四千八百八十	一百一十五萬三千二百	八千三百七十	八十六萬四千九百	三千七百二十	五十七萬六千六百	九百三十	二十八萬八千三百	三百一十
一萬五千三百六十	一百二十二萬八千八百	八千六百四十	九十二萬一千六百	三千八百四十	六十一萬四千四百	九百六十	三十〇萬七千二百	三百二十
一萬五千八百四十	一百三十〇萬六千八百	八千九百一十	九十八萬〇一百	三千九百六十	六十五萬三千四百	九百九十	三十二萬六千七百	三百三十
一萬六千三百二十	一百三十八萬七千二百	九千一百八十	一百〇四萬〇四百	四千〇八十	六十九萬三千六百	一千〇二十	三十四萬六千八百	三百四十
一萬六千八百	一百四十七萬	九千四百五十	一百一十〇萬二千五百	四千二百	七十三萬五千	一千〇五十	三十六萬七千五百	三百五十
一萬七千二百八十	一百五十五萬五千二百	九千七百二十	一百一十六萬六千四百	四千三百二十	七十七萬七千六百	一千〇八十	三十八萬八千八百	三百六十
一萬七千七百六十	一百六十四萬二千八百	九千九百九十	一百二十三萬二千一百	四千四百四十	八十二萬一千四百	一千一百一十	四十一萬〇七百	三百七十
一萬八千二百四十	一百七十三萬二千八百	一萬〇二百六十	一百二十九萬九千六百	四千五百六十	八十六萬六千四百	一千一百四十	四十三萬三千二百	三百八十
一萬八千七百二十	一百八十二萬五千二百	一萬〇五百三十	一百三十六萬八千九百	四千六百八十	九十一萬二千六百	一千一百七十	四十五萬六千三百	三百九十
六十四		二十七		八		一		隅

開方簡法

十三

九		八		七		六		五	
長廉	平廉	長廉	平廉	長廉	平廉	長廉	平廉	長廉	平廉
七萬五千三百三十	二百五十九萬四千七百	五萬九千五百二十	二百三十萬六千四百	四萬五千五百七十	二百〇一萬八千一百	三萬三千四百八十	一百七十二萬九千八百	二萬三千二百五十	一百四十四萬一千五百
七萬七千七百六十	二百七十六萬四千八百	六萬一千四百四十	二百四十五萬七千六百	四萬七千〇四十	二百一十五萬〇四百	三萬四千五百六十	一百八十四萬三千二百	二萬四千	一百五十三萬六千
八萬〇一百九十	二百九十四萬〇三百	六萬三千三百六十	二百六十一萬三千六百	四萬八千五百一十	二百二十八萬六千九百	三萬五千六百四十	一百九十六萬〇二百	二萬四千七百五十	一百六十三萬三千五百
八萬二千六百二十	三百一十二萬一千二百	六萬五千二百八十	二百七十七萬四千四百	四萬九千九百八十	二百四十三萬七千六百	三萬六千七百二十	二百〇八萬〇八百	二萬五千五百	一百七十三萬四千
八萬五千〇五十	三百三十〇萬七千五百	六萬七千二百	二百九十四萬	五萬一千四百五十	二百五十七萬二千五百	三萬七千八百	二百二十〇萬五千	二萬六千二百五十	一百八十三萬七千五百
八萬七千四百八十	三百四十九萬九千二百	六萬九千一百二十	三百一十一萬〇四百	五萬二千九百二十	二百七十二萬一千六百	三萬八千八百八十	二百三十三萬二千八百	二萬七千	一百九十四萬四千
八萬九千九百一十	三百六十九萬六千三百	七萬一千〇四十	三百二十八萬五千六百	五萬四千三百九十	二百八十七萬四千九百	三萬九千九百六十	二百四十六萬四千二百	二萬七千七百五十	二百〇五萬三千五百
九萬二千三百四十	三百八十九萬八千八百	七萬二千九百六十	三百四十六萬五千六百	五萬五千八百六十	三百〇三萬二千四百	四萬一千〇四十	二百五十九萬九千二百	二萬八千五百	二百一十六萬六千
九萬四千七百七十	四百一十〇萬六千七百	七萬四千八百八十	三百六十五萬〇四百	五萬七千三百三十	三百一十九萬四千一百	四萬二千一百二十	二百七十三萬七千八百	二萬九千二百五十	二百二十八萬一千五百
七百二十九		五百一十二		三百四十三		二百一十六		一百二十五	

三商立方百十下除零表

四		三		二		一		
長廉	平廉	長廉	平廉	長廉	平廉	長廉	平廉	
一萬九千六百八十	二百〇一萬七千二百	一萬一千〇七十	一百五十一萬二千九百	四千九百二十	一百〇〇萬八千六百	一千二百三十	五十〇萬四千三百	四百一十
二萬〇一百六十	二百一十一萬六千八百	一萬一千三百四十	一百五十八萬七千六百	五千〇四十	一百〇五萬八千四百	一千二百[1]六十	五十二萬九千二百	四百二十
二萬〇六百四十	二百二十一萬八千八百	一萬一千六百一十	一百六十六萬四千一百	五千一百六十	一百一十〇萬九千四百	一千二百九十	五十五萬四千七百	四百三十
二萬一千一百二十	二百三十二萬三千二百	一萬一千八百八十	一百七十四萬二千四百	五千二百八十	一百一十六萬一千六百	一千三百一十	五十八萬〇八百	四百四十
二萬一千六百	二百四十三萬	一萬二千一百五十	一百八十二萬二千五百	五千四百	一百二十一萬五千	一千三百五十	六十〇萬七千五百	四百五十
二萬二千〇八十	二百五十三萬九千二百	一萬二千四百二十	一百九十〇萬四千四百	五千五百二十	一百二十六萬九千六百	一千三百八十	六十三萬四千八百	四百六十
二萬二千五百六十	二百六十五萬〇八百	一萬二千六百九十	一百九十八萬八千一百	五千六百四十	一百三十二萬五千四百	一千四百一十	六十六萬二千七百	四百七十
二萬三千〇四十	二百七十六萬四千八百	一萬二千九百六十	二百〇七萬三千六百	五千七百六十	一百三十八萬二千四百	一千四百四十	六十九萬一千二百	四百八十
二萬三千五百二十	二百八十八萬一千二百	一萬三千二百三十	二百一十六萬〇九百	五千八百八十	一百四十四萬〇六百	一千四百七十	七十二萬〇三百	四百九十
六十四		二十七		八		一		隅

1 天理本“萬”作“百”，當作“百”。

開方簡法

十三

九		八		七		六		五	
長廉	平廉	長廉	平廉	長廉	平廉	長廉	平廉	長廉	平廉
九萬九千六百三十	四百五十三萬八千七百	七萬八千七百二十	四百〇三萬四千四百	六萬〇二百七十	三百五十三萬〇一百	四萬四千二百八十	三百〇二萬五千八百	三萬〇七百五十	二百五十二萬一千五百
一十萬二千〇六十	四百七十六萬二千八百	八萬〇六百四十	四百二十三萬三千六百	六萬一千七百四十	三百七十〇萬四千四百	四萬五千三百六十	三百一十七萬五千二百	三萬一千五百	二百六十四萬六千
一十〇萬四千四百九十	四百九十九萬二千三百	八萬二千五百六十	四百四十三萬七千六百	六萬三千二百一十	三百八十八萬二千九百	四萬六千四百四十	三百二十二萬八千二百	三萬二千二百五十	二百七十七萬三千五百
一十〇萬六千九百二十	五百二十二萬七千二百	八萬四千四百八十	四百六十四萬六千四百	六萬四千六百八十	四百〇六萬五千六百	四萬七千五百二十	三百四十八萬四千八百	三萬三千	二百九十萬四千
一十〇萬九千三百五十	五百四十六萬七千五百	八萬六千四百	四百八十六萬	六萬六千一百五十	四百二十五萬二千五百	四萬八千六百	三百六十四萬五千	三萬三千七百五十	三百〇三萬七千五百
一十一萬一千七百八十	五百七十一萬三千二百	八萬八千三百二十	五百〇七萬八千四百	六萬七千六百二十	四百四十四萬三千六百	四萬九千六百八十	三百八十〇萬八千八百	三萬四千五百	三百一十七萬四千
一十一萬四千二百一十	五百九十六萬四千三百	九萬〇二百四十	五百三十〇萬一千六百	六萬九千〇九十	四百六十三萬八千九百	五萬〇七百六十	三百九十七萬六千二百	三萬五千二百五十	三百三十一萬三千五百
一十一萬六千六百四十	六百二十二萬〇八百	九萬二千一百六十	五百五十二萬九千六百	七萬〇五百六十	四百八十三萬八千四百	五萬一千八百四十	四百一十四萬七千二百	三萬六千	三百四十五萬六千
一十一萬九千〇七十	六百四十八萬二千七百	九萬四千〇八十	五百七十六萬二千四百	七萬二千〇三十	五百〇四萬二千一百	五萬二千九百二十	四百三十二萬一千八百	三萬六千七百五十	三百六十〇萬一千五百
七百二十九		五百一十二		三百四十三		二百一十六		一百二十五	

六一三

四		三		二		一			三商立方百十下除零表
長廉	平廉	長廉	平廉	長廉	平廉	長廉	平廉		
二萬四千四百八十	三百一十二萬一千二百	一萬三千七百七十	二百三十四萬〇九百	六千一百二十	一百五十六萬六百	一千五百三十	七十八萬〇三百	五百一十	
二萬四千九百六十	三百二十四萬四千八百	一萬四千〇四十	二百四十三萬三千六百	六千二百四十	一百六十二萬二千四百	一千五百六十	八十一萬一千二百	五百二十	
二萬五千四百四十	三百三十七萬〇八百	一萬四千三百一十	二百五十二萬八千一百	六千三百六十	一百六十八萬五千四百	一千五百九十	八十四萬二千七百	五百三十	
二萬五千九百二十	三百四十九萬九千二百	一萬四千五百八十	二百六十二萬四千四百	六千四百八十	一百七十四萬九千六百	一千六百二十	八十七萬四千八百	五百四十	
二萬六千四百	三百六十三萬	一萬四千八百五十	二百七十二萬二千五百	六千六百	一百八十一萬五千	一千六百五十	九十〇萬七千五百	五百五十	
二萬六千八百八十	三百七十六萬三千二百	一萬五千一百二十	二百八十二萬二千四百	六千七百二十	一百八十八萬一千六百	一千六百八十	九十四萬〇八百	五百六十	
二萬七千三百六十	三百八十九萬八千八百	一萬五千三百九十	二百九十二萬四千一百	六千八百四十	一百九十四萬九千四百	一千七百一十	九十七萬四千七百	五百七十	
二萬七千八百四十	四百〇三萬六千八百	一萬五千六百六十	三百〇二萬七千六百	六千九百六十	二百〇一萬八千四百	一千七百四十	一百〇〇萬九千二百	五百八十	
二萬八千三百二十	四百一十七萬七千二百	一萬五千九百三十	三百一十三萬二千九百	七千〇八十	二百〇八萬八千六百	一千七百七十	一百〇四萬四千三百	五百九十	
六十四		二十七		八		一		隅	

開方簡法

十四

九		八		七		六		五	
長廉	平廉	長廉	平廉	長廉	平廉	長廉	平廉	長廉	平廉
一十二萬三千九百二十	七百〇二萬二千七百	九萬七千九百二十	六百二十四萬二千四百	七萬四千九百七十	五百四十六萬二千一百	五萬五千〇八十	四百六十八萬一千八百	三萬八千二百五十	三百九十〇萬一千五百
一十二萬六千三百六十	七百三十〇萬〇八百	九萬九千八百四十	六百四十八萬九千六百	七萬六千四百四十	五百六十七萬八千四百	五萬六千一百六十	四百八十六萬七千二百	三萬九千	四百〇五萬六千
一十二萬八千七百九十	七百五十八萬四千三百	一十〇萬一千七百六十	六百七十四萬一千六百	七萬七千九百一十	五百八十九萬八千九百	五萬七千二百四十	五百〇五萬六千二百	三萬九千七百五十	四百二十一萬三千五百
一十三萬一千二百二十	七百九十七萬三百二十	一十〇萬三千六百八十	六百九十九萬八千四百	七萬九千三百八十	六百一十二萬三千六百	五萬八千三百二十	五百二十四萬八千八百	四萬〇五百	四百三十七萬四千
一十三萬三千六百五十	八百一十六萬七千五百	一十〇萬五千六百	七百二十六萬	八萬〇八百五十	六百三十五萬二千五百	五萬九千四百	五百四十四萬五千	四萬一千二百五十	四百五十三萬七千五百
一十三萬六千〇八十	八百四十六萬七千二百	一十〇萬七千五百二十	七百五十二萬六千四百	八萬二千三百二十	六百五十八萬五千六百	六萬〇四百八十	五百六十四萬四千八百	四萬二千	四百七十〇萬四千
一十三萬八千五百一十	八百七十七萬二千三百	一十〇萬九千四百四十	七百七十九萬七千六百	八萬三千七百九十	六百八十二萬二千九百	六萬一千五百六十	五百八十四萬八千二百	四萬二千七百五十	四百八十七萬三千五百
一十四萬〇九百四十	九百〇八萬二千八百	一十一萬一千三百六十	八百〇七萬三千六百	八萬五千二百六十	七百〇六萬四千四百	六萬二千六百四十	六百〇五萬五千二百	四萬三千五百	五百〇四萬六千
一十四萬三千三百七十	九百三十九萬八千七百	一十一萬三千二百八十	八百三十五萬四千四百	八萬六千七百三十	七百三十一萬〇一百	六萬三千七百二十	六百二十六萬五千八百	四萬四千二百五十	五百二十二萬一千五百
七百二十九		五百一十二		三百四十三		二百一十六		一百二十五	

三商立方百十下除零表

四		三		二		一			三商立方百十下除零表
長廉	平廉	長廉	平廉	長廉	平廉	長廉	平廉		
二萬九千二百八十	四百四十六萬五千二百	一萬六千四百七十	三百三十四萬八千九百	七千三百二十	二百二十三萬二千六百	一千八百三十	一百一十一萬六千三百	六百一十	
二萬九千七百六十	四百六十一萬二千八百	一萬六千七百四十	三百四十五萬九千六百	七千四百四十	二百三十〇萬六千四百	一千八百六十	一百一十五萬三千二百	六百二十	
三萬〇二百四十	四百七十六萬二千八百	一萬七千〇一十	三百五十七萬二千一百	七千五百六十	二百三十八萬一千四百	一千八百九十	一百一十九萬〇七百	六百三十	
三萬〇七百二十	四百九十一萬五千二百	一萬七千二百八十	三百六十八萬六千四百	七千六百八十	二百四十五萬七千六百	一千九百二十	一百二十二萬八千八百	六百四十	
三萬一千二百	五百〇七萬	一萬七千五百五十	三百八十〇萬二千五百	七千八百	二百五十三萬五千	一千九百五十	一百二十六萬七千五百	六百五十	
三萬一千六百八十	五百二十二萬七千二百	一萬七千八百二十	三百九十二萬〇四百	七千九百二十	二百六十一萬三千六百	一千九百八十	一百三十〇萬六千八百	六百六十	
三萬二千一百六十	五百三十八萬六千八百	一萬八千〇九十	四百〇四萬〇一百	八千〇四十	二百六十九萬三千四百	二千〇一十	一百三十四萬六千七百	六百七十	
三萬二千六百四十	五百五十四萬八千八百	一萬八千三百六十	四百一十六萬一千六百	八千一百六十	二百七十七萬四千四百	二千〇四十	一百三十八萬七千二百	六百八十	
三萬三千一百二十	五百七十一萬三千二百	一萬八千六百三十	四百二十八萬四千九百	八千二百八十	二百八十五萬六千六百	二千〇七十	一百四十二萬八千三百	六百九十	
六十四		二十七		八		一		隅	

開方簡法

十五

九		八		七		六		五	
長廉	平廉	長廉	平廉	長廉	平廉	長廉	平廉	長廉	平廉
一十四萬八千二百三十	一千〇〇四萬六千七百	一十一萬七千一百二十	八百九十三萬〇四百	八萬九千六百七十	七百八十一萬四千一百	六萬五千八百八十	六百六十九萬七千八百	四萬五千七百五十	五百五十八萬一千五百
一十五萬〇六百六十	一千〇三十七萬八千八百	一十一萬九千〇四十	九百二十二萬五千六百	九萬一千一百四十	八百〇七萬二千四百	六萬六千九百六十	六百九十一萬九千二百	四萬六千五百	五百七十六萬六千
一十五萬三千〇九十	一千〇七十一萬六千三百	一十二萬〇九百六十	九百五十二萬五千六百	九萬二千六百一十	八百三十三萬四千九百	六萬八千〇四十	七百一十四萬四千二百	四萬七千二百五十	五百九十五萬三千五百
一十五萬五千五百二十	一千一百〇五萬九千二百	一十二萬二千八百八十	九百八十三萬〇四百	九萬四千〇八十	八百六十〇萬一千六百	六萬九千一百二十	七百三十七萬二千八百	四萬八千	六百一十四萬四千
一十五萬七千九百五十	一千一百四十〇萬七千五百	一十二萬四千八百	一千〇一十四萬	九萬五千五百五十	八百八十七萬二千五百	七萬〇二百	七百六十〇萬五千	四萬八千七百五十	六百三十三萬七千五百
一十六萬〇三百八十	一千一百七十六萬一千二百	一十二萬六千七百二十	一千〇四十五萬四千四百	九萬七千〇二十	九百一十四萬七千六百	七萬一千二百八十	七百八十四萬〇八百	四萬九千五百	六百五十三萬四千
一十六萬二千八百一十	一千二百一十二萬〇三百	一十二萬八千六百四十	一千〇七十七萬三千六百	九萬八千四百九十	九百四十二萬六千九百	七萬二千三百六十	八百〇八萬〇二百	五萬〇二百五十	六百七十三萬三千五百
一十六萬五千二百四十	一千二百四十八萬四千八百	一十三萬〇五百六十	一千一百〇九萬七千六百	九萬九千九百六十	九百七十一萬〇四百	七萬三千四百四十	八百三十二萬三千二百	五萬一千	六百九十三萬六千
一十六萬七千六百七十	一千二百八十五萬四千七百	一十三萬二千四百八十	一千一百四十二萬六千四百	一十〇萬一千四百三十	九百九十九萬八千一百	七萬四千五百二十	八百五十六萬九千八百	五萬一千七百五十	七百一十四萬一千五百
七百二十九		五百一十二		三百四十三		二百一十六		一百二十五	

三商立方百十下除零表

四		三		二		一		
長廉	平廉	長廉	平廉	長廉	平廉	長廉	平廉	
三萬四千〇八十	六百〇四萬九千二百	一萬九千一百七十	四百五十三萬六千九百	八千五百二十	三百〇二萬四千六百	二千一百三十	一百五十一萬二千三百	七百一十
三萬四千五百六十	六百二十二萬〇八百	一萬九千四百四十	四百六十六萬五千六百	八千六百四十	三百一十一萬〇四百	二千一百六十	一百五十五萬五千二百	七百二十
三萬五千〇四十	六百三十九萬四千八百	一萬九千七百一十	四百七十九萬六千一百	八千七百六十	三百一十九萬七千四百	二千一百九十	一百五十九萬八千七百	七百三十
三萬五千五百二十	六百五十七萬一千二百	一萬九千九百八十	四百九十二萬八千四百	八千八百八十	三百二十八萬五千六百	二千二百二十	一百六十四萬二千八百	七百四十
三萬六千	六百七十五萬	二萬〇二百五十	五百〇六萬二千五百	九千	三百三十七萬五千	二千二百五十	一百六十八萬七千五百	七百五十
三萬六千四百八十	六百九十三萬一千二百	二萬〇五百二十	五百一十九萬八千四百	九千一百二十	三百四十六萬五千六百	二千三百八十	一百七十三萬二千八百	七百六十
三萬六千九百六十	七百一十一萬四千八百	二萬〇七百九十	五百三十三萬六千一百	九千二百四十	三百五十五萬七千四百	二千三百一十	一百七十七萬八千七百	七百七十
三萬七千四百四十	七百三十〇萬〇八百	二萬一千〇六十	五百四十七萬五千六百	九千三百六十	三百六十五萬〇四百	二千三百四十	一百八十二萬五千二百	七百八十
三萬七千九百二十	七百四十八萬九千二百	二萬一千三百三十	五百六十一萬六千九百	九千四百八十	三百七十四萬四千六百	二千三百七十	一百八十七萬二千三百	七百九十
六十四		二十七		八		一		隅

開方簡闡法

九		八		七		六		五	
長廉	平廉	長廉	平廉	長廉	平廉	長廉	平廉	長廉	平廉
一十七萬二千五百三十	一千三百六十一萬〇七百	一十三萬六千三百二十	一千二百九萬八千四百	一十〇萬四千三百七十	一千〇五十八萬六千一百	七萬六千六百八十	九百〇七萬三千八百	五萬三千二百五十	七百五十六萬一千五百
一十七萬四千九百六十	一千三百九十九萬六千八百	一十三萬八千二百四十	一千二百四十四萬一千六百	一十〇萬五千八百四十	一千〇八十八萬六千四百	七萬七千七百六十	九百三十三萬一千二百	五萬四千	七百七十七萬六千
一十七萬七千三百九十	一千四百三十八萬八千三百	一十四萬〇一百六十	一千二百七十八萬九千六百	一十〇萬七千三百一十	一千一百一十九萬九百	七萬八千八百四十	九百五十九萬二千二百	五萬四千七百五十	七百九十九萬三千五百
一十七萬九千八百二十	一千四百七十八萬五千二百	一十四萬二千〇八十	一千三百一十四萬二千四百	一十〇萬八千七百八十	一千一百四十九萬九千六百	七萬九千九百二十	九百八十五萬六千八百	五萬五千五百	八百二十一萬四千
一十八萬二千二百五十	一千五百一十八萬七千五百	一十四萬四千	一千三百五十萬	一十一萬〇二百五十	一千一百八十一萬二千五百	八萬一千	一千〇一十二萬五千	五萬六千二百五十	八百四十三萬七千五百
一十八萬四千六百八十	一千五百五十九萬五千二百	一十四萬五千九百二十	一千三百八十六萬二千四百	一十一萬一千七百二十	一千二百一十二萬九千六百	八萬二千〇八十	一千〇三十九萬六千八百	五萬七千	八百六十六萬四千
一十八萬七千一百一十	一千六百〇〇萬八千三百	一十四萬七千九百四十	一千四百二十二萬九千六百	一十一萬三千一百九十	一千二百四十五萬〇九百	八萬三千一百六十	一千〇六十七萬二千二百	五萬七千七百五十	八百八十九萬三千五百
一十八萬九千五百四十	一千六百四十二萬六千八百	一十四萬九千七百六十	一千四百六十〇萬一千六百	一十一萬四千六百六十	一千二百七十七萬六千四百	八萬四千二百四十	一千〇九十五萬一千二百	五萬八千五百	九百一十二萬六千
一十九萬一千九百七十	一千六百八十五萬〇七百	一十五萬一千六百八十	一千四百九十七萬八千四百	一十一萬六千一百三十	一千三百一十〇萬六千一百	八萬五千三百二十	一千一百二十三萬三千八百	五萬九千二百五十	九百三十六萬一千五百
七百二十九		五百一十二		三百四十三		二百一十六		一百二十五	

三商立方百十下除零表

三商立方百十下除零表	一 平廉	一 長廉	二 平廉	二 長廉	三 平廉	三 長廉	四 平廉	四 長廉
八百一十	一百九十六萬八千三百	二千四百三十	三百九十三萬六千六百	九千七百二十	五百八十〇萬四千九百	二萬一千八百七十	七百八十七萬三千二百	三萬八千八百八十
八百二十	二百〇一萬七千二百	二千四百六十	四百〇三萬四千四百	九千八百四十	六百〇五萬一千六百	二萬二千一百四十	八百〇六萬八千八百	三萬九千三百六十
八百三十	二百〇六萬六千七百	二千四百九十	四百一十三萬三千四百	九千九百六十	六百二十〇萬〇一百	二萬二千四百一十	八百二十六萬六千八百	三萬九千八百四十
八百四十	二百一十一萬六千八百	二千五百二十	四百二十三萬三千六百	一萬〇八十	六百三十五萬〇四百	二萬二千六百八十	八百四十六萬七千二百	四萬〇三百二十
八百五十	二百一十六萬七千五百	二千五百五十	四百三十三萬五千	一萬〇二百	六百五十〇萬二千五百	二萬二千九百五十	八百六十七萬	四萬〇八百
八百六十	二百二十一萬八千八百	二千五百八十	四百四十三萬七千六百	一萬〇三百二十	六百六十五萬六千四百	二萬三千二百二十	八百八十七萬五千二百	四萬一千二百八十
八百七十	二百二十七萬〇七百	二千六百一十	四百五十四萬一千四百	一萬〇四百四十	六百八十一萬二千一百	二萬三千四百九十	九百〇八萬二千八百	四萬一千七百六十
八百八十	二百三十二萬三千二百	二千六百四十	四百六十四萬六千四百	一萬〇五百六十	六百九十六萬九千六百	二萬三千七百六十	九百二十九萬二千八百	四萬二千二百四十
八百九十	二百三十七萬六千三百	二千六百七十	四百七十五萬二千六百	一萬〇六百八十	七百一十二萬八千九百	二萬四千〇三十	九百五十〇萬五千二百	四萬二千七百二十
隅	一		八		二十七		六十四	

五
平九百八十四萬一千〇〇八萬一千〇三十三萬一千〇五十八萬一千〇八十三萬一千一百〇九萬一千一百三十一千一百六十一千一百八十
廉一千五百 六千 三千五百 四千 七千五百 四千 五萬一千五百 一萬六千 八萬一千五百
長六萬〇七百 六萬一千五百 六萬二千二百 六萬三千 六萬三千七百 六萬四千五百 六萬五千二百 六萬六千 六萬六千七百
廉五十 五十 五十 五十 五十
平一千一百八十一千二百三十一千二百四十一千二百七十一千三百〇一千三百三十一千三百六十一千三百九十一千四百二十
廉〇萬九千八百 〇萬三千二百 〇萬〇二百 萬〇八百 〇萬五千 一萬一千八百 二萬四千二百 三萬九千二百 五萬七千八百
六
長八萬七千四百八萬八千五百八萬九千六百九萬〇七百九萬一千八百九萬二千八百九萬三千九百九萬五千〇九萬六千一百
廉八十 六十 四十 二十 八十 六十 四十 二十
平一千三百七十一千四百二十一千四百四十一千四百八十一千五百一十一千五百五十一千五百八十一千六百二十一千六百六十
廉七萬八千一百 二萬〇四百 六萬六千九百 一萬七千六百 七萬一千五百 三萬一千六百 九萬四千九百 六萬三千四百 三萬四千一百
七
長一十一萬九千 一十二萬〇 一十二萬二千 一十二萬三千 一十二萬四千 一十二萬六千 一十二萬七千 一十二萬九千 一十三萬〇
廉〇七十 五百四十 〇一十 四百八十 九百五十 四百二十 八百九十 三百六十 八百三十
平一千五百七十一千六百一十一千六百五十一千六百九十一千七百三十一千七百七十一千八百一十一千八百五十一千九百〇
廉四萬六千四百 三萬七千六百 三萬三千六百 三萬四千四百 四萬 五萬〇四百 六萬五千六百 八萬五千六百 一萬〇四百
八
長一十五萬五千 一十五萬七千 一十五萬九千 一十六萬一千 一十六萬 一十六萬五千 一十六萬七千 一十六萬八千 一十七萬〇
廉五百二十 四百四十 三百六十 二百八十 三千二百 一百二十 〇四十 九百六十 八百八十
平一千七百七十一千八百二十一千八百六十一千九百〇一千九百五十一千九百九十二千〇四十二千〇九十二千一百三十
廉一萬四千七百 一萬四千八百 〇萬〇三百 五萬一千二百 〇萬七千五百 六萬九百二十 三萬六千三百 〇萬八千八百 八萬六千七百
九
長一十九萬六千 一十九萬九千 二十〇萬一千 二十〇萬四千 二十〇萬六千 二十〇萬八千 二十一萬一千 二十一萬三千 二十一萬六千
廉八百三十 二百六十 六百九十 一百二十 五百五十 九百八十 四百一十 八百四十 二百七十

一百二十五 二百一十六 三百四十三 五百一十二 七百二十九

開方簡法

十七

九		八		七		六		五	
長廉	平廉	長廉	平廉	長廉	平廉	長廉	平廉	長廉	平廉
一十九萬六千八百三十	一千七百七十一萬四千七百	一十五萬五千五百二十	一千五百七十四萬六千四百	一十一萬九千〇七十	一千三百七十七萬八千一百	八萬七千四百八十	一千一百八十〇萬九千八百	六萬〇七百五十	九百八十四萬一千五百
一十九萬九千二百六十	一千八百二十一萬四千八百	一十五萬七千四百四十	一千六百一十三萬七千六百	一十二萬〇五百四十	一千四百二十二萬〇四百	八萬八千五百六十	一千二百三十〇萬三千二百	六萬一千五百	一千〇〇八萬六千
二十〇萬一千六百九十	一千八百六十〇萬〇三百	一十五萬九千三百六十	一千六百五十三萬三千六百	一十二萬二千〇一十	一千四百四十六萬六千九百	八萬九千六百四十	一千二百四十〇萬〇二百	六萬二千二百五十	一千〇三十三萬三千五百
二十〇萬四千一百二十	一千九百〇五萬一千二百	一十六萬一千二百八十	一千六百九十三萬四千四百	一十二萬三千四百八十	一千四百八十一萬七千六百	九萬〇七百二十	一千二百七十萬〇八百	六萬三千	一千〇五十八萬四千
二十〇萬六千五百五十	一千九百五十〇萬七千五百	一十六萬三千二百	一千七百三十四萬	一十二萬四千九百五十	一千五百一十七萬一千五百	九萬一千八百	一千三百〇〇萬五千	六萬三千七百五十	一千〇八十三萬七千五百
二十〇萬八千九百八十	一千九百九十六萬九百二十	一十六萬五千一百二十	一千七百七十五萬〇四百	一十二萬六千四百二十	一千五百五十三萬一千六百	九萬二千八百八十	一千三百三十一萬一千八百	六萬四千五百	一千一百〇九萬四千
二十一萬一千四百一十	二千〇四十三萬六千三百	一十六萬七千〇四十	一千八百一十六萬五千六百	一十二萬七千八百九十	一千五百八十九萬四千九百	九萬三千九百六十	一千三百六十二萬四千二百	六萬五千二百五十	一千一百三十五萬三千五百
二十一萬三千八百四十	二千〇九十〇萬八千八百	一十六萬八千九百六十	一千八百五十八萬五千六百	一十二萬九千三百六十	一千六百二十六萬三千四百	九萬五千〇四十	一千三百九十三萬九千二百	六萬六千	一千一百六十一萬六千
二十一萬六千二百七十	二千一百三十八萬六千七百	一十七萬〇八百八十	一千九百〇一萬〇四百	一十三萬〇八百三十	一千六百六十三萬四千一百	九萬六千一百二十	一千四百二十五萬七千八百	六萬六千七百五十	一千一百八十八萬一千五百
七百二十九		五百一十二		三百四十三		二百一十六		一百二十五	

三商立方百十下除零表

四		三		二		一			三商立方百十下除零表
長廉	平廉	長廉	平廉	長廉	平廉	長廉	平廉		
四萬三千六百八十	九百九十三萬七千二百	二萬四千五百七十	七百四十五萬二千九百	一萬〇九百二十	四百九十六萬八千六百	二千七百三十	二百四十八萬四千三百	九百一十	
四萬四千一百六十	一千〇一十五萬六千八百	二萬四千八百四十	七百六十一萬七千六百	一萬一千〇四十	五百〇七萬八千四百	二千七百六十	二百五十三萬九千二百	九百二十	
四萬四千六百四十	一千〇三十七萬八千八百	二萬五千一百一十	七百七十八萬四千一百	一萬一千一百六十	五百一十八萬九千四百	二千七百九十	二百五十九萬四千七百	九百三十	
四萬五千一百二十	一千〇六十〇萬三千二百	二萬五千三百八十	七百九十五萬二千四百	一萬一千二百八十	五百三十〇萬一千六百	二千八百二十	二百六十五萬〇八百	九百四十	
四萬五千六百	一千〇八十三萬	二萬五千六百五十	八百一十二萬二千五百	一萬一千四百	五百四十一萬五千	二千八百五十	二百七十〇萬七千五百	九百五十	
四萬六千〇八十	一千一百〇五萬九千二百	二萬五千九百二十	八百二十九萬四千四百	一萬一千五百二十	五百五十二萬九千六百	二千八百八十	二百七十六萬四千八百	九百六十	
四萬六千五百六十	一千一百二十九萬〇八百	二萬六千一百九十	八百四十六萬八千一百	一萬一千六百四十	五百六十四萬五千四百	二千九百一十	二百八十二萬二千七百	九百七十	
四萬七千〇四十	一千一百五十二萬四千八百	二萬六千四百六十	八百六十四萬三千六百	一萬一千七百六十	五百七十六萬二千四百	二千九百四十	二百八十八萬一千二百	九百八十	
四萬七千五百二十	一千一百七十六萬一千二百	二萬六千七百三十	八百八十二萬〇九百	一萬一千八百八十	五百八十八萬〇六百	二千九百七十	二百九十四萬〇三百	九百九十	
六十四		二十七		八		一		隅	

開方簡法

九		八		七		六		五	
長廉	平廉	長廉	平廉	長廉	平廉	長廉	平廉	長廉	平廉
二十二萬一千一百三十	二千二百三十五萬八千七百	一十七萬四千七百二十	一千九百八十七萬四千四百	一十三萬三千七百七十	一千七百三十九萬〇一百	九萬八千二百八十	一千四百九十〇萬五千八百	六萬八千二百五十	一千二百四十二萬一千五百
二十二萬三千五百六十	二千二百八十五萬二千八百	一十七萬六千六百四十	二千〇三十一萬三千六百	一十三萬五千二百四十	一千七百七十七萬四千四百	九萬九千三百六十	一千五百二十三萬五千二百	六萬九千	一千二百九十六萬六千
二十二萬五千九百九十	二千三百三十五萬二千三百	一十七萬八千五百六十	二千〇七十五萬七千六百	一十三萬六千七百一十	一千八百一十六萬二千九百	一十〇萬〇四百四十	一千五百五十六萬八千二百	六萬九千七百五十	一千二百九十七萬三千五百
二十二萬八千四百二十	二千三百八十五萬七千二百	一十八萬〇四百八十	二千一百三十〇萬六千四百	一十三萬八千一百八十	一千八百五十五萬五千六百	一十〇萬一千五百二十	一千五百九十〇萬四千八百	七萬〇五百	一千三百二十五萬四千
二十三萬〇八百五十	二千四百三十六萬七千五百	一十八萬二千四百	二千一百六十六萬	一十三萬九千六百五十	一千八百九十五萬二千五百	一十〇萬二千六百	一千六百二十四萬五千	七萬一千二百五十	一千三百五十三萬七千五百
二十三萬三千二百八十	二千四百八十八萬三千二百	一十八萬四千三百二十	二千二百一十一萬八千四百	一十四萬一千一百二十	一千九百三十五萬三千六百	一十〇萬三千六百八十	一千六百五十八萬八千八百	七萬二千	一千三百八十二萬四千
二十三萬五千七百一十	二千五百四十〇萬四千三百	一十八萬六千二百四十	二千二百五十八萬一千六百	一十四萬二千五百九十	一千九百七十五萬八千九百	一十〇萬四千七百六十	一千六百九十三萬六千二百	七萬二千七百五十	一千四百一十一萬三千五百
二十三萬八千一百四十	二千五百九十三萬〇八百	一十八萬八千一百六十	二千三百〇四萬九千六百	一十四萬四千〇六十	二千〇一十六萬八千四百	一十〇萬五千八百四十	一千七百二十八萬七千二百	七萬三千五百	一千四百四十〇萬六千
二十四萬〇五百七十	二千六百四十六萬二千七百	一十九萬〇〇八十	二千三百五十二萬二千四百	一十四萬五千五百三十	二千〇五十八萬二千一百	一十〇萬六千九百二十	一千七百六十四萬一千八百	七萬四千二百五十	一千四百七十〇萬一千五百
七百二十九		五百一十二		三百四十三		二百一十六		一百二十五	

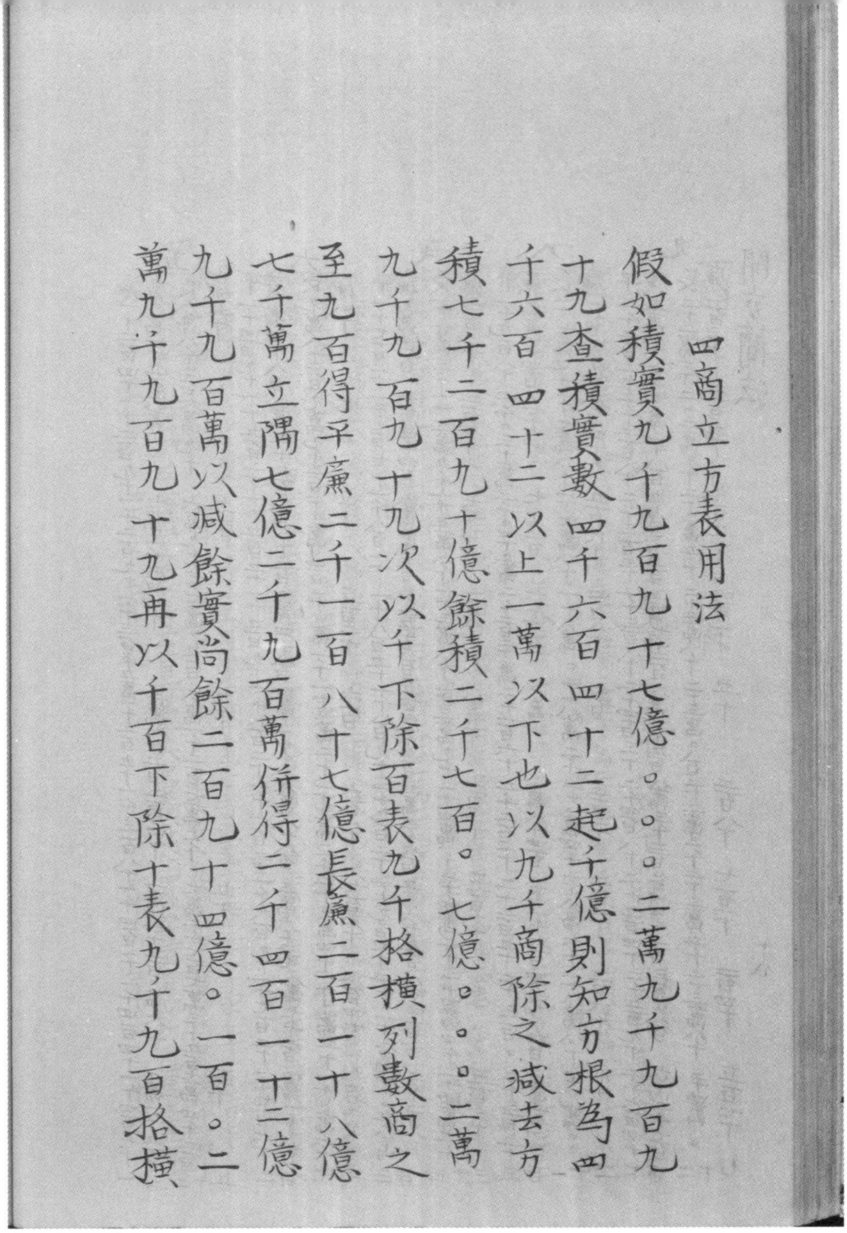

四商立方表用法
假如積實九千九百九十七億。。。二萬九千九百九
十九查積實數四千六百四十二起千億則知方根為四
千六百四十二以上一萬以下也以九千商除之減去方
積七千二百九十億餘積二千七百。七億。。。二萬
九千九百九十九次以千下除百表九千格橫列數商之
至九百得平廉二千一百八十七億長廉二百一十八億
七千萬立隅七億二千九百萬併得二千四百一十二億
九千九百萬以減餘實尚餘二百九十四億。一百。二
萬九千九百九十九再以千百下除十表九千九百格橫

四商立方表用法

假如積實九千九百九十七億〇〇〇二萬九千九百九十九，查積實數四千六百四十二起千億，則知方根爲四千六百四十二以上，一萬以下也。以九千商除之，減去方積七千二百九十億，餘積二千七百〇七億〇〇〇二萬九千九百九十九。次以千下除百表九千格橫列數商之，至九百，得平廉二千一百八十七億，長廉二百一十八億七千萬，立隅七億二千九百萬，并得二千四百一十二億九千九百萬，以減餘實，尚餘二百九十四億〇一百〇二萬九千九百九十九。再以千百下除十表九千九百格橫

列數商之至九十得平廉二百六十四億六千二百七十
萬長廉二億四千〇五十七萬立隅七十二萬九千并得
二百六十七億〇三百九十九萬九千以減餘實仍餘二
十六億九千七百〇三萬〇九百九十九再以千百十下
除零表九千九百九十格横列數商之至九得平廉二十
六億九千四百六十〇萬二千七百長廉二百〇四十二萬
七千五百七十立隅七百二十九并得二十六億九千七
百〇三萬〇九百九十九以減餘實恰盡總四商開得九
千九百九十九以此九九九九自乘再乘即得積實全数
如前為還原無差餘皆倣此

列數商之，至九十，得平廉二百六十四億六千二百七十萬，長廉二億四千〇五十七萬，立隅七十二萬九千，并得二百六十七億〇三百九十九萬九千，以減餘實，仍餘二十六億九千七百〇三萬〇九百九十九。再以千百十下除零表九千九百九十格横列數商之，至九，得平廉二十六億九千四百六十〇萬二千七百，長廉二百〇四十二萬七千五百七十，立隅七百二十九，并得二十六億九千七百〇三萬〇九百九十九，以減餘實，恰盡。總四商開得九千九百九十九，以此九九九九自乘再乘，即得積實全數如前，爲還原無差，餘皆倣此。

四商立方千下除百表

四百		三百		二百		一百		
長廉	平廉	長廉	平廉	長廉	平廉	長廉	平廉	根
四億八千萬	一十二億	二億七千萬	九億	一億二千萬	六億	三千萬	三億	一千十億
九億六千萬	四十八億	五億四千萬	三十六億	二億四千萬	二十四億	六千萬	一十二億	二千八十億
十四億四千萬	一百〇八億	八億一千萬	八十一億	三億六千萬	五十四億	九千萬	二十七億	三千二百七十億
一十九億二千萬	一百九十二億	一十億八千萬	一百四十四億	四億八千萬	九十六億	一億二千萬	四十八億	四千六百四十億
二十四億	三百億	一十三億五千萬	二百二十五億	六億	一百五十億	一億五千萬	七十五億	五千一千二百五十億
二十八億八千萬	四百三十二億	一十六億二千萬	三百二十四億	七億二十萬	二百一十六億	一億八千萬	一百〇八億	六千二千一百六十億
三十三億六千萬	五百八十八億	一十八億九千萬	四百四十一億	八億四千萬	二百九十四億	二億一千萬	一百四十七億	七千三千四百三十億
三十八億四千萬	七百六十八億	二十一億六千萬	五百七十六億	九億六千萬	三百八十四億	二億四千萬	一百九十二億	八千五千一百二十億
四十三億二千萬	九百七十二億	二十四億三千萬	七百二十九億	一十〇億八千萬	四百八十六億	二億七千萬	二百四十三億	九千七千二百九十億
六千四百萬		二千七百萬		八百萬		一百萬		隅

開方節法

九百		八百		七百		六百		五百	
長廉	平廉	長廉	平廉	長廉	平廉	長廉	平廉	長廉	平廉
二十四億三千萬	二十七億	一十九億二千萬	二十四億	一十四億七千萬	二十一億	一十〇億八千萬	一十八億	七億五千萬	一十五億
四十八億六千萬	一百〇八億	三十八億四千萬	九十六億	二十九億四千萬	八十四億	二十一億六千萬	七十二億	十五億	六十億
七十二億九千萬	二百四十三億	五十七億六千萬	二百一十六億	四十四億一千萬	一百八十九億	三十二億四千萬	一百六十二億	二十二億五千萬	一百三十五億
九十七億二千萬	四百三十二億	七十六億八千萬	三百八十四億	五十八億八千萬	三百三十六億	四十三億二千萬	二百八十八億	三十億	二百四十億
一百二十一億五千萬	六百七十五億	九十六億	六百億	七十三億五千萬	五百二十五億	五十四億	四百五十億	三十七億五千萬	三百七十五億
一百四十五億八千萬	九百七十二億	一百一十五億二千萬	八百六十四億	八十八億二千萬	七百五十六億	六十四億八千萬	六百四十八億	四十五億	五百四十億
一百七十〇億一千萬	一千三百二十三億	一百三十四億四千萬	一千一百七十六億	一百〇二億九千萬	一千〇二十九億	七十五億六千萬	八百八十二億	五十二億五千萬	七百三十五億
一百九十四億四千萬	一千七百二十八億	一百五十三億六千萬	一千五百三十六億	一百一十七億六千萬	一千三百四十四億	八十六億四千萬	一千一百五十二億	六十億	九百六十億
二百一十八億七千萬	二千一百八十七億	一百七十二億八千萬	一千九百四十四億	一百三十二億三千萬	一千七百〇一億	九十七億二千萬	一千四百五十八億	六十七億五千萬	一千二百一十五億
七億二千九百萬		五億一千二百萬		三億四千三百萬		二億一千六百萬		一億二千五百萬	

四商立方千〇下除十表

四十		三十		二十		一十		
長廉	平廉	長廉	平廉	長廉	平廉	長廉	平廉	根
四百八十萬	一億二千萬	二百七十萬	九千萬	一百二十萬	六千萬	三十萬	三千萬	一千 十億
九百六十萬	四億八千萬	五百四十萬	三億六千萬	二百四十萬	二億四千萬	六十萬	一億二千萬	二千 八十億
一千四百 四十萬	一十〇億 八千萬	八百一十萬	八億一千萬	三百六十萬	五億四千萬	九十萬	二億七千萬	三千 二百七十億
一千九百 二十萬	一十九億 二千萬	一千〇八 十萬	一十四億 四千萬	四百八十萬	九億六千萬	一百二十萬	四億八千萬	四千 六百四十億
二千四百萬	三千億	一千三百 五十萬	二十二億 五千萬	六百萬	一十五億	一百五十萬	七億五千萬	五千 一千二百五 十億
二千八百 八十萬	四十三億 二千萬	一千六百 二十萬	三十二億 四千萬	七百二十萬	二十一億 六千萬	一百八十萬	一十〇億 八千萬	六千 二千一百六 十億
三千三百 六十萬	五十八億 八千萬	一千八百 九十萬	四十四億 一千萬	八百四十萬	二十九億 四千萬	二百一十萬	一十四億 七千萬	七千 三千四百三 十億
三千八百 四十萬	七十六億 八千萬	二千一百 六十萬	五十七億 六千萬	九百六十萬	三十八億 四千萬	二百四十萬	一十九億 二千萬	八千 五千一百二 十億
四千三百 二十萬	九十七億 二千萬	二千四百 三十萬	七十二億 九千萬	一千〇八 十萬	四十八億 六千萬	二百七十萬	二十四億 三千萬	九千 七千二百九 十億
六萬四千		二萬七千		八千		一千		隅

五廉 平一億五千萬 六億 一十三億五千萬 二十四億 三十七億五千萬 五十四億 七十三億五千萬 九十六億 一百二十一億

十長七百五十萬 一千五百萬 二千二百五十萬 三千萬 三千七百五十萬 四千五百萬 五千二百五十萬 六千萬 六千七百五十萬

廉

六廉 平一億八千萬 七億二千萬 一十六億二千萬 二十八億八千萬 四十五億 六十四億八千萬 八十八億二千萬 一百一十五億二千萬 一百四十五億八千萬

十長一千〇八十萬 二千一百六十萬 三千二百四十萬 四千三百二十萬 五千四百萬 六千四百八十萬 七千五百六十萬 八千六百四十萬 九千七百三十萬

廉

七廉 平二億一千萬 八億四千萬 一十八億九千萬 三十三億六千萬 五十二億五千萬 七十五億六千萬 一百〇二億九千萬 一百三十四億四千萬 一百七十〇億一千萬

十長一千四百七十萬 二千九百四十萬 四千四百一十萬 五千八百八十萬 七千三百五十萬 八千八百二十萬 一億〇二百九十萬 一億一千七百六十萬 一億三千二百三十萬

廉

八廉 平二億四千萬 九億六千萬 二十一億六千萬 三十八億四千萬 六十億 八十六億四千萬 一百一十七億六千萬 一百五十三億六千萬 一百九十四億四千萬

十長一千九百二十萬 三千八百四十萬 五千七百六十萬 七千六百八十萬 九千六百萬 一億一千五百二十萬 一億三千四百四十萬 一億五千三百六十萬 一億七千二百八十萬

廉

九廉 平二億七千萬 一十〇億八千萬 二十四億三千萬 四十三億二千萬 六十七億五千萬 九十七億二千萬 一百三十二億三千萬 一百七十二億八千萬 二百一十八億七千萬

十長二千四百三十萬 四千八百六十萬 七千二百九十萬 九千七百二十萬 一億二千一百五十萬 一億四千五百八十萬 一億七千〇一十萬 一億九千四百四十萬 二億一千八百七十萬

廉

一十二萬五千 二十一萬六千 三十四萬三千 五十一萬二千 七十二萬九千

開方簡法

九十		八十		七十		六十		五十	
長廉	平廉	長廉	平廉	長廉	平廉	長廉	平廉	長廉	平廉
二千四百三十萬	二億七千萬	一千九百二十萬	二億四千萬	一千四百七十萬	二億一千萬	一千〇八十萬	一億八千萬	七百五十萬	一億五千萬
四千八百六十萬	一十〇億八千萬	三千八百四十萬	九億六千萬	二千九百四十萬	八億四千萬	二千一百六十萬	七億二千萬	一千五百萬	六億
七千二百九十萬	二十四億三千萬	五千七百六十萬	二十一億六千萬	四千四百一十萬	一十八億九千萬	三千二百四十萬	一十六億二千萬	二千二百五十萬	一十三億五千萬
九千七百二十萬	四十三億二千萬	七千六百八十萬	三十八億四千萬	五千八百八十萬	三十三億六千萬	四千三百二十萬	二十八億八千萬	三千萬	二十四億
一億二千一百五十萬	六十七億五千萬	九千六百萬	六十億	七千三百五十萬	五十二億五千萬	五千四百萬	四十五億	三千七百五十萬	三十七億五千萬
一億四千五百八十萬	九十七億二千萬	一億一千五百二十萬	八十六億四千萬	八千八百二十萬	七十五億六千萬	六千四百八十萬	六十四億八千萬	四千五百萬	五十四億
一億七千〇一十萬	一百三十二億三千萬	一億三千四百四十萬	一百一十七億六千萬	一億〇二百九十萬	一百〇二億九千萬	七千五百六十萬	八十八億二千萬	五千二百五十萬	七十三億五千萬
一億九千四百四十萬	一百七十二億八千萬	一億五千三百六十萬	一百五十三億六千萬	一億一千七百六十萬	一百三十四億四千萬	八千六百四十萬	一百一十五億二千萬	六千萬	九十六億
二億一千八百七十萬	二百一十八億七千萬	一億七千二百八十萬	一百九十四億四千萬	一億三千二百三十萬	一百七十〇億一千萬	九千七百三十萬	一百四十五億八千萬	六千七百五十萬	一百二十一億五千萬
七十二萬九千		五十一萬二千		三十四萬三千		二十一萬六千		一十二萬五千	

四商立方千百下除十表

四十		三十		二十		一十		
長廉	平廉	長廉	平廉	長廉	平廉	長廉	平廉	
五百二十八萬	一億四千五百二十萬	二百七十九萬	一億〇八百九十萬	一百三十二萬	七千二百六十萬	三十三萬	三千六百三十萬	一千一百
五百七十六萬	一億七千二百八十萬	三百二十四萬	一億二千九百六十萬	一百四十四萬	八千六百四十萬	三十六萬	四千三百二十萬	一千二百
六百二十四萬	二億〇二百八十萬	三百五十一萬	一億五千二百一十萬	一百五十六萬	一億〇一百四十萬	三十九萬	五千〇七十萬	一千三百
六百七十二萬	二億三千五百二十萬	三百七十八萬	一億七千六百四十萬	一百六十八萬	一億一千七百六十萬	四十二萬	五千八百八十萬	一千四百
七百二十萬	二億七千	四百〇五萬	二億〇二百五十萬	一百八十萬	一億三千五百萬	四十五萬	六千七百五十萬	一千五百
七百六十八萬	三億〇七百二十萬	四百三十二萬	二億三千〇四十萬	一百九十二萬	一億五千三百六十萬	四十八萬	七千六百八十萬	一千六百
八百一十六萬	三億四千六百八十萬	四百五十九萬	二億六千〇一十萬	二百〇四萬	一億七千三百四十萬	五十一萬	八千六百七十萬	一千七百
八百六十四萬	三億八千八百八十萬	四百八十六萬	二億九千一百六十萬	二百一十六萬	一億九千四百四十萬	五十四萬	九千七百二十萬	一千八百
九百一十二萬	四億三千三百二十萬	五百一十三萬	三億二千四百九十萬	二百二十八萬	二億一千六百六十萬	五十七萬	一億〇八百三十萬	一千九百
六萬四千		二萬七千		八千		一千		隅

開方簡法

二十二

九十		八十		七十		六十		五十	
長廉	平廉	長廉	平廉	長廉	平廉	長廉	平廉	長廉	平廉
二千六百七十三萬	三億二千六百七十萬	二千一百一十二萬	二億九千〇四十萬	一千六百一十七萬	二億五千四百一十萬	一千一百八十八萬	二億一千七百八十萬	八百二十五萬	一億八千一百五十萬
二千九百一十六萬	三億八千八百八十萬	二千三百〇四萬	三億四千五百六十萬	一千七百六十四萬	三億〇二百四十萬	一千二百九十六萬	二億五千九百二十萬	九百萬	二億一千六百萬
三千一百五十九萬	四億五千六百三十萬	二千四百九十六萬	四億〇五百六十萬	一千九百一十一萬	三億五千四百九十萬	一千四百〇四萬	三億〇四百二十萬	九百七十五萬	二億五千三百五十萬
三千四百〇二萬	五億二千九百二十萬	二千六百八十八萬	四億七千〇四十萬	二千〇五十八萬	四億一千一百六十萬	一千五百一十二萬	三億五千二百八十萬	一千〇五十萬	二億九千四百萬
三千六百四十五萬	六億〇七百五十萬	二千八百八十〇萬	五億四千萬	二千二百〇五萬	四億七千二百五十萬	一千六百二十萬	四億〇五百萬	一千一百二十五萬	三億三千七百五十萬
三千八百八十八萬	六億九千一百二十萬	三千〇七十二萬	六億一千四百四十萬	二千三百五十二萬	五億三千七百六十萬	一千七百二十八萬	四億六千〇八十萬	一千二百萬	三億八千四百萬
四千一百三十一萬	七億八千〇三十萬	三千二百六十四萬	六億九千三百六十萬	二千四百九十九萬	六億〇六百九十萬	一千八百三十六萬	五億二千〇二十萬	一千二百七十五萬	四億三千三百五十萬
四千三百七十四萬	八億七千四百八十萬	三千四百五十六萬	七億七千七百六十萬	二千六百四十六萬	六億八千〇四十萬	一千九百四十四萬	五億八千三百二十萬	一千三百五十萬	四億八千六百萬
四千六百一十七萬	九億七千四百七十萬	三千六百四十八萬	八億六千六百四十萬	二千七百九十三萬	七億五千八百一十萬	二千〇五十二萬	六億四千九百八十萬	一千四百二十五萬	五億四千一百五十萬
七十二萬九千		五十一萬二千		三十四萬三千		二十一萬六千		一十二萬五千	

四十		三十		二十		一十			四商立方千百下除十表
長廉	平廉	長廉	平廉	長廉	平廉	長廉	平廉		
一千〇〇八萬	五億二千九百二十萬	五百六十七萬	三億九千六百九十萬	二百五十二萬	二億六千四百六十萬	六十三萬	一億三千二百三十萬	二千一百	
一千〇五十六萬	五億八千〇八十萬	五百九十四萬	四億三千五百六十萬	二百六十四萬	二億九千〇四十萬	六十六萬	一億四千五百二十萬	二千二百	
一千一百〇四萬	六億三千四百八十萬	六百二十一萬	四億七千六百一十萬	二百七十六萬	三億一千七百四十萬	六十九萬	一億五千八百七十萬	二千三百	
一千一百五十二萬	六億九千一百二十萬	六百四十八萬	五億一千八百四十萬	二百八十八萬	三億四千五百六十萬	七十二萬	一億七千二百八十萬	二千四百	
一千二百萬	七億五千萬	六百七十五萬	五億六千二百五十萬	三百萬	三億七千五百萬	七十五萬	一億八千七百五十萬	二千五百	
一千二百四十八萬	八億一千一百二十萬	七百〇二萬	六億〇八百四十萬	三百一十二萬	四億〇五百六十萬	七十八萬	二億〇二百八十萬	二千六百	
一千二百九十六萬	八億七千四百八十萬	七百二十九萬	六億五千六百一十萬	三百二十四萬	四億三千七百四十萬	八十一萬	二億一千八百七十萬	二千七百	
一千三百四十四萬	九億四千〇八十萬	七百五十六萬	七億〇五百六十萬	三百三十六萬	四億七千〇四十萬	八十四萬	二億三千五百二十萬	二千八百	
一千三百九十二萬	一十〇億〇九百二十萬	七百八十三萬	七億五千六百九十萬	三百四十八萬	五億〇四百六十萬	八十七萬	二億五千二百三十萬	二千九百	
六萬四千		二萬七千		八千		一千		隅	

開方簡法

九十		八十		七十		六十		五十	
長廉	平廉	長廉	平廉	長廉	平廉	長廉	平廉	長廉	平廉
五千一百〇三萬	一十一億九千〇七十萬	四千〇三十二萬	一十〇億五千八百四十萬	三千〇八十七萬	九億二千六百一十萬	二千二百六十八萬	七億九千三百八十萬	一千五百七十五萬	六億六千一百五十萬
五千三百四十六萬	一十三億〇六八百八十萬	四千二百二十四萬	一十一億六千一百六十萬	三千二百三十四萬	一十〇億一千六百四十萬	二千三百七十六萬	八億七千一百二十萬	一千六百五十萬	七億二千六百萬
五千五百八十九萬	一十四億二千八百三十萬	四千四百一十六萬	一十二億六千九百六十萬	三千三百八十一萬	一十一億一千〇九十萬	二千四百八十四萬	九億五千二百二十萬	一千七百二十五萬	七億九千三百五十萬
五千八百三十二萬	一十五億五千五百二十萬	四千六百〇八萬	一十三億八千二百四十萬	三千五百二十八萬	一十二億〇九百六十萬	二千五百九十二萬	一十〇億三千六百八十萬	一千八百萬	八億六千四百萬
六千〇七十五萬	一十六億八千七百五十萬	四千八百萬	一十五億	三千六百七十五萬	一十三億一千二百五十萬	二千七百萬	一十一億二千五百萬	一千八百七十五萬	九億三千七百五十萬
六千三百一十八萬	一十八億二千五百二十萬	四千九百九十二萬	一十六億二千二百四十萬	三千八百二十二萬	一十四億一千九百六十萬	二千八百〇八萬	一十二億一千六百八十萬	一千九百五十萬	一十〇億一千四百萬
六千五百六十一萬	一十九億六千八百三十萬	五千一百八十四萬	一十七億四千九百六十萬	三千九百六十九萬	一十五億三千〇九十萬	二千九百一十六萬	一十三億一千二百二十萬	二千〇二十五萬	一十〇億九千三百五十萬
六千八百〇四萬	二十一億一千六百八十萬	五千三百七十六萬	一十八億八千一百六十萬	四千一百一十六萬	一十六億四千六百四十萬	三千〇二十四萬	一十四億一千一百二十萬	二千一百萬	一十一億七千六百萬
七千〇四十七萬	二十二億七千〇七十萬	五千五百六十八萬	二十〇億一千八百四十萬	四千二百六十三萬	一十七億六千六百一十萬	三千一百三十二萬	一十五億一千三百八十萬	二千一百七十五萬	一十二億六千一百五十萬
七十二萬九千		五十一萬二千		三十四萬三千		二十一萬六千		一十二萬五千	

四商立方千百下除十表

四十		三十		二十		一十			
長廉	平廉	長廉	平廉	長廉	平廉	長廉	平廉		四商立方千百下除十表
一千四百八十八萬	一十一億五千三百二十萬	八百三十七萬	八億六千四百九十萬	三百七十二萬	五億七千六百六十萬	九十三萬	二億八千八百三十萬	三千一百	
一千五百三十六萬	一十二億二千八百八十萬	八百六十四萬	九億二千一百六十萬	三百八十四萬	六億一千四百四十萬	九十六萬	三億〇七百二十萬	三千二百	
一千五百八十四萬	一十三億〇六百八十萬	八百九十一萬	九億八千〇一十萬	三百九十六萬	六億五千三百四十萬	九十九萬	三億二千六百七十萬	三千三百	
一千六百三十二萬	一十三億八千七百二十萬	九百一十八萬	一十〇億四千〇四十萬	四百〇八萬	六億九千三百六十萬	一百〇二萬	三億四千六百八十萬	三千四百	
一千六百八十萬	一十四億七千萬	九百四十五萬	一十一億〇二百五十萬	四百二十萬	七億三千五百萬	一百〇五萬	三億六千七百五十萬	三千五百	
一千七百二十八萬	一十五億五千五百二十萬	九百七十二萬	一十一億六千六百四十萬	四百三十二萬	七億七千七百六十萬	一百〇八萬	三億八千八百八十萬	三千六百	
一千七百七十六萬	一十六億四千二百八十萬	九百九十九萬	一十二億三千二百一十萬	四百四十四萬	八億二千一百四十萬	一百一十一萬	四億一千〇七十萬	三千七百	
一千八百二十四萬	一十七億三千二百八十萬	一千〇二十六萬	一十二億九千九百六十萬	四百五十六萬	八億六千六百四十萬	一百一十四萬	四億三千三百二十萬	三千八百	
一千八百七十二萬	一十八億二千五百二十萬	一千〇五十三萬	一十三億六千八百九十萬	四百六十八萬	九億一千二百六十萬	一百一十七萬	四億五千六百三十萬	三千九百	
六萬四千		二萬七千		八千		一千		隅	

平一十四億四千一十五億三千一十六億三千一十七億三千一十八億三千一十九億四千二十〇億五千二十一億六千二十二億八千

五廉一百五十萬　六百萬　三百五十萬　四百萬　七百五十萬　四百萬　三百五十萬　六百萬　一百五十萬

十長二千三百二十二千四百萬二千四百七十二千五百五十二千六百二十二千七百萬二千七百七十二千八百五十二千九百二十

廉五萬　五萬　萬　五萬　五萬　萬　五萬

平一十七億二千一十八億四千一十九億六千二十〇億八千二十二億〇二十三億三千二十四億六千二十五億九千二十七億三千

六廉九百八十萬　三百二十萬〇二十萬　〇八十萬　五百萬　二百八十萬　四百二十萬　九百二十萬　七百八十萬

十長三千三百四十三千四百五十三千五百六十三千六百七十三千七百八十三千八百八十三千九百九十四千一百〇四千二百一十

廉八萬　六萬　四萬　二萬　萬　八萬　六萬　四萬　二萬

平二十〇億一千二十一億五千二十二億八千二十四億二千二十五億七千二十七億二千二十八億七千三十〇億三千三十一億九千

七廉八百一十萬〇四十萬　六百九十萬七百六十萬　二百五十萬一百六十萬　四百九十萬　二百四十萬　四百一十萬

十長四千五百五十四千七百〇四千八百五十四千九百九十五千一百四十五千二百九十五千四百三十五千五百八十五千七百三十

廉七萬　四萬　一萬　八萬　五萬　二萬　九萬　六萬　三萬

平二十三億〇二十四億五千二十六億一千二十七億七千二十九億四千三十一億一千三十二億八千三十四億六千三十六億五千

八廉六百四十萬　七百六十萬　三百六十萬　四百四十萬　萬　〇四十萬　五百六十萬　五百六十萬〇四十萬

十長五千九百五十六千一百四十六千三百三十六千五百二十六千七百二十六千九百一十七千一百〇七千二百九十七千四百八十

廉二萬　四萬　六萬　八萬　萬　二萬　四萬　六萬　八萬

平二十五億九千二十七億六千二十九億四千三十一億二千三十三億〇三十四億九千三十六億九千三十八億九千四十一億〇

九廉四百七十萬　四百八十萬〇三十萬　一百二十萬　七百五十萬九百二十萬　六百三十萬　八百八十萬　六百七十萬

十長七千五百三十七千七百七十八千〇一十八千二百六十八千五百〇八千七百四十八千九百九十九千二百三十九千四百七十

廉三萬　六萬　九萬　二萬　五萬　八萬　一萬　四萬　七萬

一十二萬五千　二十一萬六千　三十四萬三千　五十一萬二千　七十二萬九千

九十		八十		七十		六十		五十	
長廉	平廉	長廉	平廉	長廉	平廉	長廉	平廉	長廉	平廉
七千五百三十三萬	二十五億九千四百七十萬	五千九百五十二萬	二十三億〇六百四十萬	四千五百五十七萬	二十〇億一千八百一十萬	三千三百四十八萬	一十七億二千九百八十萬	二千三百二十五萬	一十四億四千一百五十萬
七千七百七十六萬	二十七億六千四百八十萬	六千一百四十四萬	二十四億五千七百六十萬	四千七百〇四萬	二十一億五千〇四十萬	三千四百五十六萬	一十八億四千三百二十萬	二千四百萬	一十五億三千六百萬
八千〇一十九萬	二十九億四千〇三十萬	六千三百三十六萬	二十六億一千三百六十萬	四千八百五十一萬	二十二億八千六百九十萬	三千五百六十四萬	一十九億六千〇二十萬	二千四百七十五萬	一十六億三千三百五十萬
八千二百六十二萬	三十一億二千一百二十萬	六千五百二十八萬	二十七億七千四百四十萬	四千九百九十八萬	二十四億二千七百六十萬	三千六百七十二萬	二十〇億八千〇八十萬	二千五百五十萬	一十七億三千四百萬
八千五百〇五萬	三十三億〇七百五十萬	六千七百二十萬	二十九億四千萬	五千一百四十五萬	二十五億七千二百五十萬	三千七百八十萬	二十二億〇五百萬	二千六百二十五萬	一十八億三千七百五十萬
八千七百四十八萬	三十四億九千九百二十萬	六千九百一十二萬	三十一億一千〇四十萬	五千二百九十二萬	二十七億二千一百六十萬	三千八百八十八萬	二十三億三千二百八十萬	二千七百萬	一十九億四千四百萬
八千九百九十一萬	三十六億九千六百三十萬	七千一百〇四萬	三十二億八千五百六十萬	五千四百三十九萬	二十八億七千四百九十萬	三千九百九十六萬	二十四億六千四百二十萬	二千七百七十五萬	二十〇億五千三百五十萬
九千二百三十四萬	三十八億九千八百八十萬	七千二百九十六萬	三十四億六千五百六十萬	五千五百八十六萬	三十〇億三千二百四十萬	四千一百〇四萬	二十五億九千九百二十萬	二千八百五十萬	二十一億六千六百萬
九千四百七十七萬	四十一億〇六百七十萬	七千四百八十八萬	三十六億五千〇四十萬	五千七百三十三萬	三十一億九千四百一十萬	四千二百一十二萬	二十七億三千七百八十萬	二千九百二十五萬	二十二億八千一百五十萬
七十二萬九千		五十一萬二千		三十四萬三千		二十一萬六千		一十二萬五千	

四商立方千百下除十表

四十		三十		二十		一十		
長廉	平廉	長廉	平廉	長廉	平廉	長廉	平廉	
一千九百六十八萬	二十〇億一千七百二十萬	一千一百〇七萬	一十五億一千二百九十萬	四百九十二萬	一十〇億〇八百六十萬	一百二十三萬	五億〇四百三十萬	四千一百
二千〇一十六萬	二十一億一千六百八十萬	一千一百三十四萬	一十五億八千七百六十萬	五百〇四萬	一十〇億五千八百四十萬	一百二十六萬	五億二千九百二十萬	四千二百
二千〇六十四萬	二十二億一千八百八十萬	一千一百六十一萬	一十六億六千四百一十萬	五百一十六萬	一十一億〇九百四十萬	一百二十九萬	五億五千四百七十萬	四千三百
二千一百一十二萬	二十三億二千三百二十萬	一千一百八十八萬	一十七億四千二百四十萬	五百二十八萬	一十一億六千一百六十萬	一百三十二萬	五億八千〇八十萬	四千四百
二千二百六十萬	二十四億三千萬	一千二百一十五萬	一十八億二千二百五十萬	五百四十萬	一十二億一千五百萬	一百三十五萬	六億〇七百五十萬	四千五百
二千一百〇八萬	二十五億三千九百二十萬	一千二百四十二萬	一十九億〇四百四十萬	五百五十二萬	一十二億六千九百六十萬	一百三十八萬	六億三千四百八十萬	四千六百
二千二百五十六萬	二十六億五千〇八十萬	一千二百六十九萬	一十九億八千八百一十萬	五百六十四萬	一十三億二千五百四十萬	一百四十一萬	六億六千二百七十萬	四千七百
二千三百〇四萬	二十七億六千四百八十萬	一千二百九十六萬	二十〇億七千三百六十萬	五百七十六萬	一十三億八千二百四十萬	一百四十四萬	六億九千一百二十萬	四千八百
二千三百五十二萬	二十八億八千一百二十萬	一千三百二十三萬	二十一億六千〇九十萬	五百八十八萬	一十四億四千〇六十萬	一百四十七萬	七億二千〇三十萬	四千九百
六萬四千		二萬七千		八千		一千		隅

開方簡法

二十五

九十		八十		七十		六十		五十	
長廉	平廉	長廉	平廉	長廉	平廉	長廉	平廉	長廉	平廉
九千九百六十三萬	四十五億三千八百七十萬	七千八百七十二萬	四十○億三千四百四十萬	六千○二十七萬	三十五億三千○一十萬	四千四百二十八萬	三十○億二千五百八十萬	三千○七十五萬	二十五億二千一百五十萬
一億○二百○六萬	四十七億六千二百八十萬	八千○六十四萬	四十二億三千三百六十萬	六千一百七十四萬	三十七億○四百四十萬	四千五百三十六萬	三十一億七千五百二十萬	三千一百五十萬	二十六億四千六百萬
一億○四百四十九萬	四十九億九千二百三十萬	八千二百五十六萬	四十四億三千七百六十萬	六千三百二十一萬	三十八億八千二百九十萬	四千六百四十四萬	三十三億二千八百二十萬	三千二百二十五萬	二十七億七千三百五十萬
一億○六百九十二萬	五十二億二千七百二十萬	八千四百四十八萬	四十六億四千六百四十萬	六千四百六十八萬	四十○億六千五百六十萬	四千七百五十二萬	三十四億八千四百八十萬	三千三百萬	二十九億○四百萬
一億○九百三十五萬	五十四億六千七百五十萬	八千六百四十萬	四十八億六千萬	六千六百一十五萬	四十二億五千二百五十萬	四千八百六十萬	三十六億四千五百萬	三千三百七十五萬	三十○億三千七百五十萬
一億一千一百七十八萬	五十七億一千三百二十萬	八千八百三十二萬	五十○億七千八百四十萬	六千七百六十二萬	四十四億四千三百六十萬	四千九百六十八萬	三十八億○八百八十萬	三千四百五十萬	三十一億七千四百萬
一億一千四百二十一萬	五十九億六千四百三十萬	九千○二十四萬	五十三億○一百六十萬	六千九百○九萬	四十六億三千八百九十萬	五千○七十六萬	三十九億七千六百二十萬	三千五百二十五萬	三十三億一千三百五十萬
一億一千六百六十四萬	六十二億二千○八十萬	九千二百一十六萬	五十五億二千九百六十萬	七千○五十六萬	四十八億三千八百四十萬	五千一百八十四萬	四十一億四千七百二十萬	三千六百萬	三十四億五千六百萬
一億一千九百○七萬	六十四億八千二百七十萬	九千四百○八萬	五十七億六千二百四十萬	七千二百○三萬	五十○億四千一百二十萬	五千二百九十二萬	四十三億二千一百八十萬	三千六百七十五萬	三十六億○一百五十萬
七十二萬九千		五十一萬二千		三十四萬三千		二十一萬六千		一十二萬五千	

四商立方千百下除十表

四十		三十		二十		一十		
長廉	平廉	長廉	平廉	長廉	平廉	長廉	平廉	
二千四百四十八萬	三十一億二千一百二十萬	一千三百七十七萬	二十三億四千〇九十萬	六百一十二萬	一十五億六千〇六十萬	一百五十三萬	七億八千〇三十萬	五千一百
二千四百九十六萬	三十二億四千四百八十萬	一千四百〇四萬	二十四億三千三百六十萬	六百二十四萬	一十六億二千二百四十萬	一百五十六萬	八億一千一百二十萬	五千二百
二千五百四十四萬	三十三億七千〇八十萬	一千四百三十一萬	二十五億二千八百一十萬	六百三十六萬	一十六億八千五百四十萬	一百五十九萬	八億四千二百七十萬	五千三百
二千五百九十二萬	三十四億九千九百二十萬	一千四百五十八萬	二十六億二千四百四十萬	六百四十八萬	一十七億四千九百六十萬	一百六十二萬	八億七千四百八十萬	五千四百
二千六百四十萬	三十六億三千萬	一千四百八十五萬	二十七億二千二百五十萬	六百六十萬	一十八億一千五百萬	一百六十五萬	九億〇七百五十萬	五千五百
二千六百八十八萬	三十七億六千三百二十萬	一千五百一十二萬	二十八億二千二百四十萬	六百七十二萬	一十八億八千一百六十萬	一百六十八萬	九億四千〇八十萬	五千六百
二千七百三十六萬	三十八億九千八百八十萬	一千五百三十九萬	二十九億二千四百一十萬	六百八十四萬	一十九億四千九百四十萬	一百七十一萬	九億七千四百七十萬	五千七百
二千七百八十四萬	四十〇億三千六百八十萬	一千五百六十六萬	三十〇億二千七百六十萬	六百九十六萬	二十〇億一千八百四十萬	一百七十四萬	一十〇億〇九百二十萬	五千八百
二千八百三十二萬	四十一億七千七百二十萬	一千五百九十三萬	三十一億三千二百九十萬	七百〇八萬	二十〇億八千八百六十萬	一百七十七萬	一十〇億四千四百三十萬	五千九百
六萬四千		二萬七千		八千		一千		隅

平三十九億〇一百四十〇億五千 四十二億一千 四十三億七千 四十五億三千 四十七億〇 四十八億七千 五十〇億四千 五十二億二千一
五廉五十萬 六百萬 三百五十萬 四百萬 七百五十萬 四百萬 三百五十萬 六百萬 一百五十萬 十
十長二千八百二十 三千九百萬 三千九百七十 四千〇五十萬 四千一百二十 四千二百萬 四千二百七十 四千三百五十 四千四百二十 萬二
廉五萬 五萬 五萬 五萬 萬 五萬 伍千
六平四十六億八千 四十八億六千 五十〇億五千 五十二億四千 五十四億四千 五十六億四千 五十八億四千 六十〇億五千 六十二億六千 二
廉一百八十萬 七百二十萬 六百二十萬 八百八十萬 五百萬 四百八十萬 八百二十萬 五百二十萬 五百八十萬 十
十長五千五百〇 五千六百一十 五千七百二十 五千八百三十 五千九百四十 六千〇四十 六千一百五十 六千二百六十 六千三百七十 萬一
廉八萬 六萬 四萬 二萬 萬 八萬 六萬 四萬 二萬 六千
七平五十四億六千 五十六億七千 五十八億九千 六十一億二千 六十三億五千 六十五億八千 六十八億二千 七十億六千 七十三億一千 三十
廉二百一十萬 八百四十萬 八百九十萬 三百六十萬 二百五十萬 五百六十萬 三百九十萬 四百四十萬 二十萬 四
十長七千四百九十 七千六百四十 七千七百九十 七千九百三十 八千〇八十 八千二百三十 八千三百七十 八千五百二十 八千六百七十 萬三
廉七萬 四萬 一萬 八萬 二萬 九萬 六萬 三萬 十三
平六十二億四千 六十四億八千 六十七億四千 六十九億九千 七十二億六千 七十五億二千 七十七億九千 八十〇億七千 八十三億五千 十五
八廉二百四十萬 九百六十萬 一百六十萬 八百四十萬 萬 六百四十萬 七百六十萬 三百六十萬 四百四十萬 萬一
十長九千七百九十 九千九百八十 一億〇一百七十 一億〇三百 一億〇五百 一億〇七百 一億〇九百 一億一千一百 一億一千三百 萬二
廉二萬 四萬 六萬 六十八萬 六十萬 五十二萬 四十四萬 三十六萬 二十八萬 千二
九平七十〇億二千 七十三億〇 七十五億八千 七十九億七千 八十一億六千 八十四億六千 八十七億七千 九十〇億八千 九十三億九千 七
廉二百七十萬 〇八十萬 四百三十萬 三百二十萬 七百五十萬 七百二十萬 三百三十萬 二百八十萬 八百七十萬 十
十長一億一千三百 一億二千六百 一億二千八百 一億三千一百 一億三千三百 一億三千六百 一億三千八百 一億四千〇 一億四千三百 萬二
廉九十三萬 三十六萬 七十九萬 二十二萬 六十五萬 〇八萬 五十一萬 九十四萬 三十七萬 千九

開方簡法

二十六

九十		八十		七十		六十		五十	
長廉	平廉	長廉	平廉	長廉	平廉	長廉	平廉	長廉	平廉
一億一千三百九十三萬	七十〇億二千二百七十萬	九千七百九十二萬	六十二億四千二百四十萬	七千四百九十七萬	五十四億六千二百一十萬	五千五百〇八萬	四十六億八千一百八十萬	二千八百二十五萬	三十九億〇一百五十萬
一億二千六百三十六萬	七十三億〇〇八十萬	九千九百八十四萬	六十四億八千九百六十萬	七千六百四十四萬	五十六億七千八百四十萬	五千六百一十六萬	四十八億六千七百二十萬	三千九百萬	四十〇億五千六百萬
一億二千八百七十九萬	七十五億八千四百三十萬	一億〇一百七十六萬	六十七億四千一百六十萬	七千七百九十一萬	五十八億九千八百九十萬	五千七百二十四萬	五十〇億五千六百二十萬	三千九百七十五萬	四十二億一千三百五十萬
一億三千一百二十二萬	七十九億七千三百二十萬	一億〇三百六十八萬	六十九億九千八百四十萬	七千九百三十八萬	六十一億二千三百六十萬	五千八百三十二萬	五十二億四千八百八十萬	四千〇五十萬	四十三億七千四百萬
一億三千三百六十五萬	八十一億六千七百五十萬	一億〇五百六十萬	七十二億六千萬	八千〇八十五萬	六十三億五千二百五十萬	五千九百四十萬	五十四億四千五百萬	四千一百二十五萬	四十五億三千七百五十萬
一億三千六百〇八萬	八十四億六千七百二十萬	一億〇七百五十二萬	七十五億二千六百四十萬	八千二百三十二萬	六十五億八千五百六十萬	六千〇四十八萬	五十六億四千四百八十萬	四千二百萬	四十七億〇四百萬
一億三千八百五十一萬	八十七億七千二百三十萬	一億〇九百四十四萬	七十七億九千七百六十萬	八千三百七十九萬	六十八億二千二百九十萬	六千一百五十六萬	五十八億四千八百二十萬	四千二百七十五萬	四十八億七千三百五十萬
一億四千〇九十四萬	九十〇億八千二百八十萬	一億一千一百三十六萬	八十〇億七千三百六十萬	八千五百二十六萬	七十〇億六千四百四十萬	六千二百六十四萬	六十〇億五千五百二十萬	四千三百五十萬	五十〇億四千六百萬
一億四千三百三十七萬	九十三億九千八百七十萬	一億一千三百二十八萬	八十三億五千四百四十萬	八千六百七十三萬	七十三億一千〇一十萬	六千三百七十二萬	六十二億六千五百八十萬	四千四百二十五萬	五十二億二千一百五十萬
七十二萬九千		五十一萬二千		三十四萬三千		二十一萬六千		一十二萬五千	

四商立方千百下除十表

四十		三十		二十		一十			四商立方千百下除十表
長廉	平廉	長廉	平廉	長廉	平廉	長廉	平廉		
二千九百二十八萬	四十四億六千五百二十萬	一千六百四十七萬	三十三億四千八百九十萬	七百三十二萬	二十二億三千二百六十萬	一百八十三萬	一十一億一千六百三十萬	六千一百	
二千九百七十六萬	四十六億一千二百八十萬	一千六百七十四萬	三十四億五千九百六十萬	七百四十四萬	二十三億〇六百四十萬	一百八十六萬	一十一億五千三百二十萬	六千二百	
三千〇二十四萬	四十七億六千二百八十萬	一千七百〇一萬	三十五億七千二百一十萬	七百五十六萬	二十三億八千一百四十萬	一百八十九萬	一十一億九千〇七十萬	六千三百	
三千〇七十二萬	四十九億一千五百二十萬	一千七百二十八萬	三十六億八千六百四十萬	七百六十八萬	二十四億五千七百六十萬	一百九十二萬	一十二億二千八百八十萬	六千四百	
三千一百二十萬	五十〇億七千萬	一千七百五十五萬	三十八億〇二百五十萬	七百八十萬	二十五億三千五百萬	一百九十五萬	一十二億六千七百五十萬	六千五百	
三千一百六十八萬	五十二億二千七百二十萬	一千七百八十二萬	三十九億二千〇四十萬	七百九十二萬	二十六億一千三百六十萬	一百九十八萬	一十三億〇六百八十萬	六千六百	
三千二百一十六萬	五十三億八千六百八十萬	一千八百〇九萬	四十〇億四千〇一十萬	八百〇四萬	二十六億九千三百四十萬	二百〇一萬	一十三億四千六百七十萬	六千七百	
三千二百六十四萬	五十五億四千八百八十萬	一千八百三十六萬	四十一億六千一百六十萬	八百一十六萬	二十七億七千四百四十萬	二百〇四萬	一十三億八千七百二十萬	六千八百	
三千三百一十二萬	五十七億一千三百二十萬	一千八百六十三萬	四十二億八千四百九十萬	八百二十八萬	二十八億五千六百六十萬	二百〇七萬	一十四億二千八百三十萬	六千九百	
六萬四千		二萬七千		八千		一千		隅	

六四一

開方簡法

二十七

九十		八十		七十		六十		五十	
長廉	平廉	長廉	平廉	長廉	平廉	長廉	平廉	長廉	平廉
一億四千八百二十三萬	一百〇〇億四千六百七十萬	一億一千七百一十二萬	八十九億三千〇四十萬	八千九百六十七萬	七十八億一千四百一十萬	六千五百八十八萬	六十六億九千七百八十萬	四千五百七十五萬	五十五億八千一百五十萬
一億五千〇六十六萬	一百〇三億七千八百八十萬	一億一千九百〇四萬	九十二億二千五百六十萬	九千一百一十四萬	八十〇億七千二百四十萬	六千六百九十六萬	六十九億一千九百二十萬	四千六百五十萬	五十七億六千六百萬
一億五千三百〇九萬	一百〇七億一千六百三十萬	一億二千〇九十六萬	九十五億二千五百六十萬	九千二百六十一萬	八十三億三千四百九十萬	六千八百〇四萬	七十一億四千四百二十萬	四千七百二十五萬	五十九億五千三百五十萬
一億五千五百五十二萬	一百一十〇億五千九百二十萬	一億二千二百八十八萬	九十八億三千〇四十萬	九千四百〇八萬	八十六億〇一百六十萬	六千九百一十二萬	七十三億七千二百八十萬	四千八百萬	六十一億四千四百萬
一億五千七百九十五萬	一百一十四億〇七百五十萬	一億二千四百八十萬	一百〇一億四千萬	九千五百五十五萬	八十八億七千二百五十萬	七千〇二十萬	七十六億〇五百萬	四千八百七十五萬	六十三億三千七百五十萬
一億六千〇三十八萬	一百一十七億六千一百二十萬	一億二千六百七十二萬	一百〇四億五千四百四十萬	九千七百〇二萬	九十一億四千七百六十萬	七千一百二十八萬	七十八億四千〇八十萬	四千九百五十萬	六十五億三千四百萬
一億六千二百八十一萬	一百二十一億二千〇三十萬	一億二千八百六十四萬	一百〇七億七千三百六十萬	九千八百四十九萬	九十四億二千六百九十萬	七千二百三十六萬	八十〇億八千〇二十萬	五千〇二十五萬	六十七億三千三百五十萬
一億六千五百二十四萬	一百二十四億八千四百八十萬	一億三千〇五十六萬	一百一十〇億九千七百六十萬	九千九百九十六萬	九十七億一千〇四十萬	七千三百四十四萬	八十三億二千三百二十萬	五千一百萬	六十九億三千六百萬
一億六千七百六十七萬	一百二十八億五千四百七十萬	一億三千二百四十八萬	一百一十四億二千六百四十萬	一億〇一百四十三萬	九十九億九千八百一十萬	七千四百五十二萬	八十五億六千九百八十萬	五千一百七十五萬	七十一億四千一百五十萬
七十二萬九千		五十一萬二千		三十四萬三千		二十一萬六千		一十二萬五千	

四商立方千百下除十表

四十		三十		二十		一十		
長廉	平廉	長廉	平廉	長廉	平廉	長廉	平廉	
三千四百〇八萬	六十〇億四千九百二十萬	一千九百一十七萬	四十五億三千六百九十萬	八百五十二萬	三十〇億二千四百六十萬	二百一十三萬	一十五億一千二百三十萬	七千一百
三千四百五十六萬	六十二億二千〇八十萬	一千九百四十四萬	四十六億六千五百六十萬	八百六十四萬	三十一億一千〇四十萬	二百一十六萬	一十五億五千五百二十萬	七千二百
三千五百〇四萬	六十三億九千四百八十萬	一千九百七十一萬	四十七億九千六百一十萬	八百七十六萬	三十一億九千七百四十萬	二百一十九萬	一十五億九千八百七十萬	七千三百
三千五百五十二萬	六十五億七千一百二十萬	一千九百九十八萬	四十九億二千八百四十萬	八百八十八萬	三十二億八千五百六十萬	二百二十二萬	一十六億四千二百八十萬	七千四百
三千六百萬	六十七億五千萬	二千〇二十五萬	五十〇億六千二百五十萬	九百萬	三十三億七千五百萬	二百二十五萬	一十六億八千七百五十萬	七千五百
三千六百四十八萬	六十九億三千一百二十萬	二千〇五十二萬	五十一億九千八百四十萬	九百一十二萬	三十四億六千五百六十萬	二百二十八萬	一十七億三千二百八十萬	七千六百
三千六百九十六萬	七十一億一千四百八十萬	二千〇七十九萬	五十三億三千六百一十萬	九百二十四萬	三十五億五千七百四十萬	二百三十一萬	一十七億七千八百七十萬	七千七百
三千七百四十四萬	七十三億〇〇八十萬	二千一百〇六萬	五十四億七千五百六十萬	九百三十六萬	三十六億五千〇四十萬	二百三十四萬	一十八億二千五百二十萬	七千八百
三千七百九十二萬	七十四億八千九百二十萬	二千一百三十三萬	五十六億一千六百九十萬	九百四十八萬	三十七億四千四百六十萬	二百三十七萬	一十八億七千二百三十萬	七千九百
六萬四千		二萬七千		八千		一千		隅

開方簡法

九十		八十		七十		六十		五十	
長廉	平廉	長廉	平廉	長廉	平廉	長廉	平廉	長廉	平廉
一億七千二百五十三萬	一百三十六億一千〇七十萬	一億三千六百三十二萬	一百二十〇億九千八百四十萬	一億〇四百三十七萬	一百〇五億八千六百一十萬	七千六百六十八萬	九十〇億七千三百八十萬	五千三百二十五萬	七十五億六千一百五十萬
一億七千四百九十六萬	一百三十九億九千六百八十萬	一億三千八百二十四萬	一百二十四億四千一百六十萬	一億〇五百八十四萬	一百〇八億八千六百四十萬	七千七百七十六萬	九十三億三千一百二十萬	五千四百萬	七十七億七千六百萬
一億七千七百三十九萬	一百四十三億八千八百三十萬	一億四千〇一十六萬	一百二十七億八千九百六十萬	一億〇七百三十一萬	一百一十一億九千〇九十萬	七千八百八十四萬	九十五億九千二百二十萬	五千四百七十五萬	七十九億九千三百五十萬
一億七千九百八十二萬	一百四十七億八千五百二十萬	一億四千二百〇八萬	一百三十一億四千二百四十萬	一億〇八百七十八萬	一百一十四億九千九百六十萬	七千九百九十二萬	九十八億五千六百八十萬	五千五百五十萬	八十二億一千四百萬
一億八千二百二十五萬	一百五十一億八千七百五十萬	一億四千四百萬	一百三十五億五千萬	一億一千〇二十五萬	一百一十八億一千二百五十萬	八千一百萬	一百〇一億二千五百萬	五千六百二十五萬	八十四億三千七百五十萬
一億八千四百六十八萬	一百五十五億九千五百二十萬	一億四千五百九十二萬	一百三十八億六千二百四十萬	一億一千一百七十二萬	一百二十一億二千九百六十萬	八千二百〇八萬	一百〇三億九千六百八十萬	五千七百萬	八十六億六千四百萬
一億八千七百一十一萬	一百六十〇億〇八百三十萬	一億四千七百九十四萬	一百四十二億二千九百六十萬	一億一千三百一十九萬	一百二十四億五千〇九十萬	八千三百一十六萬	一百〇六億七千二百二十萬	五千七百七十五萬	八十八億九千三百五十萬
一億八千九百五十四萬	一百六十四億二千六百八十萬	一億四千九百七十六萬	一百四十六億〇一百六十萬	一億一千四百六十六萬	一百二十七億七千六百四十萬	八千四百二十四萬	一百〇九億五千一百二十萬	五千八百五十萬	九十一億二千六百萬
一億九千一百九十七萬	一百六十八億五千〇七十萬	一億五千一百六十八萬	一百四十九億七千八百四十萬	一億一千六百一十三萬	一百三十一億〇六百一十萬	八千五百三十二萬	一百一十二億三千三百八十萬	五千九百二十五萬	九十三億六千一百五十萬
七十二萬九千		五十一萬二千		三十四萬三千		二十一萬六千		一十二萬五千	

千九萬二十七　千二萬一十五　千三萬四十三　千六萬一十二　千五萬二十一

四商立方千百下除十表

四十		三十		二十		一十		
長廉	平廉	長廉	平廉	長廉	平廉	長廉	平廉	
三千八百八十八萬	七十八億七千三百二十萬	二千一百八十七萬	五十九億〇四百九十萬	九百七十二萬	三十九億三千六百六十萬	二百四十三萬	一十九億六千八百三十萬	八千一百
三千九百三十六萬	八十〇億六千八百八十萬	二千二百一十四萬	六十〇億五千一百六十萬	九百八十四萬	四十〇億三千四百四十萬	二百四十六萬	二十〇億一千七百二十萬	八千二百
三千九百八十四萬	八十二億六千六百八十萬	二千二百四十一萬	六十二億〇〇一十萬	九百九十六萬	四十一億三千三百四十萬	二百四十九萬	二十〇億六千六百七十萬	八千三百
四千〇三十二萬	八十四億六千七百二十萬	二千二百六十八萬	六十三億五千〇四十萬	一千〇〇八萬	四十二億三千三百六十萬	二百五十二萬	二十一億一千六百八十萬	八千四百
四千〇八十萬	八十六億七千萬	二千二百九十五萬	六十五億〇二百五十萬	一千〇二十萬	四十三億三千五百萬	二百五十五萬	二十一億六千七百五十萬	八千五百
四千一百二十八萬	八十八億七千五百二十萬	二千三百二十二萬	六十六億五千六百四十萬	一千〇三十二萬	四十四億三千七百六十萬	二百五十八萬	二十二億一千八百八十萬	八千六百
四千一百七十六萬	九十〇億八千二百八十萬	二千三百四十九萬	六十八億一千二百一十萬	一千〇四十四萬	四十五億四千一百四十萬	二百六十一萬	二十二億七千〇七十萬	八千七百
四千二百二十四萬	九十二億九千二百八十萬	二千三百七十六萬	六十九億六千九百六十萬	一千〇五十六萬	四十六億四千六百四十萬	二百六十四萬	二十三億二千三百二十萬	八千八百
四千二百七十二萬	九十五億〇五百二十萬	二千四百〇三萬	七十一億二千八百九十萬	一千〇六十八萬	四十七億五千二百六十萬	二百六十七萬	二十三億七千六百三十萬	八千九百
六萬四千		二萬七千		八千		一千		隅

六四五

開方簡法

二十九

九十		八十		七十		六十		五十	
長廉	平廉	長廉	平廉	長廉	平廉	長廉	平廉	長廉	平廉
一億九千六百八十三萬	一百七十七億一千四百七十萬	一億五千五百五十二萬	一百五十七億四千六百四十萬	一億一千九百〇七萬	一百三十七億七千八百一十萬	八千七百四十八萬	一百一十八億〇九百八十萬	六千〇七十五萬	九十八億四千一百五十萬
一億九千九百二十六萬	一百八十一億五千四百八十萬	一億五千七百四十四萬	一百六十一億三千七百六十萬	一億二千〇五十四萬	一百四十一億二千〇四十萬	八千八百五十六萬	一百二十三億〇三百二十萬	六千一百五十萬	一百〇〇億八千六百萬
二億〇一百六十九萬	一百八十六億〇〇三十萬	一億五千九百三十六萬	一百六十五億三千三百六十萬	一億二千二百〇一萬	一百四十四億六千六百九十萬	八千九百六十四萬	一百二十四億〇〇二十萬	六千二百二十五萬	一百〇三億三千三百五十萬
二億〇四百一十二萬	一百九十〇億五千一百二十萬	一億六千一百二十八萬	一百六十九億三千四百四十萬	一億二千三百四十八萬	一百四十八億一千七百六十萬	九千〇七十二萬	一百二十七億〇〇八十萬	六千三百萬	一百〇五億八千四百萬
二億〇六百五十五萬	一百九十五億〇七百五十萬	一億六千三百二十萬	一百七十三億四千萬	一億二千四百九十五萬	一百五十一億七千一百五十萬	九千一百八十萬	一百三十〇億〇五百萬	六千三百七十五萬	一百〇八億三千七百五十萬
二億〇八百九十八萬	一百九十九億六千九百二十萬	一億六千五百一十二萬	一百七十七億五千〇四十萬	一億二千六百四十二萬	一百五十五億三千一百六十萬	九千二百八十八萬	一百三十三億一千二百八十萬	六千四百五十萬	一百一十億九千四百萬
二億一千一百四十一萬	二百〇四億三千六百三十萬	一億六千七百〇四萬	一百八十一億六千五百六十萬	一億二千七百八十九萬	一百五十八億九千四百九十萬	九千三百九十六萬	一百三十六億二千四百二十萬	六千五百二十五萬	一百一十三億五千三百五十萬
二億一千三百八十四萬	二百〇九億〇八百八十萬	一億六千八百九十六萬	一百八十五億八千五百六十萬	一億二千九百三十六萬	一百六十二億六千二百四十萬	九千五百〇四萬	一百三十九億三千九百二十萬	六千六百萬	一百一十六億一千六百萬
二億一千六百二十七萬	二百一十三億八千六百七十萬	一億七千〇八十八萬	一百九十〇億一千〇四十萬	一億三千〇八十三萬	一百六十六億三千四百一十萬	九千六百一十二萬	一百四十二億五千七百八十萬	六千六百七十五萬	一百一十八億八千一百五十萬
七十二萬九千		五十一萬二千		三十四萬三千		二十一萬六千		一十二萬五千	

四商立方千百下除十表

四十		三十		二十		一十		
長廉	平廉	長廉	平廉	長廉	平廉	長廉	平廉	
四千三百六十八萬	九十九億三千七百二十萬	二千四百五十七萬	七十四億五千二百九十萬	一千〇九十二萬	四十九億六千八百六十萬	二百七十三萬	二十四億八千四百三十萬	九千一百
四千四百一十六萬	一百〇一億五千六百八十萬	二千四百八十四萬	七十六億一千七百六十萬	一千一百〇四萬	五十〇億七千八百四十萬	二百七十六萬	二十五億三千九百二十萬	九千二百
四千四百六十四萬	一百〇三億七千八百八十萬	二千五百一十一萬	七十七億八千四百一十萬	一千一百一十六萬	五十一億八千九百四十萬	二百七十九萬	二十五億九千四百七十萬	九千三百
四千五百一十二萬	一百〇六億〇三百二十萬	二千五百三十八萬	七十九億五千二百四十萬	一千一百二十八萬	五十三億〇一百六十萬	二百八十二萬	二十六億五千〇八十萬	九千四百
四千五百六十萬	一百〇八億三千萬	二千五百六十五萬	八十一億二千二百五十萬	一千一百四十萬	五十四億一千五百萬	二百八十五萬	二十七億〇七百五十萬	九千五百
四千六百〇八萬	一百一十〇億五千九百二十萬	二千五百九十二萬	八十二億九千四百四十萬	一千一百五十二萬	五十五億二千九百六十萬	二百八十八萬	二十七億六千四百八十萬	九千六百
四千六百五十六萬	一百一十二億九千〇八十萬	二千六百一十九萬	八十四億六千八百一十萬	一千一百六十四萬	五十六億四千五百四十萬	二百九十一萬	二十八億二千二百七十萬	九千七百
四千七百〇四萬	一百一十五億二千四百八十萬	二千六百四十六萬	八十六億四千三百六十萬	一千一百七十六萬	五十七億六千二百四十萬	二百九十四萬	二十八億八千一百二十萬	九千八百
四千七百五十二萬	一百一十七億六千一百二十萬	二千六百七十三萬	八十八億二千〇九十萬	一千一百八十八萬	五十八億八千〇六十萬	二百九十七萬	二十九億四千〇三十萬	九千九百
六萬四千		二萬七千		八千		一千		隅

九十		八十		七十		六十		五十	
長廉	平廉	長廉	平廉	長廉	平廉	長廉	平廉	長廉	平廉
二億二千一百一十三萬	二百二十三億五千八百七十萬	一億七千四百七十二萬	一百九十八億七千四百四十萬	一億三千三百七十七萬	一百七十三億九千〇一十萬	九千八百二十八萬	一百四十九億〇五百八十萬	六千八百二十五萬	一百二十四億二千一百五十萬
二億二千三百五十六萬	二百二十八億五千二百八十萬	一億七千六百六十四萬	二百〇三億一千三百六十萬	一億三千五百二十四萬	一百七十七億七千四百四十萬	九千九百三十六萬	一百五十二億三千五百二十萬	六千九百萬	一百二十六億九千六百萬
二億二千五百九十九萬	二百三十三億五千二百三十萬	一億七千八百五十六萬	二百〇七億五千七百六十萬	一億三千六百七十一萬	一百八十一億六千二百九十萬	一億〇〇四十四萬	一百五十五億六千八百二十萬	六千九百七十五萬	一百二十九億七千三百五十萬
二億二千八百四十二萬	二百三十八億五千七百二十萬	一億八千〇四十八萬	二百一十二億〇六百四十萬	一億三千八百一十八萬	一百八十五億五千五百六十萬	一億〇一百五十二萬	一百五十九億〇四百八十萬	七千〇五十萬	一百三十二億五千四百萬
二億三千〇八十五萬	二百四十三億六千七百五十萬	一億八千二百四十萬	二百一十六億六千萬	一億三千九百六十五萬	一百八十九億五千二百五十萬	一億〇二百六十萬	一百六十二億四千五百萬	七千一百二十五萬	一百三十五億三千七百五十萬
二億三千三百二十八萬	二百四十八億八千三百二十萬	一億八千四百三十二萬	二百二十一億一千八百四十萬	一億四千一百一十二萬	一百九十三億五千三百六十萬	一億〇三百六十八萬	一百六十五億八千八百八十萬	七千二百萬	一百三十八億二千四百萬
二億三千五百七十一萬	二百五十四億〇四百三十萬	一億八千六百二十四萬	二百二十五億八千一百六十萬	一億四千二百五十九萬	一百九十七億五千八百九十萬	一億〇四百七十六萬	一百六十九億三千六百二十萬	七千二百七十五萬	一百四十一億一千三百五十萬
二億三千八百一十四萬	二百五十九億三千〇八十萬	一億八千八百一十六萬	二百三十〇億四千九百六十萬	一億四千四百〇六萬	二百〇一億六千八百四十萬	一億〇五百八十四萬	一百七十二億八千七百二十萬	七千三百五十萬	一百四十四億〇六百萬
二億四千〇五十七萬	二百六十四億六千二百七十萬	一億九千〇〇八萬	二百三十五億二千二百四十萬	一億四千五百五十三萬	二百〇五億八千二百一十萬	一億〇六百九十二萬	一百七十六億四千一百八十萬	七千四百二十五萬	一百四十七億一百五十萬
七十二萬九千		五十一萬二千		三十四萬三千		二十一萬六千		一十二萬五千	

開方簡法

三十

四商立方千百下十除零説

四商立方，零數浩賾難窮，雖不置表，然以法減除本自易易。蓋二商、三商須留四商餘地，不盡除實，故命商之數未免游移不決。若三商既得，止此零尾一除，恰盡，何煩轉展多商，但視餘實尾位是何數，便知立隅尾數是何格。如得一是一格，一格是一故。得二是八格，八格是五百一十二故。得三是七格，七格是三百四十三故。得四是四格，四格是六十四故，餘倣此，即以此格定商次，以三商所得數自乘，三倍之。又以本格數乘之，得平廉。次以三商所得數三倍之。又以本格自乘數乘之，得長廉并立隅，得數若干除實，恰盡。假如前四商積實九千九

百九十七億〇〇〇二萬九千九百九十九三次商除既
得方根九千九百九十餘實二十六億九千七百〇三萬
〇九百九十九視尾位是九知為七百二十九是九格即
以九定商次以三商所得数九九九自乘三倍之得二九
九四〇〇三又以九乘之得二十六億九千四百六十〇
萬二千七百為平廉次以九九九三倍之得二九九七又
以九自乘数八十一乘之得二百四十二萬七千五百七
十為長廉併前立隅七百二十九共得二十六億九千七
百〇三萬〇九百九十九以減餘實恰盡總四商開得九
千九百九十九餘皆倣此或有奇零不盡則尾位難齊更

開方簡法　三十一

百九十七億〇〇〇二萬九千九百九十九,三次商除，既得方根九千九百九十，餘實二十六億九千七百〇三萬〇九百九十九。視尾位是九，知爲七百二十九是九格，即以九定商。次以三商所得數九九九自乘，三倍之，得二九九四〇〇三，又以九乘之，得二十六億九千四百六十〇萬二千七百，爲平廉。次以九九九三倍之，得二九九七，又以九自乘數八十一乘之，得二百四十二萬七千五百七十，爲長廉。并前立隅七百二十九，共得二十六億九千七百〇三萬〇九百九十九，以減餘實，恰盡。總四商開得九千九百九十九，餘皆倣此，或有奇零不盡，則尾位難齊，更須視首二三位爲數幾何，以意商除商得之。餘尚有不盡，以法命分，可耳。愚按《曆書總目》載有《開方簡法》，卷帙殘闕。原書不復可得，因爲竊取遺意，推衍補入。由繁得簡法，法具備，即以印證西士知，可百世不惑矣。歲在玄默閹茂[1]，日躔井十六度，古吴荎菴道人朱㫰識于葑溪西里詒遠堂。

1“玄默閹茂”即“壬戌”。

開方立成表用法

此立成表即自乘再乘之積實也上格横列為方根及次
商百十成数漸下則自一至九末商零数始于一終于九
百九十九不及四開者数踰十億萬大畧已備遇此則漸
及兆萬浩嘖難窮不便作表矣其每格各分二行上行為
平方積下行為立方積列實自右而左凡遇開方不煩列
籌布筭但一檢表舉積實之全数即得方根之若干舉方
根之若干即得積實之全数至簡至易無過于此然學者
從事推筭貴有心得必須熟知廉隅加倍之故運用無差
若未經探討漫趋捷徑則是日用不知反失置表之意矣

開方簡法

二十二

開方立成表用法

此立成表，即自乘再乘之積實也。上格横列爲方根及次商，百十成數漸下，則自一至九，末商零數始于一，終于九百九十九。不及四開者數，踰十億萬大畧已備，遇此則漸及兆萬，浩嘖難窮，不便作表矣。其每格各分二行，上行爲平方積，下行爲立方積，列實自右而左，凡遇開方不煩列籌布筭，但一檢表，舉積實之，全數即得。方根之若干，舉方根之若干，即得積實之全數，至簡至易，無過于此，然學者從事推筭，貴有心得，必須熟知廉隅加倍之故，運用無差。若未經探討，漫趋捷徑，則是日用不知，反失置表之意矣。

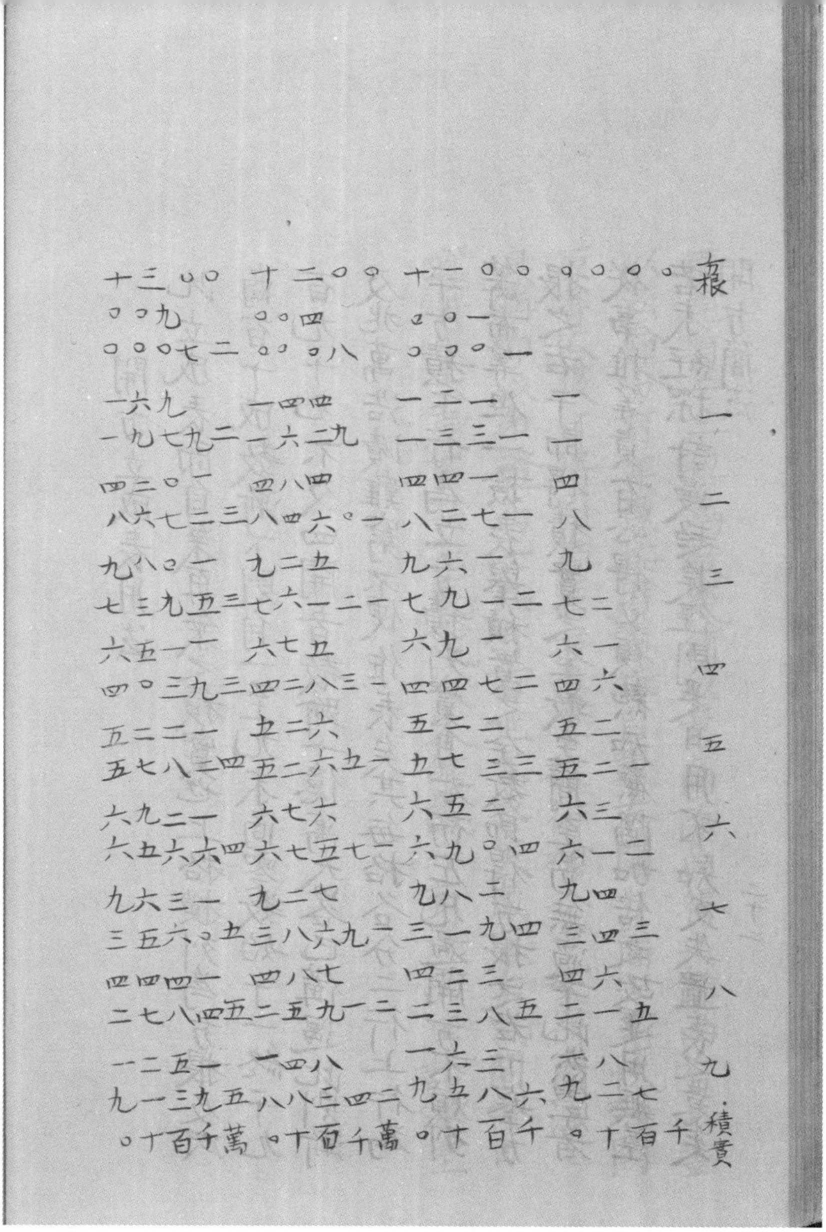

○○三十	○○二十	○○一十	○○○○	方根
九○○	四○○	一○○		
二七○○○	八○○○	一○○○		
九六一	四四一	一二一	一	一
二九七九一	九二六一	一三三一	一	
一○二四	四八四	一四四	四	二
三二七六八	一○六四八	一七二八	八	
一○八九	五二九	一六九	九	三
三五九三七	一二一六七	二一九七	二七	
一一五六	五七六	一九六	一六	四
三九三○四	一三八二四	二七四四	六四	
一二二五	六二五	二二五	二五	五
四二八七五	一五六二五	三三七五	一二五	
一二九六	六七六	二五六	三六	六
四六六五六	一七五七六	四○九六	二一六	
一三六九	七二九	二八九	四九	七
五○六五三	一九六八三	四九一三	三四三	
一四四四	七八四	三二四	六四	八
五四八七二	二一九五二	五八三二	五一二	
一五二一	八四一	三六一	八一	九
五九三一九	二四三八九	六八五九	七二九	
萬千百十○	萬千百十○	千百十○	千百十○	積實

開方簡法

三十三

方根	○○七十	○○六十	○○五十	○○四十
平方	四九○○	三六○○	二五○○	一六○○
立方	三四三○○○	二一六○○○	一二五○○○	六四○○○
平方	五○四一	三七二一	二六○一	一六八一
立方	三五七九一一	二二六九八一	一三二六五一	六八九二一
平方	五一八四	三八四四	二七○四	一七六四
立方	三七三二四八	二三八三二八	一四○六六八	七四○八八
平方	五三二九	三九六九	二八○九	一八四九
立方	三八九○一七	二五○○四七	一四八八七七	七九五○七
平方	五四七六	四○九六	二九一六	一九三六
立方	四○五二二四	二六二一四四	一五七四六四	八五一八四
平方	五六二五	四二二五	三○二五	二○二五
立方	四二一八七五	二七四六二五	一六六三七五	九一一二五
平方	五七七六	四三五六	三一三六	二一一六
立方	四三八九七六	二八七四九六	一七五六一六	九七三三六
平方	五九二九	四四八九	三二四九	二二○九
立方	四五六五三三	三○○七六三	一八五一九三	一○三八二三
平方	六○八四	四六二四	三三六四	二三○四
立方	四七四五五二	三一四四三二	一九五一一二	一一○五九二
平方	六二四一	四七六一	三四八一	二四○一
立方	四九三○三九	三二八五○九	二○五三七九	一一七六四九
積實	十 萬萬千百十○	十 萬萬千百十○	十 萬萬千百十○	十 萬萬千百十○

一百一十	一百〇〇	〇〇九十	〇〇八十	方根
一二一〇〇	一〇〇〇〇	八一〇〇	六四〇〇	
一三三一〇〇〇	一〇〇〇〇〇〇	七二九〇〇〇	五一二〇〇〇	
一二三二一	一〇二〇一	八二八一	六五六一	一
一三六七六三一	一〇三〇三〇一	七五二五七一	五三一四四一	
一二五四四	一〇四〇四	八四六四	六七二四	二
一四〇四九二八	一〇六一二〇八	七七八六八八	五五一三六八	
一二七六九	一〇六〇九	八六四九	六八八九	三
一四四二八九七	一〇九二七二七	八〇四三五七	五七一七八七	
一二九九六	一〇八一六	八八三六	七〇五六	四
一四八一五四四	一一二四八六四	八三〇五八四	五九二七〇四	
一三二二五	一一〇二五	九〇二五	七二二五	五
一五二〇八七五	一一五七六二五	八五七三七五	六一四一二五	
一三四五六	一一二三六	九二一六	七三九六	六
一五六〇八九六	一一九一〇一六	八八四七三六	六三六〇五六	
一三六八九	一一四四九	九四〇九	七五六九	七
一六〇三四一三	一二二五〇四三	九一二六七三	六五八五〇三	
一三九二四	一一六六四	九六〇四	七七四四	八
一六四三〇三二	一二五九七一二	九四一一九二	六八一四七二	
一四一六一	一一八八一	九八〇一	七九二一	九
一六八五一五九	一二九五〇二九	九七〇二九九	七〇四九六九	
百十 萬萬萬千百十〇	百十 萬萬萬千百十〇	十 萬萬千百十〇	十 萬萬千百十〇	積實

開方簡法

三十四

方根	一百五十	一百四十	一百三十	一百二十
平方	二二五〇〇	一九六〇〇	一六九〇〇	一四四〇〇
立方	三三七五〇〇〇	二七四四〇〇〇	二一九七〇〇〇	一七二八〇〇〇
平方	二二八〇一	一九八八一	一七一六一	一四六四一
立方	三四四二九五一	二八〇三二二一	二二四八〇九一	一七七一五六一
平方	二三一〇四	二〇一六四	一七四二四	一四八八四
立方	三五一一八〇八	二八六三二八八	二二九九九六八	一八二八〇四八
平方	二三四〇九	二〇四四九	一七六八九	一五一二九
立方	三五八一五七七	二九〇四二〇七	二三五二六三七	一八六〇八六七
平方	二三七一六	二〇七三六	一七九五六	一五三七六
立方	三六五二二六四	二九六五九八四	二四〇六一〇四	一九〇六六二四
平方	二四〇二五	二一〇二五	一八二二五	一五六二五
立方	三七二三八七五	三〇四八六二五	二四六〇三七五	一九五三一二五
平方	二四三三六	二一三一六	一八四九六	一五八七六
立方	三七九六四一六	三一一二一三六	二五一五四五六	一九九九一一六
平方	二四六四九	二一六〇九	一八七六九	一六一二九
立方	三八六九八九三	三一七六五二三	二五七一三五三	二〇四八三八三
平方	二四九六四	二一九〇四	一九〇四四	一六三八四
立方	三九四四三一二	三二四一七九二	二六二八〇七二	二〇九七一五二
平方	二五二八一	二二二〇一	一九三二一	一六六四一
立方	四〇一九六七九	三三〇七九四九	二六八五六一九	二一四六六八九
積實	百十 萬萬萬千百十〇	百十 萬萬萬千百十〇	百十 萬萬萬千百十〇	百十 萬萬萬千百十〇

一百九十	一百八十	一百七十	一百六十	方根
三六一〇〇	三二四〇〇	二八九〇〇	二五六〇〇	
六八五九〇〇〇	五八三二〇〇〇	四九一三〇〇〇	四〇九六〇〇〇	
三六四八一	三二七六一	二九二四一	二五九五一	一
六九六七八七一	五九二九七四一	五〇〇〇二一一	四一七三二八一	
三六八六四	三三一二四	二九五八四	二六二四四	二
七〇七七八八八	六〇二八五六八	五〇八八四四	四二五一五二八	
三七二四九	三三四八九	二九九二九	二六五六九	三
七一八九〇五七	六一二八四八七	五一七七七一七	四三三〇七四七	
三七六三六	三三八五六	三〇二七六	二六八九六	四
七三〇一三八四	六二二九五〇四	五二六八〇二四	四四一〇九四四	
三八〇二五	三四二二五	三〇六六五	二七二二五	五
七四一四八七五	六三三一六二五	五三六六三七五	四四九二一二五	
三八四一六	三四五九六	三〇九六六	二七五五六	六
七五二九五三六	六四三四八五六	五四五一七七六	四五七四二九六	
三八八〇九	三四九六九	三一三二九	二七八八九	七
七六四五三七三	六五三九二〇三	五五四五二三三	四六五五二六三	
三九二〇四	三五三四四	三一六八四	二八二二四	八
七七六二三九二	六六四四六七二	五六三九七五二	四七四一六三二	
三九六〇一	三五七二一	三二〇四一	二八五六一	九
七八八〇五九九	六七五一一六九	五七三五三三九	四八二六八〇九	
百十 萬萬萬千百十〇	百十 萬萬萬千百十〇	百十 萬萬萬千百十〇	百十 萬萬萬千百十〇	積實

開方簡法

三十五

方根	二百二十	二百一十	二百〇〇
平方	四八四〇〇	四四一〇〇	四〇〇〇〇
立方	一〇六四八〇〇〇	九二六一〇〇〇	八〇〇〇〇〇〇
平方	四八八四一	四四五二一	四〇四〇一
立方	一〇七九三八六一	九三九三九三一	八一二〇六〇一
平方	四九二八四	四四九四四	四〇八〇四
立方	一〇九三四〇四八	九五三八一二八	八二四二四〇八
平方	四九七二九	四五二六九	四一二〇九
立方	一一〇八九五六七	九六六三五九七	八三六五四二七
平方	五〇一七六	四五七九六	四一六一六
立方	一一二三九四二四	九八〇〇三四四	八四八九六六四
平方	五〇六二五	四六二二五	四二〇二五
立方	一一三九〇六二五	九九三八三七五	八六一五一二五
平方	五一〇七六	四六六五六	四二四三六
立方	一一五四三一七六	一〇〇七七六九六	八七四一八一六
平方	五一五二九	四七〇八九	四二八四九
立方	一一六九七〇八三	一〇二一八三一三	八八六九七四三
平方	五一九八四	四七五二四	四三二六四
立方	一一八五二三五二	一〇三六〇三三二	八九九八九一二
平方	五二四四一	四七九六一	四三六八一
立方	一二〇〇八九八九	一〇五〇三七五九	九一二九三二九
積實	千百十 萬萬萬萬千百十〇	千百十 萬萬萬萬千百十〇	百十 萬萬萬千百十〇

二百五十	二百四十	二百三十	方根
六二五〇〇	五七六〇〇	五二九〇〇	
一五六一五〇〇〇	一三八二四〇〇〇	一二一六七〇〇〇	
六三〇〇一	五八〇八一	五三三六一	一
一五八一三二五一	一三九九七五二一	一二三二六三九一	
六三五〇四	五八五六四	五三八二四	二
一六〇〇三〇〇八	一四一七二四八八	一二四八七一六八	
六四〇〇九	五九〇四九	五四二八九	三
一六一九四二七七	一四三四八八〇七	一二六四九三三七	
六四五一六	五九五三六	五四七五六	四
一六三八七〇六四	一四五二六七八四	一二八一二九〇四	
六五〇二五	六〇〇二五	五五二二五	五
一六五八一三七五	一四七〇六一二五	一二九七七八七五	
六五五三六	六〇五一六	五五六九六	六
一六七七七二一六	一四八八六九三六	一三一四四二五六	
六六〇四九	六一〇〇九	五六一六九	七
一六九七四五九三	一五〇六九二二三	一三三一二〇五三	
六六五六四	六一五〇四	五六六四四	八
一七一七三五一二	一五二五二九九二	一三四八一二七二	
六七〇八一	六二〇〇一	五七一二一	九
一七三七三九七九	一五四三八二四九	一三六五一九一九	
千百十 萬萬萬萬千百十〇	千百十 萬萬萬萬千百十〇	千百十 萬萬萬萬千百十〇	積實

開方簡法

三十八

方根	二百八十	二百七十	二百六十
平方	七八四〇〇	七二九〇〇	六七六〇〇
立方	二一九五二〇〇〇	一九六八三〇〇〇	一七五七六〇〇〇
平方	七八九六一	七三四四一	六八一二一
立方	二二一八八〇四一	一九九〇二五一一	一七七七九五八一
平方	七九五二四	七三九八四	六八六四四
立方	二二四二五七六八	二〇一二三六四八	一七九八四七二八
平方	八〇〇八九	七四四二九	六九一六九
立方	二二六六五一八七	二〇三四六四一七	一八一九一四四七
平方	八〇六五六	七五〇七六	六九六九六
立方	二二九〇六三〇四	二〇五七〇八二四	一八三九九七四四
平方	八一二二五	七五六二五	七〇二二五
立方	二三一四九一二五	二〇七九六八七五	一八六〇九六二五
平方	八一七九六	七六一七六	七〇七五六
立方	二三三九三六五六	二一〇二四五七六	一八八二一〇九六
平方	八二三六九	七六七二九	七一二八九
立方	二三六三九九〇三	二一二五三九三三	一九〇三四一六三
平方	八二九四四	七七二八四	七一八二四
立方	二三八八七八七二	二一四八四九五二	一九二四八八三二
平方	八三五二一	七七八四一	七二三六一
立方	二四一三七五六九	二一七一七六三九	一九四六五一〇九
積實	千百十 萬萬萬萬千百十〇	千百十 萬萬萬萬千百十〇	千百十 萬萬萬萬千百十〇

三百一十	三百〇〇	二百九十	方根
九六一〇〇	九〇〇〇〇	八四一〇〇	
二九七九一〇〇〇	二七〇〇〇〇〇〇	二四三八九〇〇〇	
九六七二一	九〇六〇一	八四六八一	一
三〇〇八〇二三一	二七二七〇九〇一	二四六四二一七一	
九七三四四	九一二〇四	八五二六四	二
三〇三七一三二八	二七五四三六〇八	二四八九七〇八八	
九七九六九	九一八〇九	八五八四九	三
三〇六六四二九七	二七八一八一二七	二五一五三七五七	
九八五九六	九二四一六	八六四三六	四
三〇九五九一四四	二八〇九四四六四	二五四一二一八四	
九九二二五	九三〇二五	八七〇二五	五
三一二五五八七五	二八三七二六二五	二五六七二三七五	
九九八五六	九三六三六	八七六一六	六
三一五五四四九六	二八六五二六一六	二五九三四三三六	
一〇〇四八九	九四二四九	八八二〇九	七
三一八五五〇一三	二八九三四四四三	二六一九八〇七三	
一〇一一二四	九四八六四	八八八〇四	八
三二一五七四三二	二九二一八一一二	二六四六三五九二	
一〇一七六一	九五四八一	八九四〇一	九
三二四六一七五九	二九五〇三六二九	二六七三〇八九九	
千百十 萬萬萬萬千百十〇	千百十 萬萬萬萬千百十〇	千百十 萬萬萬萬千百十〇	積實

開方簡法

三十七

方根	三百四十	三百三十	三百二十
平方	一一五六〇〇	一〇八九〇〇	一〇二四〇〇
立方	三九三〇四〇〇〇	三五九三七〇〇〇	三二七六八〇〇〇
平方	一一六二八一	一〇九五六一	一〇三〇四一
立方	三九六五一八二一	三六二六四六九一	三三〇七六一六一
平方	一一六九六四	一一〇二二四	一〇三六八四
立方	四〇〇〇一六八八	三六五九四三六八	三三三七六二四八
平方	一一七六四九	一一〇八八九	一〇四三二九
立方	四〇三五三六〇七	三六九二六〇三七	三三六九八二六七
平方	一一八三三六	一一一五五六	一〇四九七六
立方	四〇七〇七五八四	三七二五九七〇四	三四〇一二二二四
平方	一一九〇二五	一一二二二五	一〇五六二五
立方	四一〇六三六二五	三七五九五三七五	三四三二八一二五
平方	一一九二一六	一一二八九六	一〇六二七六
立方	四一四二一七三六	三七九三三〇五六	三四六四五九七六
平方	一二〇四〇九	一一三五六九	一〇六九二九
立方	四一七八一九二三	三八二七二七五三	三四九六五七八三
平方	一二一一〇四	一一四二四四	一〇七五八四
立方	四二一四四一九二	三八六一四四七二	三五二八七五五二
平方	一二一六〇一	一一四九二一	一〇八二四一
立方	四二五〇八五四九	三八九五八二一九	三五六一一二八九
積實	千百十 萬萬萬萬千百十〇	千百十 萬萬萬萬千百十〇	千百十 萬萬萬萬千百十〇

三百七十	三百六十	三百五十	方根
一三六九〇〇	一二九六〇〇	一二二五〇〇	
五〇六五三〇〇〇	四六六五六〇〇〇	四二八七五〇〇〇	
一三七六四一	一三〇三二一	一二三二〇一	一
五一〇六四八一一	四七〇四五八八一	四三二四三五五一	
一三八三八四	一三一〇四四	一二三九〇四	二
五一四七八八四八	四七四三七九二八	四三六一四二〇八	
一三九一二九	一三一七六九	一二四六〇九	三
五一八九五一一七	四七八三二一四七	四三九八六九七七	
一三九八七六	一三二四九六	一二五三一六	四
五二三一三六二四	四八二二八五四四	四四三六一八六四	
一四〇六二五	一三三二二五	一二六〇二五	五
五二七三四三七五	四八六二七六二五	四四七三八八七五	
一四一三七六	一三三九五六	一二六七三六	六
五三一五七三七六	四九〇二七八九六	四五一一八〇一六	
一四二一二九	一三四六八九	一二七四四九	七
五三五八二六三三	四九四三〇八六三	四五四九八二九三	
一四二八八四	一三五四二四	一二八一六四	八
五四〇一〇一五二	四九八三六〇三二	四五八八二七一二	
一四三六四一	一三六一六一	一二八八八一	九
五四四三九九三九	五〇二四三四〇九	四六二六八二七九	
千百十 萬萬萬萬千百十〇	千百十 萬萬萬萬千百十〇	千百十 萬萬萬萬千百十〇	積實

開方簡法

三十八

方根	四百〇〇	三百九十	三百八十
平方	一六〇〇〇〇	一五二一〇〇	一四四四〇〇
立方	六四〇〇〇〇〇〇	五九三一九〇〇〇	五四八七二〇〇〇
平方	一六〇八〇一	一五二八八一	一四五一六一
立方	六四四八一二〇一	五九七七六四七一	五五三〇六三四一
平方	一六一七〇四	一五三六六四	一四五九二四
立方	六五〇〇五〇〇八	六〇二三六二八八	五五七四二九六八
平方	一六二四〇九	一五四四四九	一四六六八九
立方	六五四五〇八二七	六〇六九八四五七	五六一八一八八七
平方	一六三二一六	一五五二三六	一四七四五六
立方	六五九三九二六四	六一一六二九八四	五六六二三一〇四
平方	一六四〇二五	一五六〇二五	一四八二二五
立方	六六四三〇一二五	六一六二九八七五	五七〇六六六二五
平方	一六四八三六	一五六八一六	一四八九九六
立方	六六九二三四一六	六二〇九九一三六	五七五一二四五六
平方	一六五六四九	一五七六〇九	一四九七六九
立方	六七四一九一四三	六二五七〇七七三	五七九六〇六〇三
平方	一六六四六四	一五八四〇四	一五〇五四四
立方	六七九一七三一二	六三〇四四七九二	五八四一一〇七二
平方	一六七二八一	一五九二〇一	一五一三二一
立方	六八四一七九二九	六三五二一一九九	五八八六三八六九
積實	千百十 萬萬萬萬千百十〇	千百十 萬萬萬萬千百十〇	千百十 萬萬萬萬千百十〇

四百三十	四百二十	四百一十	方根
一八四九〇〇 七九五〇七〇〇〇	一七六四〇〇 七四〇八八〇〇〇	一六八一〇〇 六八九二一〇〇〇	
一八五七六一 八〇〇六二九九一	一七七二四一 七四六一八四六一	一六八九二一 六九四二六五三一	一
一八六六二四 八〇六二一五六八	一七八〇四四 七五一五一四四八	一六九七四四 六九九三四五二八	二
一八七四八九 八一一八二七二七	一七八九二九 七五六八六九六七	一七〇五六九 七〇四四四九九七	三
一八八三五六 八一七四六五〇四	一七九七七六 七六二二五〇二四	一七一三九六 七〇九五七九四四	四
一八九二二五 八二三一二八七五	一八〇六二五 七六七六五六二五	一七二二二五 七一四七三三七五	五
一九〇〇九六 八二八八一八五六	一八一四七六 七七三〇八七七六	一七三〇五六 七一九九一二九六	六
一九〇九六九 八三四五三四五三	一八二三一九 七七八五四四八三	一七三八八九 七二五一一七一三	七
一九一八四四 八四〇二七六七二	一八三一八四 七八四〇二七五二	一七四七二四 七三〇三四六三二	八
一九二七二一 八四六〇四五一九	一八四〇四一 七八九五三五八九	一七五五六一 七三五六〇〇五九	九
千百十 萬萬萬萬千百十〇	千百十 萬萬萬萬千百十〇	千百十 萬萬萬萬千百十〇	積實

開方簡法

三十九

方根	四百六十	四百五十	四百四十
平方	二一一六〇〇	二〇二五〇〇	一九三六〇〇
立方	九七三三六〇〇〇	九一一二五〇〇〇	八五一八四〇〇〇
平方	二一二五二一	二〇三四〇一	一九四四八一
立方	九七九七二一八一	九一七三三八五一	八五六五六一二一
平方	二一三四四四	二〇四三〇四	一九五三六四
立方	九八六一一一二八	九二三四五四〇八	八六三五〇八八八
平方	二一四三六九	二〇五二〇九	一九六二四九
立方	九九二五二八四七	九二九五九六七七	八六九三八三〇七
平方	二一五二九六	二〇六一一六	一九七一三六
立方	九九八九七三四四	九三五七六六六四	八七五二八三八四
平方	二一六二二五	二〇七〇二五	一九八〇二五
立方	一〇〇五四四六二五	九四一九六三七五	八八一二一一二五
平方	二一七一五六	二〇七九三六	一九八九一六
立方	一〇一一九四六九六	九四八一八八一六	八八七一六五三六
平方	二一八〇八九	二〇八八四九	一九九八〇九
立方	一〇一八四七五六三	九五四四三九九三	八九二一四六二三
平方	二一九〇二四	二〇九七六四	二〇〇七〇四
立方	一〇二五〇四二三二	九六〇七一九一二	八九九一五三九二
平方	二一九九六一	二一〇九八一	二〇一六〇一
立方	一〇三一六一七〇九	九六七〇二五七九	九〇九六七八四九
積實	億千百十 萬萬萬萬萬千百十〇	千百十 萬萬萬萬千百十〇	千百十 萬萬萬萬千百十〇

四百九十	四百八十	四百七十	方根
二四〇一〇〇	二三〇四〇〇	二二〇九〇〇	
一一七六四九〇〇〇	一一〇五九二〇〇〇	一〇三八二三〇〇〇	
二四一〇八一	二三一三六一	二二一八四一	一
一一八三七〇七七一	一一一二八四六四一	一〇四四八七一一一	
二四二〇六四	二三二三二四	二二二七八四	二
一一九〇九五四八八	一一一九八〇一六八	一〇五一五四〇四八	
二四三〇四九	二三三二八九	二二三七二九	三
一一九八二三一五七	一一二六七八五八七	一〇五八二三八一七	
二四四〇三六	二三四二五六	二二四六七六	四
一二〇五五三七八四	一一三三七九九〇四	一〇六四九六四二四	
二四五〇二五	二三五二二五	二二五六二五	五
一二一二八七三七五	一一四〇八四一二五	一〇七一七一八七五	
二四六〇一六	二三六一九六	二二六五七六	六
一二二〇二三九三六	一一四七九一二五六	一〇七八五〇一七六	
二四七〇〇九	二三七一六九	二二七五二九	七
一二二七六三四七三	一一五五〇一三〇三	一〇八五三一三三三	
二四八〇〇四	二三八一四四	二二八四八四	八
一二三五〇五九九二	一一六二一四二七二	一〇九二一五三五二	
二四九〇〇一	二三九一二一	二二九四四一	九
一二四二五一四九九	一一六九三〇一六九	一〇九九〇二二三九	
億千百十 萬萬萬萬千百十〇	億千百十 萬萬萬萬千百十〇	億千百十 萬萬萬萬千百十〇	積實

開方簡法

方根	五百二十	五百一十	五百〇〇
平方	二七〇四〇〇	二六〇一〇〇	二五〇〇〇〇
立方	一四〇六〇八〇〇〇	一三二六五一〇〇〇	一二五〇〇〇〇〇〇
平方	二七一四四一	二六一一二一	二五一〇〇一
立方	一四一四二〇七六一	一三三四三二八三一	一二五七五一五〇一
平方	二七二四八四	二六二一四四	二五二〇〇四
立方	一四二二三六六四八	一三四二一七七二八	一二六五〇六〇〇八
平方	二七三五二九	二六三一六九	二五三〇〇九
立方	一四三〇五五五六七	一三五〇〇五六九七	一二七二六三五二七
平方	二七四五七六	二六四一九六	二五四〇一六
立方	一四三八七七八二四	一三五七九六六四四	一二八〇二四〇六四
平方	二七五六二五	二六五二二五	二五五〇二五
立方	一四四七〇三一二五	一三六五九〇八七五	一二八七八七六二五
平方	二七六六七六	二六六二五六	二五六〇三六
立方	一四五五三一五七六	一三七三八八〇九六	一二九五五四二一六
平方	二七七七二九	二六七二八九	二五七〇四九
立方	一四六三六三一八三	一三八一八八四一三	一三〇三二三八四三
平方	二七八七八四	二六八三二四	二五八〇六四
立方	一四七一九七九五二	一三八九九一八三二	一三一〇九六五一二
平方	二七九八四一	二六九三六一	二五九〇八一
立方	一四八〇三五八八九	一三九七九八三五九	一三一八七二二二九
積實	億千百十 萬萬萬萬萬千百十〇	億千百十 萬萬萬萬萬千百十〇	億千百十 萬萬萬萬萬千百十〇

方根	五百三十	五百四十	五百五十
	二八〇九〇〇	二九一六〇〇	三〇二五〇〇
	一四八八七七〇〇〇	一五七四六四〇〇〇	一六六三七五〇〇〇
一	二八一九六一	二九二六八一	三〇三六〇一
	一四九七二一二九一	一五八三四〇四二一	一六七二八四一五一
二	二八三〇二四	二九三七六四	三〇四七〇四
	一五〇五六八七六八	一五九二〇〇〇八八	一六八一九六六〇八
三	二八四〇三九	二九四八四九	三〇五八〇九
	一五一三九二七八七	一六〇一〇三〇〇七	一六九一一二三七七
四	二八五一五六	二九五九三六	三〇六九一六
	一五二二七三三〇四	一六〇九八九一八四	一七〇〇三一四六四
五	二八六二二五	二九七〇二五	三〇八〇二五
	一五三一三〇三七五	一六一八七八六二五	一七〇九五三八七五
六	二八七二九六	二九八一一六	三〇九一三六
	一五三九九〇六五六	一六二七七一三三六	一七一八七九六一六
七	二八八三六九	二九九二〇九	三一〇二四九
	一五四八五四一五三	一六三六六七三二三	一七二八〇八六九三
八	二八九四四四	三〇〇三〇四	三一一三六四
	一五五七二〇八七二	一六四五六六五九二	一七三七四一一一二
九	二九〇五二一	三〇一四〇一	三一二四八一
	一五六五九〇八一九	一六五四六九一四九	一七四六七六八七九
積實	億千百十 萬萬萬萬萬千百十〇	億千百十 萬萬萬萬萬千百十〇	億千百十 萬萬萬萬萬千百十〇

開方簡法

方根	五百八十	五百七十	五百六十
平方	三三六四〇〇	三二四九〇〇	三一三六〇〇
立方	一九五一一二〇〇〇	一八五一九三〇〇〇	一七五六一六〇〇〇
平方	三三七五六一	三二六〇四一	三一四七二一
立方	一九六一二二九四一	一八六一六九四一一	一七六五五八五八一
平方	三三八七二四	三二七一八四	三一五八四四
立方	一九七一三七三六八	一八七一四九二四八	一七七五四四三二八
平方	三三九八八九	三二八三二九	三一六九六九
立方	一九八一五五二八七	一八八一三二五一七	一七八四五三五四七
平方	三四一〇五六	三二九四七六	三一八〇九六
立方	一九九一七六七〇四	一八九一一九二二四	一七九四〇六一四四
平方	三四二二二五	三三〇六二五	三一九二二五
立方	二〇〇二〇一六二五	一九〇一〇九三七五	一八〇三六二一二五
平方	三四三三九六	三三一七七六	三二〇三五六
立方	二〇一二三〇〇五六	一九一一〇二九七六	一八一三二一四九六
平方	三四四五六九	三三二九二九	三二一四八九
立方	二〇二二六二〇〇三	一九二一〇〇〇三三	一八二二八四二六三
平方	三四五七四四	三三四〇八四	三二二六二四
立方	二〇三二九七四七二	一九三一〇〇五五二	一八三二九〇四三二
平方	三四六九二一	三三五二四一	三二三七六一
立方	二〇四三三六四六九	一九四一〇四五三九	一八四二二〇〇〇九
積實	億千百十 萬萬萬萬萬千百十〇	億千百十 萬萬萬萬萬千百十〇	億千百十 萬萬萬萬萬千百十〇

六百一十	六百〇〇	五百九十	方根
三七二一〇〇	三六〇〇〇〇	三四八一〇〇	
二二六九八一〇〇〇	二一六〇〇〇〇〇〇	二〇五三七九〇〇〇	
三七三三二一	三六一二〇一	三四九二八一	一
二二八〇九九一三一	二一七〇八一八〇一	二〇六四二五〇七一	
三七四五四四	三六二四〇四	三五〇四六四	二
二二九二二〇九二八	二一八一六七二〇八	二〇七四七四六八八	
三七五七六九	三六三六〇九	三五一六四九	三
二三〇三四六三九七	二一九二五六二二七	二〇八五二七八五七	
三七六九九六	三六四八一六	三五二八三六	四
二三一四七五五四四	二二〇三四八八六四	二〇九五八四五八四	
三七八二二五	三六六〇二五	三五四〇二五	五
二三二六〇八三七五	二二一四四五一二五	二一〇六四四八七五	
三七九四五六	三六七二三六	三五五二一六	六
二三三七四四八九六	二二二五四五〇一六	二一一七〇八七三六	
三八〇六八九	三六八四四九	三五六四〇九	七
二三四八八五一一三	二二三六四八五四三	二一二七七六一七三	
三八一九二四	三六九六六四	三五七六〇四	八
二三六〇二九〇三二	二二四七五五七一二	二一三八四七一九二	
三八三一六一	三七〇八八一	三五八八〇一	九
二三七一七六六五九	二二五八六六五二九	二一四九二一七九九	
億千百十 萬萬萬萬萬千百十〇	億千百十 萬萬萬萬萬千百十〇	億千百十 萬萬萬萬萬千百十〇	積實

方根	六百四十	六百三十	六百二十
平方	四〇九六〇〇	三九六九〇〇	三八四四〇〇
立方	二六二一四四〇〇〇	二五〇〇四七〇〇〇	二三八三二八〇〇〇
平方	四一〇八八一	三九八一六一	三八五六四一
立方	二六三三七四七二一	二五一二三九五九一	二三九五二八〇六一
平方	四一二一六四	三九九四二四	三八六八八四
立方	二六四六〇九二八八	二五二四三五九六八	二四〇六四一八四八
平方	四一三四四九	四〇〇六八九	三八八一二九
立方	二六五八四七七〇七	二五三六三六一三七	二四一八〇四三六七
平方	四一四七三六	四〇一九五六	三八九三七六
立方	二六七〇八九九八四	二五四八四〇一〇四	二四二九七〇六二四
平方	四一六〇二五	四〇三二二五	三九〇六二五
立方	二六八三三六一二五	二五六〇四七八七五	二四四一四〇六二五
平方	四一七三一六	四〇四四九六	三九一八七六
立方	二六九五八六一三六	二五七二五九四五六	二四五三一四三七六
平方	四一八六〇九	四〇五七六九	三九三一二九
立方	二七〇八四〇〇二三	二五八四七四八五三	二四六四九一八八三
平方	四一九九〇四	四〇七〇四四	三九四三八四
立方	二七二〇九七七九二	二五九六九四〇七二	二四七六七三一五二
平方	四二一二〇一	四〇八三二一	三九五六四一
立方	二七三三五九四四九	二六〇九一七一一九	二四八八五八一八九
積實	億千百十 萬萬萬萬萬千百十〇	億千百十 萬萬萬萬萬千百十〇	億千百十 萬萬萬萬萬千百十〇

六百七十	六百六十	六百五十	方根
四四八九〇〇	四三五六〇〇	四二二五〇〇	
三〇〇七六三〇〇〇	二八七四九六〇〇〇	二七四六二五〇〇〇	
四五〇二四一	四三六九二一	四二三八〇一	一
三〇二一一一七一一	二八八八〇四七八一	二七五八九四四五一	
四五一五八四	四三八二四四	四二五一〇四	二
三〇三四六四四四八	二九〇一一七五二八	二七七一六七八〇八	
四五二九二九	四三九五六九	四二六四〇九	三
三〇四八二一二一七	二九一四三四二四七	二七八四四五〇七七	
四五四二七六	四四〇八九六	四二七七一六	四
三〇六一八二〇二四	二九二七五四九四四	二七九七二六二六四	
四五五六二五	四四二二二五	四二九〇二五	五
三〇七五四六八七五	二九四〇七九六二五	二八一〇一一三七五	
四五六九七六	四四三五五六	四三〇三三六	六
三〇八九一五七七六	二九五四〇八二九六	二八二三〇〇四一六	
四五八三二九	四四四八八九	四三一六四九	七
三一〇二八八七三三	二九六六三〇九六三	二八三五九三三九三	
四五九六七四	四四六二二四	四三二九六四	八
三一一六五八九七二	二九八〇七七六三二	二八四八九〇三一二	
四六一〇四一	四四七五六一	四三四二八一	九
三一三〇四六八三九	二九九四一八三〇九	二八六一八一一七九	
億千百十 萬萬萬萬萬千百十〇	億千百十 萬萬萬萬萬千百十〇	億千百十 萬萬萬萬萬千百十〇	積實

開方簡法

四十三

方根	七百〇〇	六百九十	六百八十
平方	四九〇〇〇〇	四七六一〇〇	四六二四〇〇
立方	三四三〇〇〇〇〇〇	三二八五〇九〇〇〇	三一四四三二〇〇〇
平方	四九一四〇一	四七七四八一	四六三七六一
立方	三四四四七二一〇一	三二九九三九三七一	三一五八二一二四一
平方	四九二八〇四	四七八八六四	四六五一二四
立方	三四五九四八四〇八	三三一三七三八八八	三一七二一四五六八
平方	四九四二〇九	四八〇二四九	四六六四八九
立方	三四七四二八九二七	三三二八一二五五七	三一八六一一九八七
平方	四九五六一六	四八一六三六	四六七八五六
立方	三四八九一三六六四	三三四二五五二八四	三二〇〇一三五〇四
平方	四九七〇二五	四八三〇二五	四六九二二五
立方	三五〇四〇二六二五	三三五七〇二三七五	三二一四一九一二五
平方	四九八四三六	四八四四一六	四七〇五九六
立方	三五一八九五八一六	三三七一五三五三六	三二二八二八八五六
平方	四九九八四九	四八五八〇九	四七一九六九
立方	三五三三九三二四三	三三八六〇八八七三	三二四二四二七〇三
平方	五〇一二六四	四八七二〇四	四七三三四四
立方	三五四八九四九一二	三四〇〇六八三九二	三二五六六〇六七二
平方	五〇二六八一	四八八六〇一	四七四七二一
立方	三五六四〇〇八二九	三四一五三二〇九九	三二七〇八二七六九
積實	億千百十 萬萬萬萬萬千百十〇	億千百十 萬萬萬萬萬千百十〇	億千百十 萬萬萬萬萬千百十〇

七百三十	七百二十	七百一十	方根
五三二九〇〇	五一八四〇〇	五〇四一〇〇	
三八九〇一七〇〇〇	三七三二四八〇〇〇	三五七七一一〇〇〇	
五三四三六一	五二〇〇四一	五〇五五二一	一
三九〇六一七八九一	三七四九四九五六一	三五九四二五四三一	
五三五八二四	五二一二八四	五〇六九四四	二
三九二二二三一六八	三七六三六七〇四八	三六〇九四四一二八	
五三七三八九	五二二七二九	五〇八三六九	三
三九三九〇三一三七	三七七九三〇〇六七	三六二四六七〇九七	
五三八七五六	五二四一七六	五〇九七九六	四
三九五四四六九〇四	三七九五〇三四二四	三六三九九四三四四	
五四〇二二五	五二五六二五	五一一二二五	五
三九七〇六五三七五	三八一〇七八一二五	三六五五二五八七五	
五四一六九六	五二七〇七六	五一二六五六	六
三九八六八八二五六	三八二六五七一七六	三六七〇六一六九六	
五四三一六九	五二八五二九	五一四〇八九	七
四〇〇三一五五五三	三八四二四〇五八三	三六八六〇一八一三	
五四四六四四	五二九九八四	五一五五二四	八
四〇一九四七二七二	三八五八二八三九二	三七〇一四六二三二	
五四六一二一	五三一四四一	五一六九六一	九
四〇三五八三四一九	三八七四二〇四八九	三七一六九四九五九	
億千百十 萬萬萬萬千百十〇	億千百十 萬萬萬萬千百十〇	億千百十 萬萬萬萬千百十〇	積實

開方簡法

四十四

方根	七百六十	七百五十	七百四十
平方	五七七六〇〇	五六二五〇〇	五四七六〇〇
立方	四三八九七六〇〇〇	四二一八七五〇〇〇	四〇五二二四〇〇〇
平方	五七九一二一	五六四二〇一	五四九〇八一
立方	四四〇七一一〇八一	四二三五六四七五一	四〇六八六九〇二一
平方	五八〇六四四	五六五五〇四	五五〇五六四
立方	四四二四五〇七二八	四二五二五九〇〇八	四〇八五一八四八八
平方	五八二一六九	五六七〇〇九	五五二〇四九
立方	四四四一九四九四七	四二六九五七七七七	四一〇一七二四〇七
平方	五八三六九六	五六八五一六	五五三五三六
立方	四四五九四三七四四	四二八六六一〇六四	四一一八三〇七八四
平方	五八五二二五	五七〇〇二五	五五五〇二五
立方	四四七六九七一二五	四三〇三六八八七五	四一三四九三六二五
平方	五八六七五六	五七一五三六	五五六五一六
立方	四四九四五五〇九六	四三二〇八一二一六	四一五一六〇九三六
平方	五八八二八九	五七三〇四九	五五八〇〇九
立方	四五一二一七六六三	四三三七九八〇九三	四一六八三二七二三
平方	五八九八二四	五七四五六四	五五九五〇四
立方	四五二九八四八三二	四三五五一九五一二	四一八五〇八九九二
平方	五九一三六一	五七六〇八一	五六一〇〇一
立方	四五四七五六六〇九	四三七二四五四七九	四二〇一八五七四九
積實	億千百十 萬萬萬萬萬千百十〇	億千百十 萬萬萬萬萬千百十〇	億千百十 萬萬萬萬萬千百十〇

七百九十	七百八十	七百七十	方根
六二四一〇〇	六〇八四〇〇	五九二九〇〇	
四九三〇三九〇〇〇	四七四五五二〇〇〇	四五六五三三〇〇〇	
六二五六八一	六〇九九六一	五九四四四一	一
四九四九一三六七一	四七六三七九五四一	四五八三一四〇一一	
六二七二六四	六一一五二四	五九五九八四	二
四九六七九三〇八八	四七八二一一七六八	四六〇〇九九六四八	
六二八八四九	六一三〇八九	五九七五二九	三
四九八六七七二五七	四八〇〇四八六八七	四六一八八九九一七	
六三〇四三六	六一四六五六	五九九〇七六	四
五〇〇五六六一八四	四八一八九〇三〇四	四六三六八四八二四	
六三二〇二五	六一六二二五	六〇〇六二五	五
五〇二四五九八七五	四八三七三六六二五	四六五四八四三七五	
六三三六一六	六一七七九六	六〇二一七六	六
五〇四三五八三三六	四八五五八七六五六	四六七二八八五七六	
六三五二〇九	六一九三六九	六〇三七二九	七
五〇六二六一五七三	四八七四四三四〇三	四六九〇九七四三三	
六三六八〇四	六二〇九四四	六〇五二八四	八
五〇八一六九五九二	四八九三〇三八七二	四七〇八一〇九五二	
六三八四〇一	六二二五二一	六〇六八四一	九
五一〇〇八二三九九	四九一一六九〇六九	四七二七二九一三九	
億千百十 萬萬萬萬萬千百十〇	億千百十 萬萬萬萬萬千百十〇	億千百十 萬萬萬萬萬千百十〇	積實

開方簡法

四十五

方根	八百二十	八百一十	八百〇〇
平方	六七二四〇〇	六五六一〇〇	六四〇〇〇〇
立方	五五一三六八〇〇〇	五三一四四一〇〇〇	五一二〇〇〇〇〇〇
平方	六七四〇四一	六五七七二一	六四一七〇一
立方	五五三三八七六六一	五三三四一一七三一	五一四〇〇二五〇一
平方	六七五六八四	六五九三四四	六四三二〇四
立方	五五五四一二二四八	五三五三八七三二八	五一五八四九六〇八
平方	六七七三二九	六六〇九六九	六四四八〇九
立方	五五七四四一七六七	五三七三六七七九七	五一七七八一六二七
平方	六七八九七六	六六二五九六	六四六四一六
立方	五五九四七六二二四	五三九三五三一四四	五一九七一八四六四
平方	六八〇六二五	六六四二二五	六四八〇二五
立方	五六一五一五六二五	五四一三四三三七五	五二一六六〇一二五
平方	六八二二七六	六六五八五六	六四九六三六
立方	五六三五五九五七六	五四三三三八四九六	五二三六〇六六一六
平方	六八三九二九	六六七四八九	六五一二四九
立方	五六五六〇九二八三	五四五三三八五一三	五二五五五七九四三
平方	六八五五八四	六六九一二四	六五二八六四
立方	五六七六六三五五二	五四七三四三四三二	五二七五一四一一二
平方	六八七二四一	六七〇七六一	六五四四八一
立方	五六九七二二七八九	五四九三五三二五九	五二九四七五一二九
積實	億千百十 萬萬萬萬萬千百十〇	億千百十 萬萬萬萬萬千百十〇	億千百十 萬萬萬萬萬千百十〇

六七七

八百五十	八百四十	八百三十	方根
七二二五〇〇	七〇五六〇〇	六八八九〇〇	
六一四一二五〇〇〇	五九二七〇四〇〇〇	五七一七八七〇〇〇	
七二四二〇一	七〇七二八一	六九〇五六一	一
六一六二九五〇五一	五九四八二三三二一	五七三八五六一九一	
七二五九〇四	七〇八九六四	六九二二二四	二
六一八四七〇二〇八	五九六九四七六八八	五七五九三〇三六八	
七二七六〇九	七一〇六四九	六九三八八九	三
六二〇六五〇四七七	五九九〇七七一〇七	五七八〇〇九五三七	
七二九三一六	七一二三三六	六九五五五六	四
六二二八三五九六四	六〇一一〇一五八四	五八〇〇九三七〇四	
七三一〇二五	七一四〇二五	六九七二二五	五
六二五〇二六三七五	六〇三三五一一二五	五八二一八二八七五	
七三二七三六	七一五七一六	六九八八九六	六
六二七二二二〇一六	六〇五四九五七三六	五八四二七七〇五六	
七三四四四九	七一七四〇九	七〇〇五六九	七
六二九四二三七九三	六〇七六四五四二三	五八六三七六二五三	
七三六一六四	七一八一〇四	七〇二二四四	八
六三一六二八七一二	六〇九八〇〇一九三	五八八四八〇四七二	
七三七八八一	七二〇四〇一	七〇三九二一	九
六三三八三九七七九	六一一九六〇〇四九	五九〇五八九七一九	
億千百十 萬萬萬萬萬千百十〇	億千百十 萬萬萬萬萬千百十〇	億千百十 萬萬萬萬萬千百十〇	積實

開方簡法

四十六

方根	八百八十	八百七十	八百六十
平方	七七四四〇〇	七五六九〇〇	七三九六〇〇
立方	六八一四七二〇〇〇	六五八五〇三〇〇〇	六三六〇五六〇〇〇
平方	七七六一六一	七五八六四一	七四一三二一
立方	六八三七九七八四一	六六〇七七六三一一	六三八二七七三八一
平方	七七七九二四	七六〇三八四	七四三〇四四
立方	六八六一二八九六八	六六三〇五四八四八	六四〇五〇三九二八
平方	七七九六八九	七六二一二九	七四四七六九
立方	六八八四六五三八七	六六五三三八六一七	六四二七五五六四七
平方	七八一四五六	七六三八七六	七四六四九六
立方	六九〇八〇七一〇四	六六七六二七六二四	六四四九五四七八四
平方	七八三二二五	七六五六二五	七四八二二五
立方	六九三一五四一二五	六六九九二一八七五	六四七二一四六二五
平方	七八四九九六	七六七三七六	七四九九五六
立方	六九五五〇六四五六	六七二二三一三七六	六四九四六一八九六
平方	七八六七六九	七六九一二九	七五一六八九
立方	六九七八六四一〇三	六七四五二六一三三	六五一七一四三六三
平方	七八八五四四	七七〇八八四	七五三四二四
立方	七〇〇二二七〇七二	六七六八三六一五二	六五三九七二〇三二
平方	七九〇三二一	七七二六四一	七五五一六一
立方	七〇二五九五三六九	六七九一五一四三九	六五六二三四九〇九
積實	億千百十 萬萬萬萬萬千百十〇	億千百十 萬萬萬萬萬千百十〇	億千百十 萬萬萬萬萬千百十〇

九百一十	九百〇〇	八百九十	方根
八二八一〇〇	八一〇〇〇〇	七九二一〇〇	
七五三五七一〇〇〇	七二九〇〇〇〇〇〇	七〇四九六九〇〇〇	
八二九九二一	八一一八〇一	七九三八八一	一
七五六〇五八〇三一	七三一四三二七〇一	七〇七三四七九七一	
八三一七四四	八一三六〇四	七九五六六四	二
七五八五五〇五二八	七三三八七〇八〇八	七〇九二三二二八八	
八三三五六九	八一五四〇九	七九七四四九	三
七六一〇四八四九七	七三六三一四三二七	七一一七一二一九五七	
八三五三九六	八一七二一六	七九九二三六	四
七六三五五一九四四	七三八七六三二六四	七一四五一六九八四	
八三七二二五	八一九〇二五	八〇一〇二五	五
七六六〇六〇八七五	七四一二一七六二五	七一六九一七三七五	
八三九〇五六	八二〇八三六	八〇二八一六	六
七六八五七五二九六	七四三六七七四一六	七一九三二三一三六	
八四〇八八九	八二二六四九	八〇四六〇九	七
七七一〇九五二一三	七四六四四二六四三	七二一七三四二七三	
八四二七二四	八二四四六四	八〇六四〇四	八
七七三六二〇六三二	七四八六六三三一二	七二四一五〇七九二	
八四四五六一	八二六二八一	八〇八二〇一	九
七七六一五一五五九	七五一〇八九四二九	七二六五七二六九九	
億千百十 萬萬萬萬萬千百十〇	億千百十 萬萬萬萬萬千百十〇	億千百十 萬萬萬萬萬千百十〇	積實

開方簡法

方根	九百四十	九百三十	九百二十
平方	八八三六〇〇	八六四九〇〇	八四六四〇〇
立方	八三〇五八四〇〇〇	八〇四三五七〇〇〇	七七八六八八〇〇〇
平方	八八五四八一	八六六七六一	八四八二四一
立方	八三三二三七六二一	八〇六九五四四九一	七八一二二九六一
平方	八八七三六四	八六八六二四	八五〇〇八四
立方	八三五八九六八八八	八〇九五五七五六八	七八三七七七四四八
平方	八八九二四九	八七〇四八九	八五一九二九
立方	八三八五六一八〇七	八一二一六六二三七	七八六三三〇四六七
平方	八九一一三六	八七二三五六	八五三七七六
立方	八四一二三二三八四	八一四七八〇五〇四	七八八八八九〇二四
平方	八九三〇二五	八七四二二五	八五五六二五
立方	八四三九〇八六二五	八一七四〇一三七五	七九一四五三一二五
平方	八九四九一六	八七六〇九六	八五七四七六
立方	八四六五九〇五三六	八二〇〇二五八五六	七九四〇二二七七六
平方	八九六八〇九	八七七九六九	八五九三二九
立方	八四九二七八一二三	八二二六五六九五三	七九六五九七九八三
平方	八九八七〇四	八七九八四四	八六一一八四
立方	八五一九七一三九二	八二五二九三六七二	七九九一七八七五二
平方	九〇〇六〇一	八八一七二一	八六三〇四一
立方	八五四六七〇三四九	八二七九三六〇一九	八〇一七六五〇八九
積實	億千百十 萬萬萬萬千百十〇	億千百十 萬萬萬萬千百十〇	億千百十 萬萬萬萬千百十〇

九百七十	九百六十	九百五十	方根
九四〇九〇〇	九二一六〇〇	九〇二五〇〇	
九一二六七三〇〇〇	八八四七三六〇〇〇	八五七三七五〇〇〇	
九四二八四一	九二三五二一	九〇四四〇一	一
九一五四九八六一一	八八七五〇三六八一	八六〇〇八五三五一	
九四四七八四	九二五四四四	九〇六三〇四	二
九一八三三〇〇四八	八九〇二七七一二八	八六二八〇一四〇八	
九四六七二九	九二七三六九	九〇八二〇九	三
九二〇三三九三一七	八九三〇五六三四七	八六五五二三一七七	
九四八六七六	九二九二九六	九一〇一一六	四
九二三〇一〇四二四	八九五八四一三四四	八六八二五〇六六四	
九五〇六二五	九三一二二五	九一二〇二五	五
九二六八六〇三七五	八九八六三二一二五	八七〇九八三八七五	
九五二五七六	九三三一五六	九一三九三六	六
九二九七一四一七六	九〇一四二八六九六	八七三七二二八一六	
九五四五二九	九三五〇八九	九一五八四九	七
九三二五七四八三三	九〇四二三一〇六三	八七六四六七四九三	
九五六四八四	九三七〇二四	九一七七六四	八
九三五四四一三五二	九〇七〇三九二三二	八七九二一七九一二	
九五八四四一	九三八九六一	九一九六八一	九
九三八三一三七三九	九〇九八五三二〇九	八八一九七四〇七九	
億千百十 萬萬萬萬千百十〇	億千百十 萬萬萬萬千百十〇	億千百十 萬萬萬萬千百十〇	積實

開方簡法

四十八

方根	九百九十	九百八十
平方	九八〇一〇〇	九六〇四〇〇
立方	九七〇二九九〇〇〇	九四一一九二〇〇〇
平方	九八二〇八一	九六二三六一
立方	九七三二四二二七一	九四四〇七六一四一
平方	九八四〇六四	九六四三二四
立方	九七六一九一四八八	九四六九六六一六八
平方	九八六〇四九	九六六二八九
立方	九七九一四六六五七	九四九八六二〇八七
平方	九八八〇三六	九六八二五六
立方	九八二一〇七八四	九五二七六三九〇四
平方	九九〇〇二五	九七〇二二五
立方	九八五〇七四八七五	九五五六七一六二五
平方	九九二〇一六	九七二一九六
立方	九八八〇四七九三六	九五八五八五二五六
平方	九九四〇〇九	九七四一六九
立方	九九一〇二六九七三	九六一五〇四八〇三
平方	九九六〇〇四	九七六一四四
立方	九九四〇一一九九二	九六四四三〇二七二
平方	九九八〇〇一	九七八一二一
立方	九九七〇〇二九九九	九六七三六一六六九
積實	億千百十 萬萬萬萬萬千百十〇	億千百十 萬萬萬萬萬千百十〇

後記

《崇禎曆書未刊與補遺彙編》的整理工作開始于二〇一五年，當時我正在開展中科院青年研教課題『海外藏《崇禎曆書》的整理與研究』。孫顯斌館長郵件告知，希望組建團隊一起合作調查《崇禎曆書》和《西洋新法曆書》的版本和館藏情況，爲今後整理出版一套版本更好的該系列著作打下基礎，从而彌補此前潘鼐先生于二〇〇九年整理出版《崇禎曆書：附西洋新法曆書增刊十種》一書的不足，爲學界的相關研究提供更好的支持。考慮到這是一件非常有意义的事情，于是决定分頭推進，開展版本調查、申請複製和授權、內容整理等一系列的工作。

在隨後的兩年中，雖然我們已經基本調查清楚了《崇禎曆書》和《西洋新法曆書》在國内外數十家圖書館的館藏情况，并且申請複製了十餘處主要館藏的各種版本。但由于《崇禎曆書》卷帙浩繁，限于當時的人力和物力條件，難以實現在短期内对其进行完整整理和出版。于是考慮選取其中日本抄本的部分内容，納入《中國科技典籍選刊》系列，以飨读者。這一方面是考慮到，日本抄本中有部分内容是此前各刊本中所没有的，是研究《崇禎曆書》成書和傳播過程的難得資料。另一方面則是，雖然國内學界二十餘年前就已得知日本抄本的存在，但限于當時的條件，除了得以目睹北京大學所藏零散數卷以外，未能接觸和瞭解該抄本的主要内容，始終誠爲憾事。

本書得以入選《中國科技典籍選刊》第五輯，首先要感謝研究所張柏春所長和研究所圖書館孫顯斌館長的鼓勵和支持。在項目具體工作進程中，孫顯斌館長不辭辛苦，不僅幫助複製所需文獻，且解決了所有文獻的圖像授權事宜。王孫涵之博士協助了天理大學圖書館和島根大學圖書館藏本的前期調研以及圖像複製工作。郭瑩珂女士承擔了部分文字的録入工作。湖南科學技術出版社楊林先生一直積極溝通，推動了整理出版進程。北京大學圖書館、日本天理大學圖書館、東北大學圖書館、島根大學圖書館、東京天文臺等單位爲本書提供了清晰的圖像和授權。在此一并表示衷心感謝！

李　亮

二〇一九年九月二十四日

于北京蘋果園

圖書在版編目（ＣＩＰ）數據

崇禎曆書未刊與補遺彙編 / ［明］徐光啟，李天經等撰；李亮整理. — 長沙：湖南科學技術出版社，2021.8
（中國科技典籍選刊. 第五輯）
ISBN 978-7-5710-0563-4

Ⅰ. ①崇… Ⅱ. ①徐… ②李… ③李… Ⅲ. ①曆書－中國－明代 Ⅳ. ①P194.3

中國版本圖書館 CIP 數據核字(2020)第 064098 號

中國科技典籍選刊（第五輯）
CHONGZHEN LISHU WEIKAN YU BUYI HUIBIAN

崇禎曆書未刊與補遺彙編

撰　　者：[明]徐光啟　李天經等
整　　理：李　亮
責任編輯：楊　林
出版發行：湖南科學技術出版社
社　　址：長沙市芙蓉中路一段 416 號
　　　　　http://www.hnstp.com
郵購聯係：本社直銷科 0731-84375808
印　　刷：長沙鴻和印務有限公司
　　　　　（印裝質量問題請直接與本廠聯係）
廠　　址：長沙市望城區普瑞西路 858 號
郵　　編：410200
版　　次：2021 年 8 月第 1 版
印　　次：2021 年 8 月第 1 次印刷
開　　本：787mm×1092mm　1/16
印　　張：44
字　　數：906000
書　　號：ISBN 978-7-5710-0563-4
定　　價：360.00 圓（共兩冊）